普通高等教育电工电子基础课程系列教材

电工电子技术基础

许其清　主　编
宋卫菊　庞丽莉　副主编
潘　敏　钱晓霞　参　编

机械工业出版社

本书主要内容包括电工技术、模拟电子技术、数字电子技术、电工电子实验四部分。本书共 11 章。其中，第 1~4 章为电工技术部分，主要介绍直流电路及其分析方法、正弦交流电路分析、电路的暂态分析、磁路及变压器；第 5~8 章为模拟电子技术部分，主要介绍半导体器件、分立元件放大电路、运算放大电路、直流稳压电源；第 9、10 章为数字电子技术部分，主要介绍门电路与组合逻辑电路、触发器及时序逻辑电路；第 11 章为电工电子技术基础实验。本书附录为常用电工电子测量仪器的使用及 PSpice 软件使用的简介。本书注重基本概念和基础内容的介绍，注重学生工程应用能力的培养，书中加入了电工电子基础实验，讲述了基于 PSpice 软件的电路仿真设计。

本书适合作为普通高校非电类工科专业的电工电子课程教材，也可作为成人教育相关专业的教材和工程技术人员的参考书。

本书配有教师授课课件及习题答案，欢迎选用本书作教材的老师发邮件到 jinacmp@163.com 索取，或登录 www.cmpedu.com 注册下载。

图书在版编目(CIP)数据

电工电子技术基础/许其清主编. —北京：机械工业出版社，2021.10（2025.9 重印）

普通高等教育电工电子基础课程系列教材

ISBN 978-7-111-69304-8

Ⅰ.①电⋯ Ⅱ.①许⋯ Ⅲ.①电工技术-高等学校-教材 ②电子技术-高等学校-教材 Ⅳ.①TM②TN

中国版本图书馆 CIP 数据核字（2021）第 201468 号

机械工业出版社（北京市百万庄大街 22 号 邮政编码 100037）
策划编辑：吉 玲　　　　责任编辑：吉 玲　张 丽
责任校对：郑 婕　李 婷　封面设计：张 静
责任印制：张 博
北京机工印刷厂有限公司印刷
2025 年 9 月第 1 版第 10 次印刷
184mm×260mm・20.75 印张・522 千字
标准书号：ISBN 978-7-111-69304-8
定价：65.00 元

电话服务　　　　　　　　网络服务
客服电话：010-88361066　　机 工 官 网：www.cmpbook.com
　　　　　010-88379833　　机 工 官 博：weibo.com/cmp1952
　　　　　010-68326294　　金 书 网：www.golden-book.com
封底无防伪标均为盗版　　　机工教育服务网：www.cmpedu.com

前 言

电工电子技术基础课程是一门应用性很强的专业基础课，具有内容多而广、学生学习难度大的特点。根据教育部印发的"新时代高教 40 条"和应用型人才的培养要求，特组织编写了本书，本书以"保基础、重应用、利自习"为指导思想。内容具体安排如下：

1) 在满足教学大纲的同时，重组教学体系，优化教学内容。本书对电路的分析方法有所精简，仅阐述了支路电流法；加入了安全用电的知识；不再讲述有关电动机和继电器控制的内容，对多级放大电路和差分放大电路有所精简，对中规模集成电路芯片的功能和图形符号含义加强了阐述，这样有利于学生理解中规模集成电路芯片的应用，突出应用性。本书包含了仪器仪表的相关知识以及实验内容，充分体现理实一体化。

2) 包含 PSpice 电子电路仿真软件的功能介绍和使用说明，利于学生课后验证电路原理的正确性、电路参数的合理性，便于学生自学。

本书主要适用于机械工程、材料工程、车辆工程、环境工程、热能工程等非电类工科专业的电工电子技术课程教学，也可作为高等职业院校相关专业的电工电子技术课程教材，同时可作为工程技术人员的参考书。

本书建议学时数为 64~80 学时，并要求学生有 50 学时左右的自习时间。

本书第 1~4 章由宋卫菊编写，第 5~8 章由庞丽莉编写，第 9~10 章由许其清编写，第 11 章和附录 A 由钱晓霞编写，附录 B 由潘敏编写，全书由许其清统稿。

本书由南京工程学院郭永贞教授审稿，并邀请南京工程学院电工电子实验中心的全体老师参与审稿，编者根据他们的宝贵意见对本书做了认真修改。本书在编写和出版过程中得到了南京工程学院工业中心/创新创业学院相关领导的关心，得到了机械工业出版社以及深圳鼎阳科技有限公司的大力支持，在此一并表示感谢。本书在编写过程中，参考了部分优秀教材，在此对这些教材的编者表示感谢。

由于编者水平有限，书中难免有遗漏及缺陷，敬请使用本书的读者批评指正。

编 者

目 录

前言
第1章　直流电路及其分析方法 ……………… 1
1.1　电路的基本概念 ……………………… 1
1.1.1　电路及电路的组成 ……………… 1
1.1.2　电路模型 ………………………… 2
1.2　电路的基本物理量 …………………… 2
1.2.1　电流 ……………………………… 2
1.2.2　电压 ……………………………… 3
1.2.3　电动势 …………………………… 3
1.2.4　电位 ……………………………… 4
1.2.5　电功率 …………………………… 4
1.3　电路的基本元件 ……………………… 5
1.3.1　电阻元件 ………………………… 5
1.3.2　电容元件、电感元件 …………… 7
1.3.3　独立电源及其等效变换 ………… 9
1.3.4　受控源 …………………………… 13
1.4　电路的基本工作状态和电气设备的额定值 …………………………………… 13
1.4.1　电路的基本工作状态 …………… 13
1.4.2　电气设备的额定值 ……………… 14
1.5　基尔霍夫定律 ………………………… 15
1.5.1　基尔霍夫电流定律 ……………… 15
1.5.2　基尔霍夫电压定律 ……………… 16
1.5.3　支路电流法 ……………………… 17
1.6　叠加定理和戴维南定理 ……………… 18
1.6.1　叠加定理 ………………………… 18
1.6.2　戴维南定理 ……………………… 19
习题 …………………………………………… 22

第2章　正弦交流电路分析 …………………… 27
2.1　正弦交流电的基本概念 ……………… 27
2.1.1　正弦交流电的三要素 …………… 27
2.1.2　相位差 …………………………… 29
2.2　正弦量的相量表示 …………………… 30
2.2.1　复数简介 ………………………… 30
2.2.2　正弦量的相量表示法 …………… 32
2.3　单一参数的正弦交流电路 …………… 33
2.3.1　电阻元件的交流电路 …………… 33
2.3.2　电感元件的交流电路 …………… 34
2.3.3　电容元件的交流电路 …………… 35
2.4　阻抗的串联与并联 …………………… 37
2.4.1　RLC串联的正弦交流电路 ……… 37
2.4.2　阻抗的并联 ……………………… 40
2.5　功率因数的提高 ……………………… 41
2.5.1　功率因数提高的意义 …………… 41
2.5.2　提高功率因数的方法 …………… 41
2.6　电路的谐振 …………………………… 43
2.6.1　串联谐振 ………………………… 43
2.6.2　并联谐振 ………………………… 45
2.7　非正弦周期电流电路的概念 ………… 46
2.8　三相电路 ……………………………… 47
2.8.1　三相电源 ………………………… 48
2.8.2　三相电源的连接 ………………… 48
2.8.3　三相负载的连接 ………………… 50
2.8.4　三相电路的计算 ………………… 51
2.8.5　三相电路的功率 ………………… 53
习题 …………………………………………… 54

第3章　电路的暂态分析 ……………………… 58
3.1　换路定律和电路初始值的计算 ……… 58
3.1.1　换路及换路定律 ………………… 58
3.1.2　初始值的计算 …………………… 59
3.2　一阶电路的零输入响应 ……………… 61
3.2.1　RC电路的零输入响应 …………… 61
3.2.2　RL电路的零输入响应 …………… 63
3.3　一阶电路的零状态响应 ……………… 65

3.3.1 RC 电路的零状态响应 …………… 65	6.1.1 基本放大电路的结构 …………… 109
3.3.2 RL 电路的零状态响应 …………… 67	6.1.2 基本放大电路的性能指标 ……… 110
3.4 电路的全响应及三要素法 …………… 68	6.2 基本放大电路的组成及工作原理 …… 111
3.4.1 一阶电路的全响应 ……………… 69	6.2.1 基本共射放大电路的组成 ……… 111
3.4.2 一阶电路的三要素法 …………… 70	6.2.2 基本放大电路的工作原理 ……… 112
习题 …………………………………………… 73	6.3 分立元件放大电路的分析方法 ……… 113
第 4 章 磁路及变压器 ……………………… 76	6.3.1 直流通路与交流通路 …………… 113
4.1 磁路的基本概念 ……………………… 76	6.3.2 静态工作点的估算 ……………… 114
4.1.1 磁路的基本物理量 ……………… 76	6.3.3 图解法 …………………………… 115
4.1.2 铁磁材料 ………………………… 78	6.3.4 微变等效电路法 ………………… 116
4.2 磁路定律 ……………………………… 81	6.4 放大电路静态工作点的稳定 ………… 119
4.2.1 磁路的欧姆定律 ………………… 81	6.4.1 温度对静态工作点的影响 ……… 119
4.2.2 磁路的基尔霍夫定律 …………… 82	6.4.2 静态工作点稳定电路 …………… 119
4.3 交流铁心线圈 ………………………… 83	6.5 共集放大电路 ………………………… 121
4.3.1 电磁关系 ………………………… 83	6.5.1 静态分析 ………………………… 121
4.3.2 铁心线圈的功率损耗 …………… 84	6.5.2 动态分析 ………………………… 122
4.4 变压器 ………………………………… 84	6.5.3 共集放大电路与共射放大电路的
4.4.1 变压器的工作原理 ……………… 85	性能比较 ………………………… 123
4.4.2 变压器的外特性 ………………… 87	*6.6 多级放大电路 ………………………… 123
4.4.3 变压器的损耗和效率 …………… 88	6.6.1 阻容耦合放大电路 ……………… 123
4.4.4 特殊变压器 ……………………… 88	6.6.2 直接耦合放大电路 ……………… 124
4.5 电磁铁 ………………………………… 89	6.7 差分放大电路 ………………………… 124
习题 …………………………………………… 90	6.7.1 差分放大电路的结构 …………… 124
第 5 章 半导体器件 ……………………… 92	6.7.2 差分放大电路的工作原理 ……… 125
5.1 半导体基本知识 ……………………… 92	*6.8 功率放大电路 ………………………… 126
5.1.1 本征半导体 ……………………… 93	6.8.1 功率放大电路的特点 …………… 126
5.1.2 杂质半导体 ……………………… 94	6.8.2 功率放大电路的分类 …………… 127
5.1.3 PN 结 …………………………… 95	6.8.3 功率放大电路的工作原理 ……… 127
5.2 二极管 ………………………………… 96	习题 …………………………………………… 129
5.2.1 二极管的结构及符号 …………… 96	**第 7 章 运算放大电路** …………………… 132
5.2.2 二极管的伏安特性 ……………… 97	7.1 集成运算放大电路概述 ……………… 132
5.2.3 二极管的主要参数 ……………… 98	7.1.1 集成运放的基本组成与符号 …… 132
5.2.4 二极管的应用 …………………… 99	7.1.2 集成运放的主要参数 …………… 133
5.2.5 特殊二极管 ……………………… 101	7.1.3 理想运放的性质 ………………… 134
5.3 晶体管 ………………………………… 103	7.2 放大电路中的负反馈 ………………… 134
5.3.1 晶体管的结构和符号 …………… 103	7.2.1 反馈的基本概念 ………………… 134
5.3.2 晶体管的电流放大原理 ………… 104	7.2.2 负反馈的类型及判断 …………… 135
5.3.3 晶体管的共射特性曲线 ………… 105	7.2.3 负反馈对放大电路性能的影响 … 137
5.3.4 晶体管的主要参数 ……………… 106	7.3 运算电路 ……………………………… 138
习题 …………………………………………… 107	7.3.1 比例运算 ………………………… 138
第 6 章 分立元件放大电路 ……………… 109	7.3.2 加减法运算 ……………………… 140
6.1 基本放大电路的结构及性能指标 …… 109	7.3.3 积分和微分运算 ………………… 141
	7.4 电压比较器 …………………………… 142

7.4.1 概述 …………………………… 142
7.4.2 单限比较器及其应用 ………… 143
*7.4.3 滞回比较器 …………………… 144
习题 ……………………………………… 145

第8章 直流稳压电源 …………………… 148
8.1 直流稳压电源的组成 ……………… 148
8.2 整流电路 …………………………… 148
    8.2.1 单相半波整流电路 …………… 148
    8.2.2 单相桥式整流电路 …………… 149
8.3 滤波电路 …………………………… 151
    8.3.1 概述 …………………………… 151
    8.3.2 电容滤波电路 ………………… 151
8.4 稳压电路 …………………………… 152
    8.4.1 串联型直流稳压电路 ………… 153
    8.4.2 集成稳压电路及应用 ………… 153
习题 ……………………………………… 154

第9章 门电路与组合逻辑电路 ………… 157
9.1 数字信号和模拟信号 ……………… 157
9.2 数制及码制 ………………………… 158
    9.2.1 数制 …………………………… 159
    9.2.2 进制之间的相互转换 ………… 159
    9.2.3 码制 …………………………… 162
9.3 逻辑代数基础 ……………………… 163
    9.3.1 数字电路中的逻辑关系 ……… 163
    9.3.2 逻辑代数中的常见公式和基本
          定律 …………………………… 165
    9.3.3 逻辑函数的表示方法 ………… 167
    9.3.4 逻辑函数的表示方法之间的相互
          转换 …………………………… 168
    9.3.5 逻辑函数的公式法化简 ……… 170
    9.3.6 逻辑函数的图形法化简 ……… 171
9.4 逻辑门电路 ………………………… 174
    9.4.1 分立元件门电路 ……………… 175
    9.4.2 TTL 集成门电路 ……………… 176
    9.4.3 特殊门电路 …………………… 180
    9.4.4 CMOS 集成门电路 …………… 182
    9.4.5 集成门电路的使用 …………… 183
9.5 组合逻辑电路 ……………………… 185
    9.5.1 组合逻辑电路的分析 ………… 185
    9.5.2 组合逻辑电路的设计 ………… 187
9.6 常见集成组合逻辑电路模块及其
    应用 ………………………………… 190
    9.6.1 编码器 ………………………… 190

9.6.2 译码器 ………………………… 192
9.6.3 数据选择器 …………………… 198
习题 ……………………………………… 201

第10章 触发器及时序逻辑电路 ……… 204
10.1 双稳态触发器 ……………………… 204
    10.1.1 基本 RS 触发器 …………… 204
    10.1.2 钟控触发器 ………………… 206
    10.1.3 触发器的触发方式 ………… 208
10.2 时序逻辑电路的分析 ……………… 210
    10.2.1 同步时序逻辑电路的分析 … 210
    10.2.2 异步时序逻辑电路的分析 … 213
10.3 集成计数器 ………………………… 215
    10.3.1 常用集成计数器及其主要
           特点 ………………………… 215
    10.3.2 典型 MSI 计数器分析 ……… 215
    10.3.3 MSI 计数器的应用 ………… 219
10.4 寄存器 ……………………………… 224
    10.4.1 寄存器基本概念 …………… 224
    10.4.2 数据寄存器分析 …………… 224
    10.4.3 移位寄存器分析 …………… 224
10.5 脉冲信号产生与整形电路 ………… 227
    10.5.1 脉冲 ………………………… 227
    10.5.2 555 定时器 ………………… 228
    10.5.3 多谐振荡器 ………………… 229
    10.5.4 施密特触发器 ……………… 232
    10.5.5 单稳态触发器 ……………… 234
习题 ……………………………………… 236

第11章 电工电子技术基础实验 ……… 241
11.1 电工电子实验的基本要求 ………… 241
    11.1.1 实验的意义和目的 ………… 241
    11.1.2 实验课程要求 ……………… 241
    11.1.3 实验室安全用电规则 ……… 243
11.2 电工电子实验中常见故障的处理 … 243
    11.2.1 常见的故障 ………………… 243
    11.2.2 故障的预防 ………………… 244
    11.2.3 故障的检查与排除 ………… 244
11.3 常用电量测量基础 ………………… 244
    11.3.1 电压的测量 ………………… 245
    11.3.2 电流的测量 ………………… 245
    11.3.3 功率的测量 ………………… 246
    11.3.4 电阻的测量 ………………… 247
11.4 直流电路实验单元 ………………… 248
    11.4.1 实验目的 …………………… 248

11.4.2 实验原理 …………………… 248
11.4.3 实验任务 …………………… 249
11.4.4 注意事项 …………………… 252
11.4.5 思考题 ……………………… 252
11.4.6 实验报告要求 ……………… 252
11.4.7 实验设备及主要器材 ……… 252
11.5 交流电路实验单元 ……………… 252
11.5.1 实验目的 …………………… 252
11.5.2 实验原理 …………………… 253
11.5.3 实验任务 …………………… 254
11.5.4 注意事项 …………………… 256
11.5.5 思考题 ……………………… 256
11.5.6 实验报告要求 ……………… 257
11.5.7 实验设备及主要器材 ……… 257
11.6 分立元件放大电路实验单元 …… 257
11.6.1 实验目的 …………………… 257
11.6.2 实验原理 …………………… 257
11.6.3 实验任务 …………………… 258
11.6.4 注意事项 …………………… 260
11.6.5 思考题 ……………………… 260
11.6.6 实验报告要求 ……………… 261
11.6.7 实验设备及主要器材 ……… 261
11.7 集成运算放大电路实验单元 …… 261
11.7.1 实验目的 …………………… 261
11.7.2 实验原理 …………………… 261
11.7.3 实验任务 …………………… 263
11.7.4 注意事项 …………………… 264
11.7.5 思考题 ……………………… 264
11.7.6 实验报告要求 ……………… 264
11.7.7 实验设备及主要器材 ……… 265

11.8 组合逻辑电路实验单元 ………… 265
11.8.1 实验目的 …………………… 265
11.8.2 实验原理 …………………… 265
11.8.3 实验任务 …………………… 268
11.8.4 注意事项 …………………… 269
11.8.5 思考题 ……………………… 269
11.8.6 实验报告要求 ……………… 269
11.8.7 实验设备和主要仪器 ……… 270
11.9 时序逻辑电路实验单元 ………… 270
11.9.1 实验目的 …………………… 270
11.9.2 实验原理 …………………… 270
11.9.3 实验任务 …………………… 271
11.9.4 注意事项 …………………… 271
11.9.5 思考题 ……………………… 271
11.9.6 实验报告要求 ……………… 272
11.9.7 实验设备及主要器材 ……… 272

附录 …………………………………… 273
附录A 常用电工电子测量仪器的使用 …… 273
　A.1 常用电工仪表 ………………… 273
　A.2 SDS1202X 数字荧光示波器 … 278
　A.3 SDG2042X 任意波形发生器 … 284
　A.4 SPD3303X-E 可编程线性电源 … 286
　A.5 LCR-8000G 测试仪 …………… 289
　A.6 IT9100 功率分析仪 …………… 291
　A.7 IT8600 系列交、直流电子负载 … 294
附录B PSpice 软件使用简介 …………… 297
　B.1 绘制原理图 …………………… 298
　B.2 电路基本仿真 ………………… 304
　B.3 实际应用举例 ………………… 316

参考文献 ……………………………… 321

第1章 直流电路及其分析方法

1. 本章摘要

1)电路的基本概念:电路的组成及分类;

2)电路的基本物理量:电流、电压及其参考方向,电路的基本元件(电阻元件、电感元件、电容元件),电源(电压源和电流源);

3)电路的基本定律:基尔霍夫电流定律和基尔霍夫电压定律;

4)电路的基本分析方法:等效变换法、支路电流法、叠加定理、戴维南定理。

2. 本章重点及难点

1)重点:电路的基本定律,线性电路的一般分析方法和定理;

2)难点:电压源、电流源及两种电源模型的等效变换,戴维南定理的应用。

1.1 电路的基本概念

1.1.1 电路及电路的组成

电路是电流的通路,是电气元件或设备为了实现某种功能或要求,按照一定方式组合起来,为电流流通提供的路径。不同的电路作用不尽相同,主要有:实现电能的传输、转换和分配,如电力系统的组成,如图 1-1 所示;实现信号的传递和处理,如扩音器电路,如图 1-2 所示。

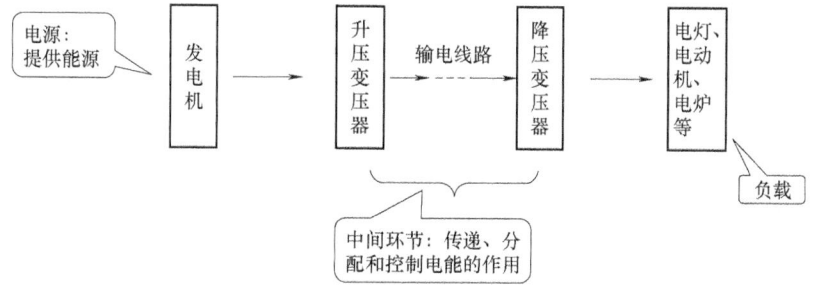

图 1-1 电力系统的组成

电路一般由电源、中间环节和负载三部分组成。

电路中提供电能或信号的器件,称为电源。电源是将化学能、机械能等其他形式的能转化为电能的设备,如干电池、蓄电池、发电机等。电路中吸收电能的器件称为负载。负载是将电能转化为其他形式能量的设备,如白炽灯、电动机等。电源和负载间的连接导线、开关、变压器等器件统称为中间环节,用于传输、控制、分配电能。

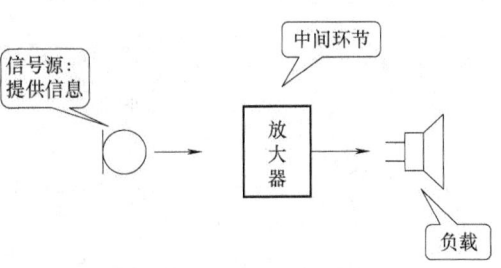

图1-2 扩音器电路

1.1.2 电路模型

实际电路都是由一些实际电路元件、器件或设备所组成,如发电机、电动机、各种电阻器、线圈,实际电路的电磁性质比较复杂。如图1-3所示为简单的手电筒电路,灯泡除了具有消耗电能的性质(即电阻性)外通过电流时还会产生磁场,即它还有电感性,但电感很微小,可以忽略不计。连接导线也有一些电阻,甚至电感,这就给分析电路带来困难。因此必须在一定条件下对实际元器件加以近似,只突出其主要电磁性质,忽略其次要性质,用一个理想元件来模拟。例如,灯泡可以看作一个理想电阻元件,连接导线在比较短的情况下看成一个理想导体,一节新电池的内阻很小,可以看成一个电压恒定的理想电压源。经过这样抽象处理过的手电筒电路可以简化为图1-4所示的理想电路模型。本书所分析的电路都是指电路模型,简称电路。在电路图中各元器件用国家标准规定的图形符号来表示。

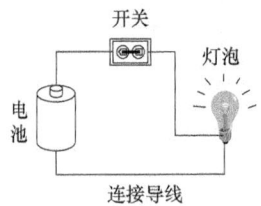
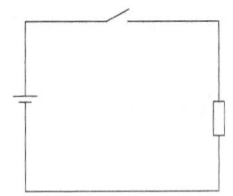

图1-3 手电筒电路　　　图1-4 图1-3的理想电路模型

1.2 电路的基本物理量

1.2.1 电流

在电场力的作用下,电荷有规律的定向移动形成电流。物理学中规定正电荷的移动方向为电流的实际方向。多数情况下,电流由金属导线中移动的自由电子组成,电子流动的方向与电流实际方向相反。其他载流子也可以在一定条件下形成电流,如电解液中正负离子的运动,导电气体中离子和电子的混合运动等。

电流的大小用电流强度表示,电流强度在数值上等于单位时间内通过导体某一横截面的电荷量。电流在时间 dt 内,通过导体某横截面的电荷为 dq,则电流可表示为

$$i=\frac{dq}{dt} \tag{1-1}$$

大小和方向都不随时间变化的电流称为恒定电流,简称直流(DC),可以用大写字母 I 表示。大小或方向随时间变化的电流称为交流电流,简称交流(AC),可以用小写字母 i

表示。

电流的国际单位为 A(安)，在测量计算小电流时会用 mA(毫安)，μA(微安)作为单位，在测量计算大电流时会用 kA(千安)作为单位。

电流的方向是客观存在的，但是在分析计算较为复杂的直流电路时往往难以事先判断某支路电流的实际方向，因此在分析计算电路时，常任意选定某一方向作为电流的参考方向，当电流的实际方向与参考方向一致时，电流为正值，如图 1-5a 所示，当电流的实际方向与参考方向相反时，电流为负值，如图 1-5b 所示。电流的正负值只有在选定参考方向之后才有意义。

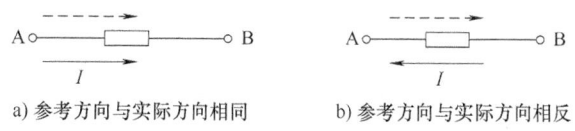

图 1-5　电流的方向

1.2.2　电压

电荷在电场力的作用下形成电流，通常把衡量电场力移动电荷做功能力的物理量用电压表示。电压定义为在电场中将单位正电荷 q 由 A 点移动到 B 点电场力所做的功 w_{AB}，即

$$u_{AB} = \frac{dw_{AB}}{dq} \tag{1-2}$$

电压的国际单位为 V(伏)，在测量高压时还用 kV(千伏)作为单位，在微电子技术中还常用 mV(毫伏)，μV(微伏)作为单位。

电压的方向也就是电压的极性，规定电压的正方向从高电位指向低电位，所以电压也称电压降。和电流一样，分析计算电路时也需要先任意选择一个参考方向，当选定参考方向后，电压的正负也有了意义。当参考方向与实际方向一致时为正，否则为负。量值和方向都不随时间变化的直流电压，用 U 表示；量值和方向都随时间变化的交流电压，用 u 表示。电压的参考方向除了用"+""-"表示外，还可以用双下标表示，例如 A、B 间的电压 U_{AB}，它的参考方向是由 A 指向 B，也就是 A 点的极性为"+"，B 点的极性为"-"，$U_{AB} = -U_{BA}$。电压的参考方向也可以用箭头表示，电流的参考方向也可以用双下标表示。

电路中同一元件上的电压、电流的参考方向相互独立，均可以任意选择。如果选择电流的参考方向是从标以电压正极的一端流向标以电压负极的一端，即两者的参考方向一致，称为关联参考方向，如图 1-6a 所示；如果选择电流的参考方向是从标以电压负极的一端流向标以电压正极的一端，即两者的参考方向相反，则称为非关联参考方向，如图 1-6b 所示。

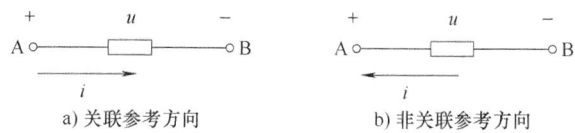

图 1-6　关联参考方向与非关联参考方向

1.2.3　电动势

在电压作用下，正电荷从电源正极经负载流到负极形成电流，为维持电流的连续性，移

动到电源负极的正电荷还需逆着电场方向继续流向电源正极，此过程需要电源提供外力克服电场力做功。衡量非电场力移动电荷做功能力的物理量称为电源电动势，交流电动势用 e 表示，直流电动势用 E 表示。电动势的单位是 V，与电压单位相同。电动势方向与电压相反，它的方向规定为在电源内部由低电位("–"极)端指向高电位("+"极)端，即电位升高的方向，如图 1-7 所示。电动势和电压参考方向相同时，两者的数值互为相反数。

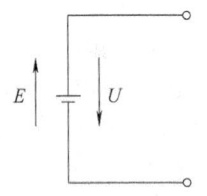

图 1-7 电动势的方向

1.2.4 电位

电位在电路测量、电子电路分析、设备安全接地等问题中都是十分重要的概念。在电路中，任意选择一点作为参考电位点，参考点的电位规定为零，用接地符号"⊥"标出，则电路中的其他各点到参考点的电压就是该点的电位。电路中 A、B 两点间的电压等于 A、B 两点的电位差。

例 1-1 如图 1-8 所示电路中，$U_1 = 10V$，$U_2 = 4V$，$U_3 = 6V$，C 点为参考点，求 A、B 两点的电位及两点间的电压。

解 选择 C 点为参考点，即 $U_C = 0$，则

A 点到 C 点的电压就是 A 点的电位，即 $U_A = 10V$。

B 点到 C 点的电压就是 B 点的电位，即 $U_B = 6V$。

A、B 两点间的电压为 $U_{AB} = U_A - U_B = 10V - 6V = 4V$。

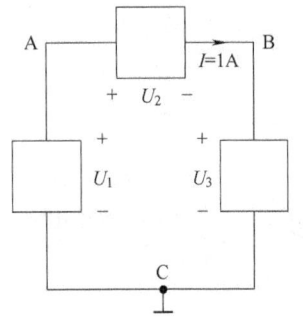

图 1-8 例 1-1 电路图

1.2.5 电功率

电路在工作中总是存在电能和其他形式能之间的相互转换，功率是电路分析中常用的另一个物理量。元件或设备消耗(或产生)的电能，用 w 表示，功率为单位时间内所消耗(或产生)的电能，用 p 表示，则

$$p = \frac{dw}{dt} = \frac{dw}{dq} \cdot \frac{dq}{dt} = ui \tag{1-3}$$

对于直流电，功率为

$$P = UI$$

在国际单位制(SI)中，功率的单位为 W(瓦[特])。能量的单位为 J(焦[耳])，工程上用 kW·h(千瓦·时或度)作为电能单位。1 度 = 1kW·h = 3.6×10^6 J。

在一段电路中功率的计算公式是 $P = UI$，因为电压和电流均有正负之分，所以功率也有正有负。当电压与电流参考方向关联时，$P = UI$ 为吸收功率，如果计算得 $P > 0$，说明电压和电流实际方向相同，正电荷从高电位端移动到低电位端，电场力对其做正功，电路吸收功率；如果计算得 $P < 0$，说明电压和电流实际方向相反，正电荷从低电位端移动到高电位端，外力克服电场力对其做功，电路发出功率。当电压与电流参考方向非关联时，$P = UI$ 为发出功率，情况正好相反，若 $P > 0$，表明电路确实发出功率，而若 $P < 0$，则表明电路在吸收功率。

例 1-2 分析例 1-1 所示电路中各元件功率并判断其性质，说明该电路功率是否平衡。

解 U_1 和 I 参考方向非关联，则 $P_1 = U_1 I = 10V \times 1A = 10W$(发出功率，元件 1 为电源)；

U_2 和 I 参考方向关联，则 $P_2 = U_2 I = 4\text{V} \times 1\text{A} = 4\text{W}$（吸收功率，元件 2 为负载）；

U_3 和 I 参考方向关联，则 $P_3 = U_3 I = 6\text{V} \times 1\text{A} = 6\text{W}$（吸收功率，元件 3 为负载）；

电路吸收的功率 $P_2+P_3=10\text{W}$ 与电路发出的功率 $P_1=10\text{W}$ 相等，电路功率平衡。

由例 1-2 可见，在一个电路中，电源产生的功率和负载吸收的功率总是平衡的。根据电压和电流的实际方向，可以确定某一元件是电源还是负载：当电压和电流的实际方向相反时，表明该元件发出功率，是电源；当电压和电流的实际方向相同时，表明该元件吸收功率，是负载。

1.3 电路的基本元件

电路元件按其引出端钮的数目分为二端元件和多端元件，按能量转换关系分为有源元件和无源元件，按元件的数学模型又分为线性元件和非线性元件。每种电路元件端钮上的电压和电流关系称为伏安关系或伏安特性，简称 VCR。

1.3.1 电阻元件

1. 电阻元件的特性

物体对电流的阻碍作用称为电阻。它反映电路器件消耗电能的特性，其主要作用为限流和分压，并产生热能。电阻元件有线性或非线性之分，时变或非时变之分，本节主要介绍线性电阻元件。

在关联参考方向下，线性电阻元件的符号和伏安特性曲线如图 1-9 所示，根据欧姆定律，有

$$u = Ri \quad (1\text{-}4)$$

在非关联参考方向下，线性电阻元件的伏安特性根据欧姆定律，有

$$u = -Ri \quad (1\text{-}5)$$

式中，R 为电阻元件的电阻，国际单位为 Ω（欧[姆]）；u 是电阻元件两端的电

a) 线性电阻元件符号　　b) 线性电阻元件的伏安特性曲线

图 1-9　线性电阻元件符号及伏安特性曲线

压，单位为 V；i 是流过电阻元件的电流，单位为 A。电阻的单位还有 $k\Omega$、$M\Omega$，其中 $1k\Omega = 10^3 \Omega$，$1M\Omega = 10^6 \Omega$。

欧姆定律表明了线性电阻元件上电压与电流的关系。当电阻阻值不变时，电压与电流成正比，在关联参考方向下，表达式 $R = u/i$ 表明电阻的阻值等于电阻两端的电压与流经电阻的电流的比值，不随电压或电流的变化而变化，是个正常数。

电阻元件的电流和电压总是同时存在，并且实际方向总是相同，所以电阻元件的功率为

$$p = ui = i^2 R = \frac{u^2}{R} \quad (1\text{-}6)$$

由式 (1-6) 可见，无论电压和电流为正值还是负值，均有 $p \geq 0$，表明电阻元件总是吸收电能，并且消耗电能，是一种耗能元件。

2. 电阻的串联

不含有任何电源，仅由电阻元件构成的电路，称为纯电阻网络，可以用一个等效电阻来

代替。把多个电阻首尾依次相连的方式，称为电阻的串联。串联电阻上流过同一电流。如图1-10所示是两个电阻串联及其等效电路。

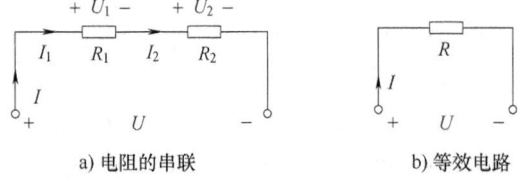

图1-10　电阻的串联及其等效电路

串联电路具有如下特点：

1）电路中各电阻电流数值相等，等于电路的总电流，即 $I=I_1=I_2$；

2）电路的总电压等于各电阻元件上电压代数和，即 $U=U_1+U_2$；

3）电路总电阻等于各串联电阻之和，即 $R=R_1+R_2$，总电阻大于其中任何一个电阻；

4）因为 $I=\dfrac{U}{R}=\dfrac{U_1}{R_1}=\dfrac{U_2}{R_2}$，所以串联电阻上的电压分配跟各电阻大小成正比，即 $U_1:U_2=R_1:R_2$。常用的分压公式有

$$\begin{cases} U_1 = \dfrac{R_1}{R_1+R_2}U \\ U_2 = \dfrac{R_2}{R_1+R_2}U \end{cases} \tag{1-7}$$

电阻的串联应用很多，如电压表的量程扩充，在负载的额定电压低于电源电压时通常需要用一个电阻与负载串联，用以分得一部分电压；当负载中流过的电流过大时，也可以与负载串联一个限流电阻。

3. 电阻的并联

把几个电阻两端分别连在一起，形成两个结点的连接方式称为电阻的并联。并联电阻两端电压值相等。如图1-11所示的是两个电阻并联及其等效电路。

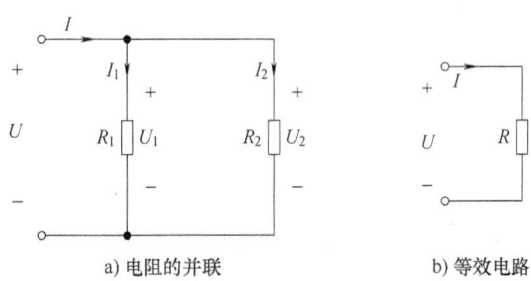

图1-11　电阻的并联及其等效电路

并联电路具有如下特点：

1）电路中总电流等于各电阻支路电流之和，即 $I=I_1+I_2$；

2）电路的总电压等于各电阻元件两端电压，即 $U=U_1=U_2$；

3）并联电路总电阻的倒数等于各并联电阻的倒数之和，即 $\dfrac{1}{R}=\dfrac{1}{R_1}+\dfrac{1}{R_2}$，也可表示为 $R=\dfrac{R_1R_2}{R_1+R_2}$，总电阻小于其中任何一个电阻。并联的电阻越多，总电阻越小，在相同电压作用下，电路的总电流和总功率也会越大；

4）因为 $U=IR=I_1R_1=I_2R_2$，所以并联电阻上的电流分配与各电阻大小成反比，即 $I_1:I_2=$

$R_2: R_1$,因此阻值越大的电阻上流过的电流越小。常用两个电阻并联的分流公式为

$$\begin{cases} I_1 = \dfrac{R_2}{R_1+R_2}I \\ I_2 = \dfrac{R_1}{R_1+R_2}I \end{cases} \quad (1-8)$$

电阻的并联应用也很多,如电路中电流大于电流表的量程时,可以并联一个合适的分流电阻以扩充电流表的量程。

当电路中的电阻既有串联又有并联时,可以首先判断出各电阻的连接关系,然后应用电阻的串、并联公式逐步化简。

例 1-3 图 1-12a 所示电路中,已知 $R_1=10\Omega$,$R_2=6\Omega$,$R_3=4\Omega$,$R_4=4\Omega$。求开关 S 在打开和闭合两种情况下的等效电阻 R_{ab}。

为了书写方便,有时用符号"//"表示电阻的并联。

解 当开关打开时,电路等效为图 1-12b。

$$R_{ab} = R_1 // (R_2+R_3) + R_4 = \left[\dfrac{10 \times (6+4)}{10+(6+4)} + 4 \right]\Omega = 9\Omega$$

当开关闭合时,等效电路为图 1-12c。

$$R_{ab} = (R_1 + R_3 // R_4) // R_2 = \left[\left(10 + \dfrac{4 \times 4}{4+4}\right) // 6 \right]\Omega = 4\Omega$$

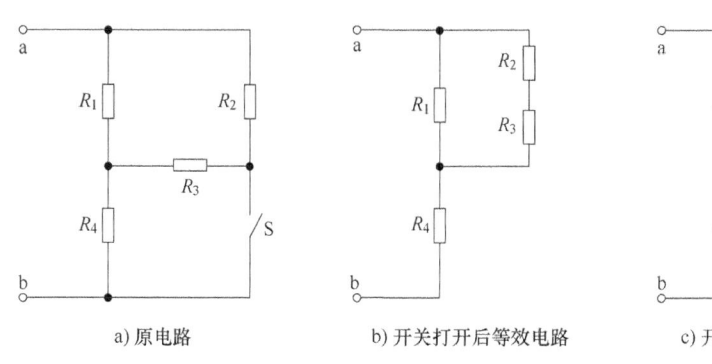

a) 原电路 b) 开关打开后等效电路 c) 开关闭合后等效电路

图 1-12 例 1-3 图

1.3.2 电容元件、电感元件

1. 电容元件

两片金属导体用绝缘介质隔开,并从两极板分别引出外接端,就可以构成一个简单的电容器。由于介质不导电,当外接电源时,两极板上分别存储等量异性电荷,极板间储存电场能。极板上的电荷 q,极板间的电压 u,电容器容量 C 存在以下关系:

$$C = \dfrac{q}{u} \quad (1-9)$$

在国际单位制(SI)中,电容的单位为 F(法[拉]),常用的电容单位还有 μF(微法),pF(皮法),其中 $1\mu F = 10^{-6} F$,$1 pF = 10^{-12} F$。

当 C 为常数时,该电容为线性电容,符号如图 1-13a 所示,其库伏特性曲线(即 q-u 特性曲线)为一条过原点的直线,如图 1-13b 所示。

当电压和电流为关联参考方向时，由于 $i=\dfrac{dq}{dt}$，而 $q=Cu$，则可以得到线性电容的伏安关系为

$$i=\frac{dq}{dt}=\frac{d(Cu)}{dt}=C\frac{du}{dt} \qquad (1\text{-}10)$$

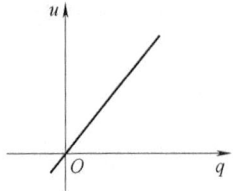

a) 线性电容元件符号　　b) 线性电容元件的库伏特性曲线

图 1-13　线性电容元件符号及库伏特性曲线

式（1-10）表示电容一定时，电容上的电流与其端电压的变化率成正比，当电压为直流电压（即电压的变化率为零）时，电容上流经电流为零，电容相当于开路。

在关联参考方向下，电容元件的吸收功率为

$$p=ui=Cu\frac{du}{dt} \qquad (1\text{-}11)$$

当 $p>0$，表示电容从电路中吸收能量，并以电场能的形式存储在电容中，当 $p<0$，表示电容释放所存储的能量，电容元件本身并不消耗能量。可见，电容是一个动态、储能元件。

2. 电感元件

导线中有电流流过时，其周围就有磁场。通常把导线绕制成一个线圈，以增强线圈内部的磁场，称为电感器或电感线圈，如图 1-14 所示。假设此导线没有电阻，线圈有 N 匝，当线圈中通过电流 i，在线圈内部将产生磁通 ϕ，若磁通 ϕ 与 N 匝线圈都铰链，则磁链为 $\psi=N\phi$。

当线圈周围的介质为非铁磁性物质（如空气）时（即线性电感元件，符号如图 1-15a 所示），磁链 ψ 与电流 i 成正比关系，为

$$\psi=Li \qquad (1\text{-}12)$$

式中，L 为线圈的电感系数，为一常数，在国际单位制（SI）中，电感 L 的单位为 H（亨[利]），常用的电感单位还有 mH（毫亨）、μH（微亨）。磁通 ϕ 和磁链 ψ 的单位都是 Wb（韦[伯]）。该线圈的韦安特性曲线（即 ψ-i 特性曲线）为过原点的直线，如图 1-15b 所示。

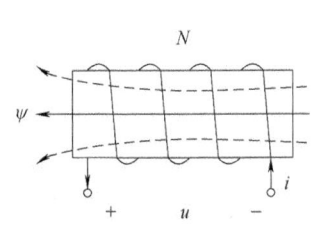

图 1-14　电感线圈

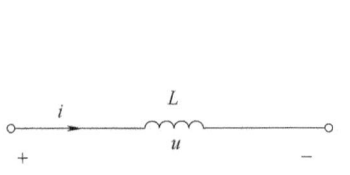 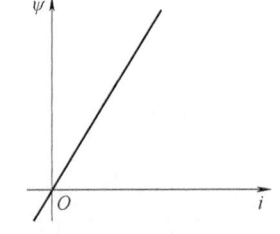

a) 线性电感元件符号　　b) 线性电感元件的韦安特性曲线

图 1-15　线性电感元件符号及韦安特性曲线

当电压与电流为关联参考方向时，根据电磁感应定律，有

$$u=\frac{d\psi}{dt}=\frac{d(Li)}{dt}=L\frac{di}{dt} \qquad (1\text{-}13)$$

式（1-13）表示线性电感元件两端的电压与流过电感的电流的变化率成正比，当电流为直流（即电流的变化率为零）时，电感元件两端的电压为零，这时电感元件相当于短路。

在关联参考方向下,电感元件的吸收功率为

$$p = ui = Li\frac{\mathrm{d}i}{\mathrm{d}t} \tag{1-14}$$

当 $p>0$,表示电感从电路中吸收能量,并以磁场能的形式存储在线圈中;当 $p<0$,表示电感释放所存储的能量,电感元件本身并不消耗能量。可见,电感是一个动态、储能元件。

1.3.3 独立电源及其等效变换

能向电路独立提供电压、电流的器件或装置,称为独立电源。独立电源一般分电压源和电流源。

1. 电压源

理想电压源如图 1-16a 所示,具有如下特点:

1) 电压源两端的电压 u_s 为某一确定的时间函数 $u_s(t)$,与流经的电流无关。当 u_s 为直流电压源时,$u_s = U$,为一恒定数值,其伏安特性曲线如图 1-16b 所示。

2) 流经电压源的电流是任意的,由电压源和与它相连接的外电路共同确定。

实际电源的电压源模型可以由理想电压源串联一个电阻组成,如图 1-17a 所示,图中 R_s 为电源内阻,当 $R_s = 0$ 时即为理想电压源模型。电压源端口 ab 的伏安关系为 $u = u_s - iR_s$,其伏安特性曲线如图 1-17b 所示(以直流电源为例)。

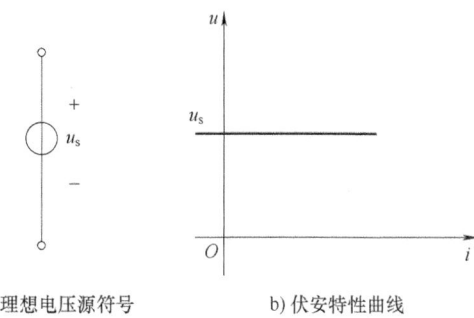

a) 理想电压源符号　　　　b) 伏安特性曲线

图 1-16　理想电压源符号及其伏安特性曲线

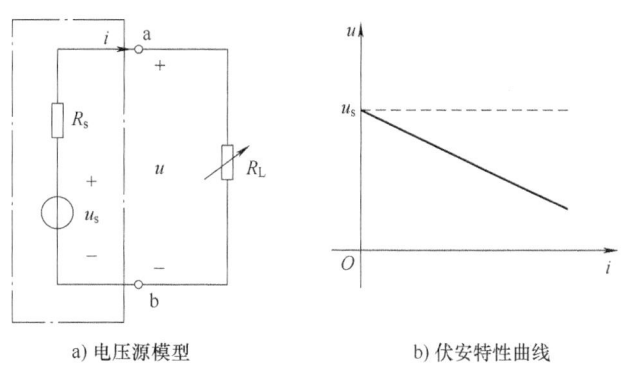

a) 电压源模型　　　　b) 伏安特性曲线

图 1-17　电压源模型及其伏安特性曲线

2. 电流源

理想电流源如图 1-18a 所示,具有如下特点:

1) 电流源向外电路输出的电流 i_s 为某一确定的时间函数 $i_s(t)$,与电流源的端电压无关。当 i_s 为直流电流时,$i_s = I$,为一恒定数值,其伏安特性曲线如图 1-18b 所示。

2) 电流源两端的电压是任意的,由电流源和与它相连接的外电路共同确定。

实际电源的电流源模型可以由理想电流源并联一个电阻组成,如图 1-19a 所示,图中 R_s

为电源内阻，当 $R_s = \infty$ 时即为理想电流源模型。电流源端口 ab 的伏安关系为 $i = i_s - \dfrac{u}{R_s}$，其伏安特性曲线如图 1-19b 所示(以直流电源为例)。

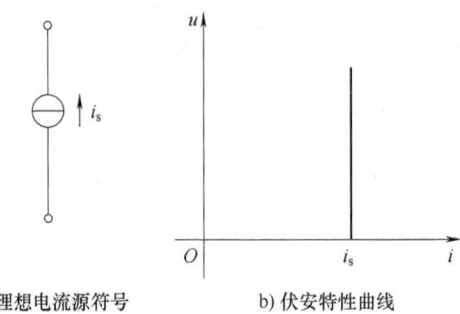

a) 理想电流源符号　　　　b) 伏安特性曲线

图 1-18　理想电流源符号及其伏安特性曲线

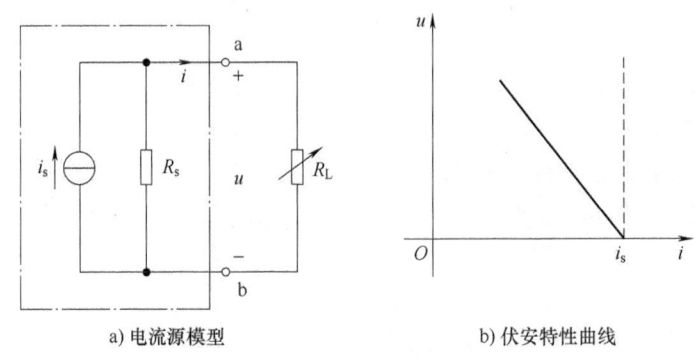

a) 电流源模型　　　　b) 伏安特性曲线

图 1-19　电流源模型及其伏安特性曲线

3. 理想电源的串联和并联

（1）理想电源的串联

两个理想电压源的串联如图 1-20 所示，根据 KVL(基尔霍夫电压定律)得

$$u_s = u_{s1} + u_{s2}$$

对于 n 个电压源相串联的电路，其等效电压源电压等于各电源电压代数和，即

$$u_s = \sum_{k=1}^{n} u_{sk} \qquad (1\text{-}15)$$

各电压源电压极性与 u_s 相同时为"+"，否则取"-"。

两个理想电流源串联如图 1-21 所示。

理想电流源的串联，只有当电流源的电流值相等且方向相同时才被允许，否则就违反了 KCL(基尔霍夫电流定律)。

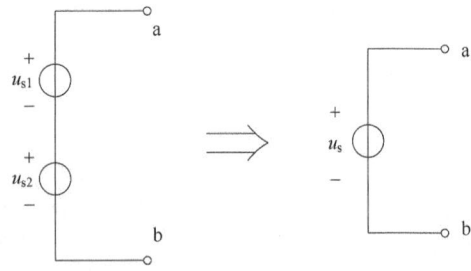

图 1-20　理想电压源串联

（2）理想电源的并联

两个理想电压源并联，如图 1-22 所示。与电流源串联类似，电压源的并联只有当电压源的电压值相等且方向相同才被允许，否则就违反了 KVL。

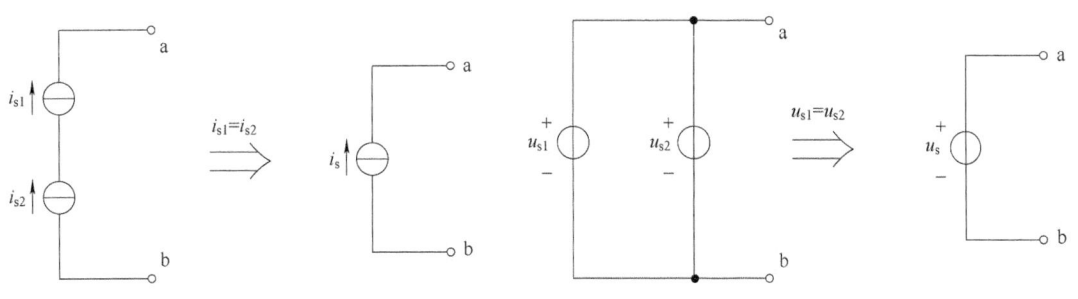

图 1-21　理想电流源串联　　　　　　图 1-22　理想电压源并联

两个理想电流源的并联如图 1-23 所示，根据 KCL 得

$$i_s = i_{s1} + i_{s2}$$

对于 n 个电流源相并联的电路，其等效电流源电流等于各电源电流代数和，即

$$i_s = \sum_{k=1}^{n} i_{sk} \tag{1-16}$$

各电流源电流方向与 i_s 相同时为"+"，否则取"−"。

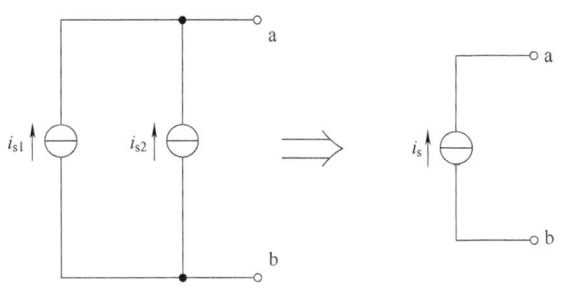

图 1-23　理想电流源并联

4. 电压源模型和电流源模型的等效互换

一个实际电源可以有两种模型，即电压源模型和电流源模型，如图 1-24 所示。对外电路而言，两种模型是等效的，可以互相变换。两种模型等效互换的条件是：在外接电路时，输出端钮上电压和电流相同。

由图 1-24a 所示电路可知，端钮上的伏安关系为

$$u = u_s - R_s i \tag{1-17}$$

由图 1-24b 所示电路可知，端钮上的伏安关系为

$$i = i_s - \frac{u}{R'_s} \tag{1-18}$$

若使两种电源模型输出端钮的伏安关系完全相同，比较式(1-17)和式(1-18)可得

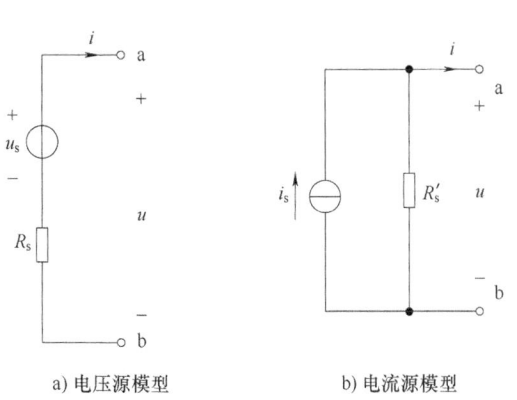

a) 电压源模型　　　b) 电流源模型

图 1-24　两种电源模型

$$\begin{cases} u_s = R'_s i_s \\ R_s = R'_s \end{cases} \tag{1-19}$$

式(1-19)就是两种电源模型等效互换的条件。

需要注意的是：

1）两种电源模型变换前后方向必须一致，即电流源的电流方向与电压源的电压升高方向相同；

2）两种电源模型的等效是对外电路而言，它们内部并不等效；

3）理想电压源和理想电流源不能进行等效互换。

例 1-4 用等效变换法将图 1-25a 所示电路化为最简形式。

解 先对电路中并联部分进行化简，将电压源与电阻串联形式变换成电流源与电阻并联形式，这样两个 5Ω 电阻成了并联，如图 1-25b 所示。利用并联电阻的化简方法化简成图 1-25c，再将电流源与电阻的并联模型变换成电压源与电阻串联模型，使得两个电阻成为串联，利用串联电阻的化简方法化简成图 1-25d，此图为电路最简形式。

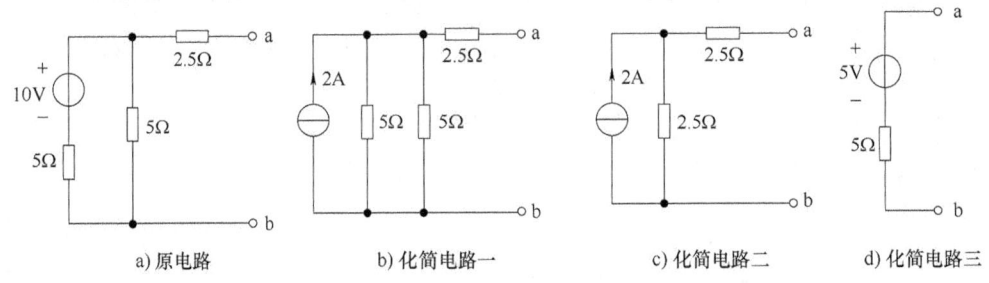

图 1-25 例 1-4 图

例 1-5 用等效变换法计算图 1-26a 所示电路中电流 I。

解 将所求支路以外的电路仿照上例进行逐步化简，如图 1-26b~d 所示，根据并联电阻的分流公式可以对图 1-26d 求得

$$I = \frac{5}{5+3} \times 0.8\text{A} = 0.5\text{A}$$

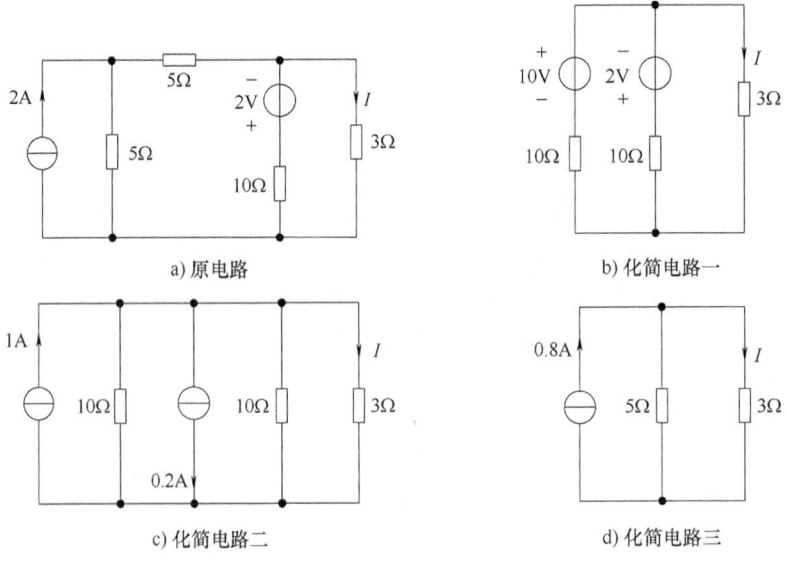

图 1-26 例 1-5 图

1.3.4 受控源

在实际应用中(如分析晶体管或场效应晶体管放大电路时)还存在着非独立电源,即受控源,它的电压或电流受其他支路电压或电流控制。受控源有两对端钮,一对输入端钮和一对输出端钮,输入端钮的电压或电流是控制量,输出端钮的电压或电流是被控制量。根据控制量和被控制量是电压还是电流,受控源分为四个类型:电压控制电压源(VCVS),电压控制电流源(VCCS),电流控制电压源(CCVS),电流控制电流源(CCCS)。如图1-27所示,图中菱形符号表示受控源,以区别圆形符号的独立源,但是它又体现了电压源和电流源的特点。

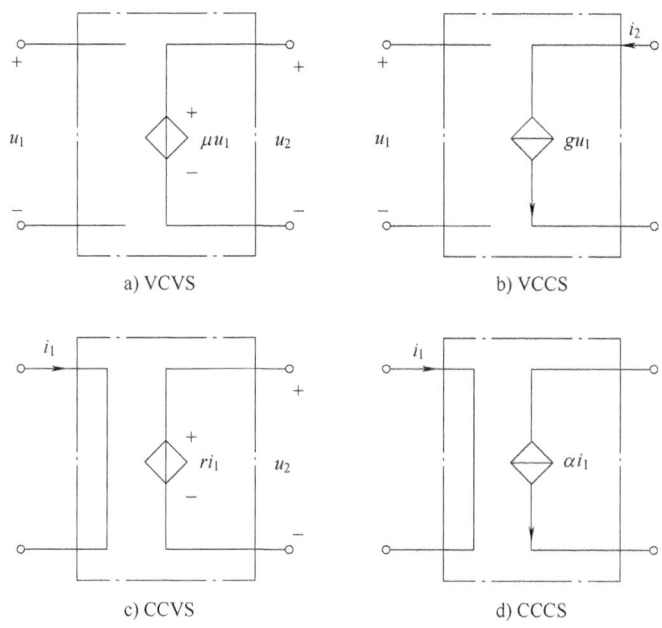

图1-27 受控源的四种电路符号

受控源是一些电子器件抽象出来的电路模型,例如,当三极管处于放大状态时,集电极电流与基极电流就反映出这种受控关系。

如果控制电压或电流为零,则受控源也不复存在,所以它不可能独立地成为电路的激励。在电路图中,受控源不一定画成如图1-27的结构,只要画出受控源符号和控制量所处的位置及参考方向即可。

1.4 电路的基本工作状态和电气设备的额定值

1.4.1 电路的基本工作状态

电路在不同工作条件下,会处于不同工作状态。电源的工作状态分为有载(额定)工作状态,开路状态和短路状态三种。

1. 有载工作状态

将电路中开关S闭合,接通电源和负载,如图1-28所示,电源这时的状态为有载工作

状态，电源向负载提供的电流为

$$I = \frac{U_s}{R_s + R_L} \quad (1\text{-}20)$$

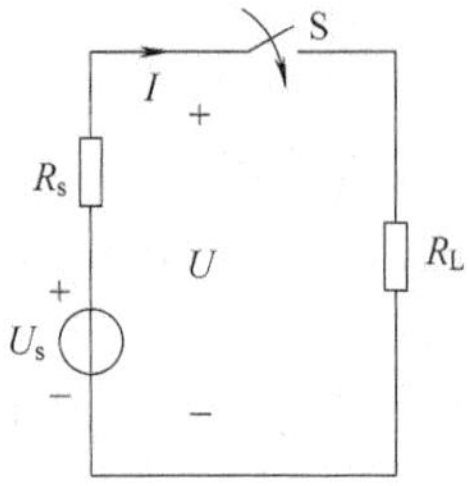

电源输出的电压，即负载 R_L 两端的电压为

$$U = IR_L = U_s - IR_s \quad (1\text{-}21)$$

如果电源电压和内阻一定，则负载越大电流越小，当 $R_L \gg R_s$ 时，$U \approx U_s$，此时负载发生变化时，电源的端电压几乎不变。

将式(1-21)各项乘以电流 I，则得到功率表达式为

$$UI = I^2 R_L = U_s I - I^2 R_s \quad (1\text{-}22)$$

$$P = P_L = P_s - \Delta P \quad (1\text{-}23)$$

图 1-28 有载工作状态

式中，P 为电源输出的功率，等于负载的功率 P_L；P_s 为电源产生的功率；ΔP 为电源内阻消耗的功率。

式(1-23)称为电路的功率平衡方程。

2. 开路

将图 1-28 所示电路开关 S 断开，或由于某种原因电路的电源与负载断开，此时电路为开路状态，电源这时的状态为空载，如图 1-29 所示。

在电路开路状态下，电源输出的电压(称为开路电压，用 U_{OC} 表示)等于电源电压，电流为零，电源对外没有能量输出，负载电压、电流和功率均为零，即

$$\begin{cases} U = U_{OC} = U_s \\ I = 0 \\ P = P_s = 0 \end{cases} \quad (1\text{-}24)$$

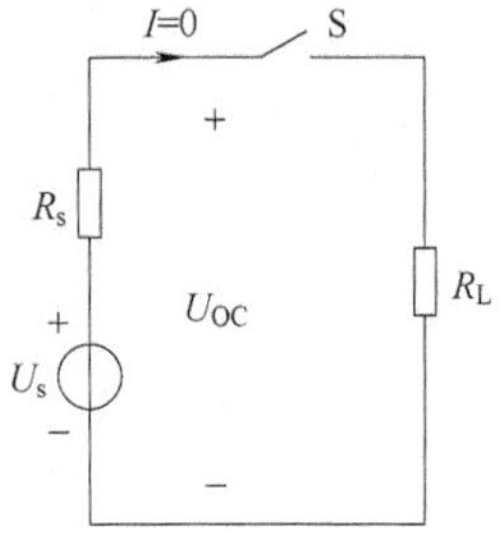

图 1-29 开路状态

3. 短路

当电源两端由于某种原因直接连接在一起，此时电路为短路状态，如图 1-30 所示。电源发生短路时，电源端电压即负载电压为零，电源电压全部加在电源内阻上，负载电流为零，而电源流出的电流很大，称为短路电流 I_{SC}。

$$\begin{cases} U = 0 \\ I = \dfrac{U_s}{R_s} = I_{SC} \\ P = 0 \\ P_s = I_{SC}^2 R_s \end{cases} \quad (1\text{-}25)$$

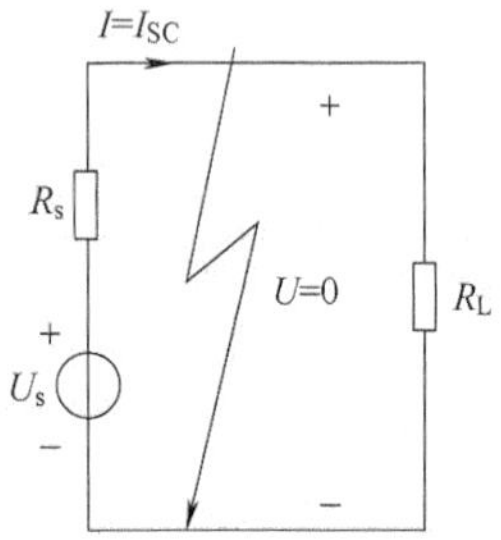

图 1-30 短路状态

短路可以发生在电路的任何位置。在电力系统中，短路是严重事故，应当尽量防范。为了防止短路事故引起的严重后果，在电路中接入熔断器或其他保护装置，以便发生短路时快速将故障电路切断。当然，有时为了某种需要，将电路中某一部分短路(称为短接)或进行某种短路试验，这是与短路事故完全不同的另一类问题。

1.4.2 电气设备的额定值

电气设备的额定值是设计和制造部门指导用户正确使用电气设备的技术数据，是电气设

备在给定工作条件下正常运行的允许值。一般标在设备的铭牌上或说明书中，经常用下标 N 表示，如额定电压 U_N，额定电流 I_N，额定功率 P_N 等。如某交流电动机铭牌上标有 7.5kW，380V，15.6A，1440r/min 等就是它的额定值，表示电动机接到 380V 的电源上，在拖动 7.5kW 的机械负载，转速为 1440r/min 工作时，输入电流为 15.6A，此时设备工作在满载状态。电动机一般不允许长期超额定值工作。如果电源电压低于 380V，则电流将超过额定值，或者电动机不能在额定负载下以额定转速运行。电源设备额定值表示电源供电能力的上限，电源在有载状态下，输出功率跟外接的电路有关，不一定等于电源的额定功率。

1.5 基尔霍夫定律

1845 年德国科学家基尔霍夫说明了复杂电路中任意结点上各部分电流之间的关系和任意回路中各部分电压之间的关系，这就是基尔霍夫定律。

基尔霍夫定律是电路分析的基本定律，是电路的结构约束，它不受元件的性质限制，既可以用于线性电路又可以用于非线性电路，既适用于直流电路的分析又适用于交流电路的分析。在讨论基尔霍夫定律前先介绍几个名词。

支路：电路中的每个分支称为支路。同一条支路流过的电流相同，如图 1-31 所示电路，电压源 U_{s1} 和电阻 R_1 是第一条串联支路，电压源 U_{s2} 和电阻 R_2 是第二条串联支路，R_3 是第三条支路，总共有三条支路，其中两条支路含有电源，称为有源支路，一条支路不含有电源，称为无源支路。

结点：电路中三条或三条以上的支路的交汇点称为结点。图 1-31 所示电路中有两个结点 a 和 b。

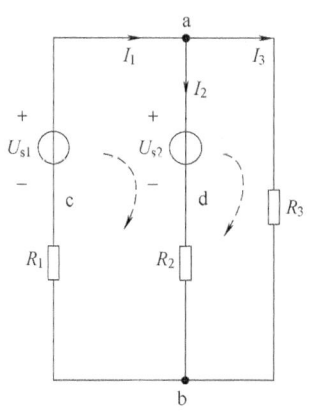

图 1-31 电路结构术语示意图

回路：电路中任意一条闭合路径都是一个回路。图 1-31 所示电路有三个回路，分别由支路一和支路二构成，支路二和支路三构成，支路一和支路三构成。

网孔：对平面电路，内部不含有其他支路的回路称为网孔。图 1-31 所示电路有两个网孔，支路一和支路三构成的回路不是网孔。网孔是回路，但是回路不一定是网孔。可以证明，对于任何一个平面电路，设支路数为 b，结点数为 n，网孔数为 m，则三者之间满足关系式：$m=b-(n-1)$。

1.5.1 基尔霍夫电流定律

基尔霍夫电流定律(KCL)又称基尔霍夫第一定律，它是描述电路中与结点相连的各支路电流相互关系的定律。它的内容可以表述为：电路中的任意结点，在任意时刻流入(或流出)该结点的电流代数和等于零。用数学表达式表示为

$$\sum i = 0 \tag{1-26}$$

对于图 1-31 所示电路的结点 a，设流入结点的电流为"+"，流出结点的电流为"–"，则

$$I_1 - I_2 - I_3 = 0$$

或表示为

$$I_1 = I_2 + I_3$$

即

$$\sum I_入 = \sum I_出$$

可见，基尔霍夫电流定律还可叙述为对电路中的任意结点，在任意时刻流入该结点的电流代数和等于流出该结点的电流代数和。

在电路中，对于任一闭合面，基尔霍夫电流定律依然成立。如图 1-32 所示电路中，闭合面内有三个结点 a、b、c，分别有

$$I_1 - I_{ab} + I_{ca} = 0$$
$$I_2 + I_{ab} - I_{bc} = 0$$
$$I_3 + I_{bc} - I_{ca} = 0$$

将上述三个式子相加，可得 $I_1 + I_2 + I_3 = 0$

可见，流入闭合面的电流代数和等于流出闭合面的电流代数和，这是电流连续性的体现。这种闭合面称为广义结点。

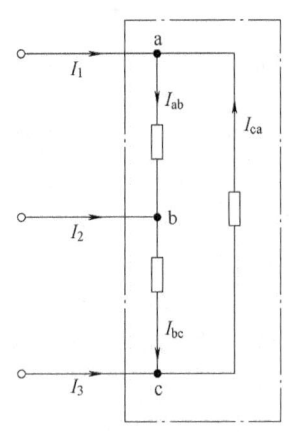

图 1-32　KCL 应用于广义结点

1.5.2　基尔霍夫电压定律

基尔霍夫电压定律(KVL)又称基尔霍夫第二定律，它是描述电路中任意回路中各部分电压相互关系的定律。它的内容可以表述为：电路中的任意回路，在任意时刻沿某一绕行方向，回路中所有支路电压代数和等于零。用数学表达式表示为

$$\sum u = 0 \tag{1-27}$$

对于直流电路，有
$$\sum U = 0$$

其中支路电压参考方向与绕行方向一致时为"+"，否则为"-"。如图 1-31 所示电路的支路一、支路二构成的回路，从 a 点出发，顺时针方向(也可以逆时针方向)沿回路绕行一周，可得

$$U_{s2} + I_2 R_2 + I_1 R_1 - U_{s1} = 0$$

即
$$I_2 R_2 + I_1 R_1 = U_{s1} - U_{s2}$$

上式为基尔霍夫电压定律的另一种表述：在电路中沿任一回路绕行一周，电源电动势代数和等于各电阻上电压降代数和。

基尔霍夫电压定律不仅适用于闭合回路，还可以推广到任意两点间的电路，如图 1-33 所示的开口电路。应用 KVL 可得

$$U - U_s + IR_0 = 0$$

即
$$U = U_s - IR_0$$

用这种方法可以方便地求出电路中任意两点间的电压，而两点间的电压与路径无关，计算时只要选择这两点间的任意一条路径，写出该路径的电压降代数和即可。

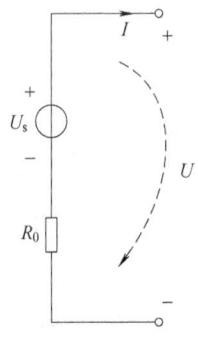

图 1-33　KVL 应用于开口电路

例 1-6　如图 1-34a 所示电路，各元件参数为 $U_{s1} = 20\text{V}$，$U_{s2} = 10\text{V}$，$R_1 = 6\Omega$，$R_2 = 4\Omega$，$R_3 = 10\Omega$，求图中 A、B 两点间开路时的电压 U_{AB}。

解　先将图 1-34a 改画成图 1-34b，标出回路电流的绕行方向。根据 KVL 可得

$$R_2 I + U_{s2} + R_1 I - U_{s1} = 0$$

代入元件参数后得
$$I = 1\text{A}$$

则两点间的电压为
$$U_{AB} = U_{AC} + U_{CB} = 0 + 4I + 10\text{V} = 14\text{V}$$

或
$$U_{AB} = U_{AC} + U_{CB} = 0 + 20\text{V} - 6I = 14\text{V}$$

需要注意的是电阻 R_3 由于 AB 开路而没有电流流过，因而没有电压。

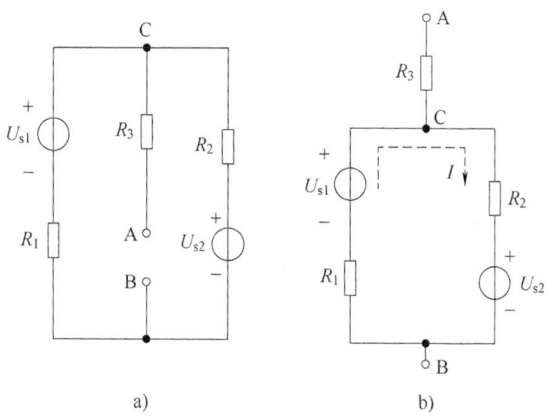

图 1-34　例 1-6 图

1.5.3　支路电流法

支路电流法是以各支路电流为未知量,直接根据基尔霍夫定律列方程求解未知量的方法。其解题步骤为

1) 确定支路数 b,标出各支路电流参考方向;
2) 确定结点数 n,对 n 个结点,根据 KCL 列 $(n-1)$ 个独立结点电流方程;
3) 确定独立回路,根据 KVL 列 $[b-(n-1)]$ 个独立回路电压方程;
4) 联立方程,求出各支路电流。

例 1-7　电路如图 1-35 所示,已知 $U_{s1}=9V$,$U_{s2}=5V$,$R_1=1\Omega$,$R_2=15\Omega$,$R_3=10\Omega$。求电路中各电压源的功率。

解　可以看出该电路中有三个支路,两个结点。选择各支路电流方向和网孔绕行方向如图 1-35 所示。

根据 KCL 对结点 a 列电流方程为
$$I_1-I_2-I_3=0$$
选取两个网孔为独立回路,根据 KVL 得
$$10I_3+I_1-9=0$$
$$15I_2+5-10I_3=0$$

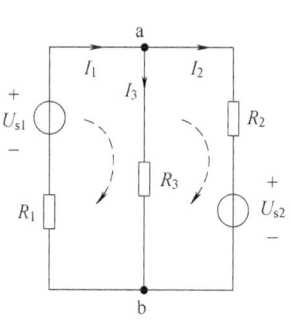

图 1-35　例 1-7 图

联立求解,得
$$I_1=1A$$
$$I_2=0.2A$$
$$I_3=0.8A$$

电压源 U_{s1} 发出功率为　　$P_{U_{s1}}=U_{s1}I_1=9W$
电压源 U_{s2} 吸收功率为　　$P_{U_{s2}}=U_{s2}I_2=1W$
可以用功率平衡关系来验证计算结果正确与否,即
电阻吸收的功率为　　$P_{R_1}=I_1^2R_1=1W$
$$P_{R_2}=I_2^2R_2=0.6W$$
$$P_{R_3}=I_3^2R_3=6.4W$$

因此，电路吸收的功率为 $P_{R_1}+P_{R_2}+P_{R_3}+P_{U_{s2}}=9\text{W}$
电路发出的功率为 $P_{U_{s1}}=9\text{W}$
吸收的功率等于发出的功率，说明功率平衡，计算正确。

支路电流法的优点是直接应用基尔霍夫定律列方程求解，方程比较容易得到，对于支路数较少的电路比较合适。当电路中支路数目较多时，方程数也会增加，求解方程组的计算量就会加大，需要寻找其他更便捷的方法。

1.6 叠加定理和戴维南定理

1.6.1 叠加定理

叠加性是线性电路的重要性质。叠加定理的内容为：在线性电路中，当两个以上电源共同作用时各支路上的电流（电压），等于各电源分别单独作用时对电路产生的电流（电压）的代数和（即叠加）。

如图 1-36a 所示电路，已知 U_s、I_s、R_1、R_2，求电流 I_1、I_2。利用支路电流法求解可得

$$I_1+I_s-I_2=0$$
$$R_1 I_1-U_s+U=0$$
$$R_2 I_2-U=0$$

解得

$$I_1=\frac{U_s}{R_1+R_2}-\frac{R_2}{R_1+R_2}I_s=I_1'-I_1''$$
$$I_2=\frac{U_s}{R_1+R_2}+\frac{R_1}{R_1+R_2}I_s=I_2'+I_2''$$

式中，$I_1'=\dfrac{U_s}{R_1+R_2}$，$I_2'=\dfrac{U_s}{R_1+R_2}$ 是理想电压源 U_s 单独作用时产生的电流，如图 1-36b 所示；$I_1''=\dfrac{R_2}{R_1+R_2}I_s$，$I_2''=\dfrac{R_1}{R_1+R_2}I_s$ 是理想电流源 I_s 单独作用时产生的电流，如图 1-36c 所示。

说明图 1-36a 所示电路可以分解成图 1-36b 和图 1-36c，这就是线性电路的叠加性。各元件的电压也可以用叠加定理求得。

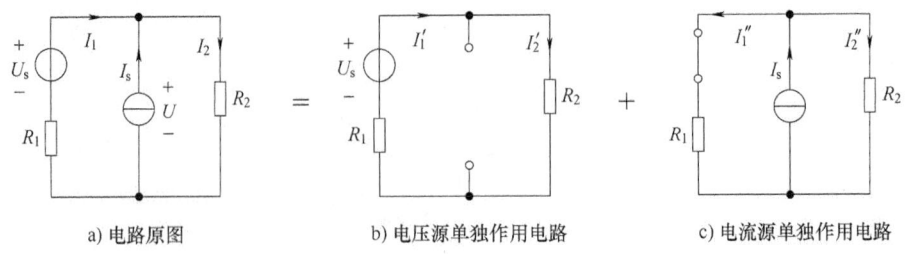

a) 电路原图　　　b) 电压源单独作用电路　　　c) 电流源单独作用电路

图 1-36 叠加定理举例

应用叠加定理需要注意：
1) 叠加定理只适用于线性电路，不适用非线性电路；
2) 叠加定理只适用于电路中电压和电流的计算，不适用功率；

3）某一电源单独作用时，其他不作用的电源应除去，即电压源用短路替代，电流源用开路替代。

例 1-8 如图 1-37a 所示电路，已知 $U_{s1} = 15\text{V}$，$U_{s2} = 30\text{V}$，$R_1 = 3\Omega$，$R_2 = 3\Omega$，$R_3 = 6\Omega$。要求用叠加定理计算各支路电流 I_1、I_2、I_3。

解 画出 U_{s1} 单独作用时的等效电路，如图 1-37b 所示，得

$$I_1' = \frac{U_{s1}}{R_1 + \dfrac{R_2 R_3}{R_2 + R_3}} = 3\text{A}$$

$$I_2' = \frac{R_3}{R_2 + R_3} I_1' = 2\text{A}$$

$$I_3' = \frac{R_2}{R_2 + R_3} I_1' = 1\text{A}$$

画出 U_{s2} 单独作用时的等效电路，如图 1-37c 所示，得

$$I_2'' = \frac{U_{s2}}{R_2 + \dfrac{R_1 R_3}{R_1 + R_3}} = 6\text{A}$$

$$I_1'' = \frac{R_3}{R_1 + R_3} I_2'' = 4\text{A}$$

$$I_3'' = \frac{R_1}{R_1 + R_3} I_2'' = 2\text{A}$$

根据图中各支路电流的参考方向，可得

$$I_1 = I_1' + I_1'' = 7\text{A}$$
$$I_2 = I_2' + I_2'' = 8\text{A}$$
$$I_3 = -I_3' + I_3'' = 1\text{A}$$

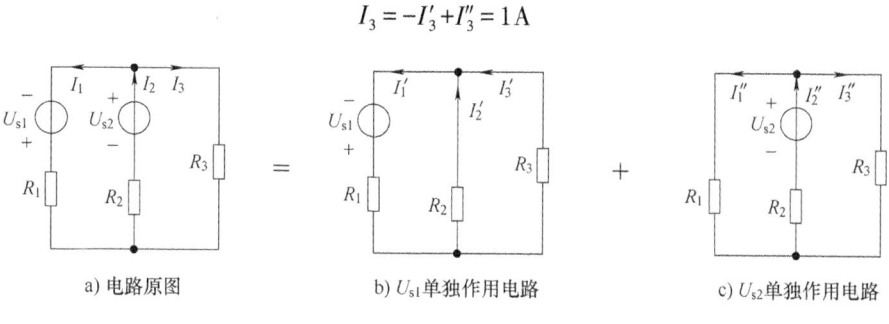

图 1-37 例 1-8 图

1.6.2 戴维南定理

在电路分析中经常遇到只需计算电路中某一条支路电流或电压，而从这条支路两端看入，其他部分的电路是一个二端网络，如果该二端网络含有独立电源，称为有源二端网络，如图 1-38a 所示的二端网络 N，如果该二端网络不含有独立电源，则称为无源二端网络。

戴维南定理的内容是：任何一个有源线性二端网络，都可以用一个理想电压源和电阻串联的模型来等效替代，如图 1-38b 所示。其中电压源的电压为该二端网络开路时的电压 U_{OC}，

如图 1-38c 所示；电阻为该二端网络除源后（即电压源用短路，电流源用开路替代）的等效电阻 R_{eq}，如图 1-38d 所示。

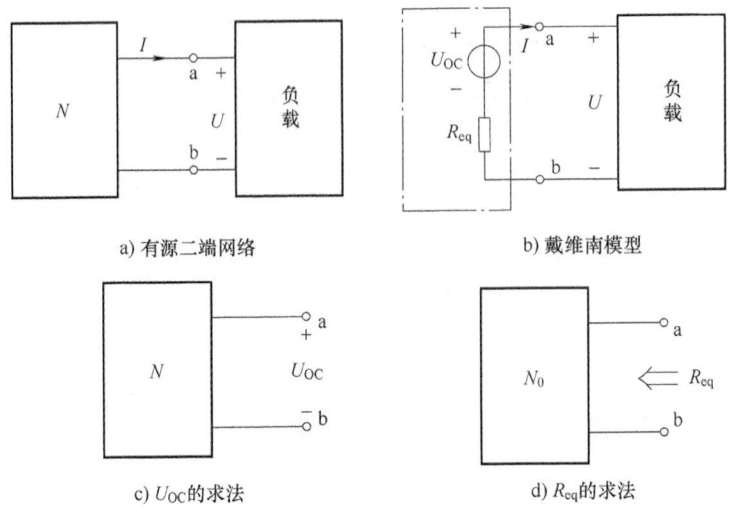

图 1-38 戴维南定理

等效电阻的求解有以下几种方法：

1）化简法。电阻的串、并联化简法。

2）外接电源法。将有源二端网络除源后在端口处外加一个电压 U，则会产生一个电流 I，如图 1-39 所示，得到二端网络的等效电阻为

$$R_{eq} = \frac{U}{I}$$

3）开路短路法。分别求出有源二端网络开路时的电压 U_{OC} 和短路时的电流 I_{SC}，如图 1-40 所示。同时需要注意开路电压 U_{OC} 和短路电流 I_{SC} 的参考方向。则二端网络的等效电阻为

$$R_{eq} = \frac{U_{OC}}{I_{SC}}$$

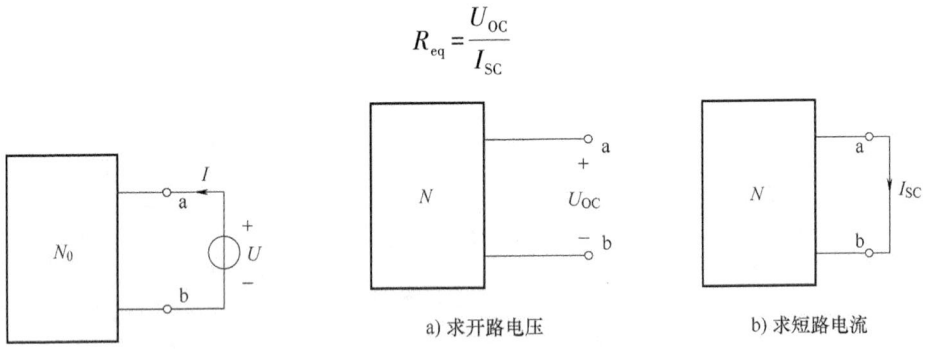

图 1-39 外接电源法求等效电阻　　图 1-40 开路短路法求等效电阻

例 1-9　用戴维南定理求图 1-41a 所示电路中流过 4Ω 电阻的电流 I。

解　（1）将待求支路从原电路中断开，构成二端网络；

（2）求出二端网络开路时的电压 U_{OC}，如图 1-41b 所示，得

$$U_{OC} = U_{ab} = (12 + 2 \times 2)\text{V} = 16\text{V}$$

（3）将二端网络除源（即电压源用短路，电流源用开路替代），如图 1-41c 所示，可得等

效电阻为

$$R_{eq} = 2\Omega$$

（4）根据求得的开路电压和等效电阻，画出戴维南模型，并接上待求支路，如图 1-41d 所示，求得电流为

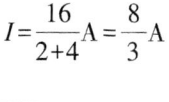

$$I = \frac{16}{2+4}A = \frac{8}{3}A$$

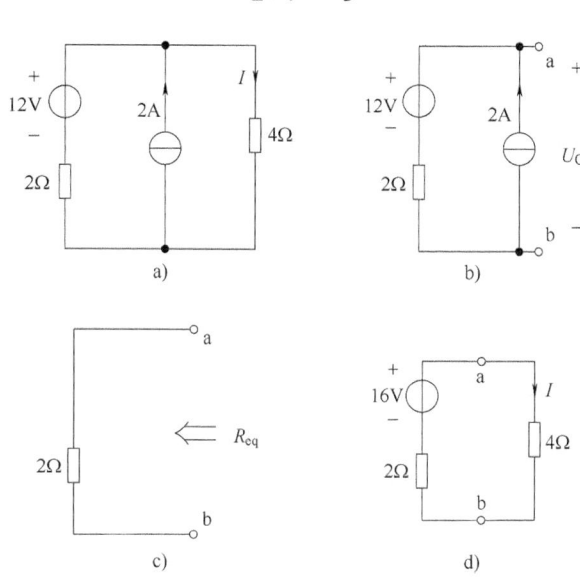

图 1-41　例 1-9 图

例 1-10　如图 1-42 所示电路中，R 电阻可调。求 R 从电路中吸收最大功率时的阻值，最大功率为多少？

解　（1）将待求支路从原电路中断开，构成二端网络，如图 1-42b 所示；

（2）求出二端网络的戴维南等效电路，可以用叠加定理求出开路电压 U_{OC}。

当电流源单独作用时，如图 1-42c 所示，得

$$U'_{OC} = \left(4 \times \frac{12}{12+4} \times 2 + 6 \times 2\right)V = 18V$$

当电压源单独作用时，如图 1-42d 所示，得

$$U''_{OC} = \left(-\frac{4}{12+4} \times 12\right)V = -3V$$

因此开路电压为

$$U_{OC} = U'_{OC} + U''_{OC} = 15V$$

二端网络的等效电阻用图 1-42d 求出，即

$$R_{eq} = \left(\frac{12 \times 4}{12+4} + 6\right)\Omega = 9\Omega$$

（3）画出戴维南等效电路，并接上电阻 R，如图 1-42f 所示。

电阻吸收的功率为

$$P_R = I^2 R = \left(\frac{U_{OC}}{R+R_{eq}}\right)^2 R$$

P_R 的最大值发生在 $\dfrac{dP_R}{dR}=0$ 时，即 $R=R_{eq}$ 时电阻吸收功率最大，最大功率为

$$P_{R\max}=\dfrac{U_{OC}^2}{4R_{eq}}=\dfrac{15^2}{4\times 9}W=6.25W$$

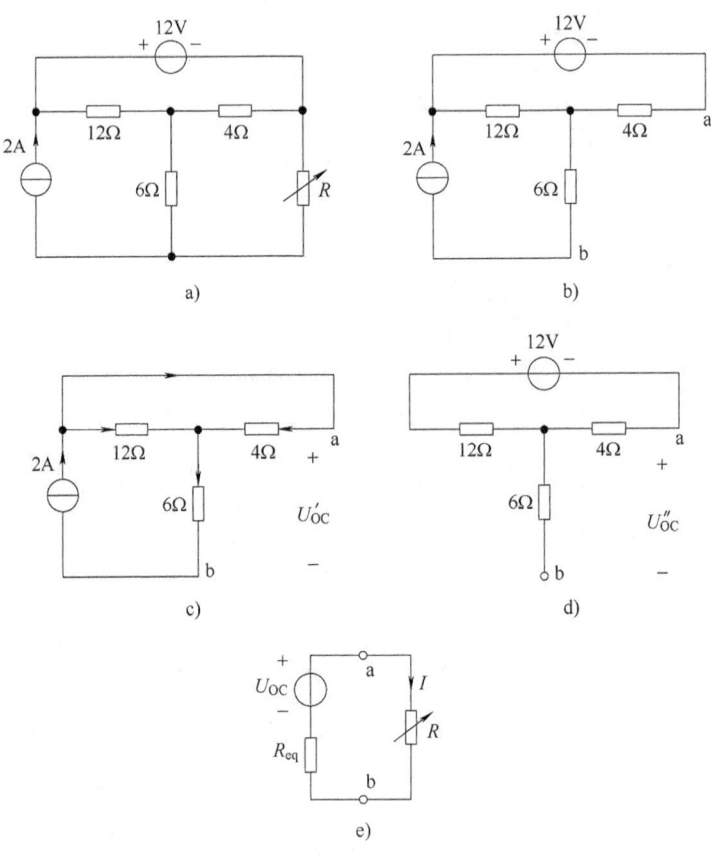

图 1-42　例 1-10 图

习题

1-1　试说明图 1-43 所示电路中各元件电压、电流参考方向是否关联，并判断是电源还是负载。

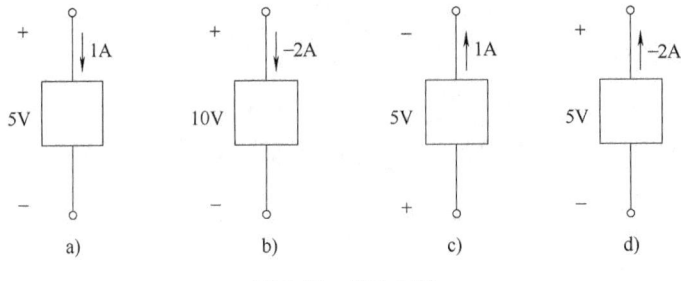

图 1-43　题 1-1 图

1-2　电路中电压和电流的参考方向如图 1-44 所示。已知 $U_1=140V$, $U_2=-90V$, $U_3=60V$, $U_4=-80V$, $U_5=-30V$, $I_1=-4A$, $I_2=6A$, $I_3=10A$。

则：(1) 各电压和电流的实际方向如何？
(2) 哪些元件是电源，哪些元件是负载？
(3) 计算各元件功率。判断电路中电源发出的功率与负载吸收的功率是否平衡？

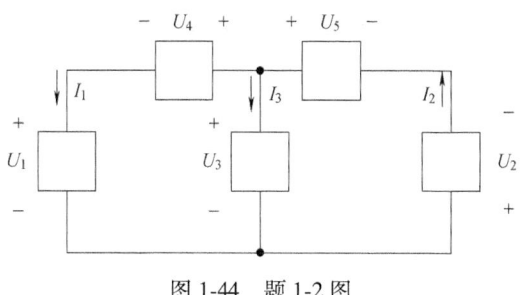

图 1-44 题 1-2 图

1-3 求图 1-45 所示电路中各电源的功率，指出它们是发出功率还是吸收功率。

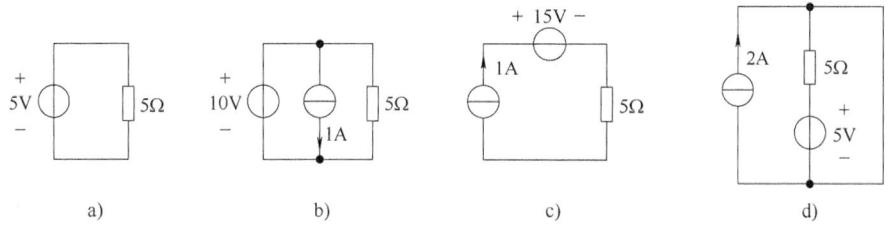

图 1-45 题 1-3 图

1-4 计算图 1-46 所示电路中 A 点的电位。

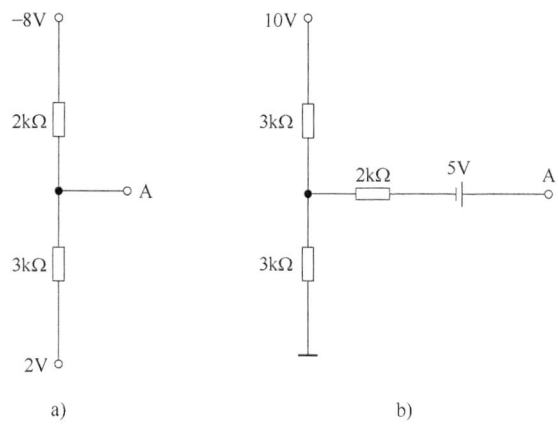

图 1-46 题 1-4 图

1-5 试分别计算图 1-47 所示电路在开关 S 断开和闭合两种情况下 A 点的电位。

1-6 试求图 1-48 所示电路中 A 点和 B 点的电位，如果将 A、B 两点用导线连接，则该电路的工作是否受到影响。

1-7 图 1-49 所示电路中各电路的电阻 $R_1 = R_2 = 300\Omega$，$R_3 = R_4 = 600\Omega$，$R_5 = 100\Omega$。试求开关 S 断开和闭合两种情况下电路的等效电阻 R_{ab}。

1-8 将图 1-50 所示电路化简为最简电压源电路。

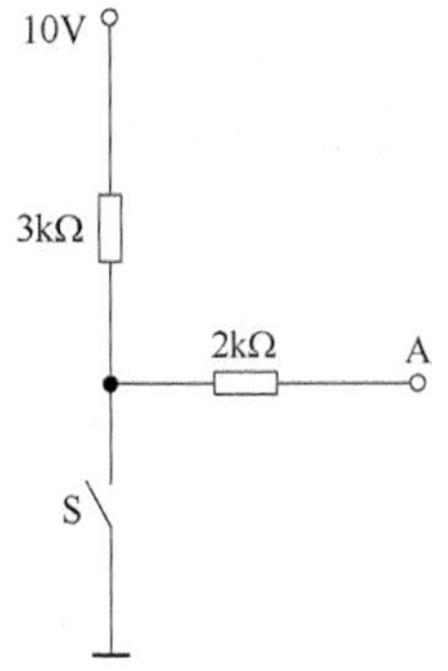

图 1-47 题 1-5 图 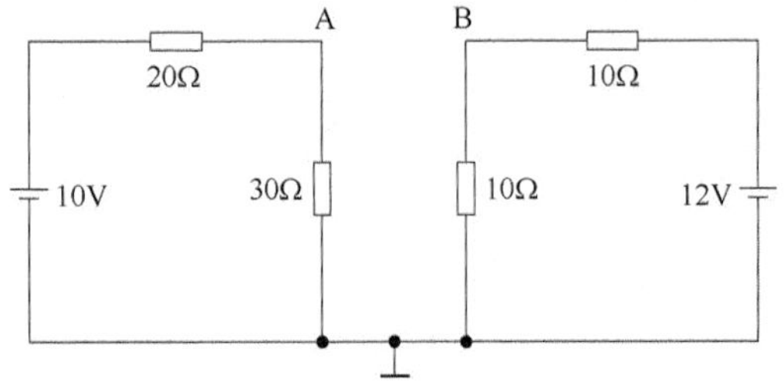   图 1-48 题 1-6 图

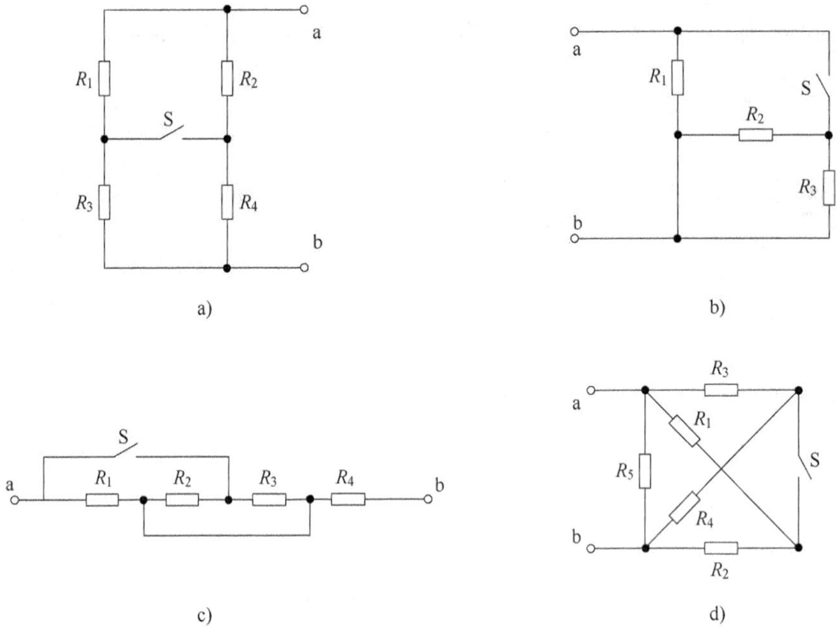

图 1-49 题 1-7 图

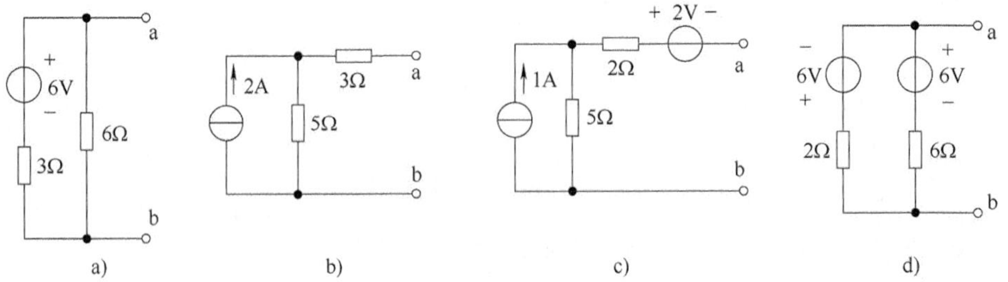

图 1-50 题 1-8 图

1-9 将图 1-51 所示电路化简为最简电路。

1-10 如图 1-52 所示电路，已知 $I_1 = 3A$，$I_2 = 2A$，$I_3 = 4A$，求 I_4、I_5 及 U_{ab}。

1-11 电路如图 1-53 所示，已知 $U_{ab} = 10V$，试列出各支路的伏安关系式，并计算 I 值。

1-12 电路如图 1-54 所示，列出用支路电流法求解各支路电流所需的独立方程。

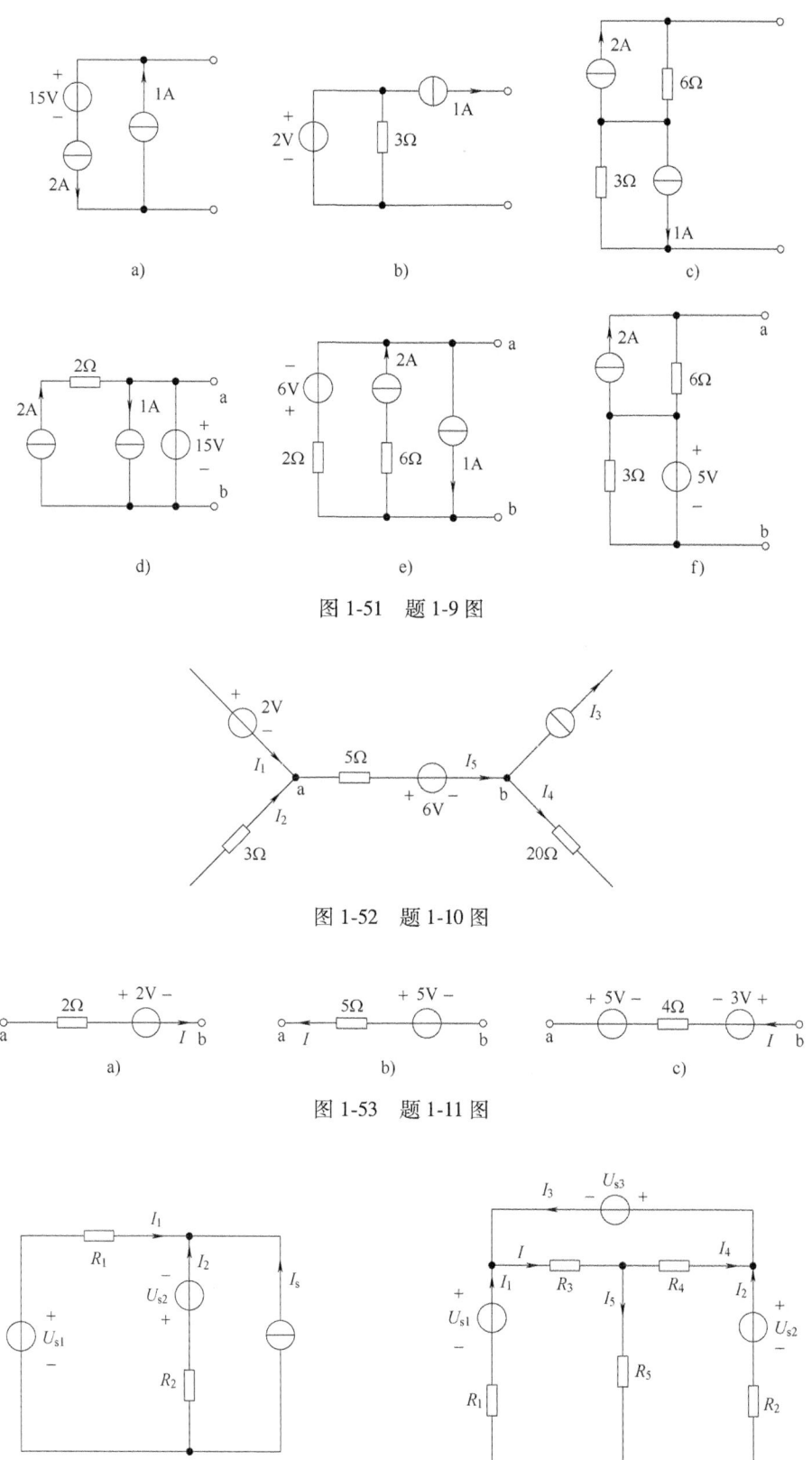

图 1-51 题 1-9 图

图 1-52 题 1-10 图

图 1-53 题 1-11 图

图 1-54 题 1-12 图

1-13 试用叠加定理求图 1-55 所示电路中的各支路电流 I_1、I_2、I_3、I_4。

1-14 用叠加定理求图 1-56 所示电路中 5Ω 电阻上的电压 U。

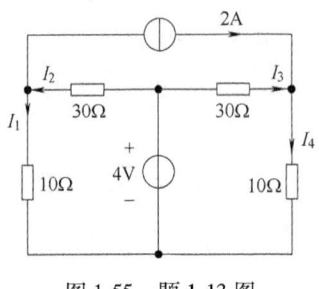

图 1-55　题 1-13 图

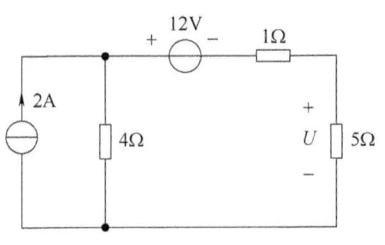

图 1-56　题 1-14 图

1-15 在图 1-57 所示电路中，当开关 S 合在位置 1 时，毫安表的读数为 40mA，当开关 S 合在位置 2 时，毫安表的读数为 20mA，则当开关合在位置 3 时，毫安表的读数为多少？

1-16 电路如图 1-58 所示，求 A、B 两端处于开路状态时的电压 U_{AB}。

1-17 电路如图 1-59 所示，试用戴维南定理求电路中电流 I。

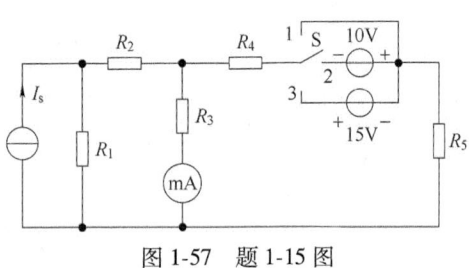

图 1-57　题 1-15 图

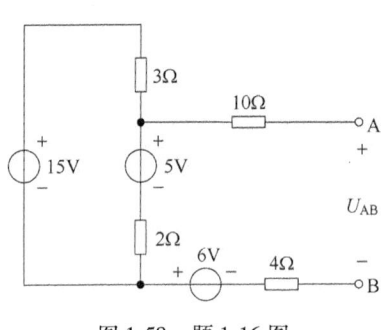

图 1-58　题 1-16 图

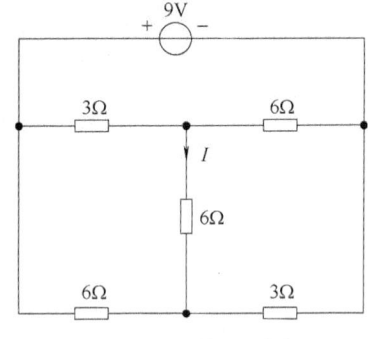

图 1-59　题 1-17 图

1-18 电路如图 1-60 所示，已知 $U_s = 10V$，$R = 10Ω$，$R_1 = 8Ω$，$R_2 = 2Ω$，$R_3 = 1.4Ω$，求负载 R_L 为多大时能获得最大功率，此最大功率是多少？

1-19 电路如图 1-61 所示，当 R_L 为多大时，其获得的功率最大，最大功率为多大？

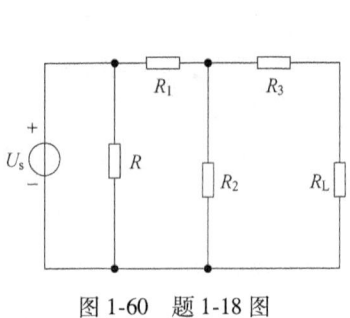

图 1-60　题 1-18 图

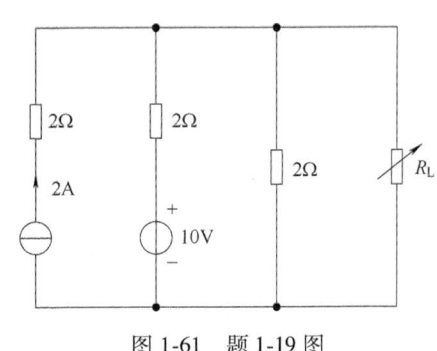

图 1-61　题 1-19 图

第 2 章 正弦交流电路分析

1. 本章摘要

1) 正弦量的基本概念及相量表示；
2) 单一元件在正弦交流电路中的伏安特性；
3) 阻抗的串、并联及电路功率因数的提高；
4) 非正弦交流电路分析；
5) 对称三相电路的分析计算。

2. 本章重点及难点

1) 重点：相量法分析计算正弦交流电路。
2) 难点：阻抗的串、并联计算，三相电路的分析计算。

2.1 正弦交流电的基本概念

工矿企业的机电设备大多采用交流电作为电源。蓄电池的充电及其他一些直流电气设备的电源也是由交流电经过整流后获得。说明交流电有着非常广泛的用途，它有如下优点：

1) 大功率、高电压的交流电比直流电容易生产且生产成本低；
2) 供电部门利用变压器将交流电升压和降压，方便远距离输电，也可以满足不同电气设备的用电需求；
3) 先进的整流技术将交流电整流成直流电，供给一些特殊用途的设备使用，使交流电向更广阔的领域延伸；
4) 使用交流电的设备往往比直流电设备制造工艺简单、造价低、维护方便。

正弦电压和正弦电流是按照正弦规律周期性变化，其波形如图 2-1a 所示。

由于正弦电压和电流方向是周期变化的，在电路图上标出的都是它们的参考方向，即代表正半周的方向，如图 2-1b 所示，在负半周时，由于所标的参考方向与实际方向相反，则其为负值，如图 2-1c 所示。在图中用虚线箭头表示电流的实际方向，⊕和⊖表示电压的实际极性。

2.1.1 正弦交流电的三要素

在分析正弦交流电路时，除了用直观的波形图来表示正弦量，还需写出与波形相对应的解析式，即正弦函数表达式。正弦量的一般形式为

$$u = U_m \sin(\omega t + \psi)$$

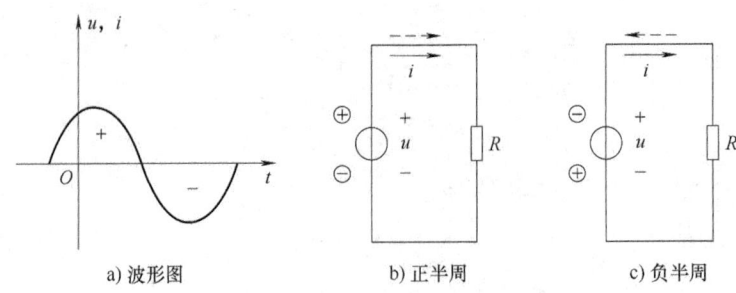

a) 波形图　　　　b) 正半周　　　　c) 负半周

图 2-1　正弦电压和电流

或

$$i = I_m \sin(\omega t + \psi)$$

由数学知识可知，要唯一确定一个正弦量，必须确定它的三要素：最大值（或有效值）、频率（或周期或角频率）和初相位。

1. 最大值与有效值

正弦量在任一瞬间的值为瞬时值，用小写字母表示，如 u 和 i 分别表示电压和电流的瞬时值。瞬时值中最大的值称为幅值或最大值，用带下标的大写字母来表示，如 U_m 和 I_m 分别表示电压和电流的幅值。幅值表征正弦量的大小特征，要注意只有正值没有负值。

在正弦交流电路的计算中，瞬时值和幅值不能有效反映电路在能量转换方面的效果，因此常常用另一个表征大小的量来计算，这就是正弦量的有效值。

有效值是由电流的热效应来定义的。一个周期为 T 的交流电流 $i(t)$ 与一个直流电流 I，分别通过电阻 R，在时间 T 内产生的热量相等，则直流电流 I 的数值称为该交流电流 $i(t)$ 的有效值，即

$$I^2 RT = \int_0^T i^2(t) R \mathrm{d}t$$

可得周期电流的有效值为

$$I = \sqrt{\frac{1}{T} \int_0^T i^2(t) \mathrm{d}t} \tag{2-1}$$

式（2-1）也称为方均根值。

当周期电流 $i(t)$ 为正弦交流电流时，即 $i = I_m \sin(\omega t + \psi)$，则

$$I = \sqrt{\frac{1}{T} \int_0^T [I_m \sin(\omega t + \psi)]^2 \mathrm{d}t} = \frac{I_m}{\sqrt{2}} \approx 0.707 I_m \tag{2-2}$$

同理，正弦交流电压的有效值为

$$U = \frac{U_m}{\sqrt{2}} \approx 0.707 U_m \tag{2-3}$$

有效值都用大写字母表示，和表示直流的字母一样，但是只有正值没有负值。一般正弦交流设备上的额定电流、额定电压都是指有效值；常用的交流电流表、电压表的刻度也是有效值。电力系统中常说的 220V 和 380V 都是指有效值，其对应的最大值为 311V 和 537V。

2. 周期和频率

正弦量变化一次所需的时间称为周期，用 T 表示，其单位为 s（秒）；单位时间内正弦量

变化的次数称为频率，用 f 表示，其单位为 Hz(赫[兹])。频率是周期的倒数，即

$$f = \frac{1}{T} \tag{2-4}$$

周期和频率都是描述正弦量的变化快慢，我国工业及生活用电的频率一般为 50Hz(习惯称工频)，有些国家和地区(如美国、日本等)则为 60Hz。其他各种不同技术领域内使用着各种不同频率，如高频炉的频率为 200~300kHz，中频炉的频率为 500~8000Hz，收音机的中波段频率为 530~1600kHz，短波段频率为 2.3~23MHz。

有时也用角频率来反映交流电的变化速度。角频率是指单位时间内变化的弧度角，用 ω 表示，单位为 rad/s(弧度/秒)。它与频率(f)和周期(T)的关系为

$$\omega = 2\pi f = \frac{2\pi}{T} \tag{2-5}$$

由式(2-5)可知，ω、f、T 三者只要已知其中任意一个，其他两个均可求出。

3. 初相位

正弦量是随时间变化的，不同的时间，有不同的($\omega t + \psi$)，正弦交流电也变化为不同数值，所以($\omega t + \psi$)反映了正弦交流电的变化进程，称为相位。ψ 为 $t = 0$ 时的相位，称为初相位，反映了正弦交流电在起始时刻的状态，它的单位为 rad(弧度)或°(度)。对于一个正弦量，计时起点选择不同，初相位就不同，其初始值也不同。因为正弦量的表达式是一个周期函数，为了表达式的唯一性，初相位的取值范围规定为 $-\pi \leq \psi \leq \pi$。

例 2-1 已知某电路中的电压 $u = 220\sqrt{2}\sin(314t + 30°)$ V。①试指出该电压的幅值、有效值、频率、周期、角频率及初相位各为多少？②画出其波形图。

解 根据正弦电压的表达式 $u = U_m \sin(\omega t + \psi)$，经比较可得

幅值为　　　　　　$U_m = 220\sqrt{2}$ V
有效值为　　　　　$U = 220$ V
角频率为　　　　　$\omega = 314$ rad/s
周期为　　　　　　$T = 0.02$ s
频率为　　　　　　$f = 50$ Hz
初相位为　　　　　$\psi = 30°$

其波形如图 2-2 所示。

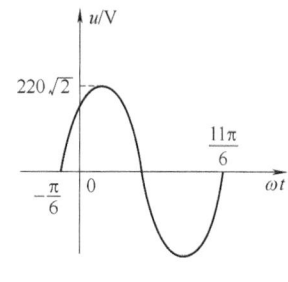

图 2-2　例 2-1 波形图

2.1.2　相位差

两个同频率的正弦量相位之差称为相位差，用 φ 表示。

如　　　　　　　　$u_1 = U_{m1}\sin(\omega t + \psi_1)$
　　　　　　　　　$u_2 = U_{m2}\sin(\omega t + \psi_2)$

则它们的相位差为　$\varphi = (\omega t + \psi_1) - (\omega t + \psi_2) = \psi_1 - \psi_2 \tag{2-6}$

因此，两个同频率的正弦量的相位差等于它们的初相位之差，是一定值，与时间无关。它表明了同一时刻两个同频率正弦量之间的相互关系有以下几种情况：

1) $\varphi = \psi_1 - \psi_2 = 0$，即两个正弦量相位相同，变化步调一致，称为同相。如图 2-3a 所示。

2) $\varphi = \psi_1 - \psi_2 > 0$，即 $\psi_1 > \psi_2$，正弦量 u_1 在相位上超前 $u_2 \varphi$ 角，或者说正弦量 u_2 在相位上滞后 $u_1 \varphi$ 角。说明在变化过程中，u_1 比 u_2 到达某一特定值(如正的幅值)早 φ 角，如图 2-3b 所示。

3) $\varphi=\psi_1-\psi_2<0$，即 $\psi_1<\psi_2$，正弦量 u_1 在相位上滞后 u_2 $|\varphi|$ 角，或者说正弦量 u_2 在相位上超前 u_1 $|\varphi|$ 角。

4) $\varphi=\psi_1-\psi_2=\pm\pi$，正弦量 u_1 与 u_2 相位相反，变化步调完全相反，称为反相。如图 2-3c 所示。

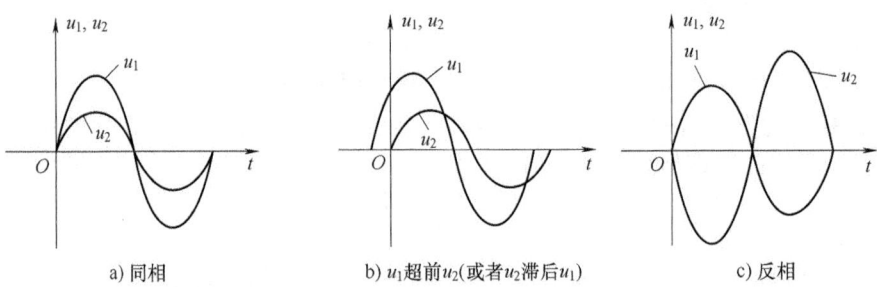

a) 同相　　　　b) u_1 超前 u_2（或者 u_2 滞后 u_1）　　　　c) 反相

图 2-3　正弦量的相位关系

通常相位差的取值范围为 $-\pi\leq\psi\leq\pi$，如果超出此范围，应通过 $\pm2\pi$（或 $\pm360°$）调整，这样超前或滞后关系才能明确。

在正弦交流电路的分析中，当所有正弦量的初相位都未知时，常常设其中一个正弦量的初相位为零，根据相位差来确定其余正弦量的初相位。这个初相位为零的正弦量称为参考正弦量。

2.2　正弦量的相量表示

正弦交流电路中，各电流和电压都是正弦量，要唯一确定一个正弦量必须确定它的三要素。如果直接用三角函数或波形对正弦交流电路进行分析计算将十分烦琐，于是人们又寻求了用相量表示正弦量的方法。相量表示法的基础是复数，就是用复数来表示正弦量。

2.2.1　复数简介

1. 复数的四种表示形式

1) 代数形式。一个复数 A 的代数形式为

$$A=a+jb \tag{2-7}$$

式中，a 为复数的实部；b 为复数的虚部；$j=\sqrt{-1}$ 为虚数单位（在电工技术中为了与电流 i 区分，虚数单位由数学中的 i 改为 j）。

2) 三角形式。在复平面中，复数 A 可以用有向线段 $\overrightarrow{OA}$ 来表示，如图 2-4 所示，有向线段 $\overrightarrow{OA}$ 的长度称为复数 A 的模，用 r 表示；有向线段 $\overrightarrow{OA}$ 与横轴（实轴）的夹角称为复数 A 的辐角，用 θ 表示。复数 A 的实部 a 为有向线段 $\overrightarrow{OA}$ 在实轴上的投影，复数 A 的虚部 b 为有向线段 $\overrightarrow{OA}$ 在虚轴上的投影，所以复数 A 的三角形式记为

$$A=r\cos\theta+jr\sin\theta \tag{2-8}$$

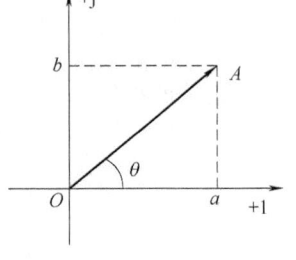

图 2-4　复数的表示

由式(2-7)和式(2-8)可知：$a=r\cos\theta$，$b=r\sin\theta$，$r=\sqrt{a^2+b^2}$，$\theta=\arctan\dfrac{b}{a}$。

3) 指数形式。由欧拉公式 $e^{j\theta}=\cos\theta+j\sin\theta$ 可得复数 A 的指数形式为

$$A=re^{j\theta} \tag{2-9}$$

4) 极坐标形式。式(2-9)也可以写成极坐标形式为

$$A=r\angle\theta \tag{2-10}$$

2. 复数的四则运算

1) 复数的加减运算。设 $A_1=a_1+jb_1$，$A_2=a_2+jb_2$，则

$$A_1\pm A_2=(a_1+jb_1)\pm(a_2+jb_2)=(a_1\pm a_2)+j(b_1\pm b_2) \tag{2-11}$$

由式(2-11)可知，复数的加(减)运算是对两个复数的实部与实部相加(减)，虚部与虚部相加(减)。复数的加减运算用代数形式比较方便。复数的加减运算也可以在复平面上按平行四边形法则作图求出，如图 2-5 所示。

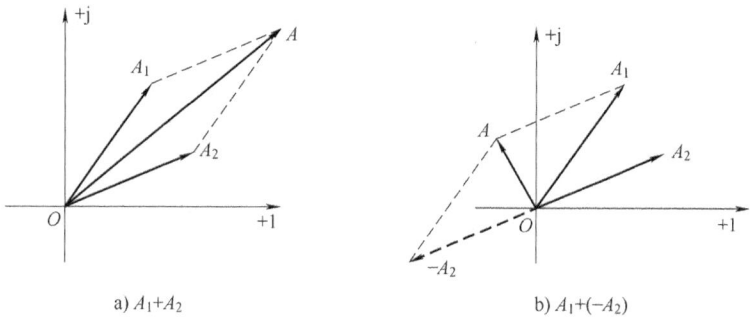

图 2-5 复数的加减运算

2) 复数的乘除运算。设 $A_1=a_1+jb_1=r_1\angle\theta_1$，$A_2=a_2+jb_2=r_2\angle\theta_2$，则

$$A_1\cdot A_2=r_1r_2\angle(\theta_1+\theta_2) \tag{2-12}$$

$$\dfrac{A_1}{A_2}=\dfrac{r_1}{r_2}\angle(\theta_1-\theta_2) \tag{2-13}$$

由式(2-12)和式(2-13)可知，复数的乘(除)法是对两个复数的模相乘(除)，辐角相加(减)。当然，复数的乘除法也可以用代数形式进行运算，只是比较起来，用指数形式或极坐标形式比较方便。复数乘除的几何意义如图 2-6 所示。

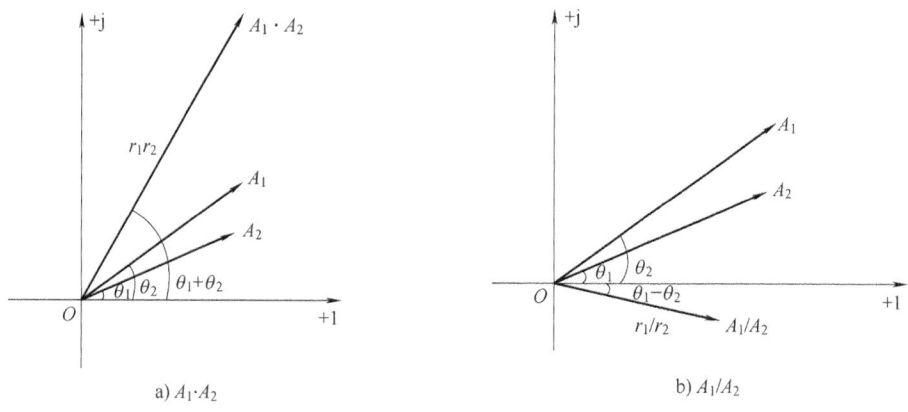

图 2-6 复数的乘除运算

3. 旋转因子

把模为 1 的复数 $e^{j\theta}$ 称为旋转因子。任意复数 A 乘以旋转因子,相当于把复数逆时针旋转 θ,而模保持不变。$j = e^{j90°}$、$-j = e^{-j90°}$ 和 $-1 = e^{j180°}$ 等都可以看成旋转因子。由此推广到 $e^{j\omega t}$,即如果一个复数乘以 $e^{j\omega t}$,则原复数以 ω 的角速度逆时针方向旋转。

2.2.2 正弦量的相量表示法

正弦量可以用一个旋转的复数表示,在同一个正弦电路中,所有电流和电压均为同频率的正弦量,所有复数以相同速度旋转,所有旋转复数之间相对静止。用静止的复数代替旋转的复数讨论问题,其结论与用旋转的复数讨论的结果相同,所以在正弦交流电路中,用旋转复数位于初始位置时的复数来表示正弦量。为了与一般复数相区别,把表示正弦量的复数称为相量,用大写字母上加"·"(如 $\dot{U}$、$\dot{I}$)来表示。如正弦电压 $u = U_m \sin(\omega t + \psi_u)$ 的相量形式为

$$\dot{U} = U \angle \psi_u \qquad (2\text{-}14)$$

或

$$\dot{U}_m = U_m \angle \psi_u \qquad (2\text{-}15)$$

式(2-14)中的 $\dot{U}$ 称为有效值相量,式(2-15)中的 $\dot{U}_m$ 称为最大值相量,一般习惯将有效值相量称为相量。

应当注意,相量只是表示正弦量,而不是等于正弦量,它只表征了正弦量的有效值和初相位两个特征。只有同频率的正弦量,其相量才能画在同一相量图上,只有同频率的正弦量,才能用相量法运算。

例 2-2 试写出 $u_A = 220\sqrt{2}\sin 314t \text{ V}$、$u_B = 220\sqrt{2}\sin(314t - 120°) \text{ V}$、$u_C = 220\sqrt{2}\sin(314t + 120°) \text{ V}$ 的相量,并画出相量图。

解 分别用有效值相量 $\dot{U}_A$、$\dot{U}_B$、$\dot{U}_C$ 表示正弦量 u_A、u_B、u_C,则

$$\dot{U}_A = 220 \angle 0° \text{ V}$$
$$\dot{U}_B = 220 \angle -120° \text{ V}$$
$$\dot{U}_C = 220 \angle 120° \text{ V}$$

相量图如图 2-7 所示。

例 2-3 已知两个正弦电流分别为 $i_1 = 70.7\sin(314t - 30°) \text{ A}$,$i_1 = 60\sin(314t + 60°) \text{ A}$,求 $i = i_1 + i_2$。

解 同频率正弦量相加(减)所得正弦量的和(差)还是一个频率相同的正弦量,可以转换成对应相量间的运算,即

i_1 的相量形式为 $\dot{I}_1 = \dfrac{70.7}{\sqrt{2}} \angle -30° \text{ A} = (43.3 - j25) \text{ A}$

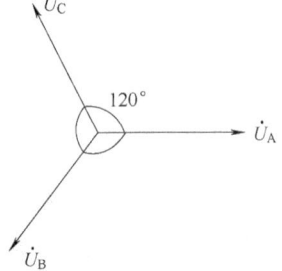

图 2-7 例 2-2 相量图

i_2 的相量形式为 $\dot{I}_2 = \dfrac{60}{\sqrt{2}} \angle 60° \text{ A} = (21.2 + j36.8) \text{ A}$

$$\dot{I} = \dot{I}_1 + \dot{I}_2 = (43.3 - j25) \text{ A} + (21.2 + j36.8) \text{ A} = (64.5 + j11.8) \text{ A} = 65.5 \angle 10.37° \text{ A}$$

由 $\dot{I}$ 写出对应的正弦量为

$$i = 65.5\sqrt{2}\sin(314t + 10.37°) \text{ A} = 92.7\sin(314t + 10.37°) \text{ A}$$

由此例可以推广到多个频率相同正弦量的运算,得到基尔霍夫定律的相量表达式为

$$\sum i = 0 \quad \Rightarrow \quad \sum \dot{I} = 0$$
$$\sum u = 0 \quad \Rightarrow \quad \sum \dot{U} = 0$$

2.3 单一参数的正弦交流电路

2.3.1 电阻元件的交流电路

1. 电阻元件的伏安关系

线性电阻元件在关联参考方向下的交流电路如图 2-8a 所示，设电阻元件上的电流为
$$i_R = I_{Rm}\sin(\omega t + \psi_i)$$
则根据欧姆定律可得
$$u_R = Ri_R = RI_{Rm}\sin(\omega t + \psi_i)$$
与 $u_R = U_{Rm}\sin(\omega t + \psi_u)$ 比较得
$$\begin{cases} U_{Rm} = RI_{Rm} \\ \psi_u = \psi_i \end{cases} \text{或} \quad U_R = RI_R \tag{2-16}$$

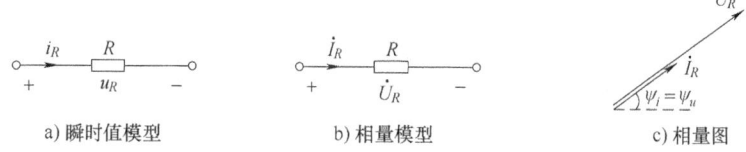

a) 瞬时值模型　　　　b) 相量模型　　　　c) 相量图

图 2-8　电阻元件

2. 电阻元件上电压、电流的相量关系

由于
$$\dot{I}_R = I_R \angle \psi_i, \quad \dot{U}_R = U_R \angle \psi_u = RI_R \angle \psi_i$$
可得
$$\dot{U}_R = R\dot{I}_R \tag{2-17}$$
由式(2-17)画出电阻元件的相量模型和相量图，如图 2-8b 和图 2-8c 所示。

3. 电阻元件的功率

电阻元件的瞬时功率为
$$\begin{aligned} p = u_R i_R &= U_{Rm}I_{Rm}\sin^2\omega t = \frac{U_{Rm}I_{Rm}}{2}(1-\cos 2\omega t) \\ &= U_R I_R (1-\cos 2\omega t) \geq 0 \end{aligned} \tag{2-18}$$

由式(2-18)可见，瞬时功率 p 总是大于或等于零，表明电阻元件是耗能元件，将电能转变为热能。p 由两部分组成，第一部分是常数 $U_R I_R$，第二部分是以 2ω 变化的变化量 $U_R I_R \cos 2\omega t$。在 1 个周期内消耗在电阻元件上的平均功率(也称为有功功率)为

$$P = \int_0^T p\,dt = U_R I_R = I_R^2 R = U_R^2/R \tag{2-19}$$

例 2-4　正弦电压 $u = 200\sqrt{2}\sin(314t + 60°)$ V 作用在一个 $R = 100\Omega$ 的电阻上，试写出在关联参考方向下电阻元件上的电流表达式及有功功率。

解　电压的有效值为
$$U = \frac{U_m}{\sqrt{2}} = 200\text{V}$$

根据电阻元件上电压、电流的大小关系和相位关系,得电流的有效值为

$$I = \frac{U}{R} = 2\text{A}, \quad \psi_u = \psi_i = 60°$$

可得电流表达式为

$$i = 2\sqrt{2}\sin(314t + 60°)\text{ A}$$

有功功率为

$$P = UI = 200 \times 2\text{W} = 400\text{W}$$

2.3.2 电感元件的交流电路

1. 电感元件的伏安关系

线性电感元件在关联参考方向下的交流电路如图 2-9a 所示,设电感元件上的电流为

$$i_L = I_{Lm}\sin(\omega t + \psi_i)$$

则

$$u_L = L\frac{\mathrm{d}i_L}{\mathrm{d}t} = \omega L I_{Lm}\sin\left(\omega t + \psi_i + \frac{\pi}{2}\right)$$

与 $u_L = U_{Lm}\sin(\omega t + \psi_u)$ 比较得

$$\begin{cases} U_{Lm} = \omega L I_{Lm} \quad \text{或} \quad U_L = \omega L I_L = X_L I_L \\ \psi_u = \psi_i + \dfrac{\pi}{2} \end{cases} \tag{2-20}$$

可见,纯电感元件上电压和电流是同频率的正弦量,电压在相位上超前电流 90°。电感元件对交流电路的阻碍作用称为感抗,用 X_L 表示,单位为 Ω(欧[姆]),由于 $X_L = \omega L = 2\pi f L$,表明感抗随着频率 f 的增加而增加,直流电路中频率 f 为零,则感抗为零。

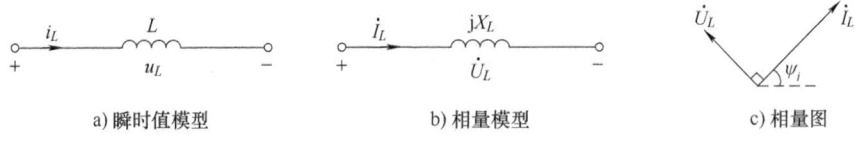

a) 瞬时值模型　　　　b) 相量模型　　　　c) 相量图

图 2-9　电感元件

2. 电感元件上电压、电流的相量关系

由于

$$\dot{I}_L = I_L \angle \psi_i$$

$$\dot{U}_L = U_L \angle \psi_u = X_L I_L \angle \psi_i + \frac{\pi}{2}$$

可得

$$\dot{U}_L = \mathrm{j}X_L \dot{I}_L \tag{2-21}$$

由式(2-21)画出电感元件的相量模型和相量图如图 2-9b 和图 2-9c 所示。

3. 电感元件的功率

电感元件的瞬时功率为

$$p = u_L i_L = U_{Lm} I_{Lm} \sin\left(\omega t + \frac{\pi}{2}\right)\sin\omega t = \frac{U_{Lm} I_{Lm}}{2}\sin 2\omega t = U_L I_L \sin 2\omega t \tag{2-22}$$

由式(2-22)可见,瞬时功率 $p > 0$,电感元件吸收电能,将其转换为磁场能;$p < 0$,电感元件放出存储的磁场能,将其转换为电能。在一个周期内电感元件上的平均功率为

$$P = \int_0^T p\,dt = 0$$

所以，在交流电路中，电感元件不消耗电能，只是与电源进行能量交换。通常把电感元件上瞬时功率的最大值（即交换能量的最大速率）称为无功功率，用 Q_L 表示，单位为 var（乏[尔]），即

$$Q_L = U_L I_L = I_L^2 X_L = U_L^2 / X_L \tag{2-23}$$

例 2-5 把一个电感系数 $L = 0.1\text{H}$ 的电感元件接到电压 $U = 220\text{V}$ 工频交流电源上，试求电感元件的感抗、流经的电流及无功功率。如果频率变为 $f = 500\text{Hz}$，则感抗、电流及无功功率又将变为多少？

解 工频交流电的频率为 $f = 50\text{Hz}$，则
感抗为

$$X_L = 2\pi f L = 31.4\Omega$$

电流为

$$I = \frac{U}{X_L} = \frac{220}{31.4}\text{A} = 7.01\text{A}$$

无功功率为

$$Q_L = U_L I_L = 220 \times 7.01 \text{var} = 1543 \text{var}$$

当频率变为 $f = 500\text{Hz}$ 时
感抗为

$$X_L = 2\pi f L = 314\Omega$$

电流为

$$I = \frac{U}{X_L} = \frac{220}{314}\text{A} = 0.701\text{A}$$

无功功率为

$$Q_L = U_L I_L = 220 \times 0.701 \text{var} = 154.3 \text{var}$$

2.3.3 电容元件的交流电路

1. 电容元件的伏安关系

电容元件在关联参考方向下的交流电路如图 2-10a 所示，设电容元件上的电压为

$$u_C = U_{Cm}\sin(\omega t + \psi_u)$$

则

$$i_C = C\frac{du_C}{dt} = \omega C U_{Cm}\sin\left(\omega t + \psi_u + \frac{\pi}{2}\right)$$

与 $i_C = I_{Cm}\sin(\omega t + \psi_i)$ 比较得

$$\begin{cases} I_{Cm} = \omega C U_{Cm} \quad \left(\text{或 } U_C = \dfrac{1}{\omega C}I_C = X_C I_C\right) \\ \psi_u = \psi_i - \dfrac{\pi}{2} \end{cases} \tag{2-24}$$

可见，电容元件上电压和电流是同频率的正弦量，电压在相位上滞后电流 $90°$。电容元件对交流电路的阻碍作用称为容抗，用 X_C 表示，单位为 Ω（欧[姆]），由于 $X_C = \dfrac{1}{\omega C} = \dfrac{1}{2\pi f C}$，

表明容抗随着频率 f 的增加而减小,直流电路中频率 f 为零,则容抗为无穷大。

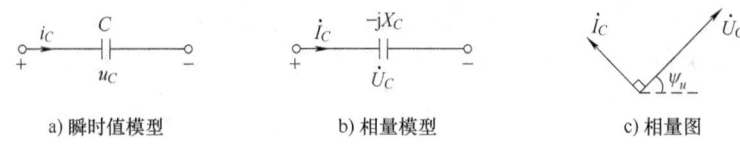

a) 瞬时值模型　　　　b) 相量模型　　　　c) 相量图

图 2-10　电容元件

2. 电容元件上电压电流的相量关系

由于

$$\dot{I}_C = I_C \angle \psi_i, \quad \dot{U}_C = U_C \angle \psi_u = X_C I_C \angle \psi_i - \frac{\pi}{2}$$

可得

$$\dot{U}_C = -jX_C \dot{I}_C \tag{2-25}$$

由式(2-25)画出电容元件的相量模型和相量图如图 2-10b 和图 2-10c 所示。

3. 电容元件的功率

电容元件的瞬时功率为

$$p = u_C i_C = U_{Cm} I_{Cm} \sin\left(\omega t - \frac{\pi}{2}\right) \sin\omega t = -\frac{U_{Cm} I_{Cm}}{2} \sin 2\omega t = -U_C I_C \sin 2\omega t \tag{2-26}$$

由式(2-26)可见:$p>0$,电容元件吸收电能;$p<0$,电容元件放出存储的电场能。在一个周期内电容元件上的平均功率为

$$P = \int_0^T p dt = 0$$

所以,在交流电路中,电容元件不消耗电能,也是与电源进行能量交换。通常把电容元件上瞬时功率的最大值称为无功功率,用 Q_C 表示,单位为 var(乏[尔])。

$$Q_C = -U_C I_C = -I_C^2 X_C = -U_C^2/X_C \tag{2-27}$$

需要说明的是,电感元件和电容元件接在同一交流电路中时,两个元件的能量交换是互补的,即电感吸收能量的时候,电容发出能量;电容吸收能量的时候,电感发出能量。因此电容的无功功率取负值,而电感的无功功率取正值,两者在同一电路中与电源交换能量会减小。

例 2-6　把一个 $C=10\mu F$ 的电容器接到电压 $U=220V$ 的工频交流电源上,试求电容器的容抗、流经的电流及无功功率。如果频率变为 $f=500Hz$,则容抗、电流及无功功率又将变为多少?

解　工频交流电的频率为 $f=50Hz$,则
容抗为

$$X_C = \frac{1}{2\pi f C} = 318.5\Omega$$

电流为

$$I = \frac{U}{X_C} = \frac{220}{318.5}A = 0.69A$$

无功功率为

$$Q_C = -U_C I_C = -220 \times 0.69 \text{var} = -152 \text{var}$$

当频率变为 $f = 500\text{Hz}$ 时

容抗为

$$X_C = \frac{1}{2\pi f C} = 31.8 \Omega$$

电流为

$$I = \frac{U}{X_C} = \frac{220}{31.8} \text{A} = 6.9 \text{A}$$

无功功率为

$$Q_C = -U_C I_C = -220 \times 6.9 \text{var} = -1.52 \text{kvar}$$

2.4 阻抗的串联与并联

2.4.1 RLC 串联的正弦交流电路

1. 电压、电流的相量关系

电阻元件、电感元件和电容元件串联的交流电路如图 2-11a 所示，当电路在正弦电压 u 的激励下，各电路元件有相同的正弦电流 i 流过，在各元件上产生的响应 u_R、u_L、u_C 也是同频率的正弦量。

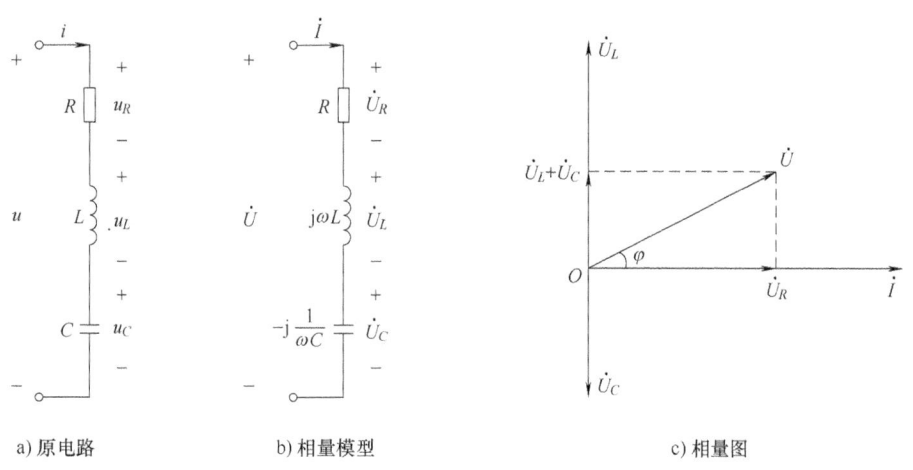

a) 原电路　　　　b) 相量模型　　　　c) 相量图

图 2-11　RLC 串联电路

根据 KVL 可得

$$u = u_R + u_L + u_C$$

画出与原电路相对应的相量模型如图 2-11b 所示，对应的电压方程的相量形式有

$$\dot{U} = \dot{U}_R + \dot{U}_L + \dot{U}_C$$

代入表达式 $\dot{U}_R = R\dot{I}$、$\dot{U}_L = j\omega L \dot{I}$、$\dot{U}_C = -j\frac{1}{\omega C}\dot{I}$，可得

$$\begin{aligned}\dot{U} &= R\dot{I}+\mathrm{j}\omega L\dot{I}-\mathrm{j}\frac{1}{\omega C}\dot{I}=\left[R+\mathrm{j}\left(\omega L-\frac{1}{\omega C}\right)\right]\dot{I} \\ &=(R+\mathrm{j}X)\dot{I}=Z\dot{I}\end{aligned} \tag{2-28}$$

式中，X 为电抗，单位为 Ω，$X=\omega L-\dfrac{1}{\omega C}=X_L-X_C$；$Z$ 为复阻抗，单位为 Ω，$Z=R+\mathrm{j}\left(\omega L-\dfrac{1}{\omega C}\right)=|Z|\angle\varphi$，$|Z|$称为阻抗模，$\varphi$ 称为阻抗角。

式(2-28)也称为相量形式的欧姆定律。画出电路的相量图如图 2-11c 所示，可见总电压的有效值为

$$U=\sqrt{U_R^2+(U_L-U_C)^2}=|Z|I=\sqrt{R^2+(X_L-X_C)^2}I \tag{2-29}$$

由式(2-29)可以看出电压 U、U_R、$U_X=|U_L-U_C|$构成直角三角形，称为电压三角形，如图 2-12a 所示。阻抗$|Z|$与电阻 R、电抗 X 构成阻抗三角形，如图 2-12b 所示。其中阻抗角

$$\varphi=\arctan\frac{X_L-X_C}{R}=\psi_u-\psi_i \tag{2-30}$$

阻抗角 φ 的大小由电路参数决定，当 $X_L>X_C$ 时，电压超前电流 φ 角，电感的作用大于电容的作用，电路呈感性；当 $X_L<X_C$ 时，电压滞后电流$|\varphi|$角，电感的作用小于电容的作用，电路呈容性；当 $X_L=X_C$ 时，电压与电流同相，电路呈电阻性(也称串联谐振)。

a) 电压三角形　　b) 阻抗三角形

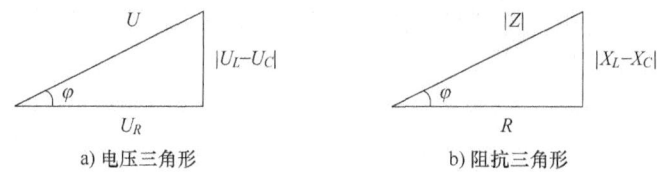

图 2-12　电压三角形和阻抗三角形

2. 功率关系

如图 2-13 所示的无源二端网络，设二端网络的电压与电流分别为

$$u=\sqrt{2}U\sin(\omega t+\psi_u)\text{ 和 }i=\sqrt{2}I\sin(\omega t+\psi_i)$$

则该二端网络吸收的瞬时功率为

$$\begin{aligned}p &= ui=\sqrt{2}U\sin(\omega t+\psi_u)\sqrt{2}I\sin(\omega t+\psi_i) \\ &=2UI\sin(\omega t+\psi_u)\sin(\omega t+\psi_i) \\ &=UI\cos(\psi_u-\psi_i)-UI\cos(2\omega t+\psi_u+\psi_i) \\ &=UI\cos\varphi-UI\cos(2\omega t+\psi_u+\psi_i)\end{aligned} \tag{2-31}$$

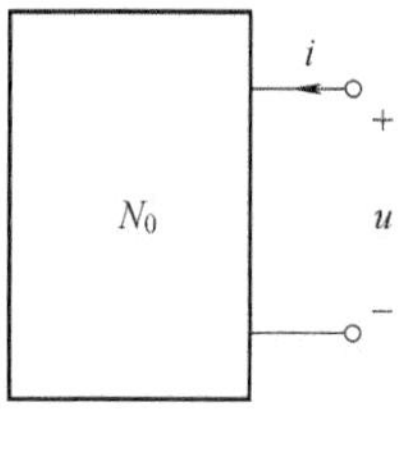

图 2-13　无源二端网络

1）有功功率 P。电路的有功功率，也就是平均功率为

$$P=\int_0^T p\mathrm{d}t=UI\cos\varphi \tag{2-32}$$

由式(2-32)可知，正弦交流电的有功功率不仅与电压、电流的有效值有关，还与电压、电流相位差的余弦有关。$\cos\varphi$ 称为二端网络的功率因数，用 λ 表示，$\varphi=\psi_u-\psi_i$ 称为功率因数角。

有功功率反映电路实际消耗的功率，是无源二端网络中各电阻所消耗功率之和。

2）无功功率 Q。电路中电感、电容与电源之间有能量交换，因此电路中也有无功功率

的存在,与式(2-32)对应的无功功率为

$$Q = UI\sin\varphi \quad (2\text{-}33)$$

感性无功功率与容性无功功率可以互相补偿,因此

$$Q = Q_L + Q_C \quad (2\text{-}34)$$

3)视在功率 S。在正弦交流电路中,电压有效值与电流有效值的乘积称为视在功率,用 S 表示,单位为 V·A(伏·安)。

$$S = UI \quad (2\text{-}35)$$

视在功率 S 常用来表示电气设备的额定容量,它指电气设备可能发出的最大功率,而实际电源设备如发电机能发出多大的有功功率还和与之相接的负载的功率因数有关。P、Q、S 组成一个直角三角形,即功率三角形,如图 2-14 所示,它和前面的电压三角形、阻抗三角形为相似三角形。因此三个功率之间的关系为

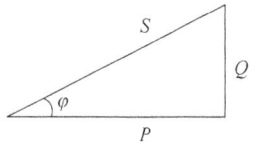

图 2-14 功率三角形

$$\begin{cases} S = \sqrt{P^2 + Q^2} \\ P = S\cos\varphi \\ Q = S\sin\varphi \\ \varphi = \arctan\dfrac{Q}{P} \end{cases} \quad (2\text{-}36)$$

例 2-7 已知 RLC 串联电路中,$R = 20\Omega$,$L = 63.5\text{mH}$,$C = 79.6\mu\text{F}$,电源电压 $u = 220\sqrt{2}\sin(314t+30°)\text{V}$,求(1)电路的复阻抗 Z,说明电路的性质;(2)电路的电流 I;(3)电路的有功功率 P、无功功率 Q 和视在功率 S。

解 (1)由电压表达式可知,电路中 $\omega = 314\text{rad/s}$、$U = 220\text{V}$,则复阻抗为

$$Z = R + \text{j}\left(\omega L - \dfrac{1}{\omega C}\right) = [20 + \text{j}(20-40)]\Omega = 20\sqrt{2}\angle -45°\Omega$$

由于电压滞后电流,所以电路呈容性。

(2)电路的电流有效值为

$$I = \dfrac{U}{|Z|} = \dfrac{220}{20\sqrt{2}}\text{A} = 7.78\text{A}$$

(3)视在功率为

$$S = UI = 220 \times 7.8 \text{V} \cdot \text{A} = 1716 \text{V} \cdot \text{A}$$

有功功率为

$$P = UI\cos\varphi = 220 \times 7.8\cos(-45°)\text{W} = 1216.8\text{W}$$

无功功率为

$$Q = UI\sin\varphi = 220 \times 7.8\sin(-45°)\text{W} = -1216.8\text{var}$$

3. 复阻抗的串联

图 2-15a 所示为两个复阻抗 Z_1、Z_2 串联的电路,根据 KVL 可得

$$\dot{U} = \dot{U}_1 + \dot{U}_2 = Z_1\dot{I} + Z_2\dot{I} = (Z_1 + Z_2)\dot{I} \quad (2\text{-}37)$$

两个串联复阻抗可以用一个等效复阻抗 Z 来代替,等效的条件是两个电路在端口处具有相同的电压和电流关系,根据图 2-15b 所示的等效电路可得

$$\dot{U} = Z\dot{I} \quad (2\text{-}38)$$

比较式(2-37)和式(2-38)得

$$Z = Z_1 + Z_2 \tag{2-39}$$

可见，电路的复阻抗等于各串联复阻抗之和。如果有 n 个复阻抗串联，等效复阻抗为 n 个串联复阻抗之和，即

$$Z = Z_1 + Z_2 + \cdots + Z_n$$

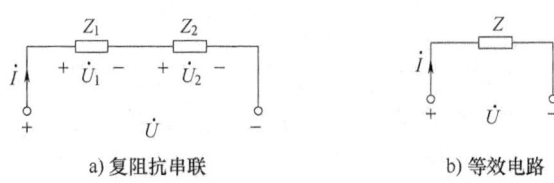

图 2-15　复阻抗串联电路

2.4.2　阻抗的并联

图 2-16a 所示是两个阻抗 Z_1、Z_2 并联的电路，根据 KCL 可得

$$\dot{I} = \dot{I}_1 + \dot{I}_2 = \frac{\dot{U}}{Z_1} + \frac{\dot{U}}{Z_2} = \left(\frac{1}{Z_1} + \frac{1}{Z_2}\right)\dot{U} \tag{2-40}$$

两个并联阻抗也可以用等效复阻抗 Z 来代替，根据图 2-16b 所示的等效电路可得

$$\dot{I} = \frac{\dot{U}}{Z} \tag{2-41}$$

比较式(2-40)和式(2-41)得

$$\frac{1}{Z} = \frac{1}{Z_1} + \frac{1}{Z_2} \tag{2-42}$$

可见，电路复阻抗的倒数等于各并联支路复阻抗倒数之和。

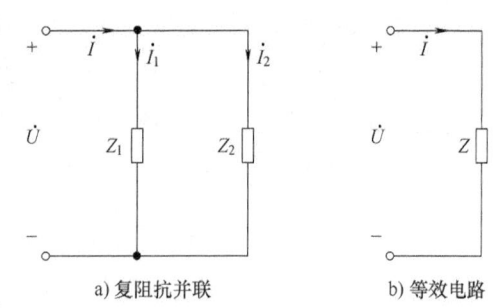

图 2-16　复阻抗的并联电路

常用公式为

$$Z = \frac{Z_1 Z_2}{Z_1 + Z_2} \tag{2-43}$$

例 2-8　图 2-17 所示电路中，电源电压 $\dot{U} = 200\angle 0°\text{V}$，试求：(1) 电路的等效复阻抗 Z；(2) 电路中的电流 $\dot{I}$、$\dot{I}_1$、$\dot{I}_2$。

解　(1) 由电路图可知

$$Z_1 = (100 + j100)\Omega = 100\sqrt{2}\angle 45°\Omega$$
$$Z_2 = -j200\Omega = 200\angle -90°\Omega$$

则

$$Z = \frac{Z_1 \cdot Z_2}{Z_1 + Z_2} = \frac{100\sqrt{2}\angle 45° \times 200\angle -90°}{100 + j100 - j200}\Omega = 200\Omega$$

$$\dot{I} = \frac{\dot{U}}{Z} = \frac{200\angle 0°}{200}\text{A} = 1\text{A}$$

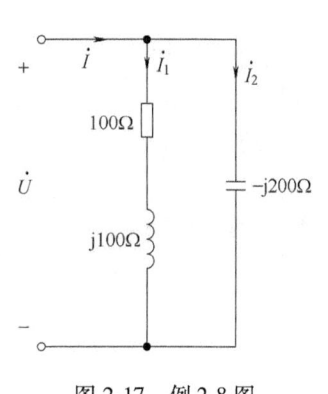

图 2-17　例 2-8 图

(2)
$$\dot{I}_1 = \frac{\dot{U}}{Z_1} = \frac{200\angle 0°}{100\sqrt{2}\angle 45°}A = \sqrt{2}\angle -45°A$$

$$\dot{I}_2 = \frac{\dot{U}}{Z_2} = \frac{200\angle 0°}{200\angle -90°}A = 1\angle 90°A$$

2.5 功率因数的提高

2.5.1 功率因数提高的意义

由于正弦交流电路中负载消耗的功率不仅跟电压、电流有关，还跟电路的功率因数有关，由阻抗三角形可知

$$\cos\varphi = \frac{R}{|Z|}$$

可见功率因数的大小取决于电路的参数和负载的性质。一般的用电设备如电动机、荧光灯等都属于感性负载，它们的功率因数都比较低。负载的功率因数太低将使发电设备的利用率降低，输电线路的能量损耗增大。

发电机（或变压器）都有额定电压、额定电流和视在功率，它们发出功率大小由用电设备性质和运行情况决定。负载功率因数越高，发电机发出的有功功率越多。如容量为 1000V·A 的变压器接功率因数为 0.5 的负载，能发出 500W 的有功功率，而接功率因数为 0.9 的负载，则能发出 900W 的有功功率。在供电方面，负载的功率因数越低，线路中的电流越大，线路的功率损耗越多。如一只 220V/40W、功率因数为 0.5 的荧光灯，正常工作需要线路提供电流 $I = \frac{P}{U\cos\varphi} = \frac{40}{220\times 0.5}A = 0.36A$，如果将此荧光灯的功率因数提高到 0.9，则线路只要提供电流为 $I' = \frac{P}{U\cos\varphi'} = \frac{40}{220\times 0.9}A = 0.2A$，线路电流明显减小。

2.5.2 提高功率因数的方法

供电系统中的负载大多是感性负载，可以用并联补偿电容的方法来提高电路功率因数。

设一感性负载如图 2-18a 所示，用 RL 串联电路表示，其消耗的有功功率为 P，功率因数为 $\cos\varphi_1$，若将功率因数提高到 $\cos\varphi_2$，需要并联多大的电容？

方法一：在并联电容前，电路电流就是感性负载支路的电流，$\dot{I} = \dot{I}_L$，电流滞后电压 φ_1，并联上电容后，电路电流不再只是感性负载支路的电流，而是 $\dot{I} = \dot{I}_L + \dot{I}_C$，此时电流滞后电压 φ_2，画出相量图 2-18b，可见并联电容后电路电流变小了。由相量图可知

$$I_C = I_L\sin\varphi_1 - I\sin\varphi_2 = \omega CU$$

因此

$$C = \frac{I_L\sin\varphi_1 - I\sin\varphi_2}{\omega U} \tag{2-44}$$

方法二：并联电容前后电路的有功功率不变，而无功功率在并联电容前后发生了改变。由功率三角形可知

并联电容前无功功率为

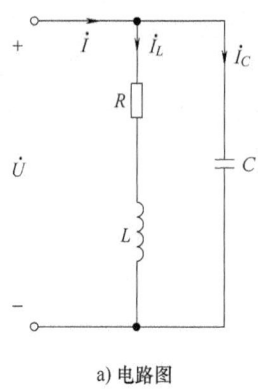
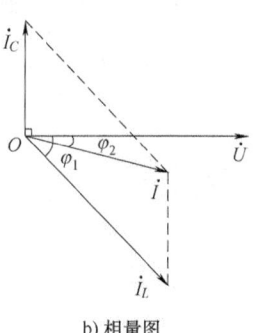

a) 电路图　　　　　　b) 相量图

图 2-18　补偿电容的计算

$$Q_1 = Q_L = P\tan\varphi_1$$

并联电容后

$$Q_2 = Q_L + Q_C = P\tan\varphi_2$$

因此

$$Q_C = Q_2 - Q_1 = -\omega CU^2 = P\tan\varphi_2 - P\tan\varphi_1$$

$$C = \frac{P\tan\varphi_1 - P\tan\varphi_2}{\omega U^2} \tag{2-45}$$

式(2-44)和式(2-45)为将功率因数从 $\cos\varphi_1$ 提高到 $\cos\varphi_2$ 所需并联电容大小的计算公式。

例 2-9　有一功率因数为 0.6 的感性负载接到 220V 的工频交流电源上后,吸收的功率为 10kW。求:

(1) 若将电路的功率因数提高到 0.9(感性),需要并联多大的电容?

(2) 若将电路的功率因数继续从 0.9 提高到 1,需要并联多大的电容? 此时电路的电流为多大?

解　(1) 方法一

根据 $P = UI\cos\varphi$ 可得,并联电容前负载的电流为

$$I_1 = \frac{P}{U\cos\varphi_1} = \frac{10\times 10^3}{220\times 0.6}\text{A} = 75.8\text{A}$$

由于并联电容前后电路的有功功率不变,故并联电容后,电路的电流为

$$I = \frac{P}{U\cos\varphi_2} = \frac{10\times 10^3}{220\times 0.9}\text{A} = 50.5\text{A}$$

根据式(2-44)可得需要并联的补偿电容为

$$C = \frac{I_1\sin(\arccos 0.6) - I\sin(\arccos 0.9)}{\omega U}$$

$$= \frac{75.8\sin 53.1° - 50.5\sin 25.8°}{314\times 220}\mu\text{F} = 559\mu\text{F}$$

方法二

根据式(2-45)可得需要并联的补偿电容为

$$C = \frac{P\tan\varphi_1 - P\tan\varphi_2}{\omega U^2} = \frac{P[\tan(\arccos 0.6) - \tan(\arccos 0.9)]}{\omega U^2}$$

$$= \frac{10 \times 10^3 (\tan 53.1° - \tan 25.8°)}{314 \times 220^2} \mu F = 559 \mu F$$

(2) 将功率因数继续提高到 1 时,由式(2-45)可得需要并联的补偿电容为

$$C' = \frac{P\tan\varphi_1 - P\tan\varphi_2}{\omega U^2} = \frac{P[\tan(\arccos 0.9) - \tan(\arccos 1)]}{\omega U^2}$$

$$= \frac{10 \times 10^3 (\tan 25.8° - \tan 0°)}{314 \times 220^2} \mu F = 318 \mu F$$

此时电路的电流为

$$I' = \frac{P}{U\cos\varphi_2} = \frac{10 \times 10^3}{220} A = 45.45 A$$

比较(1)和(2)的计算结果不难看出,功率因数提高后,电路的电流减小了。功率因数从 0.6 提高到 0.9,电路的电流减小较多,而功率因数从 0.9 提高到 1,电路的电流变化较小,电容的投入相比较却不小,这在工程上并不经济。一般情况下,电路的功率因数提高到 0.9~0.95 即可,不必提高到 1。

2.6 电路的谐振

2.6.1 串联谐振

在正弦稳态电路分析中,二端网络端口的阻抗,不仅可以反映在正弦激励下端口的电压和电流之间幅值关系,还反应它们的相位关系,从而可以判断电路的性质。对某一频率的正弦信号,如果出现电路端口的电压和电流同相位的现象,即电路呈现电阻性,就称该电路发生了谐振。

1. 谐振条件及谐振频率

图 2-19 所示的 RLC 串联电路,其端口阻抗为

$$Z = \frac{\dot{U}}{\dot{I}} = R + j\left(\omega L - \frac{1}{\omega C}\right) \tag{2-46}$$

式(2-46)中,当满足 $\omega L - \frac{1}{\omega C} = 0$ 或 $\omega L = \frac{1}{\omega C}$ 条件时,电路呈电阻性,二端网络端口的电压和电流同相位,此时 RLC 串联电路发生了谐振。满足谐振时的信号频率用 ω_0 或 f_0 表示,即

$$\begin{cases} \omega_0 = \frac{1}{\sqrt{LC}} \\ f_0 = \frac{1}{2\pi\sqrt{LC}} \end{cases} \tag{2-47}$$

式(2-47)说明一个 RLC 串联电路的谐振频率只与电路的元件参数有关,在元件参数 L 和 C 确定后,电路的谐振频率也就确定了,因此谐振频率也可以称为电路的固有频率。RLC

串联电路在谐振时，感抗和容抗在数值上相等，这个谐振时的感抗和容抗称为谐振电路的特性阻抗，用 ρ 表示，即

$$\rho = \omega_0 L = \frac{1}{\omega_0 C} = \sqrt{\frac{L}{C}} \tag{2-48}$$

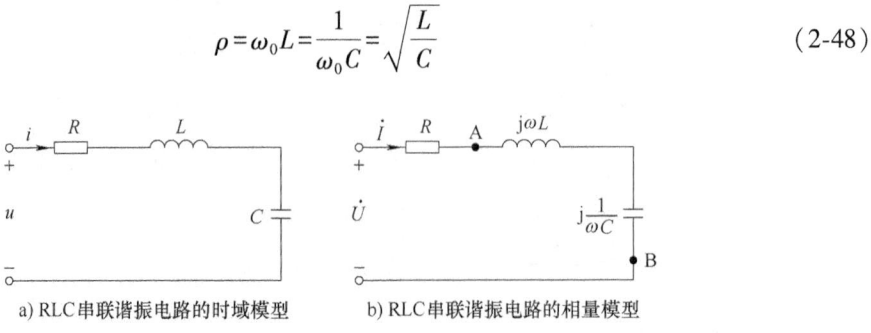

图 2-19 RLC 串联电路

由式(2-48)可知，特性阻抗 ρ 是一个与频率无关的量，它取决于电路动态元件的参数。电路发生谐振的两种方法：一是改变输入信号的频率，使信号频率与电路的固有频率相等；二是改变电路元件参数 L 或 C，使电路的固有频率与输入信号频率相等。

2. RLC 串联谐振电路的特点

在 RLC 串联电路发生谐振时，由于 $\omega_0 L = \dfrac{1}{\omega_0 C}$，电路的阻抗为

$$Z_0 = R + j\left(\omega_0 L - \frac{1}{\omega_0 C}\right) = R$$

显然电路谐振时阻抗最小，为一个纯电阻。电路中的电流将达到最大值，用 I_0 表示为

$$I_0 = \frac{U_s}{R} \tag{2-49}$$

式(2-49)中，I_0 称为谐振电流，它是电路谐振时的一个重要特征，常用电流是否达到最大来判断电路是否发生了串联谐振。

在无线电技术中，常将谐振时电路的感抗或容抗(即特性阻抗)与电路的电阻 R 的比值称为品质因数，用 Q 表示。品质因数可以用来表征谐振电路的性能，是一个与电路参数有关的常数，即

$$Q = \frac{\omega_0 L}{R} = \frac{1}{\omega_0 CR} = \frac{1}{R}\sqrt{\frac{L}{C}} \tag{2-50}$$

在谐振时，各元件上的电压有效值分别为

$$U_R = U_s$$

$$U_L = U_C = I_0 \rho = \frac{U_s}{R}\rho = QU_s$$

电感和电容上的电压大小相等，方向相反，互相抵消，在图 2-19b 中，A、B 两点之间可以看成短路。电阻上的电压等于电源电压，所以串联谐振又称电压谐振。

例 2-10 一个 RLC 串联电路，如图 2-19a 所示。已知激励 $u = 10\sqrt{2}\sin\omega t \text{V}$，频率 $f = 1\text{MHz}$，改变电容 C 使电路发生谐振，测得 $I_0 = 1\text{A}$，$U_{C0} = 100\text{V}$。试求元件参数 R、L、C 及

电路的品质因数 Q。

解 激励电源电压的有效值为 $U=10\text{V}$，由谐振电流可知

$$R=\frac{U_0}{I_0}=10\Omega$$

谐振时，由电容上的电压可知品质因数为

$$Q=\frac{U_{C0}}{U}=\frac{100\text{V}}{10\text{V}}=10$$

而品质因数 $Q=\frac{\omega_0 L}{R}=10$，谐振频率 $f=1\text{MHz}$，所以有

$$L=\frac{QR}{2\pi f}=0.16\times10^{-4}\text{H}$$

由 $\omega_0 L=\frac{1}{\omega_0 C}$，得

$$C=0.16\times10^{-8}\text{F}$$

2.6.2 并联谐振

图 2-20 所示是线圈 RL 与电容器 C 并联的电路，电路的复阻抗为

$$Z=\frac{(R+\text{j}\omega L)\left(-\text{j}\frac{1}{\omega C}\right)}{R+\text{j}\omega L-\text{j}\frac{1}{\omega C}}=\frac{R+\text{j}\omega L}{1+\text{j}\omega CR-\omega^2 LC}$$

线圈的电阻通常很小，即 $R\ll\text{j}\omega L$，可以忽略，则上式可以写成

$$Z\approx\frac{\text{j}\omega L}{1+\text{j}\omega CR-\omega^2 LC}=\frac{1}{\frac{RC}{L}+\text{j}\left(\omega C-\frac{1}{\omega L}\right)} \quad (2-51)$$

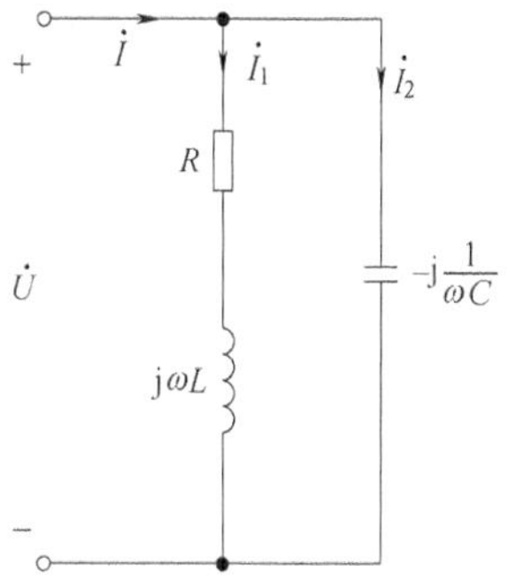

由式(2-51)可知，当 $\omega C-\frac{1}{\omega L}=0$ 时，并联电路发生谐振，端钮上的电压与电流同相，谐振频率为

$$f_0\approx\frac{1}{2\pi\sqrt{LC}} \quad (2-52)$$

图 2-20 RL 与 C 并联的电路

并联谐振具有如下特点：

1）谐振时复阻抗的模 $|Z_0|=\frac{L}{RC}$ 最大，在电源电压 U 一定的情况下，电路中的电流 $I_0=\frac{U}{|Z_0|}$ 在谐振时达到最小；

2）由于电源电压与电路中电流同相，因此电路对电源呈现电阻性；

3）并联各支路电流因谐振而远大于总电流，所以并联谐振又称电流谐振。

并联谐振现象常被应用于电子技术中的选频电路和振荡电路。

2.7 非正弦周期电流电路的概念

除了正弦电压和电流外,在实际应用中还常常遇到电压和电流按非正弦规律变化的情况,如图 2-21 所示的矩形波和锯齿波。

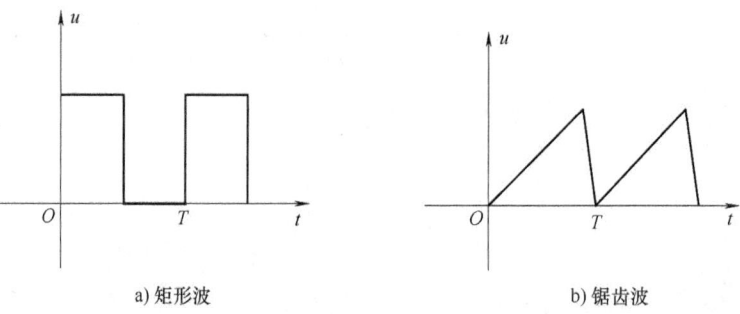

图 2-21 非正弦周期量

一个非正弦周期函数只要满足狄里赫利条件,就可以分解为傅里叶级数为

$$f(t) = A_0 + A_{1m}\sin(\omega t + \psi_1) + A_{2m}\sin(2\omega t + \psi_2) + \cdots$$
$$= A_0 + \sum_{k=1}^{\infty} A_{km}\sin(k\omega t + \psi_k) \tag{2-53}$$

式(2-53)中第一项 A_0 称为恒定分量(或直流分量),也是非正弦周期函数一个周期内的平均值。第二项 $A_{1m}\sin(\omega t + \psi_1)$ 的频率与非正弦周期函数的频率相同,称为基波(或一次谐波),以后各项称为高次谐波,如 $k=2,3,\cdots$ 的各项分别称为二次谐波、三次谐波等。

非正弦周期量的有效值也是用公式 $I = \sqrt{\dfrac{1}{T}\displaystyle\int_0^T i^2 \mathrm{d}t}$,把 $i = I_0 + \displaystyle\sum_{k=1}^{\infty} I_{km}\sin(k\omega t + \psi_k)$ 代入后计算可得

$$I = \sqrt{I_0^2 + I_1^2 + I_2^2 + \cdots} \tag{2-54}$$

式(2-54)中 $I_1 = \dfrac{I_{1m}}{\sqrt{2}}$,$I_2 = \dfrac{I_{2m}}{\sqrt{2}}$,…为各次谐波的有效值。

同理可得

$$U = \sqrt{U_0^2 + U_1^2 + U_2^2 + \cdots}$$

非正弦周期量的平均功率可用公式 $P = \dfrac{1}{T}\displaystyle\int_0^T p\mathrm{d}t = \dfrac{1}{T}\displaystyle\int_0^T ui\mathrm{d}t$ 计算。

设某无源二端网络的端电压和电流分别为

$$u = U_0 + \sum_{k=1}^{\infty} U_{km}\sin(k\omega t + \psi_{uk})$$

$$i = I_0 + \sum_{k=1}^{\infty} I_{km}\sin(k\omega t + \psi_{ik})$$

代入公式计算可得

$$P = U_0 I_0 + U_1 I_1 \cos\varphi_1 + U_2 I_2 \cos\varphi_2 + \cdots \tag{2-55}$$

式(2-55)中 $\varphi_1 = \psi_{u1} - \psi_{i1}$,$\varphi_2 = \psi_{u2} - \psi_{i2}$,说明非正弦周期电流电路的平均功率等于直流分

量和各次谐波分量构成的平均功率之和,不同频率的电压和电流不构成平均功率。

下面通过具体的例子来说明非正弦周期电流电路的计算。

例 2-11 某二端网络端口处的电压和电流的表达式分别为 $u = [50 + 20\sin(\omega t + 20°) + 6\sin(3\omega t + 80°)]$ V,$i = [10 + 10\sin(\omega t - 10°) + 5\sin(5\omega t + 20°)]$ A,试求电路中电压、电流的有效值和电路所消耗的平均功率。

解 电压有效值为

$$U = \sqrt{50^2 + 20^2/2 + 6^2/2} \text{ V} = \sqrt{2718} \text{ V} = 52.13 \text{ V}$$

电流有效值为

$$I = \sqrt{10^2 + 10^2/2 + 5^2/2} \text{ A} = \sqrt{162.5} \text{ A} = 12.75 \text{ A}$$

平均功率为

$$P = \left(50 \times 10 + \frac{1}{2} \times 20 \times 10 \cos 30°\right) \text{ W} = 586.6 \text{ W}$$

例 2-12 如图 2-22 所示的单口网络,若 $u(t) = [20 + 10\sqrt{2}\sin(2\omega t + 30°)]$ V,$R = 10\Omega$,$\omega L = 5\Omega$,求电流 $i(t)$ 及该电路的平均功率 P。

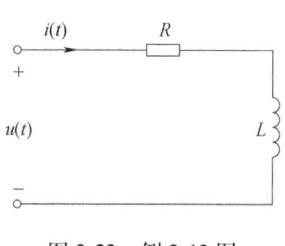

图 2-22 例 2-12 图

解 在直流分量 $U_{(0)} = 20$ V 的作用下,有

$$I_{(0)} = \frac{U_{(0)}}{R} = \frac{20}{10} \text{A} = 2 \text{A}$$

在二次谐波 $u_{(2)}(t) = 10\sqrt{2}\sin(2\omega t + 30°)$ V 作用下,有

$$Z_{(2)} = R + j2\omega L = (10 + j10) \Omega$$

$$\dot{I}_{(2)} = \frac{\dot{U}_{(2)}}{Z_{(2)}} = \frac{10 \angle 30°}{10 + j10} \text{A} = \frac{\sqrt{2}}{2} \angle -15° \text{A}$$

则

$$i_{(2)}(t) = \sin(2\omega t - 15°) \text{ A}$$

故电路的电流为

$$i(t) = I_{(0)} + i_{(2)}(t) = [2 + \sin(2\omega t - 15°)] \text{ A}$$

电路的平均功率为

$$P = P_{(0)} + P_{(2)} = \left(20 \times 2 + 10 \times \frac{\sqrt{2}}{2} \cos 45°\right) \text{ W} = 45 \text{ W}$$

需要注意的是:同一支路的电流瞬时值相加,不同频率的相量相加是没有意义的;感抗在不同频率谐波作用下是不同的。

2.8 三相电路

前面介绍的正弦稳态电路是单相交流电路,而实际上电力系统采用的是三相交流电源组成的供电系统。与单相交流电路相比,三相交流电路无论在电能的产生、输送、分配和使用上都有着技术上和经济上的优势。例如:在发电机尺寸相同的情况下,三相发电机可以发出更多的功率;在相同距离,以相同电压传输相同功率时,三相电路可以节省近 1/3 的有色金属;还有一些动力设备,如三相电动机,具有结构简单、运行可靠、维护方便等优点。

2.8.1 三相电源

三相电源是由三个大小相等、频率相同、相位互差120°的对称电源组成。三相发电机的工作原理如图 2-23 所示，它主要由定子和转子组成。其中定子是电枢，由三组相同的在空间上相隔 120°的绕组嵌在铁心中构成，三组绕组分别用 AX、BY、CZ 表示，A、B、C 为相头，X、Y、Z 为相尾。铁心由硅钢片叠成。转子是磁极，在铁心上绕上励磁线圈后通入直流电，只要有合理的励磁线圈和极面形状，就可以在气隙中产生按正弦规律分布的磁场。当转子以角速度 ω 匀速旋转时，绕组切割磁力线产生三个按正弦规律变化的感生电动势，用 u_A、u_B、u_C 表示三组绕组的电压，设方向由相头指向相尾，以 AX 相电压为参考正弦量，即 $t=0$ 时初相位为零，则有

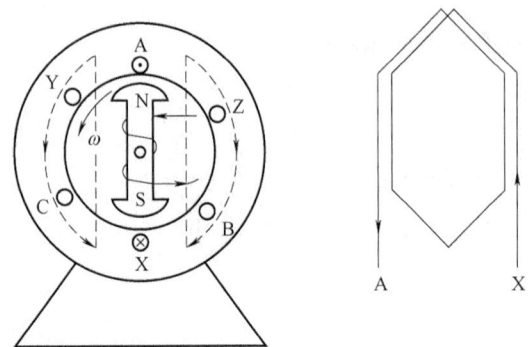

图 2-23 三相发电机原理图

$$\begin{cases} u_A = U_m \sin\omega t \\ u_B = U_m \sin(\omega t - 120°) \\ u_C = U_m \sin(\omega t + 120°) \end{cases} \quad (2\text{-}56)$$

如果用相量形式表示，则有

$$\begin{cases} \dot{U}_A = U \angle 0° \\ \dot{U}_B = U \angle -120° \\ \dot{U}_C = U \angle 120° \end{cases} \quad (2\text{-}57)$$

三相电源达到最大值或零值的先后顺序称为相序。上述相序为 A—B—C—A，即 A 相超前 B 相 120°、B 相超前 C 相 120°、C 相又超前 A 相 120°，称为正序(或顺序)。反之，如果相序为 A—C—B—A，则称为负序(或逆序)。不进行特殊说明，本章所指的相序都是正序。A、B、C 三相母线的颜色通常用黄、绿、红三色区别，A 相可以任意设定，但一旦 A 相确定，B、C 两相也就确定了，比 A 相滞后 120°的一定是 B 相，不能混淆。

三相电源电压的波形图和相量图如图 2-24 所示。由此可以看到，三相电源有

$$\begin{cases} u_A + u_B + u_C = 0 \\ \dot{U}_A + \dot{U}_B + \dot{U}_C = 0 \end{cases} \quad (2\text{-}58)$$

2.8.2 三相电源的连接

三相电源如果仅仅接成三个独立的供电线路就不能展示它的优势，实际电源有星形(Y)联结和三角形(△)联结两种连接方式。

1. 星形(Y)联结

如图 2-25 所示，如果将三相电源的相尾连在一起，形成一个中性点 N，从中性点可以引出一根线称为中性线，中性点接地，中性点俗称零点，中性线俗称零线。相头 A、B、C

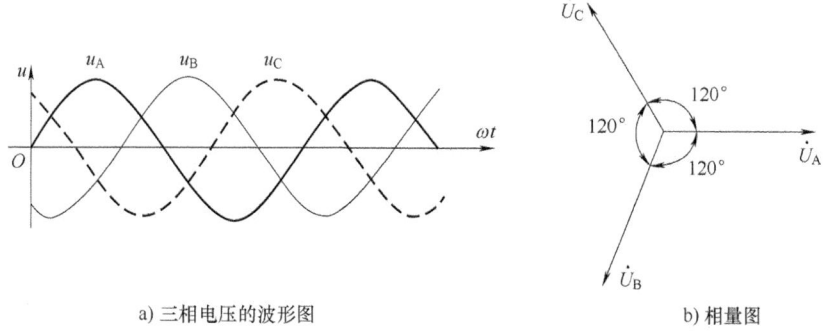

a) 三相电压的波形图   b) 相量图

图 2-24 三相电压的波形图和相量图

分别引出三根输电线,称为相线(端线),俗称火线。三相电路系统中有中性线的称为三相四线制电路,没有中性线的称为三相三线制电路。

如图 2-25 所示,相线与中性线间的电压 $\dot{U}_{AN}$、$\dot{U}_{BN}$、$\dot{U}_{CN}$ 称为相电压,有效值用 U_p 表示。相线与相线间的电压 $\dot{U}_{AB}$、$\dot{U}_{BC}$、$\dot{U}_{CA}$ 称为线电压,有效值用 U_l 表示。线电压与相电压的关系为

$$\begin{cases} \dot{U}_{AB} = \dot{U}_{AN} - \dot{U}_{BN} \\ \dot{U}_{BC} = \dot{U}_{BN} - \dot{U}_{CN} \\ \dot{U}_{CA} = \dot{U}_{CN} - \dot{U}_{AN} \end{cases} \quad (2\text{-}59)$$

如果相电压是对称的,并设 $\dot{U}_{AN} = U_p \angle 0°$,可以画出相量图,如图 2-26 所示,得

$$\begin{cases} \dot{U}_{AB} = \sqrt{3}\,\dot{U}_{AN} \angle 30° = \sqrt{3}\,U_p \angle 30° \\ \dot{U}_{BC} = \sqrt{3}\,\dot{U}_{BN} \angle 30° = \sqrt{3}\,U_p \angle -90° \\ \dot{U}_{CA} = \sqrt{3}\,\dot{U}_{CN} \angle 30° = \sqrt{3}\,U_p \angle 150° \end{cases} \quad (2\text{-}60)$$

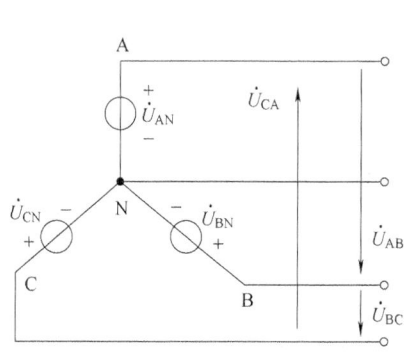

图 2-25 三相电源的星形联结

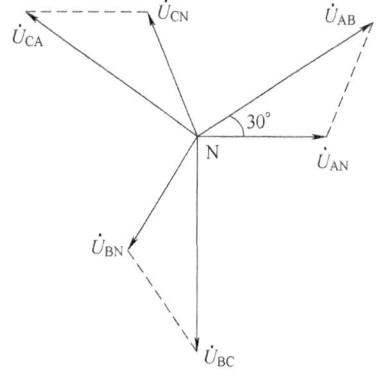

图 2-26 三相电源星形联结时的相量图

由式(2-60)可得出结论:三相对称电源进行星形联结时,相电压对称,则线电压也对称。线电压的大小是相电压的 $\sqrt{3}$ 倍,即 $U_l = \sqrt{3}\,U_p$;线电压的相位比对应的相电压超前 30°,

如 $\dot{U}_{AB}$ 超前 $\dot{U}_{AN}$ 30°。

显然，三相电源进行星形联结可以得到两组电压：线电压和相电压。实际采用的三相四线制电路中 380V/220V 就是这两种电压。

2. 三角形（△）联结

如图 2-27 所示，将三相电源相头和相尾依次相连，即 X 与 B 相连、Y 与 C 相连、Z 与 A 相连，然后从三个连接点处引出三根端线，这就是三角形联结。

由图 2-27 可以看出三相电源进行三角形联结时，线电压与相电压相同，即 $\dot{U}_{AB}=\dot{U}_{A}$、$\dot{U}_{BC}=\dot{U}_{B}$、$\dot{U}_{CA}=\dot{U}_{C}$。三个相电压构成一个闭合回路，在接线正确的情况下，由于对称三相电压 $\dot{U}_{A}+\dot{U}_{B}+\dot{U}_{C}=0$，回路中不会有环流产生。如果不慎接反某一相（假设 A 相接反），则 $-\dot{U}_{A}+\dot{U}_{B}+\dot{U}_{C}=-2\dot{U}_{A}\neq 0$，由于电源内阻很小，将会在回路中产生很大的环流而将电源烧坏。为避免此类事故发生，可以在回路中串联一量程大于相电压 2 倍的电压表，根据电压表的读数判断接线是否正确。

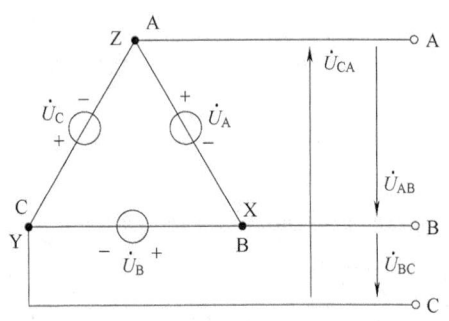

图 2-27 三相电源的三角形联结

2.8.3 三相负载的连接

三相负载也有星形和三角形两种连接方式。

1. 星形（Y）联结

如图 2-28 所示电路的负载为星形联结，负载中性点 N'经中性线与电源中性点 N 相连，流经中性线的电流 $\dot{I}_{N'N}$ 称为中性线电流，负载的另一端 A、B、C 与电源相连，流经端线的电流 $\dot{I}_{A}$、$\dot{I}_{B}$、$\dot{I}_{C}$ 称为线电流，有效值用 I_l 表示，流经负载的电流 $\dot{I}_{AN'}$、$\dot{I}_{BN'}$、$\dot{I}_{CN'}$ 称为相电流，有效值用 I_p 表示。显然，负载星形联结时线电流等于相对应的相电流，即 $\dot{I}_{A}=\dot{I}_{AN'}$、$\dot{I}_{B}=\dot{I}_{BN'}$、$\dot{I}_{C}=\dot{I}_{CN'}$。在图 2-28 所示的参考方向下，有

$$\dot{I}_{N'N}=\dot{I}_{A}+\dot{I}_{B}+\dot{I}_{C} \tag{2-61}$$

当负载对称时，即 $Z_A=Z_B=Z_C=|Z|\angle\varphi_Z$ 时，三个线电流也是对称的，有

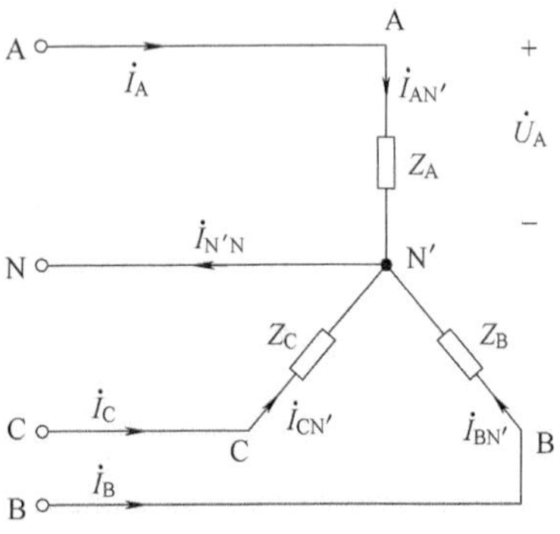

$$\dot{I}_{N'N}=\dot{I}_{A}+\dot{I}_{B}+\dot{I}_{C}=0$$

图 2-28 三相负载的星形联结

所以此时中性线的有无对电路没有任何影响。在实际负载中，三相电动机是对称负载，故三相电动机进行星形联结时常不接中性线。

2. 三角形（△）联结

如图 2-29 所示电路，三相负载首尾相接连成三角形后与电源相接，这种联结只能构成三相三线制电路，并且负载的相电压等于电源的线电压。负载的相电流分别为 $\dot{I}_{AB}$、$\dot{I}_{BC}$、

$\dot{I}_{CA}$,线电流与相电流的关系为

$$\begin{cases} \dot{I}_A = \dot{I}_{AB} - \dot{I}_{CA} \\ \dot{I}_B = \dot{I}_{BC} - \dot{I}_{AB} \\ \dot{I}_C = \dot{I}_{CA} - \dot{I}_{BC} \end{cases} \quad (2\text{-}62)$$

当三相负载电流对称,并设 $\dot{I}_{AB} = I_p \angle 0°$,可以画出相量图2-30,得

$$\begin{cases} \dot{I}_A = \sqrt{3}\dot{I}_{AB} \angle -30° = \sqrt{3}I_p \angle -30° \\ \dot{I}_B = \sqrt{3}\dot{I}_{BC} \angle -30° = \sqrt{3}I_p \angle -150° \\ \dot{I}_C = \sqrt{3}\dot{I}_{CA} \angle -30° = \sqrt{3}I_p \angle 90° \end{cases} \quad (2\text{-}63)$$

由式(2-63)可得出结论:三相对称负载进行三角形联结时,相电流对称,则线电流也对称。线电流的大小是相电流的$\sqrt{3}$倍,即 $I_l = \sqrt{3}I_p$,线电流的相位比相对应的相电流滞后30°,如 $\dot{I}_A$ 滞后 $\dot{I}_{AB}$ 30°。

三相负载三角形联结时,可以将负载看成一个广义节点,总是有 $\dot{I}_A + \dot{I}_B + \dot{I}_C = 0$,与电路对称与否无关。

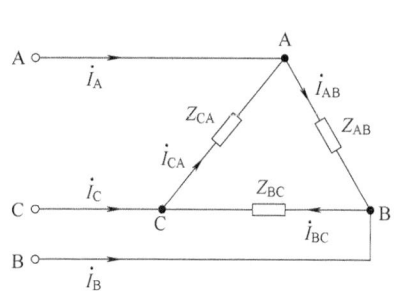

图 2-29 三相负载的三角形联结

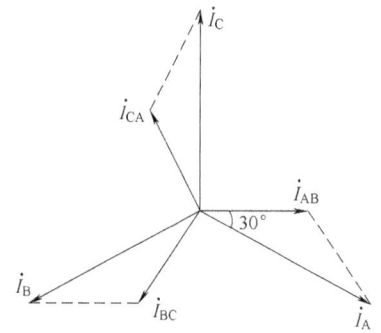

图 2-30 三相负载三角形联结时电流的相量图

2.8.4 三相电路的计算

1. 负载进行星形联结的三相电路的分析

负载进行星形联结的三相电路如图2-28所示,有中性线的星形联结通常称为Y_0联结。可知电源的相电压就是各负载的相电压,当电源对称时,各负载的相电压是对称的,与负载对称与否无关。设 $\dot{U}_A = U_p \angle 0°$,则相电流为

$$\begin{cases} \dot{I}_A = \dfrac{\dot{U}_A}{Z_A} = \dfrac{U_p}{|Z_A|} \angle -\varphi_A \\ \dot{I}_B = \dfrac{\dot{U}_B}{Z_B} = \dfrac{U_p}{|Z_B|} \angle (-120° - \varphi_B) \\ \dot{I}_C = \dfrac{\dot{U}_C}{Z_C} = \dfrac{U_p}{|Z_C|} \angle (120° - \varphi_C) \end{cases} \quad (2\text{-}64)$$

由 KCL 可得

$$\dot{I}_{N'N} = \dot{I}_A + \dot{I}_B + \dot{I}_C$$

若负载对称，可知各负载的相电流是与电源同相序的对称量，所以，中性线电流为

$$\dot{I}_{N'N} = \dot{I}_A + \dot{I}_B + \dot{I}_C = 0$$

中性线电流与中性线阻抗的大小无关，即中性线的有无对电路没有影响。

从以上分析可知，星形联结的对称三相电路的各负载相电流、相电压均对称，分析计算时可以取出任意一相进行计算，其他两相根据对称的特点推出即可。

当星形联结的负载不对称且无中性线时，各负载电压将不再对称，有的超过电源相电压，有的低于电源相电压，若负载承受的电压偏离额定电压太多，便不能正常工作，甚至造成损坏。单相负载进行星形联结的三相电路，工作时不能保证电路对称，如照明电路，必须采用有中性线的三相四线制电路供电。因此在实际工程中，中性线非常重要，在总中性线上不可接开关或熔体。

例 2-13 如图 2-28 所示电路中，每相负载阻抗为 $Z=(8+j6)\Omega$，电源的线电压有效值为 380V，求各负载的相电流 $\dot{I}_A$、$\dot{I}_B$、$\dot{I}_C$ 及中性线电流 $\dot{I}_{N'N}$。

解 由题意可知，电源相电压为

$$U_p = \frac{U_l}{\sqrt{3}} = 220\text{V}$$

设 $\dot{U}_A = 220\angle 0°\text{V}$，可得 A 相负载的电流为

$$\dot{I}_A = \frac{\dot{U}_A}{Z} = \frac{220\angle 0°}{8+j6}\text{A} = 22\angle -37°\text{A}$$

由对称性可得 B、C 两相负载的电流分别为

$$\dot{I}_B = 22\angle -157°\text{A} \text{ 和 } \dot{I}_C = 22\angle 83°\text{A}$$

由于对称，所以中性线的电流为

$$\dot{I}_{N'N} = 0$$

2. 负载进行三角形联结的三相电路的分析

如果三相电路的负载进行三角形联结，此电路只能接成三相三线制电路，如图 2-29 所示。$\dot{I}_A$、$\dot{I}_B$ 和 $\dot{I}_C$ 是线电流，$\dot{I}_{AB}$、$\dot{I}_{BC}$ 和 $\dot{I}_{CA}$ 是负载的相电流，$\dot{U}_{AB}$、$\dot{U}_{BC}$ 和 $\dot{U}_{CA}$ 既是负载的线电压又是负载的相电压，因此可以求得负载的相电流为

$$\begin{cases} \dot{I}_{AB} = \dfrac{\dot{U}_{AB}}{Z_{AB}} \\ \dot{I}_{BC} = \dfrac{\dot{U}_{BC}}{Z_{BC}} \\ \dot{I}_{CA} = \dfrac{\dot{U}_{CA}}{Z_{CA}} \end{cases} \quad (2\text{-}65)$$

负载的线电流用式(2-62)计算即可。如果三角形联结的负载是对称负载，则各负载相电流、线电流、相电压均对称，分析计算时可以对任意一相进行计算，其他两相根据对称的特点推出。

一般三相电路只给出电源的线电压，并不说明电源的连接方式，这时通常将电源看成星形联结。

例 2-14 一台电动机正常工作时三相定子绕组进行三角形联结。为了减小起动电流，在

起动时三相绕组改接成星形，等转动起来并达到接近额定转速时，再改接成三角形联结。试求星形联结起动和直接以三角形联结起动两种方式的线电流的有效值之比。

解 电动机是三相对称负载，设每相阻抗 $Z=|Z|\angle\varphi$，三角形联结时负载相电压等于线电压，即 $U_{p\triangle}=U_l$，则每相负载相电流的有效值为

$$I_{p\triangle}=U_{p\triangle}/|Z|=U_l/|Z|$$

每相负载线电流的有效值为

$$I_{l\triangle}=\sqrt{3}\,I_{p\triangle}=\sqrt{3}\,U_l/|Z|$$

当负载改接成星形联结时，负载的相电压为 $U_{pY}=U_l/\sqrt{3}$，则每相负载相电流的有效值为

$$I_{pY}=U_{pY}/|Z|=\frac{U_l}{\sqrt{3}\,|Z|}$$

而负载星形联结时线电流等于相电流，即

$$I_{lY}=I_{pY}=\frac{U_l}{\sqrt{3}\,|Z|}$$

两种连接方式下线电流之比为 $I_{lY}/I_{l\triangle}=1/3$。说明 △-Y 换接起动对减小起动电流效果明显。

2.8.5 三相电路的功率

三相电路的负载瞬时总功率等于各相负载瞬时功率之和，即

$$p=p_A+p_B+p_C=u_Ai_A+u_Bi_B+u_Ci_C \tag{2-66}$$

式中，电压和电流分别为各相负载的相电压和相电流的瞬时值。该式表明三相负载吸收的总有功功率等于各相负载吸收的有功功率之和。

三相负载的有功功率 P 为

$$P=\frac{1}{T}\int_0^T p\,\mathrm{d}t=\frac{1}{T}\int_0^T(p_A+p_B+p_C)\,\mathrm{d}t=P_A+P_B+P_C$$

$$=U_{Ap}I_{Ap}\cos\varphi_A+U_{Bp}I_{Bp}\cos\varphi_B+U_{Cp}I_{Cp}\cos\varphi_C \tag{2-67}$$

式中，U_{Ap}、U_{Bp}、U_{Cp} 为各相相电压的有效值；I_{Ap}、I_{Bp}、I_{Cp} 为各相相电流的有效值；φ_A、φ_B、φ_C 为各相负载的阻抗角。

当三相电路对称时，各相负载的相电压、相电流各自相等，阻抗角相同，从而各相负载的有功功率相等，用 U_p、I_p 表示负载的相电压和相电流的有效值，$\cos\varphi$ 表示负载的功率因数，则对称三相负载的总有功功率可以写成

$$P=3U_pI_p\cos\varphi \tag{2-68}$$

当对称负载进行星形联结时，$U_p=U_l/\sqrt{3}$、$I_p=I_l$；当对称负载进行三角形联结时，$U_p=U_l$、$I_p=I_l/\sqrt{3}$，所以无论负载进行何种连接，总有 $3U_pI_p=\sqrt{3}\,U_lI_l$，式(2-68)还可以写成

$$P=\sqrt{3}\,U_lI_l\cos\varphi \tag{2-69}$$

必须注意的是，式(2-68)和式(2-69)中的 φ 始终为负载的阻抗角，是相电压与相电流的相位差，在使用式(2-69)时要注意。

同理，三相负载的无功功率 Q 为

$$Q=Q_A+Q_B+Q_C=U_{Ap}I_{Ap}\sin\varphi_A+U_{Bp}I_{Bp}\sin\varphi_B+U_{Cp}I_{Cp}\sin\varphi_C \tag{2-70}$$

当三相电路对称时，有

$$Q = 3U_p I_p \sin\varphi = \sqrt{3} U_1 I_1 \sin\varphi \qquad (2\text{-}71)$$

三相电路的视在功率为

$$S = \sqrt{P^2 + Q^2} \qquad (2\text{-}72)$$

当三相电路对称时，有

$$S = 3U_p I_p = \sqrt{3} U_1 I_1 \qquad (2\text{-}73)$$

例 2-15 一台三相定子绕组为三角形联结的三相电动机，每相绕组的阻抗 $Z = 300 \angle 53° \Omega$，额定线电压为 380V，求此电动机正常工作时的有功功率 P、无功功率 Q 及视在功率 S。

解 由题意可知 $U_p = U_1 = 380V$，则有

$$I_p = \frac{U_p}{|Z|} = \frac{380}{300}A = 1.27A,$$

根据对称电路的功率计算公式可得

$$P = 3U_p I_p \cos\varphi = 3 \times 380 \times 1.27 \times \cos53° W = 868.7W$$
$$Q = 3U_p I_p \sin\varphi = 3 \times 380 \times 1.27 \times \sin53° \text{var} = 1158.2\text{var}$$
$$S = 3U_p I_p = 3 \times 380 \times 1.27 V\cdot A = 1447.8 V\cdot A$$

习题

2-1 某正弦交流电压的最高值为 310V、频率为 50Hz，在 $t = 0$ 时电压为 155V。求经过 0.005s 后该电压为多少?

2-2 已知电压 $u = 10\sin(\omega t + 120°)V$、电流 $i = \sqrt{2}\sin(\omega t - 150°)A$。试指出电压和电流的有效值、初相位及相位差。

2-3 已知电流 $i = 2.82\sin(\omega t + 60°)A$。试画出该电流的波形图和有效值相量图。

2-4 把下列复数的代数形式化为极坐标形式。
（1）80+j60　　（2）2-j2　　（3）-6-j8　　（4）-6+j3

2-5 把下列复数的极坐标形式化为代数形式。
（1）80∠30°　　（2）2∠-53°　　（3）10∠90°　　（4）20∠15°

2-6 写出下列相量的正弦量表达式（设 $\omega = 314\text{rad/s}$）。
（1）$\dot{U} = 100\angle 50° V$　　　　（2）$\dot{I} = 2\sqrt{2}\angle -37° A$

2-7 写出下列正弦量的有效值相量。
（1）$u = 180\sin(\omega t - 150°)V$　　　　（2）$i = 5\sqrt{2}\sin(\omega t + 40°)A$

2-8 电路如图 2-31 所示，电路中电压表读数 V_1 均为 30V、V_2 均为 40V，试求各电路电压表 V 的读数。

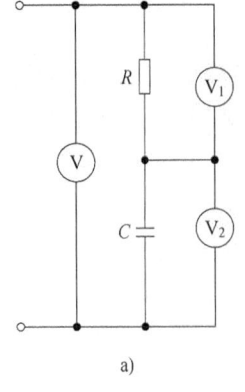
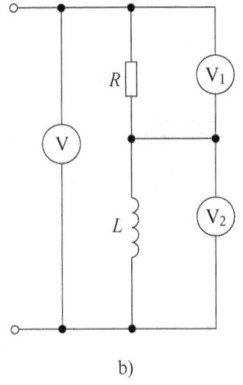
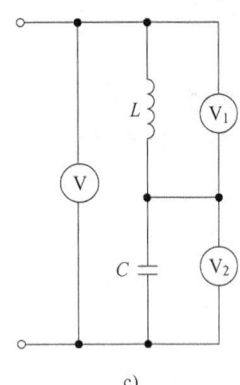

a)　　　　　　　　　　　　b)　　　　　　　　　　　　c)

图 2-31　题 2-8 图

2-9 电路如图 2-32 所示，电路中电流表读数 A_1 均为 3A、A_2 均为 4A，试求各电路电流表 A 的读数。

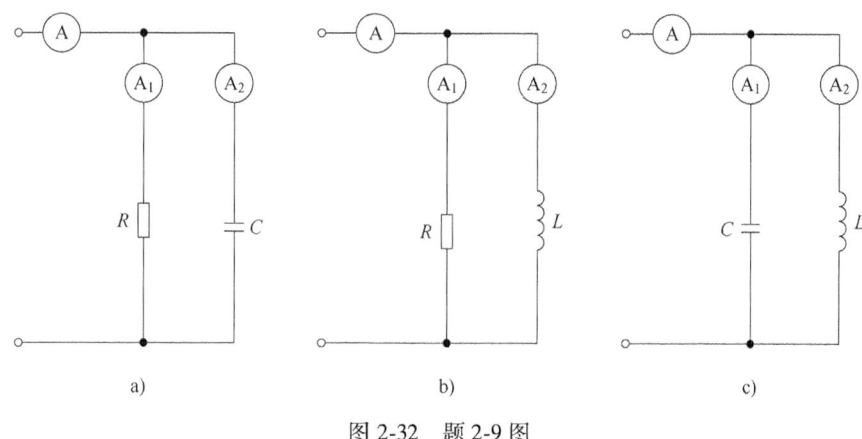

图 2-32 题 2-9 图

2-10 将一线圈（可以看作 RL 串联）接到电压为 220V 的工频正弦交流电源上，测得流过线圈的电流为 1A；将其接到电压为 10V 的直流电源上，测得流过线圈的电流为 0.5A，求该线圈参数 R 和 L。

2-11 电路如图 2-33 所示，已知 $\dot{U}=100\angle 30°$ V、$\dot{I}=2\angle -15°$ A、$\dot{U}_C=50$V。求电路中的电压 $\dot{U}_1$、阻抗 Z、电路的有功功率 P 及功率因数 $\cos\varphi$。

2-12 一个具有直流电阻 R 的线圈与电容 C 串联接到 220V 的工频交流电源上，测得电路电流为 2A，线圈两端的电压为 150V，电容两端的电压为 200V。求线圈参数 R、L 及电容 C。

2-13 电路如图 2-34 所示，已知 $\dot{U}_s=200\angle 0°$ V、$Z_1=30\Omega$、$Z_2=-j20\Omega$、$Z_3=j10\Omega$。求各支路电流 $\dot{I}_1$、$\dot{I}_2$、$\dot{I}_3$。

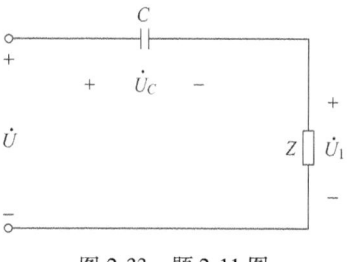

图 2-33 题 2-11 图

2-14 电路如图 2-35 所示，已知 $\dot{U}=220$V、感性负载 Z 的有功功率 $P=13.2$kW、功率因数 $\cos\varphi_Z=0.8$、电阻 $R_2=30\Omega$。求：阻抗 Z、电路的电流 I 和功率因数。

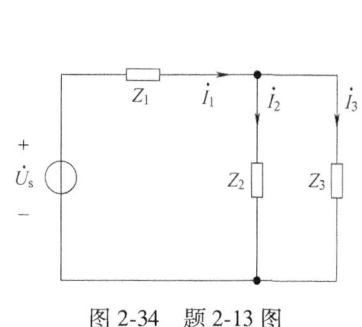

图 2-34 题 2-13 图

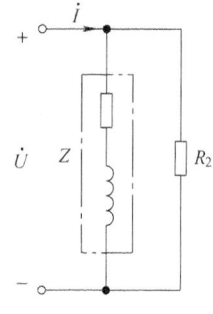

图 2-35 题 2-14 图

2-15 电路如图 2-36 所示，已知 $\dot{U}_C=10\angle 0°$ V、$R_1=R_2=2\Omega$、$X_L=X_C=2\Omega$。求 $\dot{U}$、$\dot{U}_L$、$\dot{I}$。

2-16 电路如图 2-37 所示，已知 $I_1=4$A、$I_2=2$A、$\cos\varphi_1=0.8$、$\cos\varphi_2=0.3$。求总电流 I 及电路的功率因数。

2-17 两个负载 Z_1 和 Z_2 串联，已知 $Z_1=(30+j40)\Omega$、$Z_2=(10-j10)\Omega$、电路中电流 $I=10$A。求：(1) 各负载上的电压 U_1、U_2 及电路总电压 U；(2) 各负载消耗的功率 P_1、P_2 及电路的总有功功率 P；(3) 各负载的无功功率 Q_1、Q_2 及电路的总无功功率 Q；(4) 各负载的视在功率 S_1、S_2 及电路的总视在功率 S；(5) 各负载的功率因数 $\cos\varphi_1$、$\cos\varphi_2$ 及电路的总功率因数 $\cos\varphi$。

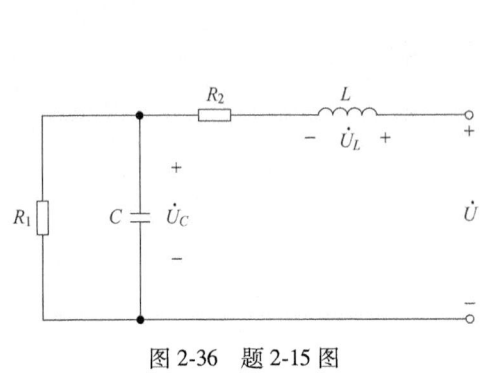
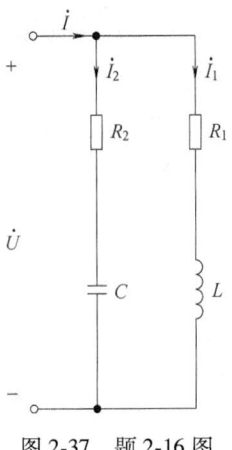

图 2-36　题 2-15 图　　　　图 2-37　题 2-16 图

2-18　两个感性负载 Z_1 和 Z_2 并联接到 220V 的工频交流电源上，已知 $P_1=2\text{kW}$、$\cos\varphi_1=0.5$、$S_2=4\text{kV}\cdot\text{A}$、$\cos\varphi_2=0.8$。求电路的视在功率及功率因数；若欲将功率因数提高到 0.9，需并联多大的电容？

2-19　如图 2-38 所示的 RL 串联电路。已知 $f=50\text{Hz}$、$u_\text{s}=220\text{V}$、$P=12\text{kW}$、功率因数 $\cos\varphi=0.65$。要使功率因数提高到 $\cos\varphi'=0.95$（仍为感性），则需并联多大的电容？并联电容前后电路的总电流的有效值各为多少？

2-20　荧光灯等效电路如图 2-39 所示，电源 u_s 为 220V/50Hz 的正弦交流电，今测得灯管两端的电压为 100V、流过的电流为 0.4A、镇流器消耗的有功功率为 7W。求：（1）灯管电阻 R 及镇流器的电阻 R_1 和电感 L；（2）灯管消耗的功率、电路消耗的功率及电路的功率因数；（3）欲使电路的功率因数提高到 0.9，应并联多大的电容？

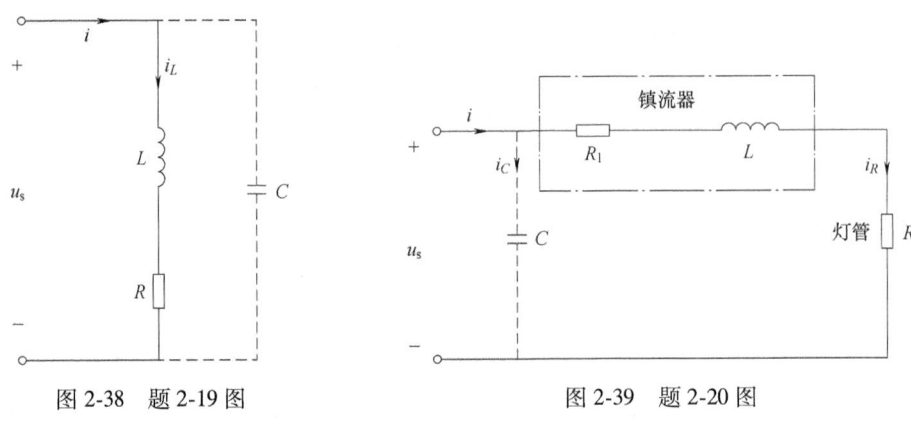

图 2-38　题 2-19 图　　　　图 2-39　题 2-20 图

2-21　RLC 串联电路中，已知 $R=10\Omega$、$C=30\mu\text{F}$、$L=500\text{mH}$。试求电路的谐振频率 f_0 及品质因数 Q。

2-22　一 RLC 串联电路在电源 $u_\text{s}(t)=\sqrt{2}\cos(10^6 t+40°)\text{V}$ 的作用下发生谐振，此时电路中的电流 $I=0.1\text{A}$、电容电压 $U_C=100\text{V}$。求元件参数 R、L、C 及电路的品质因数 Q。

2-23　在图 2-40 所示电路中，已知 $R=100\Omega$，当电源频率为 $\omega=10^5\text{rad/s}$ 时，电路的输入阻抗 $Z=500\Omega$。求电感 L、电容 C 及电路的品质因数 Q。

图 2-40　题 2-23 图

2-24　已知非正弦周期电流的表达式为：$i=\dfrac{2I_m}{\pi}\left(\dfrac{1}{2}+\dfrac{\pi}{4}\cos\omega t+\dfrac{1}{3}\cos2\omega t-\dfrac{1}{15}\cos4\omega t\right)\text{A}$，试分别指出该电

流的直流分量、基波，并求该电流的有效值。

2-25 一个 RLC 串联电路，$R=11\Omega$、$L=0.015\mathrm{H}$、$C=70\mu\mathrm{F}$，在非正弦周期电压 $u=(2+1.414\sin314t)\mathrm{V}$ 的作用下，如果电压和电流取关联参考方向，求该串联电路的电流 i 和电路消耗的功率 P。

2-26 三相对称电源进行星形联结，如果已知电源线电压 $u_{AB}=380\sin\omega t\mathrm{V}$，试分别写出该三相电源的相电压 u_A、u_B、u_C 及线电压 u_{BC}、u_{CA}，画出其波形图和相量图。

2-27 如图 2-41 所示三相对称负载进行三角形联结时，已知相电流 $i_{BC}=2\sqrt{2}\sin(\omega t+30°)\mathrm{A}$，试写出其余两相负载的相电流及各线电流表达式。

2-28 三相四线制电路中，电源相电压为 220V，对称负载进行星形联结，每相负载的阻抗为 $Z=(17.6+\mathrm{j}13.2)\Omega$，计算负载相电流和中性线电流，画相量图。如果负载改为三角形联结，其他条件不变，计算负载相电流和线电流。

2-29 三相对称负载是 RC 串联电路，已知 $R=X_C=20\Omega$，其额定电压为 380V，接入三相四线制电路中，电源的相电压 $u_A=220\sqrt{2}\sin\omega t\mathrm{V}$。试问负载该如何连接？请计算负载的相电流和线电流。

2-30 一台三相异步电动机，定子一相绕组的等效阻抗 $R=X_L=22\Omega$，额定电压为 220V。试求在电动机正常工作时的绕组电流以及三相有功功率 P、无功功率 Q 和视在功率 S。

2-31 对称三相负载接到三相电源上，试比较负载分别进行星形和三角形两种连接时的总功率。

2-32 对称三相感性负载进行三角形连接后接到线电压 380V 的电源上，电路的有功功率为 2.4kW，功率因数为 0.8。试求负载的相阻抗。

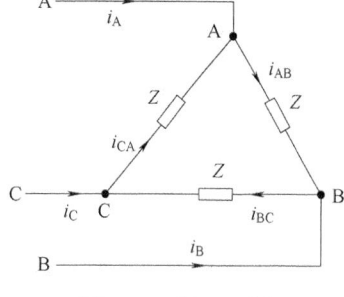

图 2-41　题 2-27 图

第 3 章 电路的暂态分析

1. 本章摘要

1）换路定律和电路初始值的计算；
2）一阶电路的零输入响应、零状态响应和全响应概念；
3）一阶直流电路的三要素法。

2. 本章重点及难点

1）重点：换路定律及一阶直流电路的三要素法；
2）难点：除电容电压和电感电流以外的各电压、电流初始值的计算。

3.1 换路定律和电路初始值的计算

前面主要讨论了电阻性电路的各种分析和求解方法。若电路中含有动态元件，如电容或电感元件，则该电路称为动态电路。由于动态元件的 VCR 为微分或积分关系，因此动态电路需用微分方程来描述。本章将在时域中分析动态电路，故为时域分析法。

3.1.1 换路及换路定律

1. 电路的过渡过程

自然界中的物质运动从一种稳定状态转变到另一种稳定状态需要一定的时间。例如电动机从静止状态起动到某一恒定转速要经历一定的时间，这就是加速过程；同样当电动机制动时，它的转速从某一恒定转速下降到零，也需要减速过程。这就是说物质从一种状态过渡到另一种状态往往是不能瞬间完成的，需要有一个过程，这个过程称为过渡过程。

在电路实验中也可以观察到过渡过程这一现象。如图 3-1 所示电路中，当开关 S 闭合时，电阻支路的灯泡立即发亮，而且亮度始终不变，说明电阻支路在开关闭合后没有经历过渡过程，立即进入稳定状态；电感支路的灯泡在开关闭合瞬间不亮，然后逐渐变亮，最后亮度稳定不再变化；电容支路的灯泡在开关闭合瞬间很亮，然后逐渐变暗直至熄灭。这一现象说明，电感所在支路的灯泡和电容所在支路的灯泡达到最后稳定，都要经历一段过渡过程。由于电路中过渡过程是短暂的，所以也称为暂态过程，简称暂态。过渡过程虽然时间短暂，但研究电路的过渡过程是有实际意义的。例如，电子电路中常利用电容器的充放电过程来完成积分、微分、多谐振荡等，

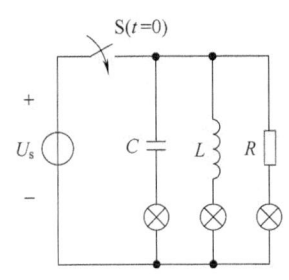

图 3-1 过渡过程实验电路

并得以产生电信号。而在电力系统中,由于过渡过程的存在有可能引起过电压或过电流,若不采取一定的保护措施,就可能损坏电气设备。因此,需要认识过渡过程的规律,从而利用它或采取措施防止它的危害。

2. 换路与换路定律

动态电路发生过渡过程通常是在电路的结构或元件参数发生变化;电路中电源或其他元件的接入与断开以及电路发生短路、断路等情况下,这种电路工作条件的变化统称为"换路"。如果换路发生在 $t=0$ 时刻,且完成换路不需要时间,则把换路前的最终时刻记为 $t=0_-$,换路后的最初时刻记为 $t=0_+$,换路经历的时间为 $0_+-0_-=0$。

由第1章第1.3节可知,当电路中电流、电压和功率为有限值时,电容上的电压和电感中的电流是处处连续的。因此在电路换路瞬间,电容上的电压和电感中的电流不会发生跃变,这就是换路定律。

如果用 $u_C(0_-)$ 和 $i_L(0_-)$ 表示换路前最终时刻电容上的电压和电感上的电流,$u_C(0_+)$ 和 $i_L(0_+)$ 表示换路后最初时刻电容上的电压和电感上的电流,那么换路定律可以表示为

$$\begin{cases} u_C(0_+) = u_C(0_-) \\ i_L(0_+) = i_L(0_-) \end{cases} \tag{3-1}$$

3.1.2 初始值的计算

电路中各元件在 $t=0_+$ 时刻的电压值、电流值称为初始值,求解电路的初始值是分析电路过渡过程的一个重要环节,因为电路的过渡过程就从这一瞬间开始。

确定电容元件和电感元件中的初始值,必须首先求出换路前 $t=0_-$ 时刻电容上的电压和电感上的电流,即 $u_C(0_-)$ 和 $i_L(0_-)$,然后根据换路定律确定电容元件的电压初始值 $u_C(0_+)$ 和电感元件的电流初始值 $i_L(0_+)$,最后再求出电路中其他各处电压和电流的初始值。

电路过渡过程初始值的计算按下面步骤进行:

(1) 由换路前的电路求出 $t=0_-$ 瞬间的 $u_C(0_-)$ 和 $i_L(0_-)$ 值;此时电路为稳态电路,如果是直流激励,则电容相当于开路,电感相当于短路,根据前面电阻性电路的分析方法可以求得 $u_C(0_-)$ 和 $i_L(0_-)$;

(2) 应用换路定律求出换路后 $t=0_+$ 瞬间的 $u_C(0_+)$ 和 $i_L(0_+)$ 值;

(3) 用电压值为 $u_C(0_+)$ 的电压源替代电容元件,用电流值为 $i_L(0_+)$ 的电流源替代电感元件,得到 $t=0_+$ 时的等效电路。显然它是一个电阻性的电路;

(4) 用直流电路的各种分析方法,对上述电阻性电路求解所需的各电压和电流的初始值。

例 3-1 如图 3-2a 所示电路中,已知电源电压 $U_s=100V$,$R_1=10\Omega$,$R_2=15\Omega$,开关 S 闭合前电路处于稳态,求开关 S 闭合后各元件电流及电感上电压的初始值。

解 选定有关电流和电压的参考方向,如图 3-2a 所示。
S 闭合前(换路前),电路处于稳态,电感相当于短路,则

$$i_1(0_-) = \frac{U_s}{R_1+R_2} = \frac{100}{10+15}A = 4A$$

S 闭合后(换路后),根据换路定律,有

$$i_L(0_+) = i_L(0_-) = i_1(0_-) = 4A$$

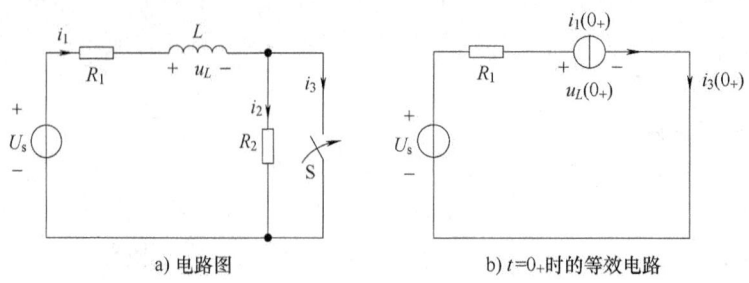

a) 电路图 b) $t=0_+$时的等效电路

图 3-2 例 3-1 图

画出 $t=0_+$ 时刻的等效电路如图 3-2b 所示,图中 R_2 被短接,$i_2(0_+)=0$。应用基尔霍夫定律有

$$i_L(0_+)=i_3(0_+)$$
$$R_1 i_1(0_+)+u_L(0_+)=U_s$$

因此
$$i_3(0_+)=i_1(0_+)=4\text{A}$$
$$u_L(0_+)=U_s-R_1 i_1(0_+)=(100-10\times 4)\text{V}=60\text{V}$$

例 3-2 图 3-3a 所示电路中,已知 $U_s=18\text{V}$,$R_1=1\Omega$,$R_2=2\Omega$,$R_3=3\Omega$,$L=0.5\text{H}$,$C=4.7\mu\text{F}$,开关 S 在 $t=0$ 时闭合,设 S 闭合前电路已进入稳态。试求 $t=0_+$ 时的 i,i_L,i_C,u_L,u_C。

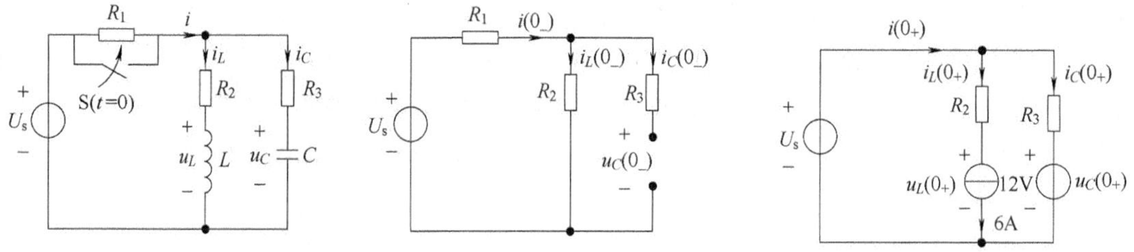

a) 电路图 b) $t=0_-$时的等效电路 c) $t=0_+$时的等效电路

图 3-3 例 3-2 图

解 首先画 $t=0_-$ 时的等效电路如图 3-3b 所示,这时电路是个稳态直流电路,电感相当于短路,电容相当于开路。

根据 $t=0_-$ 的等效电路,可得

$$i_L(0_-)=\frac{U_s}{R_1+R_2}=\frac{18}{1+2}\text{A}=6\text{A}$$
$$u_C(0_-)=R_2 i_L(0_-)=2\times 6\text{V}=12\text{V}$$

由换路定律,可得

$$i_L(0_+)=i_L(0_-)=6\text{A}$$
$$u_C(0_+)=u_C(0_-)=12\text{V}$$

画出 $t=0_+$ 的等效电路,如图 3-3c 所示,这时电感 L 相当于一个 6A 的电流源,电容 C 相当于一个 12V 的电压源。根据 $t=0_+$ 的等效电路,计算电路的其他相关初始值为

$$i_C(0_+)=\frac{U_s-u_C(0_+)}{R_3}=\frac{18-12}{3}\text{A}=2\text{A}$$

$$i(0_+) = i_L(0_+) + i_C(0_+) = 8\text{A}$$
$$u_L(0_+) = U_s - R_2 i_L(0_+) = 6\text{V}$$

例 3-3 图 3-4a 所示的电路中，电流源在 $t<0$ 时，电流 $i_s = 0$；在 $t>0$ 时，电流 $i_s = 5\text{A}$；试求电容、电感在 $t=0_-$ 和 $t=0_+$ 时刻的电流和电压。

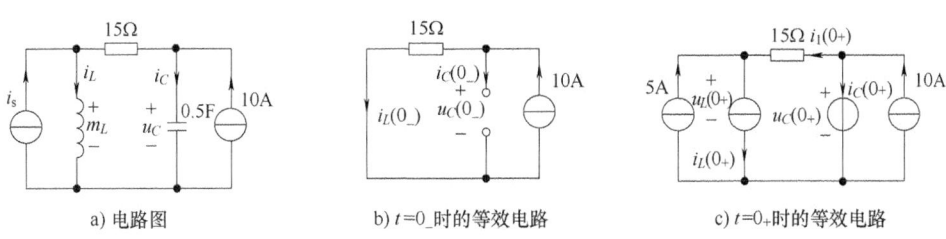

图 3-4 例 3-3 图

解 先画出 $t=0_-$ 时的等效电路，如图 3-4b 所示。

根据此等效电路可得
$$i_L(0_-) = 10\text{A}$$
$$u_C(0_-) = 10 \times 15\text{V} = 150\text{V}$$
$$u_L(0_-) = 0$$
$$i_C(0_-) = 0$$

由换路定律得
$$i_L(0_+) = i_L(0_-) = 10\text{A}$$
$$u_C(0_+) = u_C(0_-) = 150\text{V}$$

将电感用 10A 的电流源替代，电容用 150V 的电压源替代，画出 $t=0_+$ 时的等效电路如图 3-4c 所示，则由此等效电路可得 15Ω 电阻的电流为
$$i_1(0_+) = (5-10)\text{A} = -5\text{A}$$

因此有
$$u_L(0_+) = [15 \times (-5) + 150]\text{V} = 75\text{V}$$
$$i_C(0_+) = (-5+10)\text{A} = 5\text{A}$$

3.2 一阶电路的零输入响应

含有一个动态元件或将多个同类动态元件等效为一个动态元件的线性时不变电路，通常可用一阶线性常系数微分方程描述，这种电路称为一阶电路。如果这类电路在没有外加激励的情况下，仅仅由动态元件的初始储能来产生响应，这种响应就称为一阶电路的零输入响应。

3.2.1 RC 电路的零输入响应

在图 3-5 所示的一阶 RC 电路中，当 $t<0$ 时，开关 S 在位置 1，电路已处于稳态，电容已充电，其电压 $u_C = u_C(0_-) = U_0$。当 $t=0$ 时，开关 S 由位置 1 拨到位置 2，电容储能通过电阻 R 放电，电路中形成放电电流 i。

在 $t>0$ 时，由 KVL 得
$$-u_R + u_C = 0 \tag{3-2}$$

由于 $i = -C\dfrac{du_C}{dt}$，$u_R = Ri$，代入式(3-2)，得

$$RC\dfrac{du_C}{dt} + u_C = 0 \qquad (3-3)$$

式(3-3)是一阶常系数线性齐次微分方程，其初始条件为 $u_C(0_+) = u_C(0_-) = U_0$，特征方程为

$$RCp + 1 = 0$$

特征根为

$$p = -\dfrac{1}{RC}$$

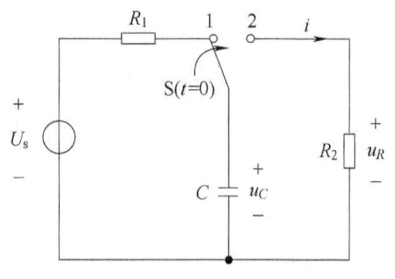

图 3-5　一阶 RC 电路零输入响应

通解为

$$u_C = Ae^{pt} = Ae^{-\frac{t}{RC}} \qquad (3-4)$$

将初始值 $u_C(0_+) = U_s$ 代入式(3-4)，得

$$u_C(0_+) = A = U_s = U_0$$

微分方程的解为

$$u_C = u_C(0_+)e^{-\frac{t}{RC}} = U_0 e^{-\frac{t}{RC}} \quad (t \geq 0)$$

电路中的放电电流为

$$i = -C\dfrac{du_C}{dt} = \dfrac{U_0}{R}e^{-\frac{t}{RC}} \quad (t \geq 0_+)$$

电阻两端的电压为

$$u_R = u_C = U_0 e^{-\frac{t}{RC}} \quad (t \geq 0_+)$$

可见 u_C 和 i 在 $t \geq 0$ 后，均按指数规律衰减。其随时间变化曲线如图 3-6a 和图 3-6b 所示。

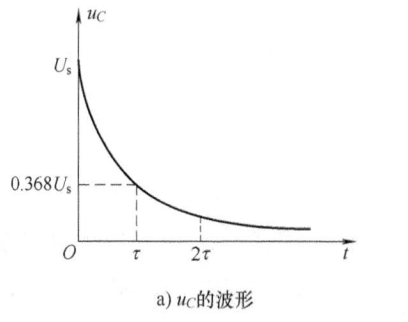
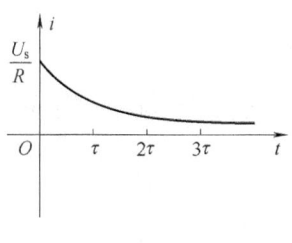

a) u_C 的波形　　　　　　　　b) i 的波形

图 3-6　u_C 和 i 随时间变化曲线

令 $\tau = RC$，由于 τ 具有时间量纲，即 $[\tau] = [R] \cdot [C] = \dfrac{[U]}{[I]} \cdot \dfrac{[Q]}{[U]} = \dfrac{[Q]}{[Q]/[T]} = [T]$，故称为 RC 电路的时间常数。时间常数只决定于电路参数 R 和 C，与电路的初始情况无关。其大小反映了电路过渡过程进行的快慢；时间常数越大，过渡过程进行得越慢；时间常数越小，过渡过程进行得越快。当 $t = \tau$ 时，过渡过程完成了全过程的约 63.2%；当 $t = 3\tau$ 时，过渡过程完成了大约全过程的 95%。从理论上讲，需要经过无穷长时间，过渡过程才能结束。

工程上一般认为,经过$(3\sim5)\tau$的时间,过渡过程基本结束,电路重新达到稳定状态。因此可选择合适的R和C值来控制电路放电的快慢。

例 3-4 图 3-5 所示电路中,已知$C = 0.5\mu F$,$R_1 = 100\Omega$,$R_2 = 100\Omega$,$U_s = 200V$,当电容充电至 150V,将开关 S 由位置 1 转向位置 2,求$t \geqslant 0$时电路的电流i以及接通电路后电容电压降至 74V 的时间。

解 因为$u_C(0_-) = 150V$,由换路定律得
$$u_C(0_+) = u_C(0_-) = 150V$$

则有
$$i(0_+) = \frac{u_C(0_+)}{R_2} = \frac{150}{100}A = 1.5A$$

时间常数为
$$\tau = RC = 100 \times 0.5 \times 10^{-6}s = 0.5 \times 10^{-4}s$$

所以有
$$u_C = u_C(0_+)e^{-\frac{t}{\tau}} = 150e^{-2\times 10^4 t}V$$
$$i = i(0_+)e^{-\frac{t}{\tau}} = 1.5e^{-2\times 10^4 t}A$$

当$u_C = 74V$时,$t = -\tau \ln\frac{74}{150} = 0.0353 ms$

3.2.2 RL 电路的零输入响应

在图 3-7 所示的一阶 RL 电路中,开关 S 闭合前,由电流表观察到,电感电路中有稳定的电流值I_0,即电感中存储了一定的磁场能。在$t = 0$时将开关 S 闭合,由电流表可以观察到电感支路中电流没有立即消失,而是经历一定的时间后逐渐变为零。这种在 S 闭合后,电感支路没有外部电源的作用,仅靠电感元件中的储能形成的电流响应i_L属零输入响应。

列出换路后电感所在网孔的方程,所选各电压电流参考方向如图 3-7 所示,忽略电流表内阻。

由 KVL 得
$$u_R + u_L = 0$$
由于$u_R = i_L R$,$u_L = L\frac{di}{dt}$,故

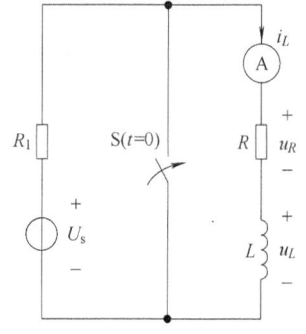

图 3-7 RL 串联电路的零输入响应

$$i_L R + L\frac{di_L}{dt} = 0, (t \geqslant 0) \tag{3-5}$$

式(3-5)为线性常系数一阶齐次微分方程,其初始条件为$i(0_+) = i(0_-) = I_0$。
特征方程为
$$Lp + R = 0$$
特征根为
$$p = -\frac{R}{L}$$
通解为

$$i_L = Ae^{pt} = Ae^{-\frac{R}{L}t} \qquad (3-6)$$

将初始值 $i(0_+) = I_0$ 代入式(3-6)，得

$$i_L = I_0 e^{-\frac{R}{L}t} \quad (t \geq 0)$$

电感上的电压为

$$u_L = L\frac{di_L}{dt} = -RI_0 e^{-\frac{R}{L}t} \quad (t \geq 0_+)$$

电阻上的电压为

$$u_R = RI_0 e^{-\frac{R}{L}t} \quad (t \geq 0_+)$$

可见，i_L、u_L 和 u_R 在 $t>0$ 后，均按指数规律衰减。它们随时间变化的曲线如图 3-8 所示。

令 $\tau = L/R$，为 RL 电路的时间常数，若电阻的单位为 Ω(欧)，电感 L 的单位为 H(亨)，则时间常数的单位为 s(秒)。电感元件的初始能量为 $\frac{1}{2}LI_0^2$，在相同 R 的情况下，L 越大，初始能量越多，释放所储能量需要的时间越长，所以 τ 与 L 成正比；而在相同 L 的情况下，R 越大，消耗能量越快，释放所储能量需要的时间越短，所以 τ 与 R 成反比。

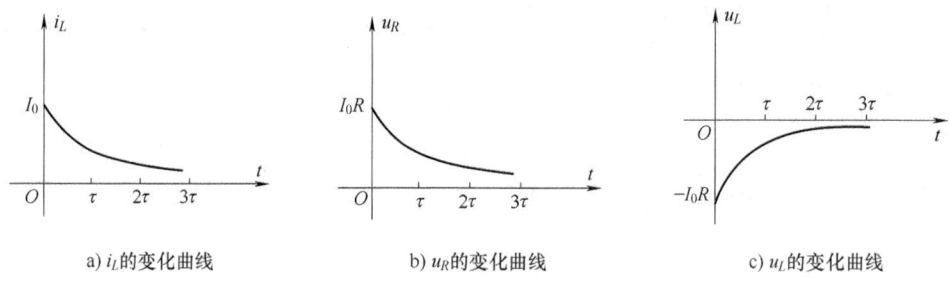

a) i_L 的变化曲线　　　　b) u_R 的变化曲线　　　　c) u_L 的变化曲线

图 3-8　i_L、u_R 和 u_L 随时间变化曲线

由此可见，一阶电路的零输入响应，如 u_C 和 i_L 等，都是由初始值开始以指数规律衰减的，以后在求解一阶电路的零输入响应时可直接套用式(3-7)，而不必列微分方程求解，即

$$f(t) = f(0_+)e^{-\frac{t}{\tau}} \qquad (3-7)$$

式中，$f(0_+)$ 为电路的初始值；τ 为时间常数。

下面来具体分析具有初始储能的 RL 电路的零输入响应的一种特例，即 RL 电路的开路情况。

在图 3-9a 所示的电路中，如果电阻 R_2 很大，$R_2 \to \infty$，则换路后 RL 电路被断开，换路后瞬间电感线圈两端的电压为

$$u_L(0_+) = -\frac{R_2}{R_1}U_s \to \infty$$

这样在开关的触头间会产生很高的电压(过电压)，开关间的空气将发生电离而形成电弧或火花，轻则损坏开关设备，重则引起火灾。工程上都采取一些保护措施避免过电压造成损害，例如可在线圈两端并接一个低值电阻(称续流电阻)，延缓线圈的放电，当然续流电阻也不能太小，否则过渡过程持续时间太长；也可用二极管代替电阻提供放电回路，如

图3-9b 所示，或在线圈两端并联电容，以吸收一部分电感释放的能量，如图3-9c 所示。

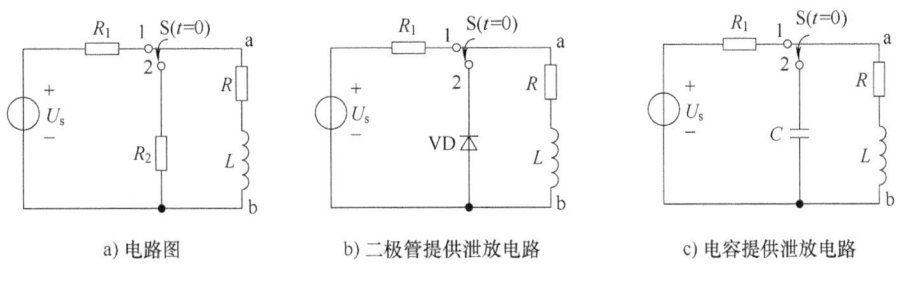

图 3-9 RL 串联电路

例 3-5 如图 3-10a 所示电路，已知 $U_s = 40\text{V}$，$R_1 = 2\Omega$，$R_2 = 12\Omega$，$R_3 = 4\Omega$，$R_4 = 16\Omega$，$L = 2\text{H}$。电路原已稳定，在 $t = 0$ 时将开关 S 断开，求开关 S 断开后流过电感的电流 i。

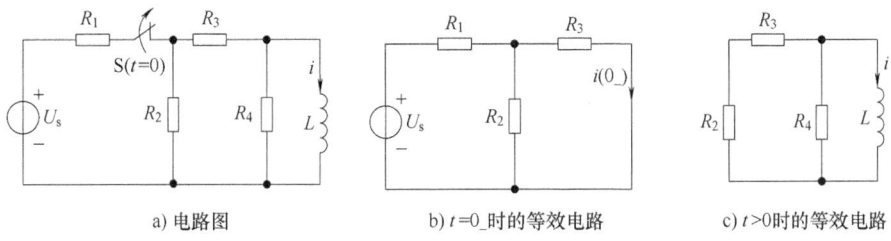

图 3-10 例 3-5 图

解 在 $t < 0$ 时，由于电路稳定，电感相当于短路，如图 3-10b 所示，可得

$$i(0_-) = \frac{12}{12+4} \times \frac{40}{2+\frac{4 \times 12}{4+12}} \text{A} = 6\text{A}$$

根据换路定律得

$$i(0_+) = i(0_-) = 6\text{A}$$

在 $t > 0$ 时，电路如图 3-10c 所示。从电感两端看入的等效电阻为

$$R_{eq} = \frac{(12+4) \times 16}{(12+4) + 16}\Omega = 8\Omega$$

则

$$\tau = \frac{L}{R_{eq}} = \frac{1}{4}\text{s}$$

所以

$$i = 6\text{e}^{-4t}\text{A}$$

3.3 一阶电路的零状态响应

当电路中动态元件的初始储能为零时，仅由外加激励所产生的响应，称为零状态响应。本节讨论在直流电源的激励下，一阶电路的零状态响应。

3.3.1 RC 电路的零状态响应

RC 电路的零状态响应实际就是电容充电的过程。在图 3-11 所示的电路中，电容没有充过电，即 $u_C(0_-)=0$，在 $t=0$ 时开关 S 闭合，RC 串联电路与直流电压源连接，电压源通过电阻对电容充电。利用 KVL 及 $u_R=Ri$、$i=C\dfrac{du_C}{dt}$，得到回路电压方程为

$$RC\dfrac{du_C}{dt}+u_C=U_s \qquad (3\text{-}8)$$

图 3-11 RC 电路的零状态响应

式(3-8)为一阶常系数线性非齐次微分方程，由数学知识可知，式(3-8)的解 $u_C(t)$ 由通解 u'_C 和特解 u''_C 两部分组成，即 $u_C=u'_C+u''_C$，其中，通解 u'_C 是与式(3-8)相应的齐次微分方程的解，形式与 RC 零输入响应相同，即 $u'_C=Ae^{pt}$，特解 u''_C 是满足式(3-8)的一个任意解，一般它与输入信号具有相同的形式，对于直流电源激励的电路，u''_C 就是电路重新达到稳态后的数值，这里 $u''_C=U_s$。式(3-8)的特征方程为

$$RCp+1=0$$

特征根为

$$p=-\dfrac{1}{RC}$$

所以微分方程的解为

$$u_C=Ae^{-\frac{1}{RC}t}+U_s \qquad (3\text{-}9)$$

式中，A 为待定系数，由初始条件确定。将初始值 $u_C(0_+)=u_C(0_-)=0$ 代入式(3-9)，得

$$A=-U_s$$

所以，微分方程的解为

$$u_C=U_s\left(1-e^{-\frac{t}{RC}}\right)$$

令 $\tau=RC$，τ 为时间常数，则电容上的电压为

$$u_C=U_s\left(1-e^{-\frac{t}{\tau}}\right) \qquad (t\geqslant 0)$$

电路中的电流及电阻上的电压分别为

$$i=C\dfrac{du_C}{dt}=\dfrac{U_s}{R}e^{-\frac{t}{\tau}} \qquad (t\geqslant 0_+)$$

$$u_R=Ri=U_s e^{-\frac{t}{\tau}} \qquad (t\geqslant 0_+)$$

u_C、u_R 和 i 随时间变化的曲线如图 3-12 所示。由于时间常数只决定于电路参数 R 和 C，与电路的初始情况无关，其大小反映了电路充电过程的快慢，时间常数越大，充电过程越慢；时间常数越小，充电过程越快。

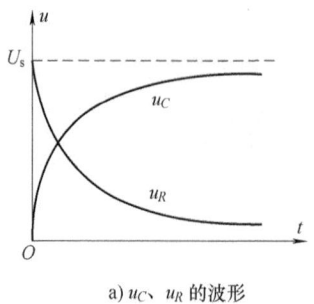

a) u_C、u_R 的波形

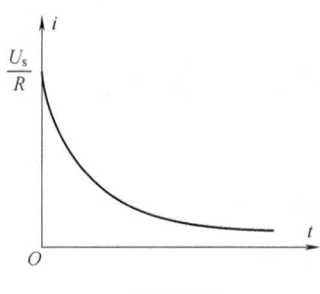

b) i 的波形

图 3-12 u_C、u_R 和 i 随时间变化曲线

3.3.2 RL电路的零状态响应

图 3-13 所示电路是一个 RL 串联电路。设开关 S 闭合前,电感中的电流为零,即 $i_L(0_-)=0$。在 $t=0$ 时开关 S 闭合,RL 串联电路与直流电压源接通,所以电路中的电压、电流响应是零状态响应。利用 KVL 及 $u_R=Ri$、$u_L=L\dfrac{di}{dt}$,得到回路的电压方程为

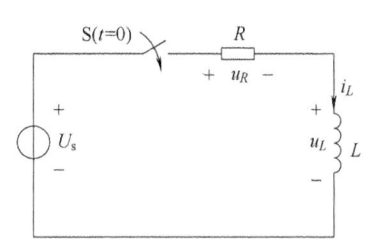

图 3-13 RL 串联电路的零状态响应

$$L\frac{di_L}{dt}+Ri_L=U_s \quad (3\text{-}10)$$

式(3-10)为一阶常系数线性非齐次微分方程,它的解 i_L 也由通解 i'_L 和特解 i''_L 两部分组成,即 $i_L=i'_L+i''_L$,其中,通解为

$$i'_L=Ae^{pt}$$

特解 i''_L 是电路重新达到稳态后的数值,这里 $i''_L=\dfrac{U_s}{R}$,所以微分方程式(3-10)的解为

$$i_L=Ae^{pt}+\frac{U_s}{R} \quad (3\text{-}11)$$

特征方程为

$$Lp+R=0$$

特征根为

$$p=-\frac{R}{L}$$

待定系数 A 由初始条件确定,将初始值 $i_L(0_+)=0$ 代入式(3-11),得

$$A=-\frac{U_s}{R}$$

则微分方程的解为

$$i_L=\frac{U_s}{R}(1-e^{-\frac{R}{L}t}) \quad (t\geqslant 0) \quad (3\text{-}12)$$

令 $\tau=\dfrac{L}{R}$,τ 为时间常数,则电感的电流为

$$i_L=\frac{U_s}{R}(1-e^{-\frac{t}{\tau}}) \quad (t\geqslant 0) \quad (3\text{-}13)$$

电感的电压 u_L 及电阻的电压 u_R 为

$$u_L=L\frac{di_L}{dt}=U_se^{-\frac{t}{\tau}} \quad (t\geqslant 0_+)$$

$$u_R=Ri_L=U_s(1-e^{-\frac{t}{\tau}}) \quad (t\geqslant 0_+)$$

由此可见,一阶电路的零状态响应 u_C 和 i_L 都是由零开始以指数规律上升的,以后求解时可直接套用式(3-14),而不必列微分方程求解,即

$$f(t)=f(\infty)(1-e^{-\frac{t}{\tau}}) \quad (t\geqslant 0) \quad (3\text{-}14)$$

式中，$f(\infty)$为电路重新达到稳定状态时电容电压和电感电流的稳态值，即$u_C(\infty)$和$i_L(\infty)$；τ为时间常数。

例 3-6 如图 3-14 所示电路，已知 $R_1 = 2\Omega$，$R_2 = 3\Omega$，$C = 0.5F$，$U_s = 10V$。换路前电路已稳定，在 $t = 0$ 时将开关 S 由位置 1 拨到位置 2，求换路后电路中的电流 i、u_C。

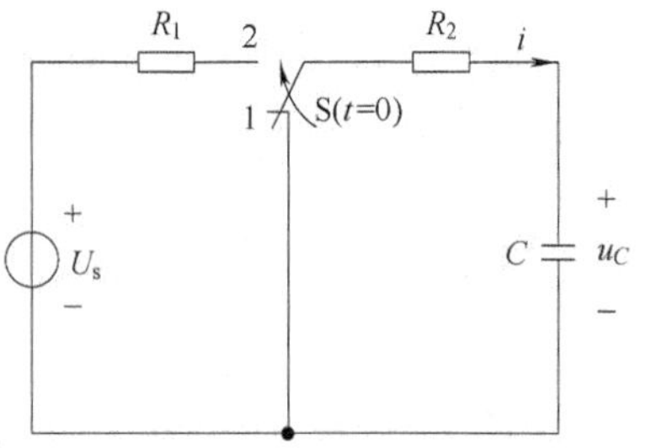

解 因为换路前电路已稳定，电容电压为零，即 $u_C(0_-) = 0$，故电路处于零状态。换路后，激励源 $U_s = 10V$ 接入，电容将达到新的稳态值，即 $u_C(\infty) = 10V$。电路的时间常数

$$\tau = RC = (R_1 + R_2)C = 2.5s$$

根据式(3-14)可得

$$u_C = 10(1 - e^{-\frac{t}{\tau}})V \quad (t \geq 0)$$

$$i = C\frac{du_C}{dt} = 2e^{-0.4t}A \quad (t \geq 0_+)$$

图 3-14 例 3-6 图

例 3-7 如图 3-15 所示稳态电路，已知 $U_s = 12V$，$R_1 = 6\Omega$，$R_2 = 3\Omega$，$L = 0.5H$，开关 S 在 $t = 0$ 时闭合，求开关闭合后的电感电流 i_L 和电压 u_L。

解 换路前，电感上的电流 $i_L(0_-) = 0$。根据换路定律，在开关闭合瞬间，$i_L(0_+) = i_L(0_-) = 0$，故换路后的电路响应是零状态响应。换路后，从电感两端看进去，电路的等效电阻为

$$R_{eq} = \frac{R_1 + R_2}{R_1 R_2} = 2\Omega$$

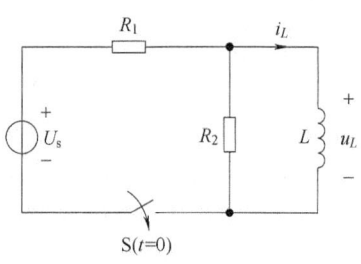

图 3-15 例 3-7 图

故电路的时间常数为

$$\tau = \frac{L}{R} = 0.25s$$

电路重新达到稳定后，电感相当于短路，即 $i_L(\infty) = \dfrac{U_s}{R_1} = 2A$。

应用电路零状态响应的公式，即式(3-14)可得

$$i_L = 2(1 - e^{-4t})A \quad t \geq 0$$

$$u_L = L\frac{di}{dt} = 4e^{-4t}V \quad t \geq 0_+$$

3.4 电路的全响应及三要素法

当电路中既有动态元件的初始储能又有外加激励电源时，电路的响应称为全响应。一阶电路的全响应可采用两种方法求出：叠加法和三要素法。

3.4.1 一阶电路的全响应

如图 3-16 所示电路，设开关 S 闭合前电容已充电至 U_0，在 $t=0$ 时开关 S 闭合，根据 KVL 及 $u_R=Ri$，$i=C\dfrac{\mathrm{d}u_C}{\mathrm{d}t}$，可得到回路的电压方程为

$$RC\frac{\mathrm{d}u_C}{\mathrm{d}t}+u_C=U_s \qquad (3\text{-}15)$$

式(3-15)为一阶常系数线性非齐次微分方程，其解由通解 u'_C 和特解 u''_C 两部分组成，即
$$u_C=u'_C+u''_C$$

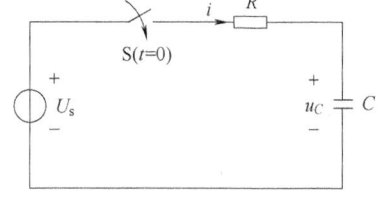

图 3-16 RC 电路的全响应

其中通解 $u'_C=A\mathrm{e}^{pt}$，特解 $u''_C=U_s$。微分方程的完全解为

$$u_C=A\mathrm{e}^{-\frac{t}{\tau}}+U_s \qquad (3\text{-}16)$$

式中，时间常数 $\tau=RC$；待定系数 A 由初始条件确定。将初始值 $u_C(0_+)=u_C(0_-)=U_0$ 代入式(3-16)，得

$$A=U_0-U_s$$

则电路的全响应为

$$u_C=(U_0-U_s)\mathrm{e}^{-\frac{t}{\tau}}+U_s \quad (t\geqslant 0) \qquad (3\text{-}17\mathrm{a})$$

并得电阻电压和电流的全响应分别为

$$u_R=U_s-u_C(t)=(U_s-U_0)\mathrm{e}^{-\frac{t}{\tau}} \quad (t>0)$$

$$i=\frac{u_R(t)}{R}=\frac{U_s-U_0}{R}\mathrm{e}^{-\frac{t}{\tau}} \quad (t>0)$$

将式(3-17a)改写为

$$u_C=U_0\mathrm{e}^{-\frac{t}{\tau}}+U_s(1-\mathrm{e}^{-\frac{t}{\tau}}) \quad (t\geqslant 0) \qquad (3\text{-}17\mathrm{b})$$

式(3-17)是 RC 电路的全响应的两种表示形式。式(3-17a)中，第一项是电路的暂态分量，也称自由分量，它随着时间按指数规律衰减，最终到零值；第二项是电路的稳态分量，也称强制分量，不随时间变化。故全响应可表示为

全响应＝暂态分量(自由分量)+稳态分量(强制分量)

式(3-17b)第一项是电路的零输入响应，第二项是电路的零状态响应，故全响应也可表示为

全响应＝零输入响应+ 零状态响应

上述全响应的两种分解形式适用于任何线性动态电路，前者着眼于电路的工作状态，而后者着眼于激励与响应间的因果关系。图 3-17 给出了在 $U_0<U_s$ 情况下，RC 电路的全响应波形。

当 $U_0<U_s$ 时，电路处于充电状态下，u_C 按指数规律上升，最终到达 U_s；当 $U_0>U_s$ 时，电路处于放电状态，u_C 按指数规律下降，最终也到达 U_s；当 $U_0=U_s$ 时电路响应中的自由分量为零，电路换路后立即进入稳定状态。

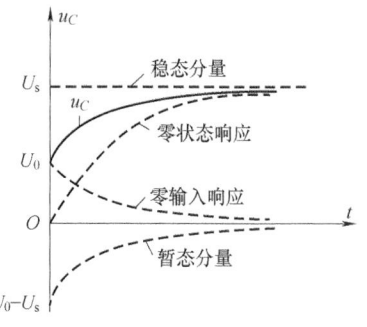

图 3-17 RC 电路的全响应波形

例 3-8 电路如图 3-18 所示，$t<0$ 时电路处于稳定状态，$t=0$ 时开关闭合，求 $t>0$ 时的 u_C 和 i。

解 $t<0$ 时，电路稳定，则 $u_C(0_-)=9\text{V}$，开关闭合后，电路重新达到稳定时，有

$$u_C(\infty)=\frac{3}{6+3}\times 9\text{V}=3\text{V}$$

从电容两端看的等效电阻为

$$R_{eq}=\frac{6\times 3}{6+3}\Omega=2\Omega$$

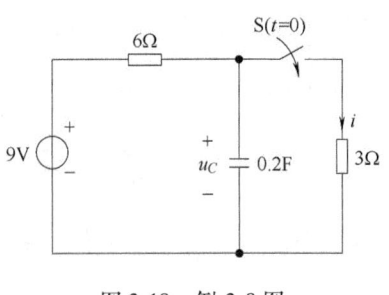

图 3-18 例 3-8 图

电路的时间常数为

$$\tau=R_{eq}C=0.4\text{s}$$

根据换路定律得

$$u_C(0_+)=u_C(0_-)=9\text{V}$$

则电路的零输入响应为

$$u'_C=9\text{e}^{-2.5t}\text{V}$$

电路的零状态响应为

$$u''_C=3(1-\text{e}^{-2.5t})\text{V}$$

将零输入响应和零状态响应叠加得电路的全响应，即

$$u_C=u'_C+u''_C=[9\text{e}^{-2.5t}+3(1-\text{e}^{-2.5t})]\text{V}=(3+6\text{e}^{-2.5t})\text{V} \quad (t\geq 0)$$

再根据电阻的 VCR，可得

$$i=\frac{u_C}{3}=(1+2\text{e}^{-2.5t})\text{A}(t\geq 0_+)$$

3.4.2 一阶电路的三要素法

RC 电路中的电容电压的全响应可分解为稳态分量+暂态分量，即

$$u_C=u_C(\infty)+[u_C(0_+)-u_C(\infty)]\text{e}^{-\frac{t}{\tau}} \quad (t\geq 0) \qquad (3\text{-}18)$$

式中，$\tau=RC$。

同理可得 RL 电路中的电感电流的全响应也可分解为稳态分量和暂态分量的叠加，即

$$i_L=i_L(\infty)+[i_L(0_+)-i_L(\infty)]\text{e}^{-\frac{t}{\tau}} \quad (t\geq 0) \qquad (3\text{-}19)$$

式中，$\tau=\dfrac{L}{R}$。

可以证明，在直流电源的激励下，一阶电路的任意支路电流和电压均可以用式(3-18)和式(3-19)的形式来表示。如果用 $f(t)$ 表示电流或电压，$f(0_+)$ 表示电流或电压的初始值，$f(\infty)$ 表示电流或电压的稳态值，则可归纳出求解一阶电路在直流电源激励下全响应的表达式为

$$f(t)=f(\infty)+[f(0_+)-f(\infty)]\text{e}^{-\frac{t}{\tau}} \quad (t>0) \qquad (3\text{-}20)$$

其中初始值 $f(0_+)$、稳态值 $f(\infty)$ 和时间常数 τ 称为电路的三要素，这种只要已知三要素，然后根据式(3-20)直接写出全响应的方法称为三要素法。

如果激励是正弦交流电，由于稳态分量为一时间函数 $f'(t)$，则暂态分量的初始值改为

$[f(0_+)-f'(0_+)]$,$f'(0_+)$是稳态分量在$t=0_+$时的值,全响应公式可写成

$$f(t)=f'(t)+[f(0_+)-f'(0_+)]e^{-\frac{t}{\tau}} \quad (t>0)$$

三要素法可以避免列解微分方程的复杂过程,是一种迅速、简便求解全响应的方法,它也适用于求解电路任意处的零输入和零状态响应。利用三要素法求全响应的步骤如下:

1) 求初始值$f(0_+)$。
2) 求稳态值$f(\infty)$。在稳定的直流电路中,电感相当于短路,电容相当于开路,其等效电路为电阻性电路,可以用前面学过的分析直流电路的方法求解。
3) 时间常数τ。同一个一阶电路中各响应的时间常数τ都是相同的,对于一阶RC电路,其$\tau=R_{eq}C$,对于一阶RL电路,其$\tau=L/R_{eq}$,其中R_{eq}为该动态元件(L或C)所接二端电阻性网络的戴维南等效电阻。
4) 代入三要素法公式,即由式(3-20)求得所需量。

例 3-9 电路如图 3-19a 所示,直流电压源的电压$U_s=100$V,电流源电流$I_s=0.2$A,$R_1=100\Omega$,$R_2=400\Omega$,$C=25\mu$F,电路原已稳定。在$t=0$时闭合开关S,求开关闭合后的i和u_C并画出其变化曲线。

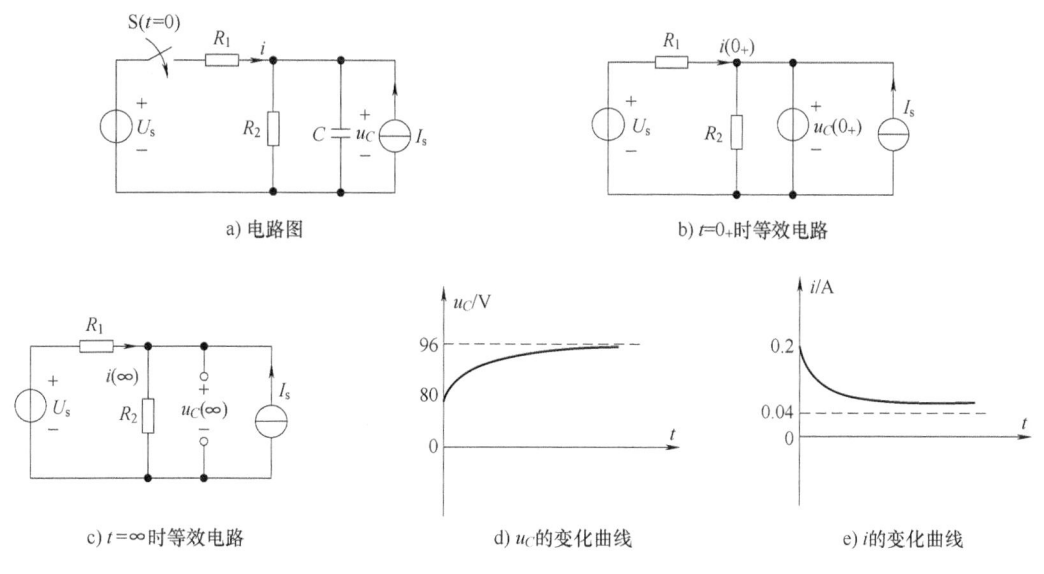

图 3-19 例 3-9 图

解 (1) 求初始值$i(0_+)$和$u_C(0_+)$

换路前,电路处于稳态,电容C相当于开路,故有$u_C(0_-)=I_sR_2=80$V。由换路定律得

$$u_C(0_+)=u_C(0_-)=80\text{V}$$

画$t=0_+$时的等效电路,如图 3-19b 所示,则有

$$i(0_+)=\frac{U_s-u_C(0_+)}{R_1}=0.2\text{A}$$

(2) 求稳态值$i(\infty)$和$u_C(\infty)$

开关闭合后,电路重新进入稳定状态,电容C又相当于开路,画$t=\infty$时的等效电路,如图 3-19c 所示。则有

$$u_C(\infty)=\frac{U_s/R_1+I_s}{1/R_1+1/R_2}=96\text{V}$$

$$i(\infty)=\frac{U_s-u_C(\infty)}{R_1}=0.04\text{A}$$

(3) 求时间常数 τ

换路后，从电容两端看进去的等效电阻为

$$R_{eq}=\frac{R_1R_2}{R_1+R_2}=80\Omega$$

故

$$\tau=R_{eq}C=2\times10^{-3}\text{s}$$

根据三要素公式，可得

$$u_C=u_C(\infty)+[u_C(0_+)-u_C(\infty)]e^{-\frac{t}{\tau}}=96-16e^{-500t}\text{V}(t\geqslant0)$$

$$i=i(\infty)+[i(0_+)-i(\infty)]e^{-\frac{t}{\tau}}=0.04+0.16e^{-500t}\text{A}(t\geqslant0_+)$$

u_C 和 i 的变化曲线如图 3-19d 和图 3-19e 所示。

例 3-10 电路如图 3-20a 所示，已知 $U_{s1}=12\text{V}$，$U_{s2}=9\text{V}$，$R_1=6\Omega$，$R_2=3\Omega$，$L=0.5\text{H}$，开关 S 原为闭合，且电路稳定。在 $t=0$ 时断开开关 S，求开关断开后电路的 i_L、u_L，并画出其变化曲线。

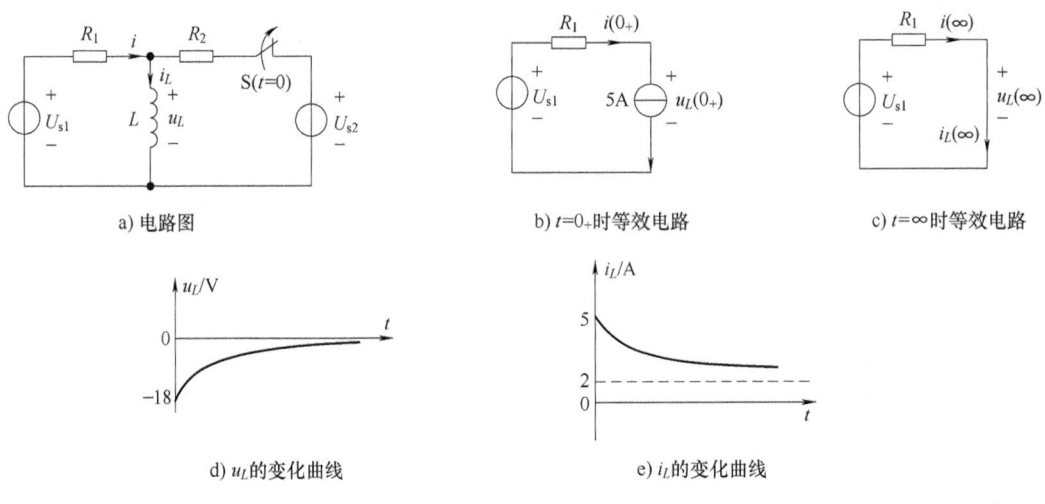

图 3-20 例 3-10 图

解 (1) 求初始值 $i(0_+)$、$i_L(0_+)$、$u_L(0_+)$

换路前，电路处于稳态，电感 L 相当于短路，故有

$$i_L(0_-)=\frac{U_{s1}}{R_1}+\frac{U_{s2}}{R_2}=\left(\frac{12}{6}+\frac{9}{3}\right)\text{A}=5\text{A}$$

由换路定律得

$$i_L(0_+)=i_L(0_-)=5\text{A}$$

画 $t=0_+$ 时的等效电路，如图 3-20b 所示，则有

$$u_L(0_+)=-i_L(0_-)R_1+U_{s1}=(-5\times6+12)\text{V}=-18\text{V}$$

（2）求稳态值 $i_L(\infty)$ 和 $u_L(\infty)$

开关断开后，电路重新进入稳定状态，电感 L 相当于短路，画 $t=\infty$ 时的等效电路，如图 3-20c 所示。则有

$$u_L(\infty) = 0$$

$$i_L(\infty) = \frac{U_{s1}}{R_1} = \frac{12}{6}\text{A} = 2\text{A}$$

（3）求时间常数 τ

$$\tau = \frac{L}{R_1} = \frac{0.5}{6}\text{s} = \frac{1}{12}\text{s}$$

根据三要素公式，可得

$$i_L = i_L(\infty) + [i_L(0_+) - i_L(\infty)]e^{-\frac{t}{\tau}} = (2+3e^{-12t})\text{A}(t \geq 0)$$

$$u_L = u_L(\infty) + [u_L(0_+) - u_L(\infty)]e^{-\frac{t}{\tau}} = (-18e^{-12t})\text{V}(t \geq 0_+)$$

u_L 和 i_L 的变化曲线如图 3-20d 和图 3-20e 所示。

习题

3-1 电路如图 3-21 所示，换路前电路稳定，在 $t=0$ 时开关 S 闭合，求换路后电路的初始值 $i_1(0_+)$、$i_2(0_+)$、$i_C(0_+)$、$u_C(0_+)$。

3-2 电路如图 3-22 所示，换路前电路稳定，在 $t=0$ 时开关 S 断开，求换路后电路的初始值 $i(0_+)$、$i_L(0_+)$、$u_L(0_+)$。

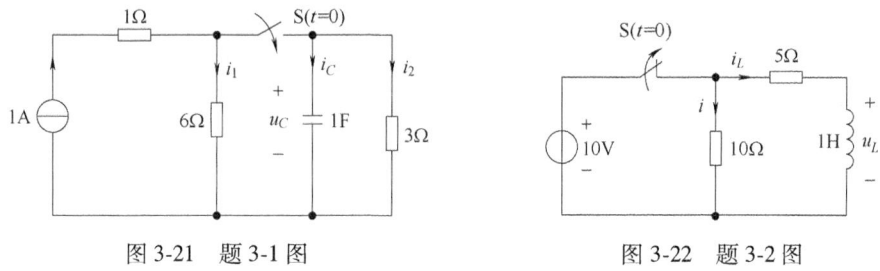

图 3-21 题 3-1 图　　　图 3-22 题 3-2 图

3-3 电路如图 3-23 所示，换路前电路稳定，在 $t=0$ 时将开关 S 闭合，求电路的 $u_L(0_+)$、$u_C(0_+)$ 和 $i_C(0_+)$。

3-4 如图 3-24 所示电路，换路前电路稳定，在 $t=0$ 时将开关 S 断开，求 $t>0$ 时电路中电容电压 u_C。

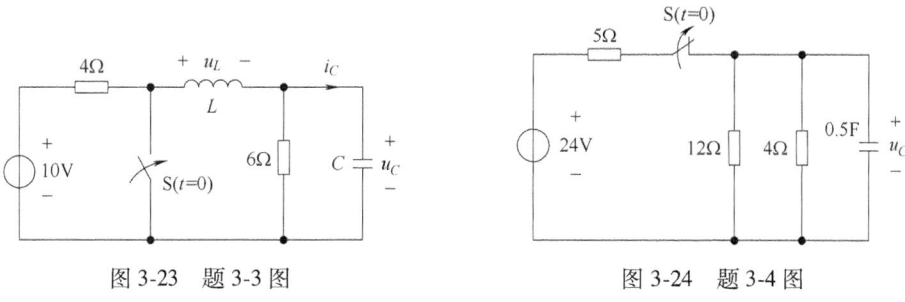

图 3-23 题 3-3 图　　　图 3-24 题 3-4 图

3-5 如图 3-25 所示电路原已稳定，已知 $u_C(0_-)=15\text{V}$，在 $t=0$ 时将开关 S 闭合，求 $t>0$ 时电路中电容电压 u_C。

3-6 如图 3-26 所示电路，换路前电路稳定，在 $t=0$ 时将开关 S 断开，求：
(1) $t \geq 0$ 时电路中电流 i，并绘出波形图；
(2) $t=0.1$ms 时 i 的值。

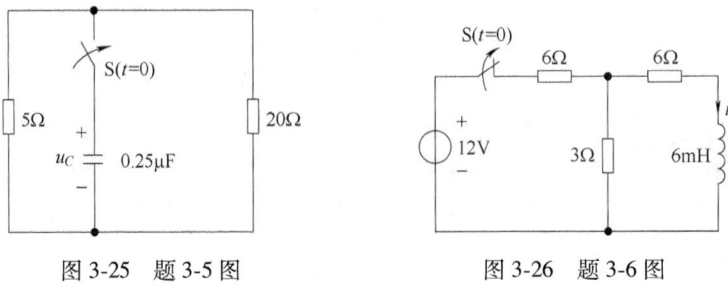

图 3-25　题 3-5 图　　　　图 3-26　题 3-6 图

3-7 如图 3-27 所示电路，$R_1=3\text{k}\Omega$，$R_2=6\text{k}\Omega$，$R_3=3\text{k}\Omega$，$C=2\mu\text{F}$，$I_s=10\text{mA}$。开关闭合前电路稳定，求 $t>0$ 时电路中电容电压 u_C，并画出其随时间变化的曲线。

3-8 如图 3-28 所示电路，RL 是发电机的励磁线圈，其参数为 $R=20\Omega$，$L=2\text{H}$，接到 $U_s=200\text{V}$ 的直流电压源上，VD 为理想二极管。要求断电时线圈电压不超过正常工作电压的 4 倍，且电流在 0.1s 内衰减到初始值的 5%，试计算并联在线圈上的放电电阻 R_f 的值。

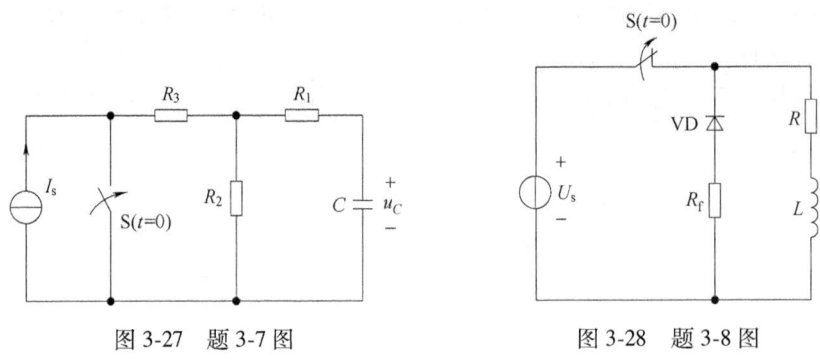

图 3-27　题 3-7 图　　　　图 3-28　题 3-8 图

3-9 在如图 3-29 所示电路中，$U_s=9\text{V}$，$R_1=6\text{k}\Omega$，$R_2=3\text{k}\Omega$，$C=100\mu\text{F}$，电路原已稳定，在 $t=0$ 时开关闭合，求(1) $t \geq 0$ 时电容上的 u_C；(2) 开关闭合多久电容两端电压可以增长到 2V？

3-10 如图 3-30 所示电路，开关断开前电路稳定，试用三要素法求 $t>0$ 时电路中电流 i。

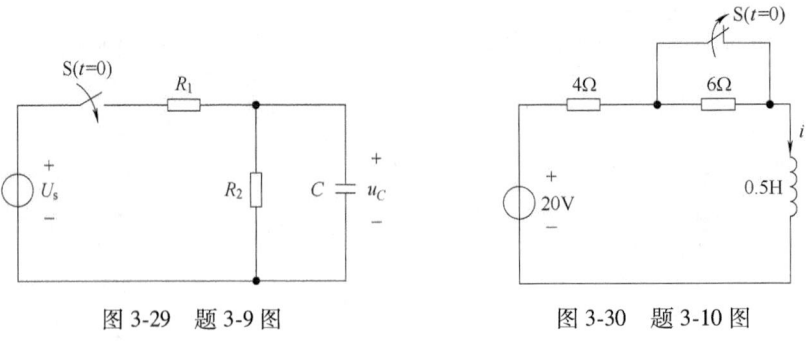

图 3-29　题 3-9 图　　　　图 3-30　题 3-10 图

3-11 如图 3-31 所示电路，开关闭合前电路已稳定，求 $t>0$ 时电路中的 i_C、u_C。

3-12 如图 3-32 所示电路中，RL 是一电磁继电器线圈，其电阻 $R=1\Omega$，$L=0.2\text{H}$，当电流 $i=30\text{A}$ 时继电器动作，将继电器触头控制的电路断开，设负载电阻 $R_L=20\Omega$，导线电阻 $R'=1\Omega$，电源电压 $U_s=200\text{V}$，

问当负载被短路后需要经过多长时间继电器才能将电源切断？

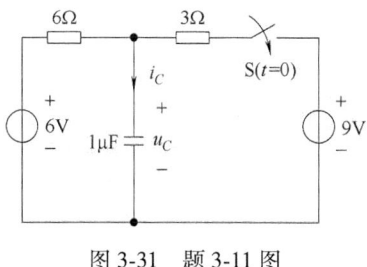

图 3-31 题 3-11 图

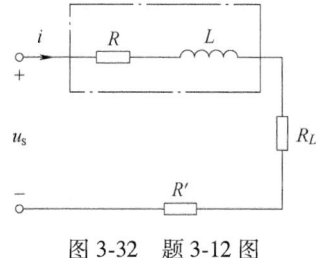

图 3-32 题 3-12 图

第 4 章 磁路及变压器

1. 本章摘要

1）磁路的基本概念、基本定律；
2）交流铁心线圈电路的计算；
3）变压器的工作原理及外特性；
4）电磁铁简介。

2. 本章重点及难点

1）重点：交流铁心线圈电路和变压器的工作原理。
2）难点：变压器电路的分析。

4.1 磁路的基本概念

前面各章讨论了电路的基本概念、基本定律和基本分析方法。但在工程中应用的各种电工设备如电动机、变压器、电磁铁、电工测量仪表，不仅有电路的问题，还有磁路的问题。只有同时掌握电路和磁路的基本理论、基本分析方法，才能对各种电工设备进行全面的分析。

4.1.1 磁路的基本物理量

1. 磁感应强度

为了研究磁场中各点磁场的强弱和方向，引入磁感应强度这一物理量。磁感应强度是一个矢量，用 B 表示。磁感应强度的方向就是该点的磁场方向。在 SI 中，磁感应强度的单位为 T(特[斯拉])。工程上曾用电磁制单位 Gs(高斯)作为磁感应强度的单位，$1Gs = 10^{-4}T$。

在磁场中某一区域内，如果各点的磁感应强度的大小相等、方向相同，则该区域内的磁场称为均匀磁场。如载流长螺线管线圈内部的磁场，一段相同铁心磁路中的磁场，均可认为是均匀磁场。

2. 磁通

磁通是磁感应强度通量的简称，用 Φ 表示。在均匀磁场中，有一个面积为 S 的平面，与磁场方向垂直，则该平面的磁通为

$$\Phi = BS \tag{4-1}$$

由式(4-1)可见，磁感应强度在数值上可以看成与磁场方向相垂直的单位面积上所通过的磁通，所以又被称为磁通密度。

磁通是一个标量，在 SI 中，其单位为 Wb(韦[伯])，工程上曾用 Mx(麦克斯韦)作为磁通的单位，$1Mx = 10^{-8}Wb$。

由物理学可知，磁力线是一些无始无终的闭合线，磁力线的这种闭合性说明一定数量的磁力线穿入一闭合面，一定有同样数量的磁力线从该面中穿出。因此，磁场中任一闭合面的总磁通恒等于零，即

$$\oint B_n \mathrm{d}S = 0 \tag{4-2}$$

式(4-2)中，dS 的方向规定为闭合面的外法线方向，同时规定穿出闭合面的磁通为其参考方向，即穿入闭合面的磁通取负号，穿出闭合面的磁通取正号，两者的绝对值是相等的。

磁场的这一特性称为磁通的连续性原理。它反映了磁场的一个基本性质。如果用磁力线来描述磁场，由于磁通的连续性原理，磁力线应是闭合的空间曲线。

3. 磁导率

磁导率就是用来表示介质导磁性能的物理量，用字母 μ 表示，其单位 H/m(亨/米)。实验测得真空的磁导率 $\mu_0 = 4\pi \times 10^{-7}$ H/m，为一常数。

为了便于比较介质对磁场的影响，把任一物质的磁导率与真空的磁导率之比称为相对磁导率，用 μ_r 表示，即

$$\mu_r = \frac{\mu}{\mu_0} \tag{4-3}$$

式中，μ_r 为相对磁导率；μ 为任一物质的磁导率；μ_0 为真空的磁导率。

相对磁导率只是一个比值，它表征在其他条件相同的情况下，介质的磁感应强度相对真空的磁感应强度的倍数。

自然界中所有物质按导磁性能大体可分为两大类：一类是非磁性材料，另一类是磁性材料。对非磁性材料而言，其导磁性能较差，$\mu \approx \mu_0$，$\mu_r \approx 1$，几乎不具有磁化性质。对磁性材料而言，如铁、钴、硅铜、坡莫合金、铁氧体等，其相对磁导率 μ_r 远大于1，甚至可以达到数万，且不是一个常数，这种材料也称为铁磁质，被广泛应用于电工技术和计算机技术中。

4. 磁场强度

磁场强度是计算磁场时所引用的一个物理量，用字母 H 表示。在磁场中，某点的磁感应强度大小不仅与励磁电流和通电导体的几何形状有关，还与介质的性质有关，即与磁导率有关，而 μ 又不是一个常数，从而导致磁场的计算比较复杂。为了便于计算，引入磁场强度 H 这一物理量，规定在磁场中任一点的磁场强度矢量的大小等于该点的磁感应强度大小与磁介质的磁导率的比值，即

$$H = \frac{B}{\mu} \tag{4-4}$$

磁场强度的方向是该点磁场的方向。磁场强度的单位为 A/m(安/米)。磁场强度的大小只与产生磁场的电流大小及通电导体的形状有关，而与磁场介质的磁导率无关。对于磁场中任一闭合曲线，磁场强度的闭合曲线积分等于穿过该闭合曲线围成的面中所有电流的代数和，即

$$\oint H \mathrm{d}l = \Sigma I \tag{4-5}$$

这就是全电流定律，也称安培环路定律。式(4-5)中电流 I 的方向规定为：当 I 方向与闭合曲线的方向符合右手螺旋定则时为正，否则为负。全电流定律反映了磁场的又一基本

性质。

例 4-1 一个均匀密绕的环形螺线管线圈,如图 4-1 所示。线圈内半径为 $r_1=10$cm,外半径为 $r_2=14$cm,线圈匝数 $N=10$,通电电流 $I=2.5$A,求线圈内部的磁场强度 H。

解 由于结构的对称性,环形螺线管线圈内的磁感应线都是一些同心圆,而且在同一条磁感应线上的磁场强度都相等,根据全电流定律,得

$$H=\frac{NI}{l}=\frac{NI}{2\pi r}$$

当 $r=14$cm 时,H 有最小值;当 $r=10$cm 时,H 有最大值。因为环内外半径相差较小,而环半径较大时,可以认为环内磁场是均匀的,故取环形螺线管的平均半径 $r=12$cm,同时代入 N 和 I 的值可得

$$H=33.2\text{A/m}$$

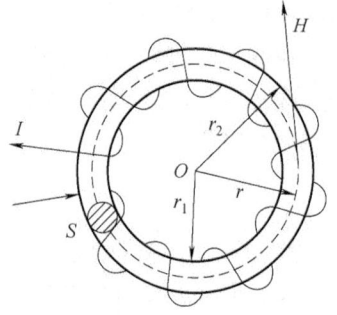

图 4-1 例 4-1 图

4.1.2 铁磁材料

1. 铁磁性物质的磁化

铁磁性物质本身对外不具有磁性,但在外磁场的作用下,会产生磁性,这种现象叫作磁化。铁磁性物质之所以能被磁化,是因为铁磁性物质是由许多叫作磁畴的天然磁化区域组成的,这些磁畴在没有外磁场作用时,其中的分子电流就已排列整齐,成为一个个自发磁化区,相当于一个个小磁体,具有很强的磁性。当铁磁性物质没有受到外磁场作用时,各磁畴排列紊乱,磁性相互抵消,对外不显示磁性,如图 4-2a 所示;而当有外磁场作用时,磁畴受磁场力作用趋向外磁场,并且在外磁场 H_0 由零逐渐增大时,磁畴开始发生畴壁移动,与外磁场方向一致的那部分磁畴边界扩大,而与外磁场方向相反的那部分磁畴边界缩小,直到体积缩小到零,如图 4-2b 所示。这个过程称为"畴壁移动",是可逆的,即如果此时将外磁场撤销,磁畴就可以恢复原状。当外磁场继续增大,就会发生"磁畴转向",即磁畴向外磁场方向转动,直到全部跟外磁场方向一致,即达到饱和状态为止,如图 4-2c 所示,这时铁磁性物质的磁性很强。磁畴的转向不可逆,即使外磁场撤销,铁磁性物质仍然有一定磁性。

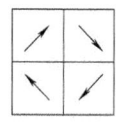 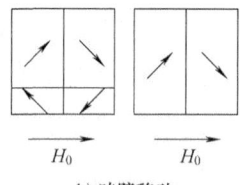 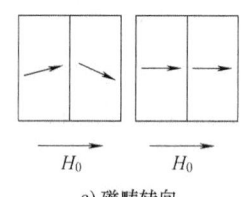

a) 未磁化铁磁质　　　　b) 畴壁移动　　　　c) 磁畴转向

图 4-2 铁磁质的磁化

2. 铁磁性物质的磁性能

(1) 高导磁性　铁磁性物质的磁导率很高,相对磁导率数值可高达数万,具有极强的磁化能力。

(2) 磁饱和性　铁磁性物质的磁性能可以用磁化曲线来表示。磁化曲线就是铁磁性物质的磁感应强度 B 与外磁场的磁场强度 H 的关系曲线,简称 B-H 曲线,可由实验测得,如图 4-3 所示的起始磁化曲线。

由图4-3所示的B-H曲线可知，B与H之间存在非线性关系。在曲线开始阶段，即OP段曲线上升得很慢，这段曲线表明发生了畴壁移动；在PQ段，随着H的增加B上升得很快，几乎是直线上升，这段曲线表明发生了磁畴的转向；在QR段，H已经很大，磁畴已大部分转向，故B的增加很慢；而到R以后，磁畴几乎都转到与外磁场一致方向，B达到饱和，如果再增加H，则B增加很小，接近直线，此时的磁感应强度称为饱和磁感应强度。不同的铁磁性物质的饱和磁感应强度并不相同，但同一种材料的饱和磁感应强度是一定的。

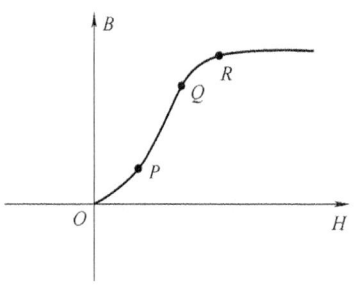

图4-3　起始磁化曲线

由于$\mu=B/H$，铁磁性物质的B-H曲线不是直线，表明铁磁性物质的磁导率μ不是常数，并会随着外磁场的变化而变化。对于电动机和变压器，通常要求铁磁性物质工作在R点（饱和点）附近，这时的铁磁性物质磁导率最强。

(3) 磁滞性　铁磁性物质在交变磁场中反复进行磁化时，得到的B-H曲线是磁滞回线，如图4-4所示。

从图4-4中可以看出，当B达到饱和后，若H从最大值H_m逐渐减小，B也随之减小，但B并不沿着起始磁化曲线下降，而是沿另一条稍高的曲线下降，这说明在去磁过程中，B的变化落后于H的变化，这种现象称为磁滞。

3. 铁磁性物质的分类

从磁滞回线可以看到，对于不同的H_m值，铁磁性物质有不同的磁滞回线，将不同的H_m值下的各磁滞回线的正顶点连接而成的曲线叫作基本磁化

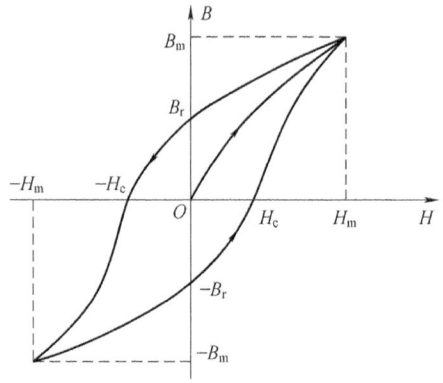

图4-4　磁滞回线

曲线。铁磁性物质与基本磁化曲线之间存在一一对应关系，工程上对那些磁滞回线窄长的铁磁材料，通常用其基本磁化曲线来表示。

(1) 软磁性材料　软磁性材料如纯铁、各种电工钢片、铁镍合金、硅钢、铁氧体等，它们的磁滞回线形状比较窄长，几乎与基本磁化曲线重合，如图4-5a所示。软磁性材料的剩磁和矫顽力都较小，由磁滞引起的能量损耗也较小，适合制作电动机、变压器、镇流器、电磁铁的铁心及计算机的磁鼓、磁心等。

(2) 硬磁性材料　硬磁性材料如钨钢、碳钢、铬钢、钴钢、铝镍合金等，它们的磁滞回线宽而平，所包围的面积大，如图4-5b所示。硬磁性材料的剩磁和矫顽力都较大，这类材料被磁化后能保留很强的磁性，不适合用于交变磁场中，但适合用于制作永久磁铁，广泛用于无线电的永磁喇叭、耳机、电话受话器及电磁式仪表中。

(3) 矩磁性材料　矩磁性材料如锰镁铁氧体和锂锰铁氧体，当很小的外磁场作用时，就能使它磁化，并达到饱和，去掉外磁场后，磁性仍然保持与饱和时一样，反映在磁滞回线上是一矩形闭合曲线，如图4-5c所示。矩磁性材料具有较小的矫顽力和较大的剩磁，适合用于制作计算机或一些控制系统的存储磁心、开关元件等。

各种材料的基本磁化曲线或数据表可以在产品目录或手册上查到。表 4-1 给出了两种常用铁磁材料基本磁化数据。表中数据除第一行与第一列外均是 B 所对应的 H 值，其中 H 的单位为 A/m。如铸钢材料，当 $B=0.51T$ 时，对应的磁场强度 $H=408A/m$。

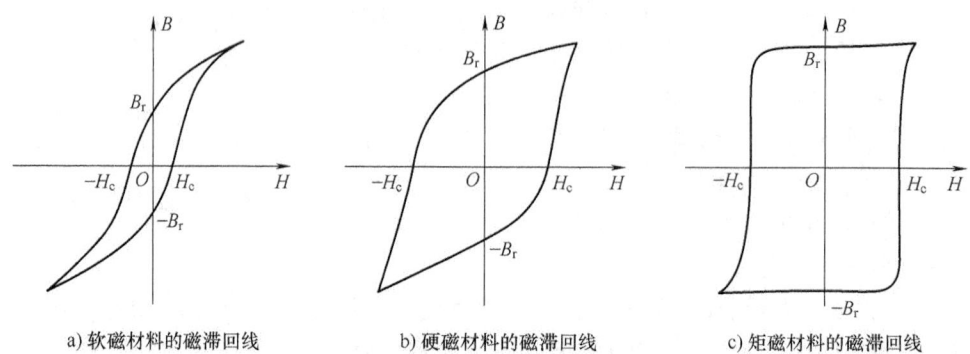

a) 软磁材料的磁滞回线　　b) 硬磁材料的磁滞回线　　c) 矩磁材料的磁滞回线

图 4-5　不同铁磁性物质的磁滞回线

表 4-1　常用铁磁材料基本磁化数据

1）铸钢

B/T	0.00	0.01	0.02	0.03	0.04	0.05	0.06	0.07	0.08	0.09
0.4	320	328	336	344	352	360	368	376	384	392
0.5	400	408	417	426	434	443	452	461	470	479
0.6	488	497	506	516	525	535	544	554	564	574
0.7	584	593	603	613	623	632	642	652	662	672
0.8	682	693	703	724	734	745	755	766	776	787
0.9	798	810	823	835	848	860	873	885	898	911
1.0	924	938	953	969	989	1004	1022	1039	1056	1073
1.1	1090	1108	1127	1147	1167	1187	1207	1227	1248	1269

2）D_{23} 电工钢片

B/T	0.00	0.01	0.02	0.03	0.04	0.05	0.06	0.07	0.08	0.09
0.4	138	140	142	144	146	148	150	152	154	156
0.5	156	160	162	164	166	169	171	174	176	178
0.6	181	184	186	189	191	194	197	200	203	206
0.7	210	213	216	220	224	228	232	236	240	245
0.8	250	255	260	265	270	276	281	287	293	299
0.9	306	313	319	326	333	341	319	357	365	374
1.0	383	392	401	411	422	433	444	456	467	480
1.1	493	507	521	536	552	568	584	600	606	633
1.2	652	672	694	716	738	762	786	810	836	862

4.2 磁路定律

很多电气设备中需要较强的磁场或较大的磁通,而铁磁性物质的磁导率远比弱磁材料大,对于用铁磁性物质制成的各种形状的铁心,只要绕在铁心上的线圈通有较小的电流就可以产生很强的磁场,而且磁场差不多都限定在铁心范围内,而周围弱磁性物质中的磁场则很弱。这种磁通集中通过的路径就称为磁路。图4-6中为几种常用电气设备的磁路。

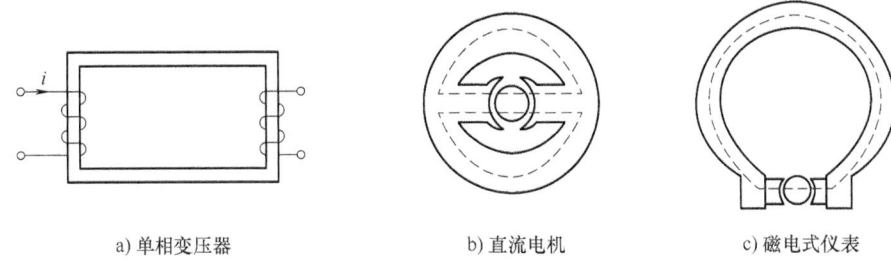

a) 单相变压器　　　　b) 直流电机　　　　c) 磁电式仪表

图4-6　几种常用电气设备的磁路

磁路的磁通可以分为两部分:绝大部分经过铁心(包括空气隙)而形成闭合的磁通,这部分叫作主磁通;小部分经过铁心外弱磁性物质而形成闭合的磁通,这部分称为漏磁通。一般情况下,工程上会采用各种措施使漏磁通减小,所以在分析计算时可以忽略不计。

磁路按其结构的不同可分为无分支磁路和有分支磁路,有分支磁路又可分为对称分支磁路和不对称分支磁路。图4-6a所示属于无分支磁路,图4-6b所示属于有分支磁路。

4.2.1　磁路的欧姆定律

设一段磁路的平均长度为 l,横截面面积为 S,且处处相同,由磁导率为 μ 的材料制成,该段磁路的磁通为 Φ,则该段磁路的磁场强度为

$$H = NI/l$$

因为 $\Phi = BS$,而 $B = \mu H = \mu \dfrac{NI}{l}$,则有

$$\Phi = \mu \frac{NI}{l} S = \frac{NI}{\dfrac{l}{\mu S}} \tag{4-6a}$$

令 $F_m = NI$,$R_m = \dfrac{l}{\mu S}$,则式(4-6a)可写成

$$\Phi = \frac{F_m}{R_m} \tag{4-6b}$$

如果将磁路中的磁通与电路中的电流对应,则在式(4-6b)中,F_m 相当于电路中的电动势 E,它是产生磁通的源泉,因此称为磁通势(或磁动势),单位为A。而 R_m 对应于电路中的电阻 R,称为磁路的磁阻,它是表示磁路对磁通阻碍作用的物理量。磁阻与电阻相类似,即 $R = l/(\gamma S)$(γ 为电导率)与磁路的几何尺寸及铁磁性物质的磁导率有关,单位为(1/H)。

式(4-6)与电路中的欧姆定律相似,所以称为磁路欧姆定律。由于铁磁性物质的磁导率

不是常数,故其磁阻也不是常数,因此一般情况下不能用式(4-6)来对磁路进行计算,而只用作定性分析。例如,一个有气隙的铁心线圈接到直流电压源上,由于线圈电流只决定于电源电压和线圈电阻,而与磁路无关。因此,当气隙增大,磁阻增大(因为铁磁性物质的磁导率远大于空气,故整个磁路中气隙的磁阻为主要磁阻),由磁路的欧姆定律可知磁路中的磁通将减小。

4.2.2 磁路的基尔霍夫定律

1. 磁路的基尔霍夫第一定律

在磁路没有分支的部分(称为支路),根据磁通连续性原理,在忽略漏磁通时,磁路的一个支路中的各个截面处均具有相同的磁通,即使存在一段空气隙,空气隙中的磁通仍与该支路的磁通相等。

在磁路有分支的部分,各支路汇聚成磁路的结点,如图4-7中a处,各磁通Φ_1、Φ_2、Φ_3的参考方向如图4-7所示,根据磁通连续性原理可得

$$\Phi_1 - \Phi_2 - \Phi_3 = 0$$

即
$$\sum \Phi = 0 \tag{4-7}$$

式(4-7)就是磁路的基尔霍夫第一定律。它表明磁路的任一结点所连各支路的磁通代数和等于零。

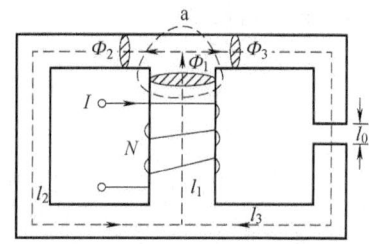

图4-7 有分支磁路

2. 磁路的基尔霍夫第二定律

将磁路根据材料和截面积分为若干段(即材料和截面积相同的分为一段),每段磁路上各点磁感应强度B和磁场强度H均相同,方向与磁路中心线平行。例如图4-7中左边回路可分为两段,选择逆时针绕行方向,根据全电流定律可得

$$\oint_l H \mathrm{d}l = H_1 l_1 + H_2 l_2 = \sum(Hl) = \sum(NI) \tag{4-8}$$

同理,对图4-7中的右边回路,可分为三段,其中一段为气隙,选择顺时针绕行方向,则

$$H_1 l_1 + H_3 l_3 + H_0 l_0 = \sum(NI)$$

式中,Hl称为各段磁路的磁位差,又称磁压,用U_m来表示,单位为A;NI为磁路的磁动势,用F_m来表示。式(4-8)也可写成

$$\sum U_m = \sum F_m \tag{4-9}$$

式(4-8)和式(4-9)都是磁路的基尔霍夫第二定律。它表明磁路的任一回路中各段磁位差的代数和等于各磁动势的代数和。应用式(4-8)时,应先选择回路的绕行方向,当磁通的参考方向与绕行方向一致时,该段的磁位差取"+",否则取"-"。磁动势的正负取决于励磁电流的方向是否与绕行方向符合右手螺旋定则,符合的取"+",否则取"-"。

例4-2 如图4-8所示的一个直流电磁铁磁路,π型铁心由D_{23}电工钢片叠成,填充系数取0.92,衔铁材料为铸钢。图4-8中各长度单位为mm,要使气隙中磁通为3×10^{-3}Wb,试求所需的磁动势;如果励磁

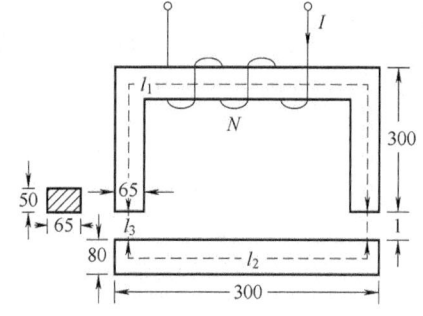

图4-8 例4-2图(单位:mm)

线圈的匝数 N 为 500，则需多大的励磁电流？

解 由图 4-8 可知，此磁路可分为铁心、衔铁和气隙三段。各段平均长度为

$$l_1 = [(300-2\times65/2)+2\times(300-65/2)]\text{mm} = 770\text{mm} = 0.77\text{m}$$

$$l_2 = [(300-2\times65/2)+2\times80/2]\text{mm} = 315\text{mm} = 0.315\text{m}$$

$$l_3 = 2\times1\text{mm} = 2\text{mm} = 0.002\text{m}$$

各段磁路的截面积为

$$S_1 = 65\times50\times0.92\text{mm}^2 = 2990\text{mm}^2 \approx 0.003\text{m}^2$$

$$S_2 = 80\times50\text{mm}^2 = 4000\text{mm}^2 = 0.004\text{m}^2$$

$$S_3 = 65\times50\text{mm}^2 = 3250\text{mm}^2 \approx 0.0033\text{m}^2$$

各段磁感应强度为

$$B_1 = \Phi/S_1 = 1\text{T}$$

$$B_2 = \Phi/S_2 = 0.75\text{T}$$

$$B_3 = \Phi/S_3 \approx 0.91\text{T}$$

根据磁化数据表，即表 4-1 查得对应的磁场强度为

$$H_1 = 383\text{A/m}$$

$$H_2 = 632\text{A/m}$$

气隙的磁场强度为

$$H_3 = 0.8\times10^6\times B_3 \approx 7.28\times10^5 \text{A/m}$$

所需的磁动势为

$$F_m = H_1 l_1 + H_2 l_2 + H_3 l_3 = (383\times0.77+632\times0.315+7.28\times10^5\times0.002)\text{A}$$

$$= (294.9+199.1+1456)\text{A} \approx 1950\text{A}$$

当 $N=500$ 时，需要的励磁电流为

$$I = \frac{F_m}{N} = \frac{1950}{500}\text{A} = 3.9\text{A}$$

磁路中的气隙虽短，但由于气隙磁阻较大，磁动势差不多都降在气隙上，在例 4-2 中占了 $1456/1950\times100\% = 74.7\%$。

除了无分支磁路外，在工程中还会常常遇到在结构上具有对称性的有分支磁路，如图 4-7 所示。对称轴两侧的磁路无论是尺寸，还是材料都完全相同，如果励磁线圈绕在中间柱上，则两侧磁路的磁通分布也相同。这种磁路的分析计算可以在对称轴中间剖开，将磁路一分为二，然后取任意一半按无分支磁路的计算方法进行计算。需要注意的是，剖开后的中间柱截面积和磁通都已变成原来的一半，但是其磁动势并没有变化，即与产生全部磁通的磁动势相同。

4.3 交流铁心线圈

4.3.1 电磁关系

铁心线圈分为两种，直流铁心线圈通直流电来励磁，交流铁心线圈通交流电来励磁。直流铁心线圈由于励磁电流是直流电，因而不会在线圈中产生感应电动势。若线圈电阻为 R，则线圈电压与电流的关系为 $U=RI$，与磁路无关。交流铁心线圈由于励磁电流是变化的，因

此会引起感应电动势。电路中的电压、电流关系和磁路情况有关，当忽略磁路的漏磁通和线圈电阻，选择线圈电压 u、电流 i，磁通 Φ 和感应电动势 e 的参考方向如图4-9所示时，有

$$u(t) = -e(t) = \frac{\mathrm{d}\Psi(t)}{\mathrm{d}t} = N\frac{\mathrm{d}\Phi(t)}{\mathrm{d}t}$$

其中，N 为线圈的匝数。如果磁通为正弦量，设 $\Phi(t) = \Phi_m \sin\omega t$，则有

$$u(t) = \omega N\Phi_m \sin\left(\omega t + \frac{\pi}{2}\right)$$

可知电压也是正弦量，并且电压的相位比磁通超前90°，电压的有效值与磁通的最大值之间的关系为

$$U = \frac{\omega N\Phi_m}{\sqrt{2}} = \frac{2\pi f N\Phi_m}{\sqrt{2}} = 4.44 f N\Phi_m \tag{4-10}$$

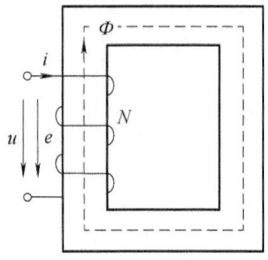

图4-9　交变磁通磁路

式(4-10)是常用的重要公式，表明线圈电压的有效值与电源频率、线圈匝数及磁通的幅值成正比，当电源的频率及线圈匝数一定时，并且线圈电压的有效值不变，则主磁通的最大值 Φ_m（或磁感应强度的最大值 B_m）不变；当线圈电压的有效值改变时，Φ_m 与 U 成正比变化，且与磁路情况如铁心材料、气隙大小无关。

4.3.2　铁心线圈的功率损耗

交流铁心线圈的功率损耗包括铜损耗和铁心损耗。在交流铁心线圈工作时，由于线圈电阻的存在而引起的功率损耗 I^2R 称为铜损耗，用 ΔP_{Cu} 表示；当交变磁场在铁心中穿过时，引起铁心反复磁化，使得铁心内分子热运动加剧，从而使铁心发热，所产生的功率损耗，称为铁心损耗，用 ΔP_{Fe} 表示。

铁心损耗又分为磁滞损耗和涡流损耗两种。由于磁滞而引起的损耗，称为磁滞损耗，它与磁滞回线的面积成正比，因此一般交流电磁铁选用软磁材料。铁心中的磁通变化时，不仅在线圈中产生感应电动势，也会在铁心中产生感应电动势。铁心中的感应电动势使铁心内产生旋涡状的电流，俗称涡流。铁心中的涡流也要产生功率损耗使铁心发热，这种功率损耗称为涡流损耗。涡流损耗的大小与铁心的电阻有关，电阻越大涡流越小，涡流损耗就越小，故可采用两种方法减少涡流损耗：一是增大铁心材料的电阻率，如在钢中掺入硅杂质使其电阻率大大提高；二是将铁心制成薄片，使涡流只能在较小的截面内流动，此时电阻增大，因此电动机、变压器等设备用彼此绝缘的硅钢片叠成铁心，大大减小了涡流的损耗。

4.4　变压器

变压器是一种静止的电气设备（即它没有运动部分），是根据电磁感应原理将一种交流电压变为另一种或几种同频率电压的电气设备。它的种类繁多，用途各异，不同用途的变压器在容量、结构、外形、体积和质量等方面差异很大，但是其基本构造和工作原理相同，主要由电路和磁路两部分构成。图4-10所示的是单相变压器原理图，铁心是变压器的磁路部分，为了减少铁心损耗，通常用厚度为0.35mm或0.5mm两面涂绝缘漆的硅钢片叠装而成；变压器中用来传递电能而又彼此绝缘的线圈，一般称为绕组，是变压器的电路部分。接交流电源的线圈称为一次绕组，简称一次侧；接负载的线圈称为二次绕组，简称二次侧。为了分

析方便，将一次侧和二次侧两组绕组分别画在两边的铁心柱上，一次侧匝数为 N_1，电压为 u_1，电流为 i_1，电动势为 e_1；二次侧匝数为 N_2，电压为 u_2，电流为 i_2，电动势为 e_2。

4.4.1 变压器的工作原理

1. 变换电压

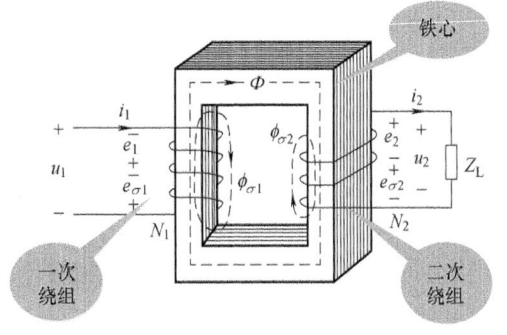

图 4-10 单相变压器原理图

当变压器空载运行时（二次侧开路，不接负载），一次侧在交流电压 u_1 作用下，有电流 i_1 流过，此时 $i_1=i_0$，i_0 称为空载电流（或励磁电流），磁动势 N_1i_0 将在铁心中产生主磁通 Φ，及漏磁通 $\phi_{\sigma1}$，因为漏磁通比主磁通在数值上小许多，在分析计算时常常忽略不计。根据电磁感应原理，主磁通在一、二次绕组中分别感应出频率相同的电动势 e_1，e_2，得

$$e_1 = -N_1 \frac{d\Phi}{dt} \tag{4-11}$$

$$e_2 = -N_2 \frac{d\Phi}{dt} \tag{4-12}$$

由图 4-8 所示参考方向，如果忽略漏磁通和线圈电阻的影响，可得

$$u_1 \approx -e_1$$

二次侧由于没有接负载，则 $u_2=u_{20}$，u_{20} 为二次侧开路电压。可得

$$u_{20} = e_2$$

如果采用相量表示，则

$$\dot{U}_1 \approx -\dot{E}_1 \tag{4-13}$$

$$\dot{U}_{20} \approx \dot{E}_2 \tag{4-14}$$

根据式(4-10)可知，$U_1 = 4.44fN_1\Phi_m$，$U_2 = 4.44fN_2\Phi_m$，于是可得

$$\frac{U_1}{U_{20}} = \frac{N_1}{N_2} = K \tag{4-15}$$

式中，K 为变压器的变比。

当变压器二次侧接负载时，在 e_2 作用下，二次侧中会产生电流 i_2。如果忽略二次线圈电阻和漏磁通的影响时，二次电压 $u_2 \approx e_2$，则式(4-15)可写成

$$\frac{U_1}{U_2} = \frac{N_1}{N_2} = K \tag{4-16}$$

表明变压器一、二次侧的电压比等于一、二次绕组匝数比，当 $K>1$ 时为降压变压器，当 $K<1$ 时为升压变压器。

2. 电流变换

由 $U_1 \approx E_1 = 4.44fN_1\Phi_m$ 可知，当电源电压 U_1 和频率 f 不变时，E_1 和 Φ_m 也趋于常数，即铁心中主磁通在变压器空载和有载是趋于恒定不变的，因此空载时产生主磁通的磁动势 N_1i_0 和有载时产生主磁通的一、二次绕组的合成磁动势 $N_1i_1+N_2i_2$ 基本相同，即

$$N_1i_1 + N_2i_2 \approx N_1i_0$$

如果采用相量表示，则

$$N_1\dot{I}_1 + N_2\dot{I}_2 \approx N_1\dot{I}_0 \tag{4-17}$$

变压器的空载电流 I_0 是励磁用的,由于铁心的磁导率很高,故空载电流 I_0 很小,一般空载电流的大小只有一次绕组额定电流的2%~8%,故可忽略不计,即 $N_1\dot{I}_1 + N_2\dot{I}_2 \approx 0$,由此可得一、二次绕组的额定电流有效值之比为

$$\frac{I_1}{I_2} \approx \frac{N_2}{N_1} = \frac{1}{K} \tag{4-18}$$

表明变压器一、二次电流与线圈匝数成反比,它反映了变压器除了有变换电压的作用外还有变换电流的作用。

3. 阻抗变换

变压器的负载 Z_L 变化时,$\dot{I}_2$ 变化,$\dot{I}_1$ 也随之变化。从一次侧看变压器可等效为 $|Z'_L|$,若设

$$|Z_L| = \frac{U_2}{I_2}$$

根据式(4-16)和式(4-18)可得

$$|Z'_L| = \frac{U_1}{I_1} = \frac{KU_2}{\frac{1}{K}I_2} = K^2 \frac{U_2}{I_2} = K^2 |Z_L| \tag{4-19}$$

可见把阻抗为 $|Z_L|$ 的负载接到变比为 K 的变压器二次侧时,从变压器一次侧看入的等效阻抗变为 $K^2|Z_L|$,从而可以采用不同变比的变压器将负载阻抗变为所需要的合适数值,这种做法在电子电路和通信工程中常用,称为阻抗匹配。

例4-3 交流信号源电压 $U_s = 120V$,内阻 $R_s = 800\Omega$,负载 $R_L = 8\Omega$。(1)当将负载直接与信号源连接时,信号源输出多大功率?(2)当接入变压器,如图4-11所示,要使 R_L 折算到一次侧的等效电阻 $R'_L = R_s$ 时,求变压器的变比和信号源输出的功率。

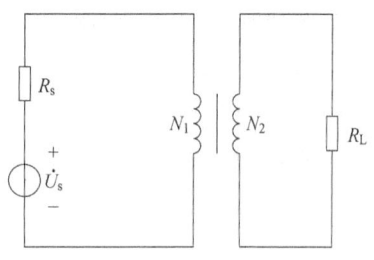

图4-11 例4-3图

解 (1)将负载直接接到信号源上时,信号源输出功率为

$$P = I^2 R_L = \left(\frac{U_s}{R_s + R_L}\right)^2 R_L = 0.176W$$

(2)当 $R'_L = R_s$ 时,变压器的变比为

$$K = \sqrt{\frac{R'_L}{R_L}} = \sqrt{\frac{800}{8}} = 10$$

输出电流为

$$I = \frac{U_s}{R_s + R'_L} = \frac{120}{800 + 800}A = 0.075A$$

信号源的输出功率为

$$P = I^2 R'_L = 4.5W$$

可见,接入变压器后使等效电阻 R'_L 与信号源内阻 R_s 匹配,可以使负载获得最大功率。

例 4-4 变压器如图 4-12 所示，已知一次侧电压 $U_1 = 380\text{V}$，匝数 $N_1 = 1900$，二次侧要求有两个电压输出，空载时分别为 120V 和 36V。求（1）两个二次侧绕组的匝数 N_2 和 N_3；（2）若二次侧接上纯电阻负载，测得 $I_2 = 1\text{A}$，$I_3 = 3\text{A}$，求一次电流有效值及一、二次功率。

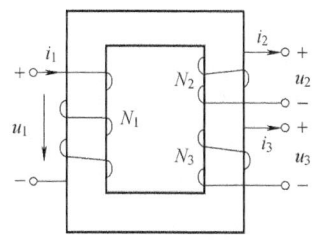

图 4-12 例 4-4 图

解 （1）当二次侧有多个绕组时，变换电压关系与只有一个二次侧绕组是相同的，即

$$\frac{N_1}{N_2}=\frac{U_1}{U_2},\quad \frac{N_1}{N_3}=\frac{U_1}{U_3}$$

可得

$$N_2 = N_1\frac{U_2}{U_1} = 600$$

$$N_3 = N_1\frac{U_3}{U_1} = 180$$

（2）忽略空载磁动势 $N_1 i_0$，在图 4-12 所示的参考方向下，可得

$$N_1 \dot{I}_1 + N_2 \dot{I}_2 + N_3 \dot{I}_3 \approx 0$$

故一次电流有效值为

$$I_1 = \frac{I_2 N_2 + I_3 N_3}{N_1} = \frac{1\times 600 + 3\times 180}{1900}\text{A} = 0.6\text{A}$$

一次功率为

$$P_1 = U_1 I_1 = 380\times 0.6\text{W} = 228\text{W}$$

二次功率为

$$P_2 = U_2 I_2 = 120\times 1\text{W} = 120\text{W}$$

$$P_3 = U_3 I_3 = 36\times 3\text{W} = 108\text{W}$$

可见 $P_1 = P_2 + P_3$。

4.4.2 变压器的外特性

一般情况下，用电负载总是在变化的，负载的变化必然使二次电流也进行相应的变化，使二次侧输出电压略有变化。负载变化引起的二次侧输出电压的变化程度与负载的大小和性质有关，与变压器本身特性也有关，当电源电压 U_1 与负载功率因数 $\cos\varphi_2$ 为常数时，U_2 随 I_2 的变化曲线称为变压器的外特性曲线，如图 4-13 所示。

变压器处于空载状态时，$I_2 = 0$，二次电压 $U_{20} = U_{2N}$，当负载为阻性或感性时，随着负载电流的增大，二次电压逐渐降低，外特性呈下降趋势；当负载电流大小不变时，二次电压的下降程度取决于负载的功率因数，功率因数越低，二次电压下降得越多。

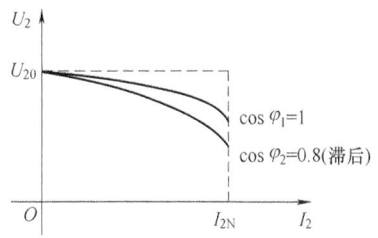

图 4-13 变压器的外特性曲线

从空载到额定负载，二次电压的变化程度用电压变化率 ΔU 表示，即

$$\Delta U = \frac{U_{20}-U_2}{U_{20}}\times 100\% \tag{4-20}$$

通常希望二次电压变化越小越好，一般变压器中，由于电阻电压降和漏磁动势均较小，电压变化率在5%左右。

4.4.3 变压器的损耗和效率

和交流铁心线圈一样，变压器的损耗有铜损 ΔP_{Cu} 和铁损 ΔP_{Fe} 两部分。铜损与负载大小有关，铁损与铁心内磁感应强度 B_m 的最大值有关。

变压器的损耗为　　　　　　　　$\Delta P = \Delta P_{Cu} + \Delta P_{Fe}$

变压器输出给负载的功率为　　　$P_2 = U_2 I_2 \cos\varphi_2$

电源输入变压器的功率为　　　　$P_1 = P_2 + \Delta P$

变压器的效率为输出功率与输入功率比值的百分数，用 η 表示，即

$$\eta = \frac{P_2}{P_1} \times 100\% = \frac{P_2}{P_2 + \Delta P} \times 100\% \tag{4-21}$$

变压器的损耗很小，效率很高，通常在95%以上。变压器效率的最大值出现在50%~75%额定负载之间，故变压器不宜负载过轻，长期空载应切断电源。

4.4.4 特殊变压器

1. 自耦变压器

图4-14所示的是一种自耦变压器电路，其一、二次侧共用一部分绕组，使输出电压连续可调，一、二次电压之比和电流之比也满足

$$\frac{U_1}{U_2} = \frac{N_1}{N_2} = K, \quad \frac{I_1}{I_2} \approx \frac{N_2}{N_1} = \frac{1}{K}$$

实验室中常用的调压器就是一种可改变二次绕组匝数的自耦变压器。

2. 电流互感器

电流互感器主要用来扩大测量交流电流的量程，原理图如图4-15所示，它的一次绕组一般只有一匝或几匝，且导线较粗，接入需测电流的电路中，二次绕组匝数较多，与电流表或功率表的电流线圈相接，由于电流表的内阻较小，因此电流互感器运行时相当于变压器短路工作状态。通常电流互感器的励磁电流很小，故可以忽略，则有 $I_1/I_2 \approx N_2/N_1 = 1/K$。

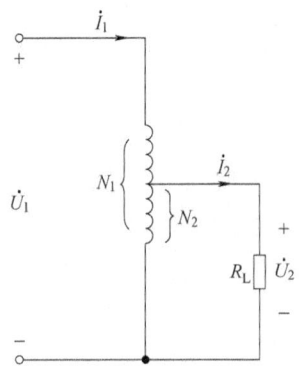
图4-14　自耦变压器电路

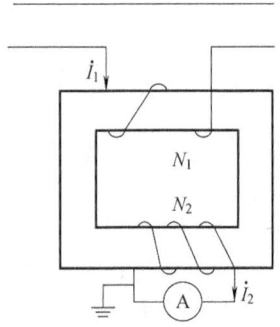
图4-15　电流互感器原理图

电流互感器的二次侧不允许断开，否则会感应出很高电压，因此，电流互感器的二次绕

组和铁心应该接地。

3. 电压互感器

电压互感器是一种精确变换电压的降压变压器，原理图如图 4-16 所示。它的一次侧接高压电源，二次侧接电压表或功率表的电压线圈，一次绕组匝数多于二次绕组匝数。由于电压表内阻较大，因此电压互感器运行时类似于变压器空载运行状态，如果忽略漏阻抗压降，则有 $U_1/U_2 = N_1/N_2 = K$。

电压互感器的二次侧不允许短路，否则将会产生很大的短路电流，因此，电压互感器的二次绕组和铁心必须可靠接地。

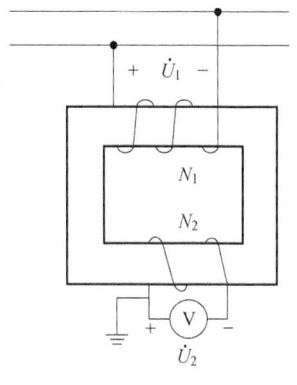

图 4-16　电压互感器原理图

4.5　电磁铁

电磁铁是利用通电的铁心线圈对铁磁材料产生电磁吸引力的一种电气设备，它的用途非常广泛，如钢铁企业中常见的起重机上的制动电磁铁、机床电路中常用的交流接触器、电力传动中的电磁离合器、电力工业中各种继电器、作为机械工具用的电动锤、磨床上作为夹具用的电磁吸盘等。

电磁铁由三个部分组成，即软磁材料制成的铁心、衔铁以及绕在铁心上的线圈，如图 4-17 所示。电磁铁的形式虽然很多，但它们的工作原理大致相同。当线圈通过电流后，铁心中产生很强磁场，使衔铁受到电磁吸引力，从而改变磁路气隙的大小。当线圈电流被切断时，磁场随之消失，衔铁便被释放。

电磁铁按照励磁电流的性质可分为直流电磁铁和交流电磁铁两大类。

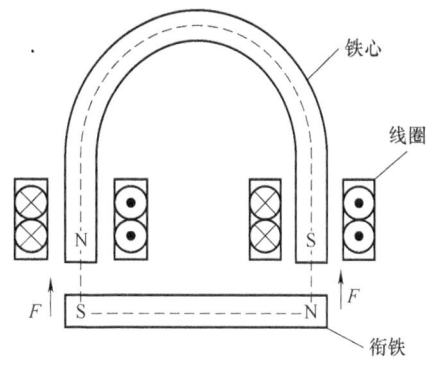

图 4-17　电磁铁

1. 直流电磁铁

直流电磁铁的励磁电流为直流电流，可以证明衔铁所受的吸引力为

$$F = \frac{B_0^2}{2\mu_0}S = \frac{10^7}{8\pi}B_0^2 S \tag{4-22}$$

式中，B_0 为气隙的磁感应强度，单位为 T；S 为气隙的磁场截面积，单位为 m^2；F 为吸引力，单位为 N。

由于线圈的励磁电流仅仅决定于直流电源的电压和线圈电阻，与磁路的磁阻无关，即磁动势 NI 在衔铁吸合过程中为一定值，所以衔铁吸合，气隙减小，磁场增强，吸引力也会随之增大，显然，衔铁吸合以后其吸引力要增强很多。

2. 交流电磁铁

交流电磁铁的励磁电流为交流电，气隙中的磁感应强度和磁通也随时间变化，设气隙中的磁感应强度为

$$B_0 = B_m \sin\omega t$$

则衔铁所受的吸引力为

$$f(t) = \frac{1}{2\mu_0} B_0^2(t) S = \frac{B_m^2 S}{2\mu_0} \frac{1-\cos 2\omega t}{2} = F_m \left(\frac{1-\cos 2\omega t}{2} \right)$$

其中，$F_m = \dfrac{B_m^2 S}{2\mu_0}$ 是吸引力的最大值，吸引力的平均值为

$$F_{av} = \frac{1}{T} \int_0^T f(t) \, dt = \frac{B_m^2 S}{4\mu_0} \approx 2 B_m^2 S \times 10^5$$

交流电磁铁的吸引力随时间变化的波形如图 4-18a 所示，吸引力在电源的一个周期内两次为零，但吸引力的方向始终不变，平均吸引力是最大值的一半。这样的吸力会使衔铁发生颤动，产生噪声和造成机械损伤。为了消除这种现象，在铁心的端面装嵌一个短路铜环，如图 4-18b 所示，装了短路铜环的铁心，其磁通分成两部分，穿过短路铜环的磁通为 Φ_1，未穿过短路铜环的磁通为 Φ_2。由于磁通的变化，短路环内有感应电流，该电流阻碍磁通的变化，使 Φ_1 的相位滞后于 Φ_2，从而使它们不会同时达到零值。因此铁心端面的磁通不会达到零值，吸引力也就不会有达到零值，从而可消除衔铁的颤动现象。

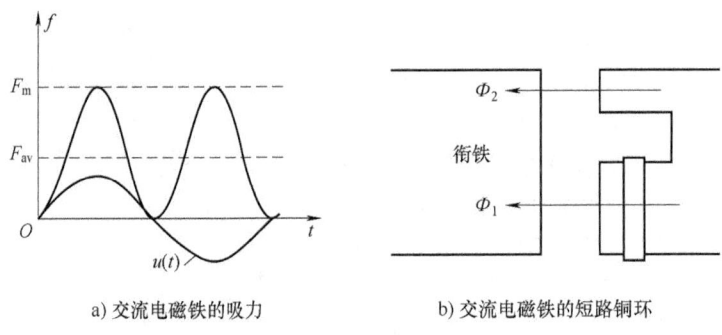

a) 交流电磁铁的吸力　　b) 交流电磁铁的短路铜环

图 4-18　交流电磁铁

当交流电磁铁所接电源为电压有效值不变的正弦交流电源时，磁通的最大值 Φ_m 基本不随气隙的大小而变，B_m 基本不变，吸合过程中的平均吸引力基本不变。但是气隙变小后磁路的磁阻变小，为维持磁通不变，励磁电流会相应变小，所以衔铁吸合后励磁线圈中的电流要比吸合前小得多。由于一般交流电磁铁吸合过程时间很短，它的额定电流通常是指衔铁吸合后长时间通过的电流，因此电磁铁不允许长时间吸合不上，否则会使线圈因过热而烧坏。

习题

4-1　一环形绕组的中心线长度为 10cm，匝数为 100，为使其内部的磁场强度 $H = 4000\text{A/m}$，则流过绕组的电流应为多少？

4-2　某磁路是由永久磁铁和气隙构成，如果穿过磁极极面的磁通为 $\Phi = 3.84 \times 10^{-4}\text{Wb}$，永久磁铁磁极边长为：长 8cm，宽 4cm。求磁极间的磁感应强度 B。

4-3　一电工用硅钢片中的磁感应强度 $B = 1.5\text{T}$，磁场强度 $H = 5.5\text{A/cm}$，求其相对磁导率 μ_r。

4-4　有两个环形绕组如图 4-1 所示。大小完全相同，铁心材料一个为铸铁，另一个为 D_{21} 硅钢片，当它们的线圈匝数相同时，则(1) 两环中的磁感应强度和磁场强度是否相同？(2) 如果分别在两环上开一个相同的缺口(气隙)，两环中的磁感应强度和磁场强度大小会有何变化？

4-5　一铁心线圈的匝数为 300，铁心中的磁感应强度为 $B = 0.9\text{T}$，磁路的平均长度为 45cm，求铁心材料为 D_{23} 硅钢片时线圈中的电流。

4-6 一个交流铁心线圈接在 220V，50Hz 的交流电源上，线圈匝数为 750，铁心截面积为 15cm²，求铁心中磁通和磁感应强度的最大值各为多少？若所接电源频率为 100Hz，其他量不变，则铁心中磁通和磁感应强度的最大值各为多少？

4-7 如图 4-19 所示磁路，铁心由 D_{21} 硅钢片制成，图中尺寸单位均为 mm，线圈匝数为 2000，气隙中的磁通为 1×10^{-3}Wb，求线圈中的电流。若磁通减小一半，磁动势也降为原来的一半吗？

4-8 如图 4-20 所示磁路的铁心材料是铸钢，铁心截面积和中心线长度分别为 5cm² 和 40cm，磁路中两段气隙长度均为 1mm，线圈匝数为 1650，励磁电流 $I=1$A，试求磁路中磁通 Φ。

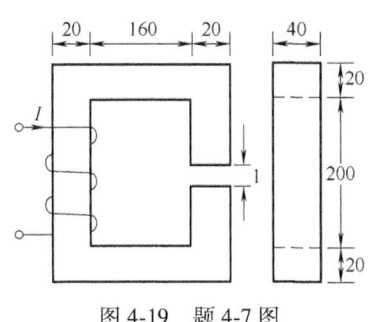

图 4-19 题 4-7 图

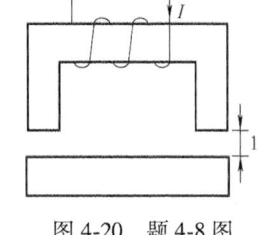

图 4-20 题 4-8 图

4-9 变压器有哪几个主要部件？简述各部件的功能。

4-10 变压器能否用来变换直流电压？若在一次绕组上施加相同数值的直流电压，会产生什么后果？

4-11 一台电压为 220V/110V 的变压器，匝数 $N_1=2000$，$N_2=1000$，是否可以将匝数分别减为 200 和 100 以节省铜线？为什么？

4-12 有一交流铁心线圈，线圈匝数为 150，接到的 220V，50Hz 的交流电源上。如果在铁心上再绕一个匝数为 300 的线圈，当此线圈开路时其端电压为多少？

4-13 图 4-21 是一单相自耦变压器，已知一次绕组的额定电压为 $\dot{U}_1=220$V，二次绕组额定电压为 $\dot{U}_2=180$V，电流为 $\dot{I}_2=400$A。忽略漏磁通和损耗影响，试求：(1) 变压器的输入功率(视在功率)；(2) 一次绕组的电流 $\dot{I}_1$。

4-14 一音频变压器的一次绕组接信号源，电压为 $U_s=8$V，电阻为 $R_s=200\Omega$，二次绕组接扬声器，电阻为 $R_L=8\Omega$。求：(1) 扬声器获得最大功率时变压器的变比及此时扬声器的功率；(2) 扬声器直接接信号源获得的功率。

4-15 交流电磁铁在吸合过程中，随着气隙的减小，磁路磁阻、线圈电流、铁心中的磁通以及吸力将如何变化？

4-16 直流电磁铁在吸合过程中，随着气隙的减小，磁路磁阻、线圈电流、铁心中的磁通以及吸力将如何变化？

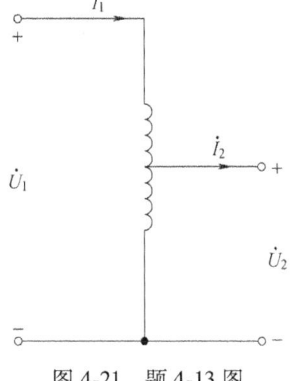

图 4-21 题 4-13 图

4-17 如果一个直流电磁铁吸合后的电磁吸力与一个交流电磁铁吸合后的平均吸力相同，则在下列情况下它们的吸力是否仍然相等？为什么？

(1) 将它们的电压都减小一半。

(2) 将它们的励磁线圈匝数都减小一半。

(3) 在它们的衔铁与铁心间都填进同样厚度的木片。

第 5 章 半导体器件

1. 本章摘要

1）了解半导体的导电特性及导电原理；熟悉掺杂半导体的结构特点，掌握 PN 结的单向导电性；

2）了解二极管的结构，理解二极管的伏安特性并熟悉其主要参数，掌握二极管的应用分析；

3）掌握稳压二极管的图形符号，理解稳压二极管的主要参数和工作原理；

4）了解晶体管的结构，掌握晶体管的图形符号，掌握晶体管的特性曲线、三种工作状态，熟悉晶体管的主要参数。

2. 本章重点及难点

1）重点：二极管的伏安特性和主要参数；晶体管的特性曲线、主要参数和工作原理。

2）难点：PN 结及其单向导电性；晶体管的电流放大原理。

5.1 半导体基本知识

通过本节的学习，可以区分导体、半导体和绝缘体，熟悉半导体的特性并了解半导体器件的性质。

电子电路中常用的半导体器件有二极管、晶体管、运算放大器等，它们都是由半导体材料制作而成的。自然界中的物质按导电能力（电阻率）不同可分为导体、绝缘体和半导体。半导体的导电性能介于导体和绝缘体之间，常见的半导体材料有元素半导体，如硅（Si）和锗（Ge）等；化合物半导体，如砷化镓、磷化铟、氮化镓、碳化硅等。

目前，半导体器件和集成电路仍然主要是用硅晶体材料制造的。在图 5-1 所示的硅原子结构图中，原子核外的电子在不同的"轨道"上运行，轨道离原子核越远，电子的能量就越大，即能级越高。如果原子中的电子数量恰好填满轨道，原子核对电子具有很大的束缚能力，这样的原子就构成了绝缘体。如果一个原子最外层轨道上有一两个电子，很容易脱离原子核自由移动，这样的原子就构成了导体。而硅原子的最外层有 4 个价电子，最外层电子受原子核的束缚力介于导体与绝缘体之间，既不像导体又不像绝缘体，被称为半导体。

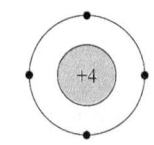

图 5-1 硅原子结构简图

绝缘体中的电子几乎不能移动，绝缘体就表现出具有很高的电阻率，故几乎不导电；导体的最外层电子全为自由电子，因此导电性能很强；而对于半导体而言，当温度升高，或者受光照，或者经过掺杂后，半导体价带中的电子很容易移动变为自由电子，此时半导体的载流子数量大量增加，其导电性能也就大大增加了。电子状态的变化还可能带来其他效应，比如电子移动跃迁过程中多余的能量以光子的形式释放，则产生"发光"现象。

因此，半导体具有很多特殊的性质，半导体与导体、绝缘体的区别不仅在于导电能力的不同，更重要的是它独特的性质。这些特性在半导体器件和集成电路制造中起着关键作用。

半导体的导电能力与温度有着密切的关系。当环境温度升高时，半导体的导电能力就会显著增加；当环境温度下降时，半导体的导电能力就会显著下降，由此可见半导体具有负温度系数。这种特性称为半导体的"热敏性"。热敏电阻就是利用半导体的这种特性制成的。

此外，很多半导体对光十分敏感，当有光照射在这些半导体上时，这些半导体就像导体一样，导电能力很强；当没有光照射时，这些半导体就像绝缘体一样不导电，这种特性称为"光敏性"。光电二极管、光电晶体管和光敏电阻等，就是利用半导体的光敏特性制成的。

纯净的半导体即本征半导体的电阻率通常很高，但适当的掺入极微量的"杂质"元素后，其导电性能就显著增加，这是半导体最显著、最突出的特性——"掺杂性"，也是半导体具有非凡能力之源。人们可以给半导体掺入微量的某种特定杂质元素，精确控制它的导电能力，用以制作各种各样的半导体器件。

5.1.1 本征半导体

纯粹的硅或锗原子构成的物质，其原子会排列成规则的状态，每两个相邻原子间都有一对共有的价电子，形成共价键，共价键结构使原子最外层的电子数达到8个，满足了稳定条件。如图5-2所示为硅单晶体的共价键结构。在绝对零度下，这种共价键结构非常稳定，电子被牢牢束缚住。束缚于共价键中的电子，很难在外电场的作用下产生定向运动，此时的硅晶体相当于绝缘体。

本征半导体是指成分纯净的具有晶体结构的半导体。本征半导体在温度或光照的影响下会产生本征激发现象，这是因为在半导体单晶体的共价键结构中，原子最外层轨道上虽然有八个价电子，但并不是最稳定状态，远不如绝缘体中的价电子被束缚得那样紧，在一定的温度下，由于分子的热运动，其中电子可能获得一定能量后挣脱原子核的束缚，跳出共价键而成为自由电子，并在其原位上留下一个空位，称其为空穴，如图5-3所示，这种现象称为本征激发。在本征激发时，电子和空穴是成对出现的，被称为电子—空穴对。

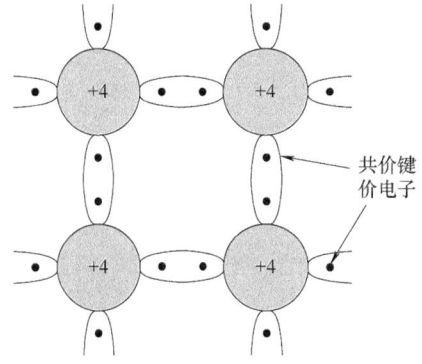

图5-2 硅单晶体共价键结构

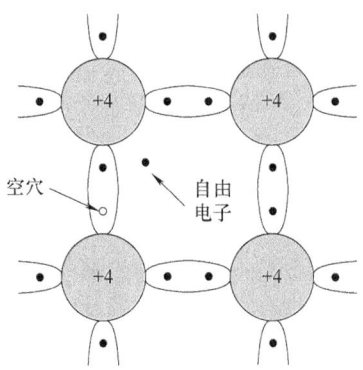

图5-3 本征激发产生电子—空穴对

本征激发产生的电子-空穴对的浓度并不是随着时间而无限的增加，自由电子在运动的过程中由于失去能量可能被具有空穴的原子俘获，重新填充到空穴当中，也就是说在晶体内部这种自由电子—空穴对在不断的激发的同时又在不断地复合，这种激发和复合在一定的外界条件下将达到动态平衡。电子—空穴对的数量取决于外界条件，外界温度越高、光照越强，则晶体内部的自由电子—空穴对的数量就会越多，这是半导体具有热敏性和光敏性原因所在。

当在半导体两端加上外电压时，半导体中的自由电子将定向移动，形成电子电流。半导体中的空穴也将进行定向运动，空穴运动实质上是价电子在空位当中的移动，同样也会形成空穴电流，为了区别于自由电子运动形成的电流，可以把空穴看成带正电，价电子运动所形成的电流刚好就可以用带正电的空穴在相反方向运动形成的电流来等效。如此说来，半导体中有两种载流子，一种是电子载流子，另一种是空穴载流子，这是半导体导电的一个重要特性，也是半导体和导体在导电原理上的本质区别。

在常温下，本征半导体中虽因为本征激发而存在着电子、空穴载流子，但数目很少，因此导电性能很差。通常来说这种靠本征激发产生的载流子对半导体器件的工作是没有积极作用的，它会随着温度等外界条件的变化而变化，会使器件的性能变得不稳定，所以通常会希望这种载流子浓度尽可能低。

5.1.2 杂质半导体

通过扩散工艺，在本征半导体中有控制有选择地掺入微量的杂质，就能制成具有特定导电性能的杂质半导体，下面就来讨论两种常用的杂质半导体。

1. N 型半导体

在本征半导体硅（或锗）中掺入微量的五价元素，例如磷（P），由于掺入的数量少，所以半导体的晶体结构不会改变，只是晶体结构中某些位置上的硅原子被磷原子取代，当这些磷原子与相邻的四个硅原子组成共价键时，就产生多余的电子，这个多余的电子很容易挣脱磷原子核的束缚而成为自由电子，如图 5-4 所示。磷原子因失去一个电子而成为正离子。于是半导体中的自由电子数目大量增加。室温时，纯净的硅晶体中约有自由电子 1.5×10^{10} 个 $/cm^3$，掺杂成为 N 型半导体后，其自由电子数目可增加几十万倍。由于自由电子增多而增加了电子和空穴复合的机会，在同样外界条件下这种半导体中的自由电子数量远大于本征半导体，但空穴数量小于本征半导体。在 N 型半导体中，自由电子为多数载流子，简称多子，空穴为少数载流子，简称少子。

2. P 型半导体

参照 N 型半导体，在本征半导体中掺入微量的三价元素，例如硼（B），晶体结构中某些位置上的硅原子被硼原子取代，当这些硼原子与相邻的四个硅原子组成共价键时，就少一个电子，如图 5-5 所示。此时相邻原子的价电子在外界条件激发下可能会填补这个空位，因而在相邻原子的共价键中就会产生空穴，硼原子因为得到一个电子，本身就会变成不能移动的负离子。在同样外界条件下这种半导体中有大量的空穴。由于本征激发也要产生自由电子空穴对，但空穴的数量远大于电子。在 P 型半导体中，空穴为多子，自由电子为少子。

无论是 N 型还是 P 型半导体，虽然杂质含量很微小，但对半导体的导电能力影响很大，因此掺杂是提高半导体导电能力的有效方法。另外它们虽然都有一种载流子占多数，但正负电荷的总数是相等的，因此整体仍然呈电中性。

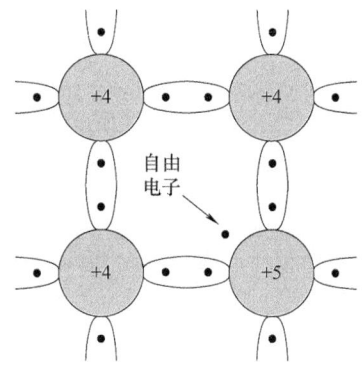 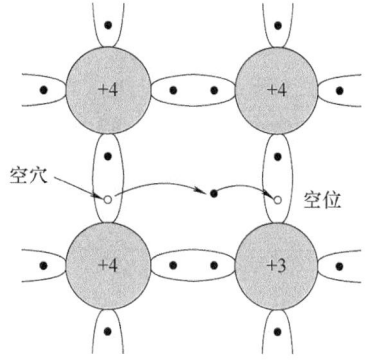

图 5-4 N 型半导体的结构示意图　　　　图 5-5 P 型半导体的结构示意图

5.1.3 PN 结

P 型或 N 型半导体的导电能力远强于本征半导体，在一块晶片上，采取一定的掺杂工艺，在两边分别形成 P 型区域和 N 型区域，在两者的交界处就形成 PN 结。PN 结具有单向导电性，是构成各种半导体器件的基础。

1. PN 结的形成

图 5-6 所示的是一块晶片（硅或锗），两边分别形成 P 型区和 N 型区，简称 P 区和 N 区。P 区主要是不能移动的负离子，还有大量的空穴和少量的自由电子；N 区主要是不能移动的正离子，还有大量的自由电子和少量的空穴。由于在半导体交界面，两种载流子的浓度差很大，在 P 区中的空穴要从 P 区向 N 区扩散，同时自由电子也会从 N 区向 P 区扩散，这种运动称为扩散运动。扩散的结果在 P 区中靠近交界面的那一边留下不能移动的负离子区，在 N 区中靠近交界面的一边留下不能移动的正离子区。因此在交界面附近形成一个空间电荷区，这个空间电荷区就是 PN 结。

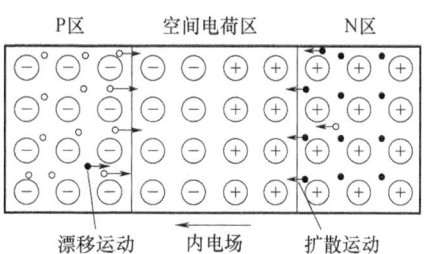

图 5-6 PN 结的形成

空间电荷区的正负离子在交界面两侧形成一个内电场，方向由 N 区指向 P 区。随着扩散运动不断进行，空间电荷区不断变宽，此时内电场也在不断增强，又会阻碍扩散运动的进行。内电场的增强对少数载流子（P 区的自由电子和 N 区的空穴）反而起到推动作用，在内电场的作用下，空穴从 N 区向 P 区运动，自由电子从 P 区向 N 区运动，这种少数载流子在内电场作用下的运动称为漂移运动。

扩散运动和漂移运动互相联系又互相制约。扩散运动使内电场逐步加强。内电场的加强使扩散运动逐步减弱，漂移运动逐渐加强，最后，扩散运动和漂移运动达到动态平衡，这时，空间电荷区的宽度基本上稳定下来，PN 结也就形成了。注意，当外界条件，比如温度，发生变化时，空间电荷区的宽度也会随之变化而达到一种新的平衡状态。

2. PN 结的单向导电性

PN 结在无外加电压的情况下，扩散运动和漂移运动处于动态平衡。如果给 PN 结加上一个外部电压，就会破坏原有的动态平衡。

当给 PN 结加正向电压，即外电源的正极接 P 区，负极接 N 区，如图 5-7a 所示，这时外电场方向与内电场方向相反，于是多数载流子在外加电压的作用下进入空间电荷区，使PN结变窄因而削弱了内电场，打破了扩散运动和漂移运动的动态平衡，有利于扩散运动的进行，从而使多数载流子顺利通过PN结，空间电荷区变薄，形成较大的正向电流。这时在PN结中有大量的载流子运动，所以PN结呈低电阻状态。此时的PN结称为正向导通或者正向偏置（简称"正偏"）。正向电流会随外加正向电压的增加而增大。

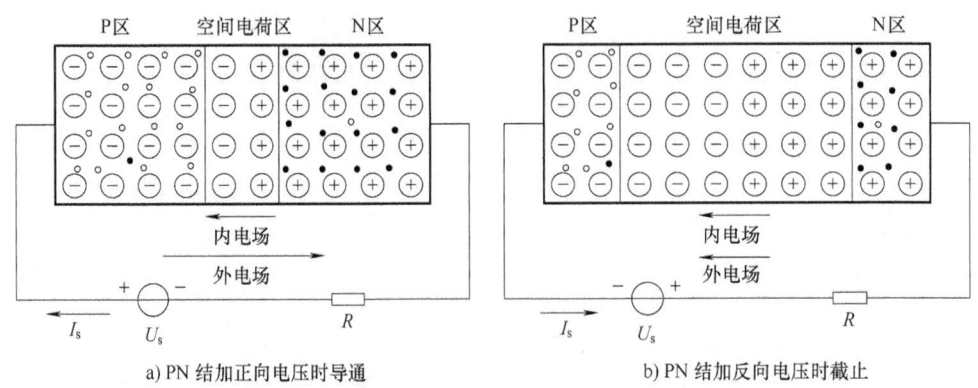

a) PN结加正向电压时导通 b) PN结加反向电压时截止

图5-7　PN结的单向导电性

如果给PN结加反向电压，即外电源的正极接N区，负极接P区如图5-7b所示。外电场和内电场方向相同，在外电场的作用下多数载流子离开PN结，使PN结变宽，内电场增强，多数载流子的扩散运动难以进行，但加强了少数载流子的漂移运动。由于少数载流子数量极少，所以反向电流很小，一般为微安级，在工程上常常略去不计，此时PN结呈高电阻状态。也称此时的PN结为反向截止或者反向偏置（简称"反偏"）。应当注意，反向电流不会随着外加反向电压的增加而增大，但却受外界条件的影响。因为少数载流子是由热激发产生的，环境温度越高、光照越强、少数载流子数量就越多，反向电流也就越大，所以，温度对反向电流的影响很大。

综上所述，加正向电压时，PN结正偏，PN结电阻较小，有较大的正向电流流过，这种情况称为PN结导通；加反向电压时，PN结反偏，PN结电阻很大，通过的反向电流很小，近似为零，这种情况称为截止。PN结所具有的这种特性称为单向导电性。

5.2　二极管

5.2.1　二极管的结构及符号

二极管在PN结的基础上加上相应的电极引线和管壳制作成的。按结构可分为点接触型二极管和面接触型二极管等；按材料可分为硅管和锗管；按功能和应用可分为普通二极管、整流二极管、检波二极管、稳压二极管、发光二极管、光电二极管等。二极管的图形符号如图5-8a所示。

点接触型二极管的结构如图5-8b所示。它的特点是PN结的面积非常小，因此不能通过较大电流，但PN结的结电容较小，工作频率可达到100MHz以上，适用于高频和小功率场合，一般用于检波和脉冲电路。面接触型二极管的结构如图5-8c、d所示，PN结的结面积很大，可通过较大的电流，PN结的结电容也大，因此工作频率较低，一般用作电源整流。

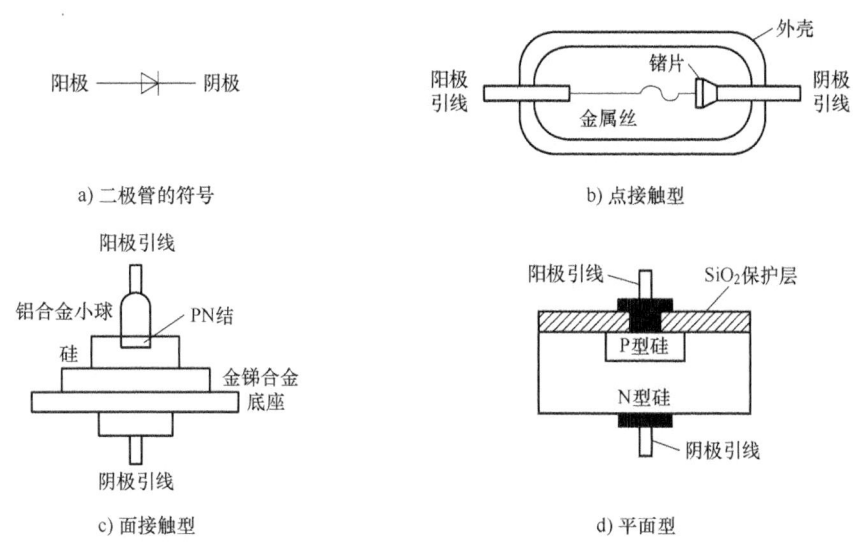

图 5-8 二极管的符号和结构

5.2.2 二极管的伏安特性

二极管由 PN 结构成，因此同样具有单向导电性。二极管两端所加电压和流过二极管的电流之间的关系，就是二极管的伏安特性。

二极管电流和端电压的关系可表示为

$$i = I_s(e^{\frac{u}{U_T}} - 1) \tag{5-1}$$

式中，i 为流过二极管的电流；u 为二极管两端外加电压；U_T 为温度的电压当量，常温下，即 $T=300K$ 时，一般取 $U_T=26mV$；I_s 为二极管反向饱和电流。

测试二极管伏安特性的电路如图 5-9a 所示，电阻 R 为限流电阻，防止二极管因过电流而烧坏。下面将二极管的伏安特性分成三个区加以说明：

1. 二极管的正向导通区

调整限流电阻 R 的大小，可以测出不同端电压下二极管的电流。二极管的伏安特性曲线，如图 5-9b 第一象限所示，当二极管两端的外加正向电压很小时，由于外电场还不能克服 PN 结的内电场，故正向电流很小，几乎为零，此时二极管呈现出较大的电阻。当正向电压超过一定数值后（这个电压称为开启电压或死区电压 U_{on}），流过二极管的电流和二极管端电压的关系近似于指数曲线，当 u 是 U_T 的数倍时，式(5-1)中的 $e^{\frac{u}{U_T}} \gg 1$，则 $i \approx I_s e^{\frac{u}{U_T}}$。死区电压的大小与二极管的材料有关。一般硅管的死区电压约为 0.5V，锗管约为 0.1V。当二极管导通时，二极管中流过的正向电流很大，但二极管两端的电压变化不大，硅管为 0.6~0.8V，锗管为 0.1~0.3V。在近似分析时，可以认为二极管正向导通后，端电压基本不变，硅管导通压降为 0.7V，而锗管为 0.2V。

2. 二极管的反向截止区

在给二极管加反向电压时，如图 5-9b 第三象限所示，二极管中的少数载流子在反向电压的作用下，进行漂移运动形成很小的反向饱和电流。式(5-1)中的 $e^{\frac{u}{U_T}} \approx 0$，$i = -I_s$，一般硅管的反向饱和电流为微安级，锗管则是它的几十倍。

反向电流随温度的升高而增加，只要温度一定且外加反向电压不超过一定的范围时，反向电流很小且基本恒定，和反向电压的大小几乎无关。

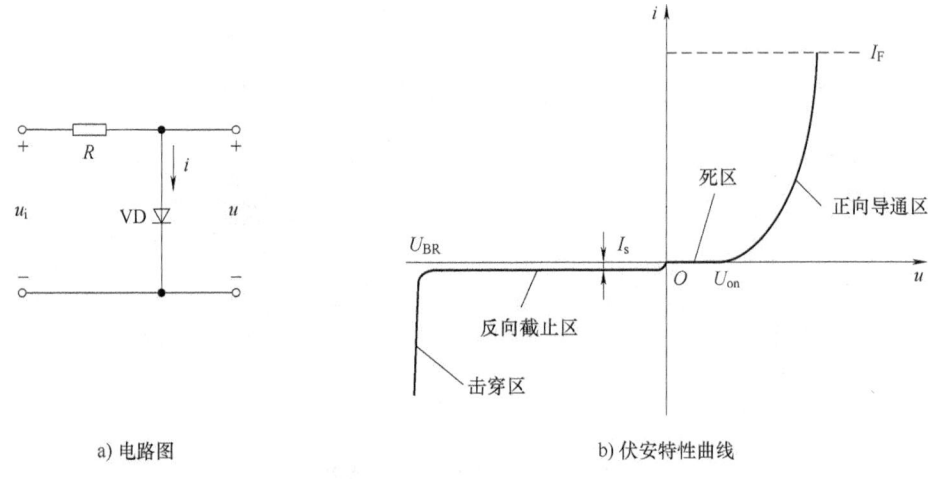

a) 电路图　　　　　　　　b) 伏安特性曲线

图 5-9　二极管电路和伏安特性

3. 二极管的反向击穿区

如果继续增加反向电压的数值，如图 5-9b 所示，反向电压增加到一定数值后，反向电流急剧增加，二极管失去单向导电性，这种现象称为反向击穿，式(5-1)不再适用。

击穿按机理分为齐纳击穿和雪崩击穿。当外电场过强，破坏了共价键结构，使少数载流子数目剧增，反向电流突然增加，这种击穿称为齐纳击穿，主要发生在掺杂浓度较高的 PN 结，其耗尽层宽度很小；如果掺杂浓度不高，当反向电压过强，处于强电场中的少子会加快漂移速度，并撞击其他原子，打破了共价键的束缚，使得价电子脱离原子核的束缚，产生高速运动的自由电子与空穴，它们又会去撞击其他原子，载流子就像滚雪球一样倍增，这也会使反向电流急剧增大，这种击穿被称为雪崩击穿。

发生击穿时加在二极管两端的反向电压叫作反向击穿电压，记作 U_{BR}。以上两种击穿现象称为电击穿，电击穿是可逆的。二极管反向击穿时，只要有适当的限流措施，二极管是不会被永久损坏的，加在二极管两端的反向电压降低后，二极管仍能恢复正常工作。但是如果反向电流和反向电压的乘积超过 PN 结容许的耗散功率，二极管长时间处于击穿过热状态，就会造成结温升高而烧毁，即出现热击穿现象，二极管不能恢复原来的性能。热击穿是不可逆的。

采用不同材料和不同工艺制造的二极管，伏安特性会有差异，但伏安特性曲线是相似的。

5.2.3　二极管的主要参数

二极管的特性除用伏安特性曲线表示外，还可以用一些数据来说明，这些数据就是二极管的参数，在工程上必须根据二极管的参数，合理地选择和使用二极管，才能充分发挥每个二极管的作用。

1. 最大整流电流 I_F

最大整流电流是指二极管正向工作时,允许通过的最大正向平均电流。当电流超过允许值时,会由于 PN 结过热而使二极管损坏。一般点接触型二极管的最大整流电流在几十毫安以下;面接触型二极管的最大整流电流较大,可达几百毫安或数百安。

2. 最大反向工作电压 U_R

它是保证二极管不被击穿而给出的最大反向工作电压的峰值。通常规定 U_R 是反向击穿电压 U_{BR} 的 1/2。点接触型二极管的最大反向工作电压一般为数十伏,面接触型二极管可达数百伏。

3. 反向电流 I_R

I_R 是二极管未击穿时的反向电流,反向电流越小表明二极管单向导电性越好,该电流对温度比较敏感,温度升高时,反向电流会明显增加。

除了上述参数以外,二极管其他参数,如极间电容、最高工作频率等,可在相关的《半导体手册》中查到。

5.2.4 二极管的应用

二极管在电子电路中应用广泛,可以用于整流、检波、限幅、钳位,还可以用作逻辑开关等,由于二极管的伏安特性具有非线性,给二极管应用电路分析带来一定的困难,下面将介绍二极管在一定条件下的简化模型,并对二极管的常见应用进行分析。

1. 二极管的等效模型

(1) 理想模型

如图 5-10a 所示,二极管的理想模型是指二极管导通时,正向压降为 0,截止时反向电流为 0。

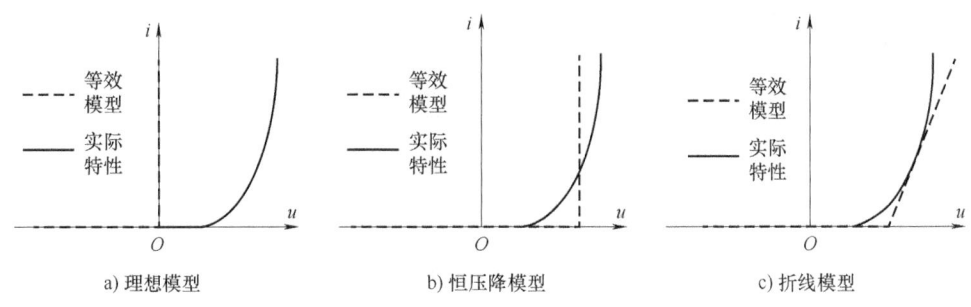

图 5-10 二极管的理想模型、恒压降模型和折线模型

(2) 恒压降模型

如图 5-10b 所示,二极管的恒压降模型是指二极管导通时,管压降是恒定的,典型值为 0.7V(硅管)或者 0.2V(锗管),截止时反向电流为 0。恒压降模型比理想模型精度高,分析简便,应用较广。

(3) 折线模型

如图 5-10c 所示,折线模型考虑了电流和电压之间的关系,当二极管正向导通时,将二极管等效为一个电池和一个电阻的串联电路,截止时反向电流为 0。

(4) 小信号模型

当二极管外加直流电源正向导通时,流过二极管的电流 I_{VD} 和电压是恒定的,在伏安特性曲线上可以找到一点，称为静态工作点 Q，如图 5-11a 所示。若在直流电源的基础上，再加上一个交变的微小信号 u_s，如图 5-11b 所示，则二极管的工作范围可用以 Q 为切点的直线来近似，即将二极管等效为一个动态电阻，称为二极管的小信号模型。可以看出，小信号模型中的动态电阻与静态工作点的位置有关，其阻值可以表示为

$$r_{\mathrm{VD}} = \frac{U_{\mathrm{T}}}{I_{\mathrm{VD}}} \tag{5-2}$$

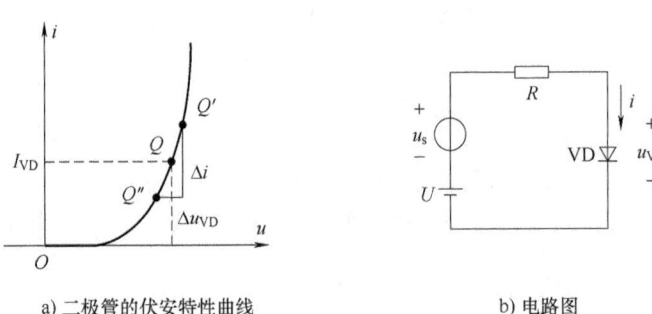

a) 二极管的伏安特性曲线　　　　b) 电路图

图 5-11　二极管的小信号模型和电路图

2. 二极管的应用电路

大部分二极管的应用电路中，可采用二极管的理想模型或恒压降模型进行分析。

（1）整流电路

例 5-1　图 5-12a 是二极管半波整流电路，已知 $u_s = 6\sin\omega t\,\mathrm{V}$，假设二极管是理想的，试画出输出电压 u_o 的波形。

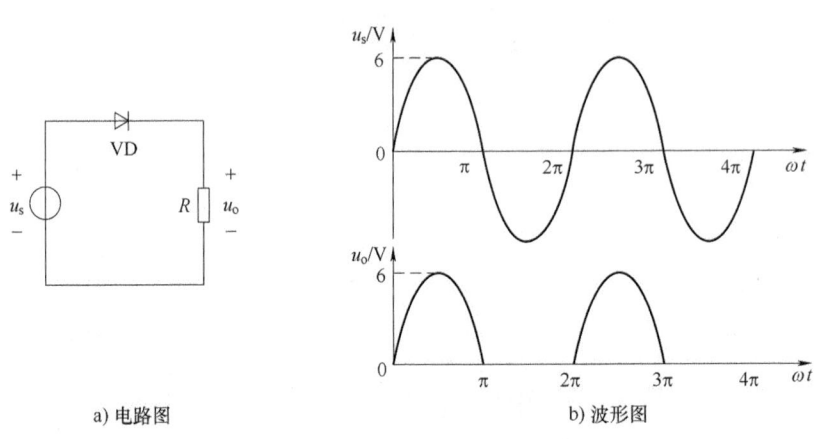

a) 电路图　　　　　　　　　　b) 波形图

图 5-12　二极管半波整流电路

解　当 u_s 为正半周时，二极管正向导通，忽略管压降，则 $u_o = u_s$。

当 u_s 为负半周时，二极管反向截止，输出电压 u_o 为 0。

波形图如图 5-12b 所示。

（2）限幅电路

例 5-2　图 5-13a 所示是二极管上限幅电路，已知 $u_i = 6\sin\omega t\,\mathrm{V}$，$E = 2\mathrm{V}$，电路中二极管的正向管压降为 0.7V，试画出输出电压 u_o 的波形。

解　当 $u_i \geq 2.7\mathrm{V}$ 时，二极管正向导通，管压降为 0.7V，则 $u_o = U_{\mathrm{VD}} + E = 2.7\mathrm{V}$。

当 $u_i < 2.7V$ 时，二极管反向截止，输出电压 $u_o = u_i$。

波形图如图 5-13b 所示。

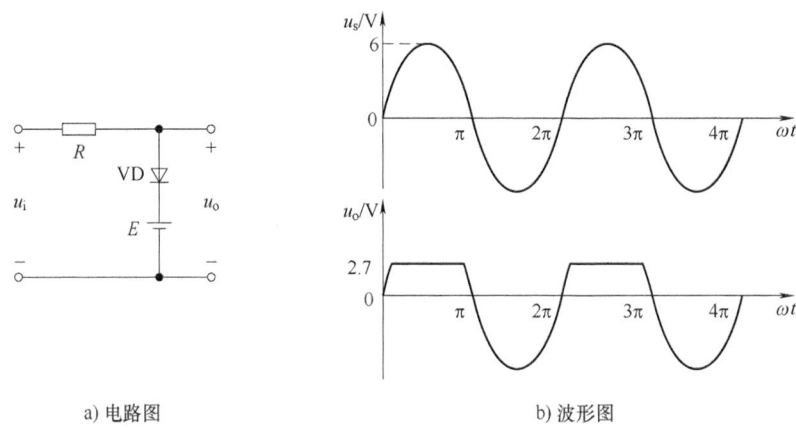

a) 电路图　　　　　　　　b) 波形图

图 5-13　二极管上限幅电路

（3）开关电路

例 5-3　图 5-14 所示电路是由二极管构成的或门电路，二极管的管压降为 0.7V，当 u_{i1} 和 u_{i2} 分别为 0 或 5V 时，求输出电压 u_o 的值。

解　当 u_{i1} 和 u_{i2} 均为 0 时，二极管 VD_1 和 VD_2 截止，输出电压 u_o 为 0；当 u_{i1} 为 0 而 u_{i2} 为 5V 时，二极管 VD_1 截止，VD_2 正向导通，输出电压 u_o 为 4.3V；当 u_{i1} 为 5V 而 u_{i2} 为 0 时，二极管 VD_1 正向导通，VD_2 截止，输出电压 u_o 为 4.3V；当 u_{i1} 和 u_{i2} 均为 5V 时，二极管 VD_1 和 VD_2 正向导通，输出电压 u_o 为 4.3V。

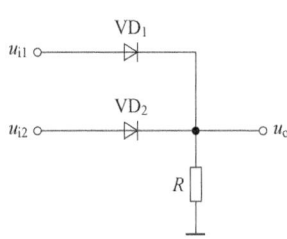

图 5-14　二极管门电路

5.2.5　特殊二极管

因不同的应用需要而设计制造的具有特殊性能的二极管，包括稳压管、发光二极管和光电二极管等。

1. 稳压二极管

稳压二极管是一种用特殊工艺制造的面接触型二极管，工作在伏安特性曲线的反向击穿区，其正向特性与普通二极管没有什么不同。稳压二极管的图形符号如图 5-15a 所示。

（1）稳压二极管的伏安特性

稳压二极管的伏安特性与普通二极管基本相似，其主要区别是稳压二极管的反向特性曲线比普通二极管更陡，具有可逆性的反向击穿特性。如图 5-15b 所示。从反向特性曲线上可以看出，当反向电压增高到击穿电压时，反向电流突然剧增，稳压二极管反向击穿。在一定的电流变化范围内，稳压二极管两端的电压变化很小，表现出良好的稳压特性，在电路中能起到稳压作用。使用时要注意，稳压管的反向电流小于 I_{zmin} 时会不稳压，而处于反向截止区；大于 I_{zmax} 时会进入热击穿状态而可能烧毁，因此外电路中必须有限流的措施，加限流电阻以确保稳压二极管工作在稳压状态。

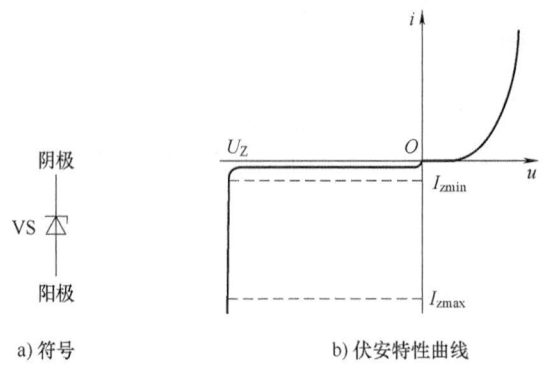

图 5-15　稳压二极管

例 5-4　稳压电路如图 5-16 所示，若 $U_i = 12\text{V}$，稳压管的稳定电压 $U_Z = 6\text{V}$，$I_{Z\min} = 5\text{mA}$，$I_{Z\max} = 50\text{mA}$，负载 R_L 为 $0.6\text{k}\Omega$，要保证稳压管正常工作，应选多大的限流电阻 R？

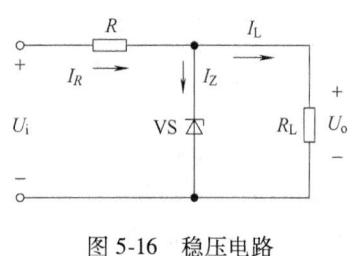

图 5-16　稳压电路

解　　　　　$I_R = I_Z + I_L$

$$I_R = \frac{U_i - U_Z}{R}, \quad I_L = \frac{U_Z}{R_L}$$

$$5\text{mA} \leq I_Z \leq 50\text{mA}$$

因此　　　　　$100\Omega \leq R \leq 400\Omega$

（2）稳压二极管的主要参数

1）稳定电压 U_Z。稳定电压就是稳压二极管的反向击穿电压。半导体器件具有一定的分散性，所以同一型号的稳压管，其稳定电压也存在一定的差别。例如稳压二极管 2CW13 的稳定电压为 5.5~6.5V，不同的稳压管，稳定电压略有不同。

2）稳定电流 I_Z。稳定电流是指稳压二极管工作在稳压状态的电流，设计时通常规定一个最大的稳定电流 $I_{Z\max}$ 和一个最小的稳定电流 $I_{Z\min}$。若超过最大稳定电流稳压管会因电流过大造成热击穿而损坏；而最小稳定电流则决定了稳压管能否进入击穿状态。稳压管在正常工作时，流过的电流必须在 $I_{Z\max}$ 和 $I_{Z\min}$ 之间。

3）动态电阻 r_Z。动态电阻是指稳压二极管在正常工作时，其端电压的变化量与相应电流变化量的比值，即 $r_Z = \dfrac{\Delta U_Z}{\Delta I_Z}$，稳压二极管的反向击穿特性越陡，动态电阻就越小，稳压性能也就越好。

4）额定功耗 P_{ZM}。它等于最大稳定电流与相应稳定电压的乘积，即 $P_{ZM} = U_Z I_{Z\max}$，稳压管功耗超过此值时，会发生热击穿而损坏。

2. 发光二极管

发光二极管能将电能转化为光能，简称 LED，其发光颜色取决于所用的材料，常用碳化硅二极管发黄光；砷化镓二极管发绿光；磷化镓二极管发红光。发光二极管也具有单向导电性，当 PN 结加正向电压时，电子和空穴在扩散过程中复合，并以光能的形式释放能量。其图形符号如图 5-17a 所示。

发光二极管工作电压比普通二极管要高，为 1.5~3V；工作电流为几毫安到十几毫安，不超过最大正向电流的情况下，电流越大，亮度越强；作为显示器件，除了单个使用，还可以制作成数码管或者矩阵式显示屏。

3. 光电二极管

光电二极管是将光能转换成电能的器件。利用 PN 结的光敏特性，光电二极管受到光的照射时，二极管的反向电流会随光的强度增大而增大，因此光电二极管在正常工作时处于反偏状态。其符号如图 5-17b 所示，光电二极管可用于光的测量。

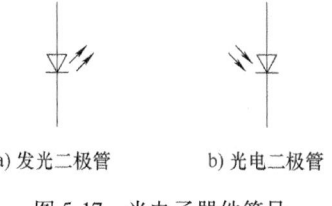

a) 发光二极管　　b) 光电二极管

图 5-17　光电子器件符号

5.3　晶体管

晶体管，又称双极型晶体管（BJT），在工作时自由电子和空穴两种载流子同时参与导电，晶体管是构成放大电路的核心器件。晶体管的种类很多。按照半导体材料分，可分为硅管和锗管；按照工作频率分，可分为低频管和高频管；按照功率分，可分为大功率管和小功率管。

5.3.1　晶体管的结构和符号

晶体管由两个 PN 结构成，在同一硅片上生成三个掺杂区，按 PN 结的形成分为 NPN 型晶体管和 PNP 型晶体管两类，结构示意图和符号如图 5-18 所示，图 5-18a 为 NPN 型晶体管，图 5-18b 为 PNP 型晶体管。

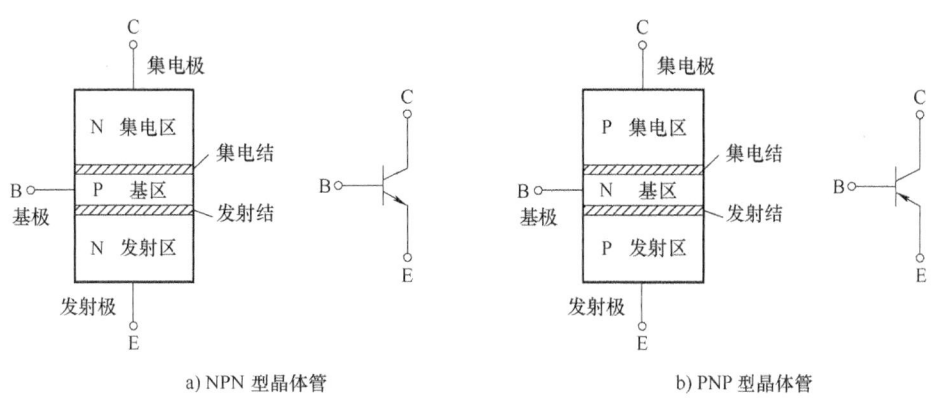

a) NPN 型晶体管　　　　　　　　　　b) PNP 型晶体管

图 5-18　BJT 结构图及符号

图 5-18 中三个杂质区从下到上依次为发射区、基区和集电区，其中发射区的掺杂浓度最高，面积较大；基区的掺杂浓度最低，很薄，面积最小；集电区的掺杂浓度小于发射区，面积最大，利于收集载流子。杂质区的特殊结构特点是使得晶体管具有电流放大作用的内部条件。不同杂质区之间形成两个 PN 结：发射区和基区之间的发射结、集电区和基区之间的集电结。由三个杂质区分别引出三个电极即发射极 E、基极 B 和集电极 C。从符号上看，PNP 型晶体管和 NPN 型晶体管的区别在于发射极箭头的指向不同，表示发射结正偏时发射极的电流方向。

NPN 型晶体管和 PNP 型晶体管在使用时电源极性连接不同，产生的电流方向相反，由于工作原理类似，下面主要分析讨论 NPN 型晶体管及其电路。

5.3.2 晶体管的电流放大原理

晶体管具有用微弱信号控制大信号的能力，是由于晶体管内部的结构特点和外部的电路作用。从内部结构上看：发射区的掺杂浓度远大于基区的掺杂浓度，以便于有足够的载流子供"发射"；基区掺杂浓度很低并且很薄，能够减少载流子在基区的复合机会；集电区的结面积很大，利于收集载流子。因为晶体管结构是不对称的，需要注意的是，发射极 E 和集电极 C 不可调换使用。使晶体管实现电流放大的外部条件是电路中的电压和电流需能保证晶体管的发射结正偏、集电结反偏。

1. 晶体管内部载流子的运动过程

下面以 NPN 型硅管为例分析晶体管的工作原理，如图 5-19 所示，通过基极电源 U_{BB} 和基极电阻 R_B，在晶体管的发射结上加正向电压，使其正偏，构成输入回路；通过集电极电源 U_{CC} 和集电极电阻 R_C，给集电结加反向电压，使其反偏，构成输出回路。输入回路和输出回路的公共端是发射极，因此称作共发射极接法。共发射极放大电路如图 5-20 所示。

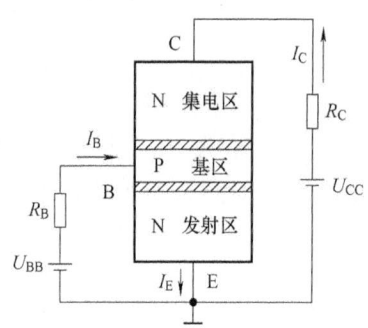 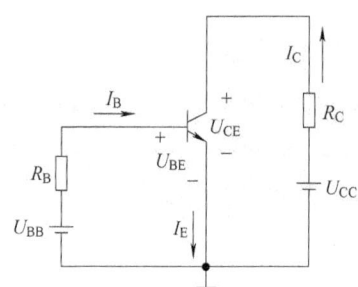

图 5-19　晶体管的共发射极接法　　　　图 5-20　共发射极放大电路

（1）发射区向基区发射电子

由于发射结正向偏置，发射区的掺杂浓度又很高，故发射区的多子(自由电子)源源不断向基区扩散，形成扩散电流，基区向发射区扩散过来的多子(空穴)很少，可以忽略不计。电源 U_{BB} 的负极不断地通过外电路向发射区补充电子，形成发射极电流 I_E。

（2）电子在基区的复合和传输

发射区的自由电子到达基区后，被称为非平衡少子，先与基区的空穴复合，基区被复合掉的空穴由电源 U_{BB} 不断补充，形成基极电流 I_B，由于基区掺杂浓度很低，所以电流很小。又由于基区很薄，其余大多数自由电子向集电结靠拢。

（3）集电区收集电子

集电结在 U_{CC} 的作用下处于反向偏置，内电场得到增强，发射区发射过来的自由电子在电场的作用下，达到集电区，从而形成了集电极电流 I_C。

集电结的反偏还会使集电区和基区原本的少子产生漂移运动，形成反向漂移电流，这个电流不受结电压控制，受温度的影响比较明显，容易使晶体管工作不稳定。

2. 晶体管的电流分配关系

实际上晶体管内部各电流的形成过程比较复杂，从外部看，如果把晶体管看作一个结点，根据基尔霍夫电流定律，可知

$$I_E = I_B + I_C \tag{5-3}$$

晶体管这三个电极上的电流不是孤立的,它们能够反映非平衡少子在基区扩散与复合的比例关系。这一比例关系主要由基区宽度、掺杂浓度等因素决定,当一个晶体管制造出来后,其内部的电流分配关系基本确定,即在近似分析中,外部电流体现出如下关系:

$$I_C = \beta I_B \tag{5-4}$$

其中,β 定义为晶体管共发射极电流放大系数(在一定范围内,直流放大系数和交流放大系数可看作同一个)。如果调节 R_B 的大小,使 I_B 发生微小的变化,则 I_C 也会相应发生变化,也就是说晶体管实质上是个电流控制型器件,用基极的小电流去控制集电极的大电流。上述电流控制关系须在晶体管处于放大状态时才成立。

5.3.3 晶体管的共射特性曲线

晶体管的伏安特性曲线用来描述各电极的电流和电压之间的关系,实际上是其内部特性的外部表现,能够反映晶体管的性能,是分析放大电路的重要依据。以图 5-20 所示共发射极放大电路为例,晶体管的输入端口为基极-发射极,输入电压为 U_{BE},输入电流为 I_B;输出端口为集电极-发射极,输出电压为 U_{CE},输出电流为 I_C。

1. 输入特性曲线

输入特性曲线是指当输入端口的集电极-发射极电压 U_{CE} 为常数时,输入电路中基极电流 I_B 与基极-发射极电压 U_{BE} 之间的伏安关系曲线,即

$$I_B = f(U_{BE}) \mid_{U_{CE} = 常量} \tag{5-5}$$

晶体管的输入特性与二极管的正向特性相似,如图 5-21a 所示。对硅管而言,当 $U_{CE} \geq$ 1V 时,集电结的电场已足够强,可以把从发射区扩散到基区的电子中的绝大部分收集到集电区。即使此时再增大 U_{CE},只要 U_{BE} 保持不变,I_B 也就基本不变。输入特性也有一段死区,和二极管一样,硅管的死区电压约为 0.5V。硅管的发射结导通压降 U_{BE} 为 0.6~0.7V,锗管的 U_{BE} 为 0.2~0.3V。

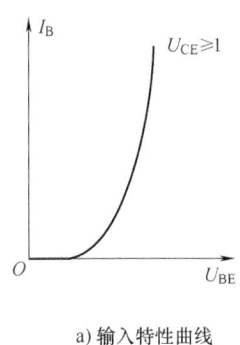
a) 输入特性曲线

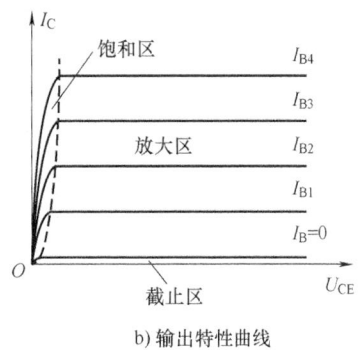
b) 输出特性曲线

图 5-21 晶体管的特性曲线

2. 输出特性曲线

输出特性曲线是指当基极电流 I_B 为常数时,集电极电流 I_C 与集电极-发射极电压 U_{CE} 之间的伏安关系曲线,即

$$I_C = f(U_{CE}) \mid_{I_B = 常量} \tag{5-6}$$

输出特性曲线是一组曲线,给定一个基极电流 I_B,就对应一条特性曲线,如图 5-21b 所示,输出特性曲线分为三个区域,分别是放大区、截止区和饱和区。

(1) 放大区

晶体管工作在放大状态时,发射结处于正向偏置,集电结处于反向偏置,在此区域内 I_C 和 I_B 成正比,而几乎与 U_{CE} 无关,在输出特性曲线上是平行横轴的一组等距离直线。

(2) 截止区

$I_B=0$ 曲线以下的区域称为截止区。对 NPN 硅管而言,$U_{BE}<0.5V$ 时基极电流即为 0,但是为了可靠截止,常使 $U_{BE}\leq 0$。晶体管可靠截止的外部条件是发射结反向偏置,集电结反向偏置。

(3) 饱和区

当晶体管的发射结和集电结均处于正向偏置时,晶体管工作于饱和状态。在饱和区,I_C 受 I_B 的影响较小,会明显随着 U_{CE} 增大而增大。对于小功率管,规定当 $U_{CE}=U_{BE}$ 时,晶体管处于临界饱和状态,图 5-21b 中的虚线是临界饱和线。因此集电极的临界饱和电流为

$$I_{CS}=\frac{U_{CC}-U_{BE}}{R_C}\approx\frac{U_{CC}}{R_C} \qquad (5\text{-}7)$$

基极临界饱和电流为

$$I_{BS}=\frac{I_{CS}}{\beta} \qquad (5\text{-}8)$$

当晶体管深度饱和时,可看作一个闭合的开关,此时硅管的饱和管压降约为 0.3V,锗管约为 0.1V。

例 5-5 在电路中工作于放大状态的晶体管 VT_A 和 VT_B,用万用表的直流电压档测得 VT_A 三个引脚对地电位分别是:$U_1=10V$,$U_2=2V$,$U_3=2.7V$,VT_B 各电极电位 $U_1=10V$,$U_2=9.8V$,$U_3=3.6V$,判断晶体管 VT_A 和 VT_B 分别是什么类型(PNP、NPN)?是什么材料(硅或锗)?三个引脚各是什么电极?

解 工作在放大状态的晶体管,若是 NPN 型,则 $U_C>U_B>U_E$,若是 PNP 型,则 $U_C<U_B<U_E$。因此,分析时,先确定基极,而与其电压差小的电极是发射极,为 0.7V 左右时是硅管,为 0.2V 左右时是锗管。

VT_A:因为 $U_1>U_3>U_2$,所以引脚 3 为基极,与引脚 2 之间的电压为 0.7V,所以该管为硅管,引脚 2 是发射极,引脚 1 即为集电极。满足 $U_C>U_B>U_E$,为 NPN 型晶体管。

VT_B:因为 $U_1>U_2>U_3$,所以引脚 2 为基极,与引脚 1 之间的电压为 0.2V,所以该管为锗管,引脚 1 是发射极,引脚 3 即为集电极。满足 $U_C<U_B<U_E$,为 PNP 型晶体管。

5.3.4 晶体管的主要参数

晶体管的结构和特性可以用参数来说明,晶体管的参数可作为设计电路,合理使用器件的参考。这里只介绍常用的几种主要参数。

1. 共发射极电流放大系数

其分为直流放大系数 $\bar{\beta}$ 和交流放大系数 β,其中直流放大系数是静态时集电极电流与基极电流的比值,即 $\bar{\beta}=I_C/I_B$;而交流放大系数是集电极电流变化量与基极电流变化量的比值,即 $\beta=\Delta I_C/\Delta I_B$。两者含义是不同的,但数值较为接近。近似分析时可以认为 $\beta\approx\bar{\beta}$。

2. 极间反向电流

集电结反向饱和电流 I_{CBO} 指发射极开路,集电结反偏时流过集电结的反向电流。小功率

的硅管一般在 0.1A 以下；锗管在几微安至十几微安。穿透电流 I_{CEO} 指基极开路，集电极与发射极之间的穿透电流。$I_{CEO} = (1+\beta)I_{CBO}$，它是衡量晶体管质量好坏的重要参数之一，其值越小越好。

3. 极限参数

（1）集电极最大允许电流

当集电极电流过大时，电流放大系数将下降，电流放大系数下降不超过允许值时的 I_C 值，定义为集电极最大允许电流 I_{CM}。

（2）反向击穿电压

集电极-发射极间反向击穿电压 $U_{(BR)CEO}$ 是指基极开路时，集电极-发射极间允许加的最高反向电压，若集射极之间电压超过此值，晶体管会击穿损坏。

（3）集电极最大允许功率

由于集电极电流在流经集电结时产生热量，使结温升高，从而引起晶体管参数变化。当晶体管因受热而引起的参数变化不超过允许值时，集电极所消耗的最大功率，称为集电极最大允许耗散功率 P_{CM}。

4. 温度对晶体管参数和特性的影响

温度变化时，晶体管各项参数都会受到一定的影响，比如反向饱和电流和反向击穿电压等，也对电流放大系数 β 有影响。这些影响可以从晶体管的输入、输出特性中体现出来，如图 5-22 所示。

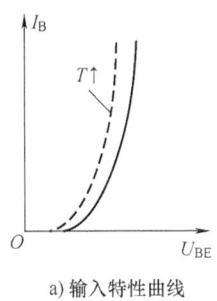
a）输入特性曲线

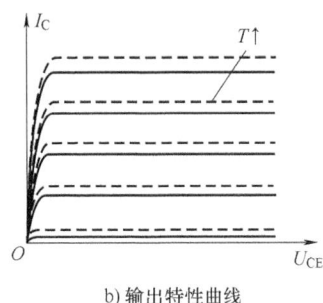
b）输出特性曲线

图 5-22 温度对晶体管的特性曲线的影响

习题

5-1 简答

（1）本征半导体掺入微量的三价元素形成的是什么类型的半导体？其多子是空穴吗？

（2）稳压管在电路中能起到稳压作用，它应该工作在什么状态？

（3）晶体管工作在放大区时，发射结应处于什么状态，同时集电结应处于什么状态？

（4）某晶体管三个电极的电位分别是：$U_1 = 2V$，$U_2 = 1.7V$，$U_3 = -2.5V$，可判断该晶体管的三个引脚"1""2""3"分别为何电极？该晶体管属于什么材料？什么类型？

（5）若工作在放大状态下的某晶体管的发射极电流等于 1mA，基极电流等于 20μA，则它的集电极电流应为多大？

5-2 分析下列说法是否正确并说明理由。

（1）因为 P 型半导体的多子为空穴，所以它带正电。

（2）在 PN 结两端加正向电压时，空间电荷区将变窄。

(3) 晶体管的发射区和集电区制作工艺类似，因此发射极和集电极可互换使用。

(4) 如果二极管正反向阻值都无穷大，说明二极管内部断路。

(5) PNP 型晶体管工作在放大区时，$U_{BE}>0$。

5-3 二极管电路如图 5-23 所示，试判断图中的二极管是导通还是截止，并求出输出电压 U_o。设二极管管压降为 0.7V。

5-4 电路如图 5-24 所示，已知 $u_i=8\sin\omega t$ V，二极管正向导通压降为 0.7V，试画出输出电压的波形，并标出幅值。

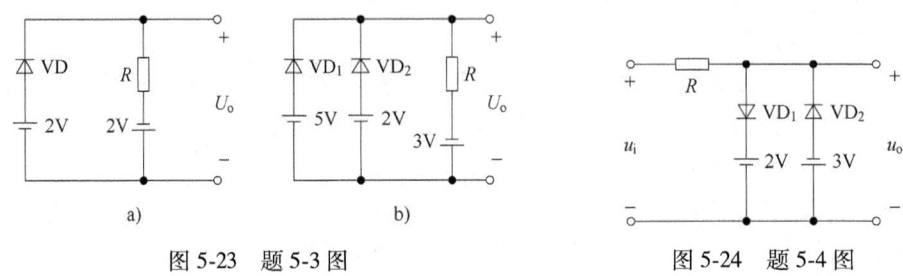

图 5-23 题 5-3 图　　　　　　图 5-24 题 5-4 图

5-5 现有稳定电压分别为 6V 和 9V 的两只稳压管，正向导通压降均为 0.7V，如果将它们串联相接，可得到几种电压值？各为多少？

5-6 测得某硅晶体管各电极对地的电压值如下，试判别晶体管工作在什么区。

(1) $U_C=6$V，$U_B=6$V，$U_E=5.4$V；

(2) $U_C=6$V，$U_B=6$V，$U_E=5.4$V；

(3) $U_C=6$V，$U_B=2$V，$U_E=1.3$V；

(4) $U_C=6$V，$U_B=4$V，$U_E=3.6$V。

5-7 稳压电路如图 5-16 所示，若 $U_i=10$V，$R=100\Omega$，稳压管的稳定电压为 5V，$I_{Zmin}=5$mA，$I_{Zmax}=50$mA，试问负载 R_L 的取值范围是多少？

第 6 章

分立元件放大电路

1. **本章摘要**

1）熟悉共射、共集基本放大电路的组成和工作原理；

2）掌握共射、共集基本放大电路的静态分析方法，了解静态图解分析法，理解放大电路输出失真的问题；

3）理解放大电路的主要性能指标，掌握晶体管的低频微变等效模型，掌握共射、共集基本放大电路的微变等效电路分析方法，了解动态图解分析法；

4）理解共射、共集基本放大电路的交流性能的差异。

2. **本章重点及难点**

1）重点：共发射极放大电路的组成及工作原理；共发射极放大电路的分析；射极输出器。

2）难点：共发射极放大电路的分析。

6.1 基本放大电路的结构及性能指标

放大电路能接受一个输入信号（像是声音或者图像信号），如图 6-1 所示，并使这个信号功率变大，再输送给负载（例如扬声器或显示器）。使用两级或者更多级放大电路，可以使信号达到负载需要的强度。放大的过程除了需要放大电路核心元件的转换功能，还需要电源来提供能量。

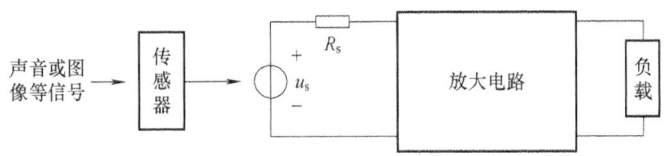

图 6-1 放大电路示意图

6.1.1 基本放大电路的结构

构成放大电路的核心元件是晶体管。能够让晶体管工作在放大状态的电路称为放大电路，如图 6-2 所示，根据不同的电路结构可以分为共发射极、共集电极和共基极三种放大电路，以输入和输出回路的公共端命名。判断放大电路以哪个电极为公共端，主要是看信号的交流通路（见本章 6.3.1 节对交流通路的定义）。声音或图像等非电量信号通过传感器转换为电信号,才能进行放大,设此信号为 u_s,作为传感器的输出信号,u_s 可视为一个带有内阻 R_s 的信号源,放大电路从该信号源获取的输入信号为 u_i。经过晶体管放大之后,得到的输出信号为 u_o,输出端可以驱动扬声器或者其他负载,这里统一标注为 R_L。

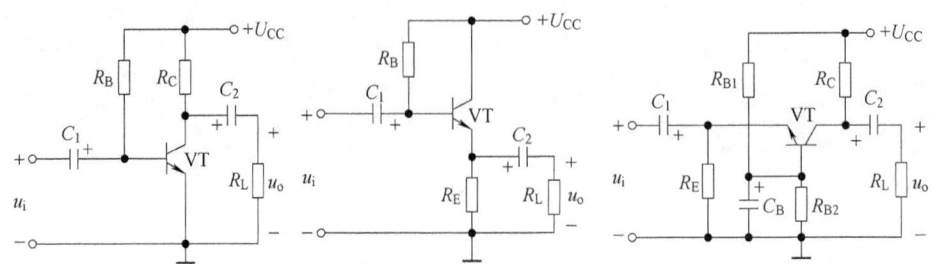

图 6-2 三种放大电路结构

6.1.2 基本放大电路的性能指标

1. 主要性能指标

分析基本放大电路的性能,首先要分析其放大倍数 A,放大倍数可分为四类:电压放大倍数、电流放大倍数、互阻放大倍数和互导放大倍数。本书中放大倍数一般指电压放大倍数 A_u,即

$$A_u = \frac{u_o}{u_i} \tag{6-1}$$

放大电路输出端的波形,只有在不失真的情况下才有意义。其他性能指标也是如此。

多个放大电路级联时,如图 6-3 所示,其放大倍数为 $A_u = A_{u1} A_{u2} A_{u3}$。

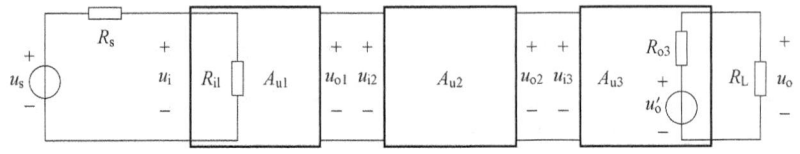

图 6-3 多级放大电路示意图

其次是放大电路的输入电阻 r_i,放大电路与信号源相连接而成了信号源的负载,这个电阻就称为放大电路的输入电阻,其大小关系到放大电路从信号源 u_s 获取到的输入信号 u_i 的大小,即

$$u_i = \frac{r_i}{r_i + R_s} u_s \tag{6-2}$$

也同时关系到输入电流的大小,即

$$i_i = \frac{u_i}{r_i} = \frac{u_s}{r_i + R_s} \tag{6-3}$$

主要的性能指标还包括放大电路的输出电阻,放大电路对于负载而言,是个有源二端网络,根据戴维南定理,可以等效为一个带内阻的电压源,这个内阻即放大电路的输出电阻 r_o。放大电路空载时,从输出两端看进去的等效电阻即可得求。

输入电阻和输出电阻描述了放大电路的输入和输出特性，会影响放大电路的放大能力。以图 6-3 中多级放大电路为例，第一级放大电路的输入电阻 R_{i1} 是信号源 u_s 的负载，最后一级放大电路作为负载 R_L 的信号源，R_{o3} 就是信号源内阻。

2. 其他指标

通频带是衡量放大电路对不同频率信号的放大能力，电路中电容电感等电抗元件的存在，使得输入信号频率过高或过低时均有不同程度的衰减，放大倍数的数值就会下降。因此，放大电路只适合放大某个频率范围的信号，该频率范围称为通频带。在三种结构的放大电路中，共基极放大电路频带较宽。

非线性失真系数：表征了放大器件的非线性特性，放大电路的线性放大范围有一定的限度，当输入信号幅度超过一定值后，输出电压将会产生非线性失真。

最大不失真输出电压：当输入电压再增大就会使输出波形产生非线性失真时的输出电压。先定义非线性失真系数的额定值，输出波形的非线性失真系数刚刚达到此额定值时的输出电压即最大不失真输出电压。一般以有效值表示，也可以用峰-峰值表示。

最大不失真输出功率与效率：在输出信号不失真的情况下，负载上能够获得的最大功率即最大输出功率 P_{om}。此时，输出电压即最大不失真输出电压。

在放大电路中，输入信号的功率通常很小，经放大电路的控制和转换后，负载从直流电源获得的信号功率 P_{om} 较大。直流电源能量的利用率称为效率 η，设电源消耗的功率为 P_V，则效率 η 为

$$\eta = \frac{P_{om}}{P_V} \tag{6-4}$$

6.2 基本放大电路的组成及工作原理

放大电路的三种基本结构中，共射极放大电路既能放大电压又能放大电流，应用广泛，下面以该电路为例说明放大电路的各部分组成和工作原理。

6.2.1 基本共射放大电路的组成

基本共发射极放大电路如图 6-4 所示。信号源 u_s 为正弦波电压。

电路中各元件的作用如下：

晶体管 VT　放大电路的核心元件，是一个有源器件。控制和转换能量，使集电极获得较大的电流。

直流电源 U_{CC}　提供晶体管发射结和集电结的工作电压，保证晶体管正常放大；向负载提供输出功率，提供晶体管及电阻的功率损耗。

基极电阻 R_B　调整基极电阻的大小可以提供合适的基极电流 I_B，使放大电路获得合适的静态工作点。R_B 的阻值一般为几十千欧到几百千欧。

集电极电阻 R_C　主要是将集电极电流的变化转

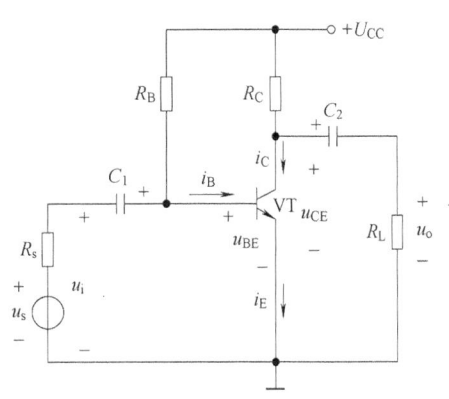

图 6-4　共发射极放大电路

换为电压的变化送到输出端。R_C 的阻值一般为几千欧到几十千欧。

耦合电容 C_1 和 C_2 当输入信号的频率较高时，容抗小，等效于"隔直流通交流的作用"，"隔直流"是利用电容对直流开路的特点，隔离信号源、放大器、负载之间的直流联系，以保证它们的直流工作状态相互独立。"通交流"是利用电容对输入交流信号短路的特点，使输入信号能顺利的通过它。为了使电容对输入信号的交流阻抗接近于零，必须选用电容量较大的电解电容。C_1 和 C_2 一般为几微法到几十微法有极性的电容。

在电路图 6-4 中，符号"⊥"表示电路的参考零电位，即公共参考端。在放大电路中，既有作为偏置的直流量，又有放大的交流输入信号。为了便于区分，对相关物理量的符号加以说明，见表 6-1。

表 6-1 双极晶体管各电压电流符号说明

物理量	直流分量/静态工作点	交流分量	交流有效值	总量
基极电流	I_B/I_{BQ}	i_b	I_b	$i_B = I_B + i_b$
基射极电压	U_{BE}/U_{BEQ}	u_{be}	U_{be}	$u_{BE} = U_{BE} + u_{be}$
集电极电流	I_C/I_{CQ}	i_c	I_c	$i_C = I_C + i_c$
集射极电压	U_{CE}/U_{CEQ}	u_{ce}	U_{ce}	$u_{CE} = U_{CE} + u_{ce}$

6.2.2 基本放大电路的工作原理

放大电路在正常放大信号时，电路中既有直流电源又有交流信号源（这里以正弦交流信号源为例），即电路中的电压、电流信号是"交、直流并存"，直流是放大的基础，交流是放大的对象。在图 6-4 所示的基本放大电路中，当没有交流信号输入，即 $u_i = 0$ 时，放大电路处于"静态"，静态工作点 U_{BEQ}、I_{BQ}、I_{CQ} 和 U_{CEQ}，如图 6-5 中的虚线所标注。

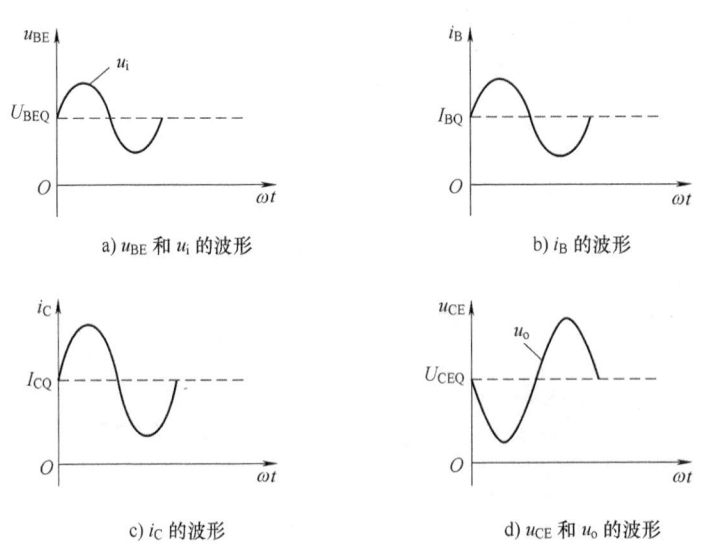

图 6-5 基本共发射极放大电路的波形分析

当存在输入信号，即 $u_i \neq 0$ 时，电路处于"动态"。输入电压叠加在 U_{BEQ} 上，使得基极电流也在原来直流分量 I_{BQ} 的基础上叠加一个正弦交流电流 i_b，如图 6-5b 所示，基极总电流

$i_B=I_B+i_b$。根据晶体管基极电流对集电极电流的控制作用，集电极电流也会在直流分量 I_{CQ} 的基础上叠加一个正弦交流电流 i_c，如图 6-5c 所示，而且 $i_c=\beta i_b$，集电极总电流 $i_C=I_{CQ}+\beta i_b$。

集电极动态电流 i_c 将在集电极电阻 R_C 上产生一个与 i_c 波形相同的交变电压。由于 R_C 上的电压增大，管压降 u_{CE} 则会减小；R_C 上的电压减小时，u_{CE} 必然增大，所以管压降 u_{CE} 是在直流分量的基础上叠加一个与 i_c 变化方向相反的交变电压 u_{ce}。总的管压降 $u_{CE}=U_{CEQ}+u_{ce}$，如图 6-5d 中实线所画波形。将管压降中的直流分量 U_{CEQ} 去掉，就得到一个与输入电压 u_i 相位相反且放大了的交流信号 u_o。

综上所述，可知：

1）静态时，晶体管的电压和电流都是直流分量。有输入信号之后，i_B、i_C、u_{CE} 是在原来静态值的基础上叠加了一个交流分量的总量。

2）输入电压 u_o 与输入电压 u_i 频率相同，相位相反，且幅度大很多，即共发射极放大电路具有反相放大作用。

对于基本共发射极放大电路，设置合适的静态工作点，保证晶体管在输入信号的整个周期内始终工作在放大状态，才能使交流信号搭载在直流分量之上，通过晶体管得到放大的且不失真的输出波形。基本共发射极放大电路的电压放大作用是利用晶体管的电流放大作用，通过 R_C 将电流的变化转换成电压的变化来实现的。

6.3 分立元件放大电路的分析方法

了解放大电路的工作原理之后，进一步分析放大电路的工作情况，就是求解其静态工作点及各项动态指标。分析过程通常遵循"先静态，后动态"的原则。只有静态工作点合适，电路没有产生非线性失真，动态分析才有意义。

6.3.1 直流通路与交流通路

从基本共发射极放大电路工作原理分析可知，直流量与交流量是共存于放大电路之中的，直流量是 U_{CC} 作用的结果，交流量是输入交流电压 u_i 作用的结果；由于电容、电感等元件的存在，直流量与交流量所流经的通路并不相同。为了研究问题方便，将放大电路分为直流通路与交流通路。直流通路，是在直流电源 U_{CC} 作用下直流量形成的电路通路，用于分析此时晶体管的工作状态；所谓交流通路，就是输入交流电压 u_i 作用下，交流信号形成的通路，用于研究放大倍数等动态参数。

放大电路中的电抗元件对直流信号和交流信号有不同的作用。

1）电容：由电容元件容抗 $X_C=\dfrac{1}{\omega C}$ 可知，电容对直流信号的阻抗无穷大，阻碍直流信号通过，可视为开路；但对于交流信号来说，一定频率下，当电容值足够大时，容抗很小，可视为短路。

2）根据电感元件感抗 $X_L=\omega L$ 可知，电感对直流信号的阻抗几乎为零，相当于短路；但对于交流信号来说，感抗很大，相当于开路。

3）理想电源：分析直流时，交流信号源置零；分析交流时，直流电源置零。

根据以上分析，在直流通路中，电容相当于开路，电感相当于短路，信号源 u_s 视为短路，保留内阻；在交流通路中，大电容相当于短路，直流电源 U_{CC} 视为短路。因此，图 6-4

中的基本共发射极放大电路,其直流通路和交流通路如图 6-6 所示。

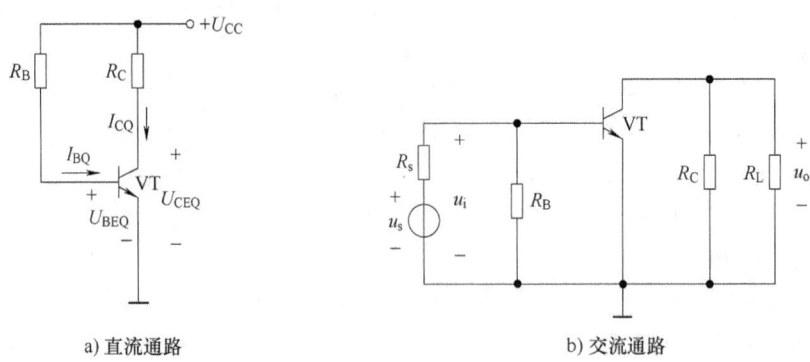

图 6-6 基本共发射极放大电路的直流通路和交流通路

6.3.2 静态工作点的估算

根据图 6-6a 所示直流通路,近似计算中,一般认为 U_{BEQ} 的值已知(硅管为 0.6~0.7V,锗管为 0.2~0.3V),之后再计算 I_{BQ} 的值。晶体管工作在放大状态时,可近似等效为如图 6-7a 所示的模型,输入回路近似为恒压降模型,输出回路则体现了基极电流对集电极电流的控制作用,所以基本共发射极放大电路的直流通路可以等效为图 6-7b 所示。

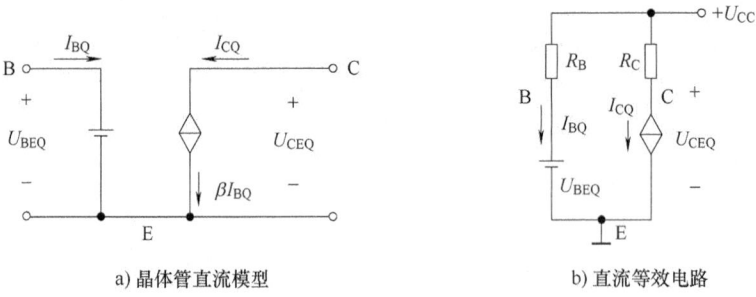

图 6-7 直流通路

因此对静态工作点的近似估算如下:
列输入回路 KVL 方程,即

$$U_{CC} = I_{BQ}R_B + U_{BEQ} \tag{6-5}$$

则

$$I_{BQ} = \frac{U_{CC} - U_{BEQ}}{R_B} \tag{6-6}$$

根据电流分配关系 $I_{CQ} = \beta I_{BQ}$,列输出回路 KVL 方程,即

$$U_{CC} = I_{CQ}R_C + U_{CEQ} \tag{6-7}$$

可知

$$U_{CEQ} = V_{CC} - I_{CQ}R_C \tag{6-8}$$

由上面分析可知,当 R_B 确定后,I_{BQ} 就确定了,称为固定偏流,故此放大电路称为固定偏置放大电路。

例 6-1 在图 6-4 所示放大电路中,$R_B = 300\text{k}\Omega$,$R_C = 3\text{k}\Omega$,$U_{CC} = 6\text{V}$,$\beta = 50$,$U_{BEQ} = 0.7\text{V}$。试求电路的静态工作点,并说明双极晶体管的工作状态。

解
$$I_{BQ} = \frac{U_{CC} - U_{BEQ}}{R_B} \approx 17.67 \mu A$$
$$I_{CQ} = \beta I_{BQ} = 0.88 mA$$
$$U_{CEQ} = U_{CC} - I_{CQ} R_C = 3.36 V$$

由 $U_{BEQ} = 0.7V$，$U_{CEQ} = 3.36V$ 可知，该电路中的双极晶体管工作于放大状态。

6.3.3 图解法

对非线性电路进行分析的一个常用方法是图解分析法。晶体管是非线性器件，图解法就是在其输入、输出特性曲线的基础上，根据外电路的特性，直接用作图的方法对放大电路进行静态和动态分析。

利用图解法进行静态分析的任务就是用作图的方法确定放大电路的静态工作点，即求出 U_{BEQ}、I_{BQ}、I_{CQ} 和 U_{CEQ}。

首先要确定晶体管的输入、输出特性曲线，用图形表示其电压和电流之间的关系；其次是根据图 6-4 所示基本共发射极放大电路的外电路画出电路输入、输出回路相关部分的线性特性——输入直流负载线和输出直流负载线，表示出这一部分的电压与电流之间的关系。两条曲线的交点就是所要求的解。用图解法进行静态分析时，分析方法和过程如图 6-8 所示。

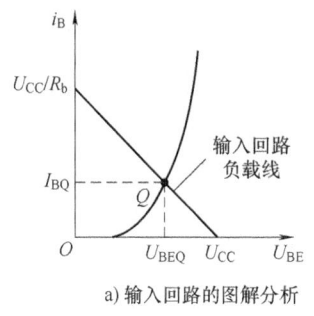
a) 输入回路的图解分析

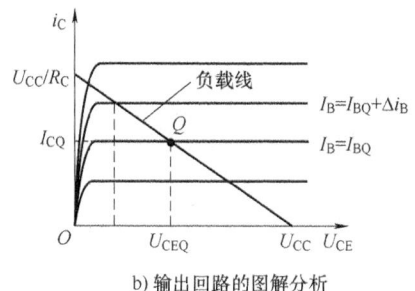
b) 输出回路的图解分析

图 6-8　放大电路静态工作状态的图解分析

具体步骤如下：

1）列输入回路 KVL 方程，即输入直流负载线方程 $U_{BEQ} = U_{CC} - I_{BQ} R_B$，在输入特性曲线的平面上，画出输入直流负载线，两线的交点即是放大电路的静态工作点（也称为 Q 点），从图上可读出 I_{BQ} 和 U_{BEQ} 的值，即 Q 点的坐标。

2）根据输出回路 KVL 方程，即输出直流负载线方程 $U_{CEQ} = U_{CC} - I_{CQ} R_C$，在输出特性曲线的平面上，画出输出直流负载线，该直线与纵轴的交点为 U_{CC}/R_C，在横轴的交点则为 U_{CC}。输出直流负载线与 $I_B = I_{BQ}$ 所确定的那条输出特性曲线的交点，就是 Q 点，从图上可读出 Q 点坐标 I_{CQ} 和 U_{CEQ} 的值。

由图 6-8 可见，静态工作点 Q 的位置决定了晶体管的工作状态，Q 点位置偏低，即基极电流偏小时，Q 点靠近截止区，晶体管也就接近截止状态；Q 点位置偏高，即基极电流偏大时，Q 点靠近饱和区，晶体管就接近饱和状态。图解法能直观形象地分析晶体管的工作状态以及放大电路的工作过程，便于设置合理的静态工作点，但作图过程烦琐，误差大，不适合定量计算，另外由于"器件手册"通常不给出晶体管的输入特性曲线，而输入特性也不易准确测得，因此，一般不采用图解法求解参数，而是常用作定性分析。当对于小信号放大电路进行动态分析时则会采用微变等效电路法。

6.3.4 微变等效电路法

静态工作点确定以后,当放大电路的输入端有输入信号,即 $u_i \neq 0$ 时,晶体管各个电极的电流及电极之间的电压将在静态值的基础上,叠加有交流分量,放大电路处于动态工作状态。

放大电路的动态分析是在已经进行过的静态分析基础上,对放大电路中有关电流、电压等信号的传输过程及其交流分量之间关系进行分析讨论,计算放大器的动态性能指标:电压放大倍数 A_u,输入电阻 R_i,输出电阻 R_o 等。常用的分析方法有微变等效电路法和图解法。以下仍以图 6-4 所示基本共发射极放大电路为例。

放大电路的微变等效电路,就是把低频小信号激励作用下的非线性元件晶体管进行等效,即把晶体管线性化,其构成的放大电路即可等效为一个线性电路。由于晶体管在微小变化量的作用下工作,因此在静态工作点附近的小范围内可用直线段近似地代替晶体管的特性曲线。

1. 晶体管的小信号模型

晶体管虽然具有非线性的伏安特性,但当它工作于小信号时,工作点只在 Q 点附近的一个小范围内移动,即 u_{BE}、i_B、i_C、u_{CE} 在 U_{BEQ}、I_{BQ}、I_{CQ}、U_{CEQ} 基础上进行变化时,其变化量(即交流分量)很小,可以近似地认为这一小段晶体管的伏安特性是线性的,也就是说,当晶体管的输入信号很小时,在其工作点移动的范围内,i_B 与 u_{BE} 之间具有线性关系、β 值也恒定。图 6-9a 是晶体管的输入特性曲线,是非线性的。但当输入信号很小时,在 Q 点附近的工作段可认为是直线。当 U_{CE} 为常数时,Δu_{BE} 与 Δi_B 之比,即

$$r_{be} = \frac{\Delta u_{BE}}{\Delta i_B}\bigg|_{U_{CE}=常数} = \frac{u_{be}}{i_b}\bigg|_{U_{CE}=常数} \tag{6-9}$$

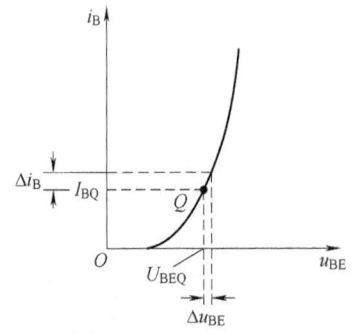
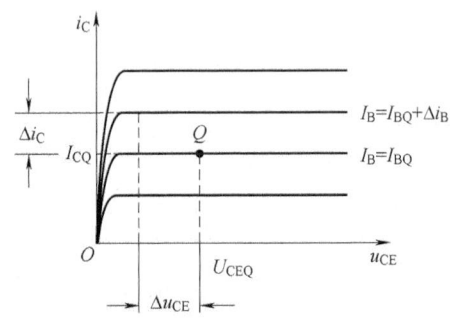

a) 晶体管的输入特性曲线求 r_{be}　　　b) 晶体管的输出特性曲线求 β 和 r_{ce}

图 6-9　晶体管的特性曲线的线性化

称为晶体管的输入电阻,表示晶体管的输入特性,由它确定 u_{be} 和 i_b 之间的关系。因此晶体管的输入电阻可用 r_{be} 等效代替,如图 6-10 所示。

低频小功率晶体管的输入电阻常用下式计算:

$$r_{be} \approx r'_{bb} + (1+\beta)\frac{26\text{mV}}{I_{EQ}(\text{mA})} \tag{6-10}$$

式中，r'_{bb}是晶体管的基极体电阻，一般取 200Ω，I_{EQ}是发射极电流的静态值。r_{be}一般为几百到几千欧。

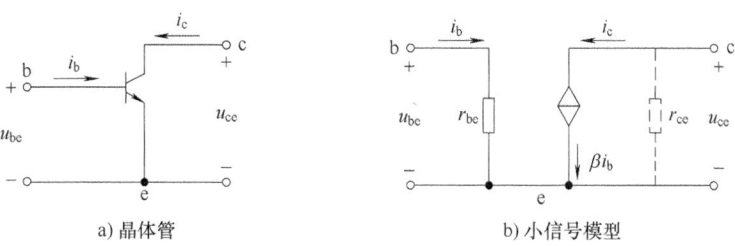

图 6-10　晶体管及其小信号模型

图 6-9b 是晶体管的输出特性曲线，放大区部分是一组几乎与横轴平行的直线。当 U_{CE} 为常数时，Δi_C 与 Δi_B 之比为

$$\beta = \frac{\Delta i_C}{\Delta i_B}\bigg|_{U_{CE}=\text{常数}} = \frac{i_c}{i_b}\bigg|_{U_{CE}=\text{常数}} \tag{6-11}$$

即晶体管的电流放大倍数，由它确定 i_c 与 i_b 的控制关系。因此，晶体管的输出电路可用一受控电流源 $i_c = \beta i_b$ 代替，用以表示晶体管的电流控制作用。当 $i_b = 0$ 时，βi_b 不存在，所以它不是一个独立电流源，而是受输入电流 i_b 控制的受控电流源。

实际上，在图 6-9b 中，晶体管的输出特性曲线不完全与横轴平行，当 I_B 为常数时

$$r_{ce} = \frac{\Delta u_{CE}}{\Delta i_C}\bigg|_{I_B=\text{常数}} = \frac{u_{ce}}{i_c}\bigg|_{I_B=\text{常数}} \tag{6-12}$$

称为晶体管的输出电阻。如果把晶体管的输出电路看作电流源，r_{ce} 也就是电流源的内阻，故在等效电路中与受控电流源 βi_b 并联。由于 r_{ce} 的阻值很高，在微变等效电路中都把它忽略不计。

放大电路动态分析时，着重分析输入信号作用下产生的电流、电压交流分量之间的关系。所以在分析图 6-4 基本共发射极放大电路动态情况时，大电容 C_1 和 C_2 及直流电源 U_{CC} 看作短路，画出的交流通路如图 6-6b 所示。当输入信号为小信号时，将该交流通路中的晶体管用图 6-10b 所示的小信号模型来替代，所得的电路称为放大电路的微变等效电路，如图 6-11 所示。该线性电路适用于低频小信号，可用来求动态参数电压放大倍数 A_u、输入电阻 r_i、输出电阻 r_o 等。

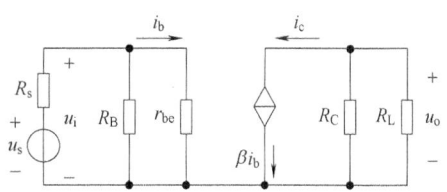

图 6-11　基本共发射极放大电路的微变等效电路

2. 放大电路的动态性能指标

（1）电压放大倍数 A_u

$$A_u = \frac{u_o}{u_i} = \frac{-\beta i_b (R_C /\!/ R_L)}{i_b r_{be}} = -\frac{\beta R'_L}{r_{be}} \tag{6-13}$$

式中，$R'_L = R_C /\!/ R_L$；"－"表示 u_o 和 u_i 的相位相反，输出电压滞后输入电压 $180°$。

当放大电路输出端空载开路时，由于未接负载电阻 R_L，则其电压放大倍数为

$$A_u = -\frac{\beta R_C}{r_{be}} \tag{6-14}$$

可见空载时放大倍数的值较高。

若考虑输出电压 u_o 对输入信号源 u_s 的放大作用,则输出电压对信号源的电压放大倍数为

$$A_{us} = \frac{u_o}{u_s} = \frac{u_o}{u_i} \cdot \frac{u_i}{u_s} = A_u \frac{R_i}{R_i + R_s} \tag{6-15}$$

(2) 输入电阻 r_i

输入电阻即是信号源的负载,由微变等效电路可知:

$$r_i = \frac{u_i}{i_i} = R_B // r_{be} \tag{6-16}$$

在基本共射极放大电路中,为了保证晶体管工作在放大状态,基极电阻的取值都很大,一般情况下,$R_B \gg r_{be}$,所以

$$r_i \approx r_{be} \tag{6-17}$$

(3) 输出电阻 r_o

对负载而言,放大电路的输出电阻就是负载的等效信号源的内阻。根据输出电阻 r_o 的定义式,可以画出求 r_o 的等效电路如图 6-12 所示。

将输入信号源 u_s 短路,保留内阻 R_s,在输出端加一测试信号 u_T,产生测试电流 i_T,电压与电流之比,即输出电阻为

$$r_o = \frac{u_T}{i_T} \bigg|_{u_s=0, R_L=\infty} = R_C \tag{6-18}$$

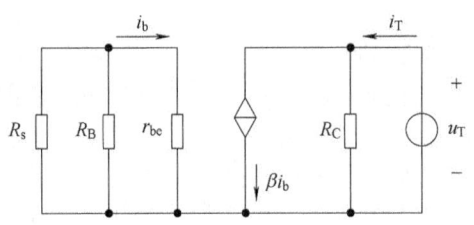

图 6-12 求基本共射极放大电路的输出电阻

对于共发射极放大电路而言,输入电阻 r_i 越大,放大电路输入端从信号源得到的电压越大;输出电阻 r_o 越小,放大电路负载发生变动时,对输出电压的影响越小,输出电压越稳定。

例 6-2 在图 6-4 所示放大电路中,$R_B = 300\text{k}\Omega$,$R_C = 3\text{k}\Omega$,$R_L = 6\text{k}\Omega$,$U_{CC} = 6\text{V}$,$\beta = 50$,$U_{BEQ} = 0.7\text{V}$。试求电路的电压放大倍数、输入电阻和输出电阻。

解

$$r_{be} \approx r'_{bb} + (1+\beta)\frac{26\text{mV}}{I_{EQ}\text{mA}} = 1.67\text{k}\Omega$$

$$A_u = \frac{u_o}{u_i} = \frac{-\beta i_b(R_C // R_L)}{i_b r_{be}} = -\frac{\beta R'_L}{r_{be}} = -59.88$$

$$r_i \approx r_{be} = 1.67\text{k}\Omega$$

$$r_o = R_C = 3\text{k}\Omega$$

(4) 非线性失真

输入信号经放大电路放大后,输出波形与输入波形可能不完全一致,由于晶体管特性曲线的非线性引起的失真称为非线性失真,实验中,通过示波器可以比较直观地观察此现象。

如果静态工作点位置过低,如图 6-13a 所示,从输出特性可以看到,当输入电流 i_b 在负半周时,晶体管的工作范围进入了截止区,导致 i_c 的负半周波形和 u_o 的正半周波形严重失真。这种失真称为截止失真。

如果静态工作点位置过高,如图 6-13b 所示,从输出特性可以看到,输入电流 i_b 在正半周时,晶体管的工作范围进入了饱和区,因此 i_c 的正半周波形和 u_o 的负半周波形严重失真,

这种失真称为饱和失真。

消除失真的方法是调整静态工作点的位置,对于图 6-4 所示的共发射极放大电路,可以通过调整 R_B 的阻值来控制 I_B 的大小。设置合适的静态工作点,比如将 Q 点选在放大区的中间,可以避免放大电路产生非线性失真。如果 Q 点设置合适,但输入 u_i 的信号幅度过大,则可能既产生饱和失真又产生截止失真。

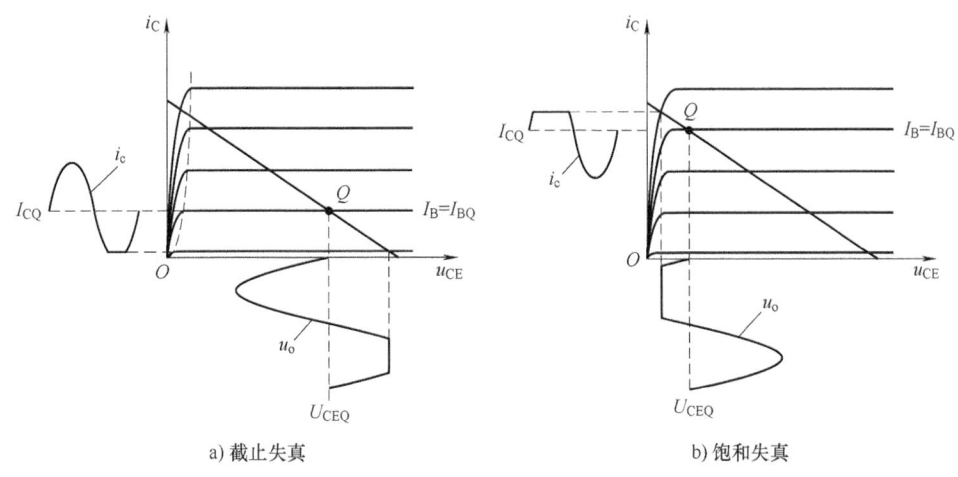

图 6-13 非线性失真

6.4 放大电路静态工作点的稳定

前文对非线性失真进行分析时已明确了选择合适的静态工作点对放大电路的重要性。放大电路的核心器件是半导体器件,其中一个重要特点就是受温度影响较大,温度的变化会引起晶体管特性曲线的变化(图 5-22),导致静态工作点不稳定,进而影响放大电路的性能。

6.4.1 温度对静态工作点的影响

以图 6-4 所示共发射极放大电路为例,基极电流 I_B 受 U_{CC} 和 R_B 的影响,易于确定,故称此电路为固定偏置放大电路。固定偏置放大电路结构简单,但温度升高导致集电极电流 I_C 增大时,输出特性曲线向上平移,静态工作点的位置上移,I_{CQ} 增大,U_{CEQ} 减小,工作点向饱和区移动,使得电路容易出现饱和失真现象。

6.4.2 静态工作点稳定电路

温度升高使得集电极电流 I_C 增加,流过 R_C 后静态工作点电压 U_{CE} 下降,如果可以使 I_C 在温度变化时维持恒定,则静态工作点就可以稳定。

1. 稳定原理

图 6-14 所示的基极分压射极偏置共射放大电路(简称分压偏置共射放大电路),首先采用了两个基极电阻 R_{B1} 和 R_{B2} 分压为基极提供一个固定电压,因此基极电位为

$$U_{BQ} = \frac{R_{B2}}{R_{B1}+R_{B2}} U_{CC} \tag{6-19}$$

发射极电阻 R_e 的作用是在 $I_C(I_E)$ 增加时，该电阻的存在使得发射极点位 U_E 升高，而基极电位的固定，会导致：$U_{BE}\downarrow=U_B-U_E\uparrow$。

从而使输入电流 I_B 减小，最终导致集电极电流 I_C 减小，以此来稳定静态工作点。R_E 越大，稳定性越好，该电阻的引入相当于在电路中引入了负反馈（概念见第 7 章），但过大则会使 U_{CE} 下降，影响输出电压的幅度，故其值一般为几百到几千欧。另外 R_E 的存在，使得基极和发射极两端的净输入电压减小，从而导致 u_o 减小，放大倍数的值会减小，因此可以在 R_E 两端并联一个旁路电容 C_E。在直流通路中，C_E 相当于开路，R_E 起到稳定静态工作点的作用；在交流通路中，C_E 相当于短路，不损失输入信号，亦不会影响放大倍数。

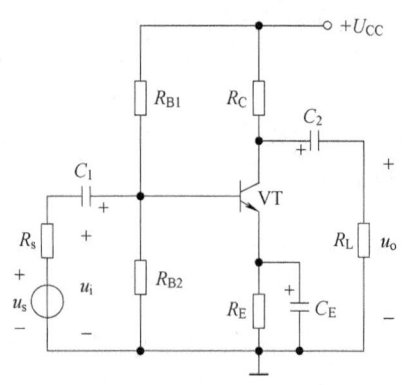

图 6-14 分压偏置共射放大电路

2. 静态分析

由于分压偏置共射放大电路的基极分压，其静态分析从 U_B 开始，忽略电路在自动调节过程中 U_{BE} 的变化，则可估算

$$I_{CQ}\approx I_{EQ}=\frac{U_{BQ}-U_{BEQ}}{R_E} \tag{6-20}$$

$$U_{CEQ}=U_{CC}-I_{CQ}R_C-I_{EQ}R_E\approx U_{CC}-I_{CQ}(R_C+R_E) \tag{6-21}$$

3. 动态分析

图 6-15a 为分压偏置共射放大电路的交流通路，由于旁路电容的作用，发射极电阻被短路，微变等效电路如图 6-15b 所示，由此该电路的动态参数可求得。

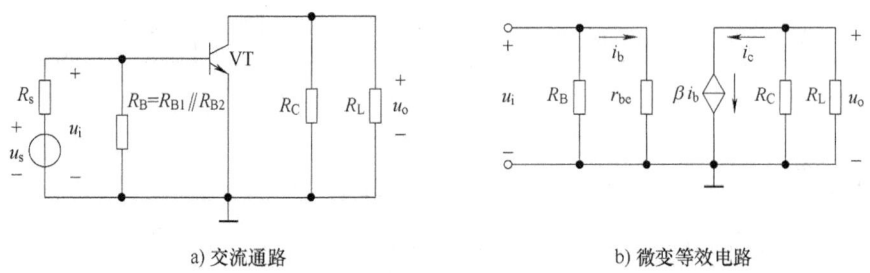

a) 交流通路　　　　　　　　　　b) 微变等效电路

图 6-15 分压偏置共射放大电路的动态分析

（1）电压放大倍数

$$A_u=\frac{u_o}{u_i}=\frac{-\beta i_b(R_c/\!/R_L)}{i_b r_{be}}=-\frac{\beta R'_L}{r_{be}} \tag{6-22}$$

（2）输入电阻

$$r_i=R_{B1}/\!/R_{B2}/\!/r_{be} \tag{6-23}$$

（3）输出电阻

$$r_o=R_C \tag{6-24}$$

例 6-3 在图 6-14 所示的分压偏置共射放大电路中，已知 $U_{CC}=24\text{V}$，$R_{B1}=33\text{k}\Omega$，$R_{B2}=10\text{k}\Omega$，$R_C=3.3\text{k}\Omega$，$R_E=1.5\text{k}\Omega$，$R_L=5.1\text{k}\Omega$，晶体管的 $\beta=66$，设 $R_s=0$。求：（1）估算静

态工作点；（2）画微变等效电路；（3）计算电压放大倍数；（4）计算输入电阻和输出电阻；（5）当 C_E 开路时，画微变等效电路，并计算动态参数。

解 （1）
$$U_{BQ} = \frac{R_{B2}}{R_{B1}+R_{B2}} U_{CC} = 5.58\text{V}$$

$$I_{CQ} \approx I_{EQ} = \frac{U_{BQ}-U_{BEQ}}{R_E} = 3.25\text{mA}$$

$$I_{BQ} = \frac{I_{CQ}}{\beta} = 49.2\mu\text{A}$$

$$U_{CEQ} = U_{CC} - I_{CQ}R_C - I_{EQ}R_E \approx U_{CC} - I_{CQ}(R_C+R_E) = 8.4\text{V}$$

（2）微变等效电路如图 6-15b 所示。

（3） $r_{be} \approx r'_{bb} + (1+\beta)\dfrac{26\text{mV}}{I_{EQ}\text{mA}} = 728\Omega$

$$A_u = \frac{u_o}{u_i} = \frac{-\beta i_b(R_C /\!/ R_L)}{i_b r_{be}} = -\frac{\beta R'_L}{r_{be}} = -181.6$$

（4） $r_i = R_{B1} /\!/ R_{B2} /\!/ r_{be} \approx r_{be} = 728\Omega$

$$r_o = R_C = 3.3\text{k}\Omega$$

（5） $A_u = \dfrac{u_o}{u_i} = \dfrac{-\beta i_b(R_C /\!/ R_L)}{i_b r_{be} + i_e R_E} = -\dfrac{\beta R'_L}{r_{be}+(1+\beta)R_E} = -1.3$

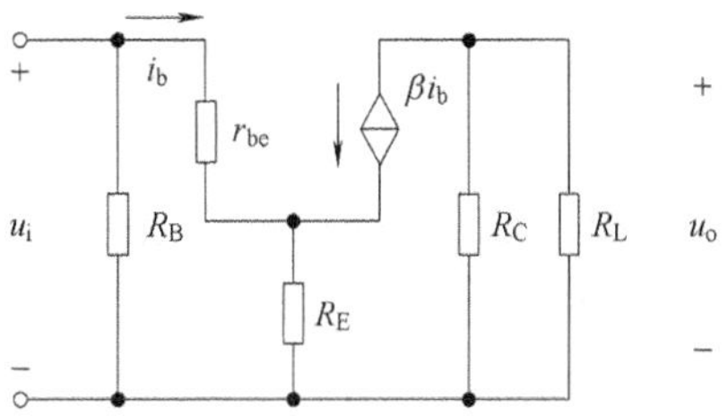

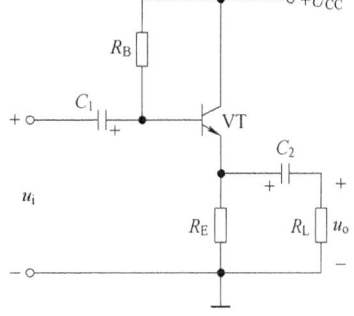

图 6-16 例 6-3 第（5）问的微变等效电路

$$r_i = R_{B1} /\!/ R_{B2} /\!/ [r_{be}+(1+\beta)R_E] = 7.1\text{k}\Omega$$

$$r_o = R_C = 3.3\text{k}\Omega$$

从计算结果可知，旁路电容的存在不影响静态工作点，但会影响电压放大倍数和输入电阻等动态参数。微变等效电路如图 6-16 所示。

6.5 共集放大电路

共集电极放大电路也称射极输出器，如图 6-17 所示，放大电路的交流信号由晶体管的发射极经耦合电容输出，故名射极输出器。

从图 6-18b 所示的交流通路可见，集电极是输入回路和输出回路的公共端，因此为共集电极放大电路。共集电极放大电路与共发射极放大电路有明显的区别，在分析时要特别注意。

6.5.1 静态分析

图 6-18a 为共集电极放大电路的直流通路。
由输入回路可知，静态工作点 I_{BQ} 和 I_{EQ} 为

$$U_{CC} = I_{BQ}R_B + U_{BEQ} + I_{EQ}R_E \tag{6-25}$$

$$I_{BQ} = \frac{U_{CC}-U_{BEQ}}{R_B+(1+\beta)R_E} \tag{6-26}$$

$$I_{EQ} = (1+\beta)I_{BQ} \tag{6-27}$$

图 6-17 共集电极放大电路

由输出回路可知

$$U_{CEQ} = U_{CC} - I_{EQ}R_E \tag{6-28}$$

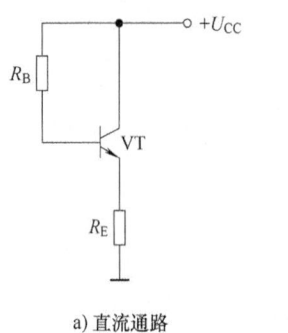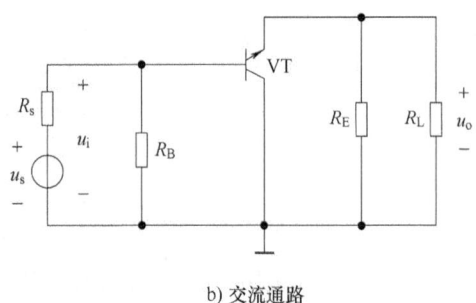

a) 直流通路　　　　　　　　　　　　b) 交流通路

图 6-18　共集电极放大电路的直流通路和交流通路

6.5.2　动态分析

由图 6-18b 所示的交流通路画出其微变等效电路，如图 6-19 所示。

（1）电压放大倍数

根据微变等效电路以及放大倍数的定义可知：

$$A_u = \frac{u_o}{u_i} = \frac{(1+\beta)i_b(R_E // R_L)}{i_b r_{be} + (1+\beta)i_b(R_E // R_L)} \approx 1 \tag{6-29}$$

由于 $(1+\beta)i_b(R_E // R_L) \gg r_{be}$，故 A_u 约为 1，且为正数，说明 u_i 和 u_o 大小基本相等且相位相同，因此共集电极放大电路又称电压跟随器。

共集电极放大电路虽然不具有电压放大作用，但输出电流（i_e）是输入电流（i_b）的（$1+\beta$）倍，具有电流放大作用。

（2）输入电阻

$$r_i = R_B // [r_{be} + (1+\beta)(R_E // R_L)] \tag{6-30}$$

共集电极放大电路的输入电阻高达几十千欧到几百千欧。

（3）输出电阻

利用外加测试电源法计算输出电阻，等效电路如图 6-20 所示，除去独立电压源 u_s，保留其内阻，在输出端加上测试电压 u_T，产生电流 i_T，则输出电阻为

$$r_o = R_E // \frac{r_{be} + (R_s // R_B)}{1+\beta} \tag{6-31}$$

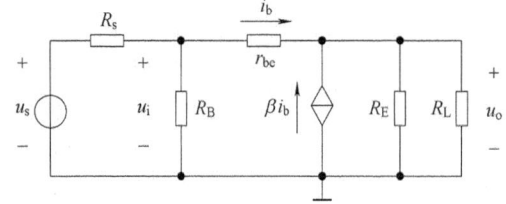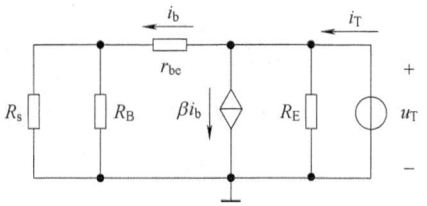

图 6-19　共集电极放大电路的微变等效电路　　　图 6-20　求共集电极放大电路的输出电阻

共集电极放大电路的输出电阻与共发射极放大电路相比较低，一般在几欧到几十欧，因此共集电极放大电路的输出电压几乎具有恒压性。

6.5.3 共集放大电路与共射放大电路的性能比较

共集电极放大电路的输入电阻高，常被用于多级放大电路的输入级，以获得较大的信号电压。共集电极放大电路输出电阻低，常用于多级放大电路的输出级，输出电压不随负载变动保持稳定，具有良好的带负载能力。共集电极放大电路亦可作为多级放大电路的中间级，其阻抗变换作用能提高前级和后级放大电路的放大倍数，改善多级放大电路的性能。表6-2为基本放大电路的性能比较。

表 6-2 基本放大电路的性能比较

结构	共发射极电路	共集电极电路
典型电路	见图6-4	见图6-17
电压放大倍数	大（几十~几百）	略小于1的正数
u_o 和 u_i 相位关系	反相	同相
输入电阻	中（几百欧~几千欧）	较大（几十千欧）
输出电阻	较大（几百欧~十几千欧）	小（可小于一百欧）
电流放大倍数	较大 β	较大 $1+\beta$
用途	用作多级放大器的中间级	用作多级放大器的输入级、输出级和中间缓冲级

*6.6 多级放大电路

单管放大电路的输入信号一般为几毫伏或以下，功率小，若需要驱动大功率负载，则须经过多级放大，才能在输出端获得足够的功率。组成多级放大电路的每一个基本放大电路称为一级，而级与级之间、信号源与放大电路之间、放大电路与负载之间的连接称为级间耦合。多级放大电路有多种耦合方式，本节介绍常见的直接耦合和阻容耦合。

多级放大电路由单管放大电路构成，因此具有与基本放大电路类似的问题和分析方法，如工作点稳定问题、电压放大倍数、输入电阻和输出电阻等。同时也出现一些新问题，如不同的级间耦合方式引发的多级放大电路级间相互影响等。放大电路的级间耦合必须要保证信号的传输，且保证各级的静态工作点正确。

6.6.1 阻容耦合放大电路

将放大电路的前级输出端（或信号源）通过电容接到后级的输入端，称为阻容耦合方式，如图6-21所示为两级阻容耦合放大电路，由共发射极放大电路和共集电极放大电路组成。

阻容耦合多级放大电路的特点：

1）各级的静态工作点相互独立。这是由于各级之间有电容器连接，电容对直流的电抗为无穷大，因此直流通路是相互隔离的、独立的，所以电路的设计、计算和调试都较为方便。在分立元件放大电路中阻容耦合方式应用很广泛。

2）传输过程中，信号频率较高的交流信号损失小，只要耦合电容 C_1、C_2、C_3 的电容量足够大，前级的交流输出信号就可几乎无衰减的传递到后级，且放大倍数高。

3）阻容耦合电路的低频特性较差，对于变换缓慢的输入信号，由于电容的容抗 X_C 比较大，电路的放大倍数降低，因此几乎不能放大直流信号。

4）阻容耦合电路不易集成，因为集成工艺中，制造大电容十分困难。

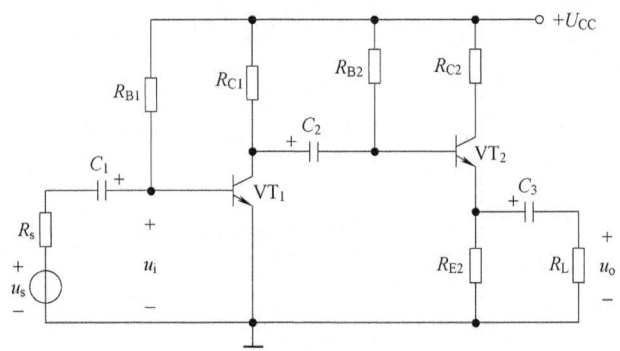

图 6-21　两级阻容耦合放大电路

6.6.2　直接耦合放大电路

直接耦合放大电路是指放大电路各级之间，包括信号源和负载，采用直接连接或电阻连接，不采用电抗性元件。如图 6-22 所示为两级直接耦合放大电路，直接耦合放大电路不仅能放大交流信号，还能放大变化缓慢的低频以及直流信号。由于易于集成，直接耦合放大电路的使用更为广泛。

直接耦合放大电路的特点：

① 电路中无耦合电容，低频特性好，能放大缓慢变化信号和直流信号，便于集成。

② 直接耦合使各放大级的工作点相互影响，存在零点漂移问题，构成多级放大电路时必须加以解决。

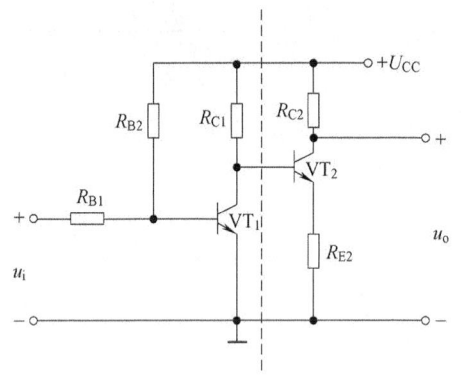

图 6-22　两级直接耦合放大电路

6.7　差分放大电路

在直接耦合放大电路中，将输入端短路，用测量仪测量输出端，会发现有变化缓慢的输出信号，这种零点漂移现象，经过直接耦合放大电路的多级放大，会淹没有用的输出信号，使电路无法正常工作。引起零点漂移的原因很多，温度对晶体管参数的影响是造成这种现象的主要原因，因此零点漂移也称为温度漂移。差分放大电路属于直接耦合放大电路，采用了特殊的结构来有效地抑制零点漂移，常用于多级放大电路的输入级。

6.7.1　差分放大电路的结构

抑制温度漂移，稳定静态工作点的方法有几种，包括引入负反馈，如分压偏置共射放大电路（见图 6-14）中射极电阻 R_E 引入了直流负反馈，还可以采用温度补偿元件来抵消晶体管的变化或者采用如差分放大电路一样的对称结构，如图 6-23 所示，采用特性相同的晶体管，使其温度漂移能够相互抵消。

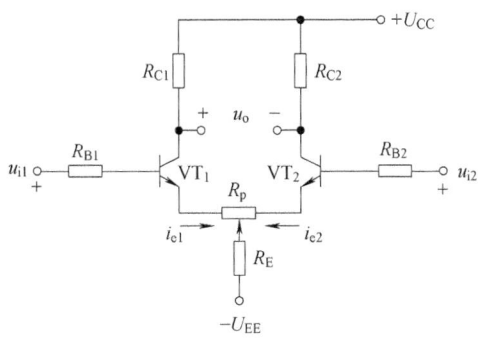

图 6-23 带负电源和调零措施的差分放大电路

6.7.2 差分放大电路的工作原理

图 6-23 所示的差分放大电路由分压偏置电路改进而来，采用了两个特性一致的晶体管及其他相同的元件，形成了镜像对称的结构。

1. 工作原理

令 $u_{i1} = u_{i2} = 0$，此时电路处于静态，理想情况下，由于晶体管的特性完全相同，集电极电阻相等，基极电阻相等，那么 $I_{B1} = I_{B2}$，$I_{C1} = I_{C2}$，$U_{C1} = U_{C2}$，两只晶体管的静态工作点在温度变化时也相等。电路用两管的集电极电位差作为输出，输出电压 $u_o = U_{C1} - U_{C2} = 0$，这就克服了温度漂移。

（1）信号输入方式

当输入信号不为 0 时，输入信号可分为以下几类：

共模输入：当输入信号 $u_{i1} = u_{i2}$ 时，即两个输入信号大小相等、极性相同，称为共模输入信号 u_{ic}，共模输入信号会产生相同变化的基极电流、集电极电流和集电极电压，因此输出电压 $u_o = u_{C1} - u_{C2} = 0$，因此差分放大电路抑制共模信号。

差模输入：当输入信号 $u_{i1} = -u_{i2}$ 时，即两个输入信号大小相等、极性相反，称为差模输入信号 u_{id}，此时在电路中会产生极性相反的基极电流、集电极电流和集电极电压，因此输出电压 $u_o = u_{C1} - u_{C2} = 2u_{C1}$，可见差分放大电路可以放大差模信号。

任意输入：当输入信号的大小和极性是任意的，则可以分解为一对共模信号和一对差模信号的组合，即

$$\begin{cases} u_{i1} = u_{ic} + \dfrac{u_{id}}{2} \\ u_{i2} = u_{ic} - \dfrac{u_{id}}{2} \end{cases} \tag{6-32}$$

其中

$$\begin{cases} u_{ic} = \dfrac{u_{i1} + u_{i2}}{2} \\ u_{id} = u_{i1} - u_{i2} \end{cases} \tag{6-33}$$

单端输入电路也可以看作是其中一个输入端接地，与双端输入的区别在于单端输入电

路一定伴随着共模信号的输入。

综上所述，差分放大电路可以抑制温度漂移，抑制共模输入信号，放大差模输入信号。

（2）信号输出方式

从差分放大电路的结构及工作原理可知，电路参数的对称性及差分输出对抑制温度漂移起到了重要作用。根据负载的情况和实际应用，输出可能存在双端输出和单端输出两种情况，如果采用单端输出的形式，发射极电阻就很好地弥补了电路抑制共模信号的能力。对于共模信号来说，发射极电阻上的电流是单管的两倍，抑制能力强；对于差模信号，发射极电阻上的电流相互抵消，电压降为零，因此对差模信号，发射极电阻不起作用。

2. 电路中的相关参数

（1）差模电压放大倍数

差分放大电路在差模信号作用下的输出电压与输入电压之比，称为差模电压放大倍数，可表示为

$$A_\mathrm{d}=\frac{u_\mathrm{od}}{u_\mathrm{id}} \tag{6-34}$$

（2）共模电压放大倍数

差分放大电路在共模信号作用下，输出电压与输入电压之比，可表示为

$$A_\mathrm{c}=\frac{u_\mathrm{oc}}{u_\mathrm{ic}} \tag{6-35}$$

理想情况下，电路完全对称，共模电压放大倍数应为零。但实际上，采用不同的输入输出模式，共模电压放大倍数并不为零，此时的输出电压可表示为

$$u_\mathrm{o}=u_\mathrm{oc}+u_\mathrm{od}=A_\mathrm{c}u_\mathrm{ic}+A_\mathrm{d}u_\mathrm{id} \tag{6-36}$$

（3）共模抑制比

由于实际电路的零点漂移依然存在，衡量差分放大电路抑制共模信号能力的标准可以用差模电压放大倍数与共模电压放大倍数之比来衡量，称为共模抑制比，即

$$K_\mathrm{CMRR}=\frac{A_\mathrm{d}}{A_\mathrm{c}} \tag{6-37}$$

共模抑制比越大，抑制能力越强，说明电路性能越好，差分放大电路参数理想对称，双端输入双端输出的情况下 $K_\mathrm{CMRR}=\infty$。

*6.8　功率放大电路

功率放大电路简称功放，在电子系统中，功率放大电路作为末级，要输出足够大的功率来驱动执行机构工作，例如使扬声器发声，电动机转动等。功率放大电路与电压放大电路的区别在于，电压放大电路的主要指标是电压放大倍数及输入输出特性等；功率放大电路则主要考虑输出尽可能大的功率，具有尽可能高的转换效率，向负载提供足够大的电压和电流。

6.8.1　功率放大电路的特点

1. 输出功率

放大电路提供给负载的功率称为输出功率，在不失真的情况下，负载上能够获得的最大交流功率为 P_om。

2. 转换效率

功率放大电路中的晶体管把电源提供的直流功率转换为负载的信号功率,由于输出功率大,因此直流电源消耗的功率也大,这就存在电源转换效率问题。负载得到的有用信号功率和直流电源供给的直流功率的比值,即功率放大电路的效率为

$$\eta = \frac{\text{输出功率 } P_\text{o}}{\text{直流电源提供的功率 } P_\text{V}} \times 100\% \quad (6\text{-}38)$$

在一定输出功率下,直流电源功耗越低,电路的效率越大,η 反映了功放把电源功率转换成输出功率的能力,表明了对电源功率的转换率。

3. 非线性失真

由于功率放大电路是在大信号状态下工作,很容易超出晶体管的线性工作范围,产生非线性失真,电路中应采用适当措施改善输出波形。

4. 功放中的晶体管

为了在不失真的前提下获得最大输出功率,要求功放管的电压和电流都有足够大的输出幅度,因此功放管往往工作在极限状态。在选择功放管时,必须考虑其极限参数 I_CM、$U_\text{(BR)CEO}$ 和 P_CM 的选择,注意散热条件,保证功放管安全工作。

此外,由于功放管的非线性特性不可忽略,分析功放电路时,应采用图解法而不是适用于小信号输入的微变等效电路法进行分析。

6.8.2 功率放大电路的分类

根据功率放大电路中功放管静态工作点位置的不同,如图 6-24 所示,功率放大电路可以分为甲类、乙类和甲乙类。

1)甲类功放中晶体管的静态工作点 Q 位于负载线的中间,也就是放大区的中部,因此在整个信号周期内都有电流通过。此类功放在工作时,静态电流较大,没有信号输入时,电源提供的功率全部消耗在晶体管及电阻上;有信号输入时,随着信号增大,输出功率也增大。由于甲类功放中的晶体管功耗较大,因此,此类功放效率较低。

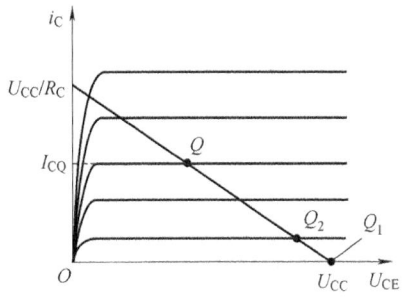

图 6-24 功率放大电路的工作状态

2)乙类功放中晶体管的静态工作点 Q_1 位于静态电流 $I_\text{C}=0$ 处,即静态工作点位于截止区,晶体管只在信号的半个周期内导通,称此为乙类工作状态。没有信号输入时,电源提供的功率为零;有信号输入时,电源提供功率给负载,从而提高了效率。

3)甲乙类功放中,静态工作点 Q_2 的位置设置在放大区但接近截止区。功放管在信号的半个周期以上的时间内导通,称为甲乙类工作状态。

6.8.3 功率放大电路的工作原理

功率放大电路要提供给负载较为稳定的电压和足够的电流,因此输出电阻小且电流放大倍数高的共集电极放大电路是比较理想的选择。采用单管共集电极放大电路,将静态工作点设置在合适的位置,使得晶体管在信号的整个周期都导通,此时功率放大电路工作在甲类工

作状态。

若要提高电源的转换效率,使功放工作在乙类或者甲乙类工作状态会减小静态功耗,但输出会出现严重的波形失真。为了解决失真问题,需要采用两个共集电极放大电路形成互补结构,互补对称式功率放大电路有两种形式,一种是通过电容与负载相连,无输出变压器的互补对称功率放大电路,也称为 OTL(Output Transformer-Less)电路;另一种是无须耦合电容的直接耦合互补功率放大电路,称为 OCL(Output Capacitor-Less)电路,OCL 电路在集成电路中应用广泛,其基本电路如图 6-25 所示。

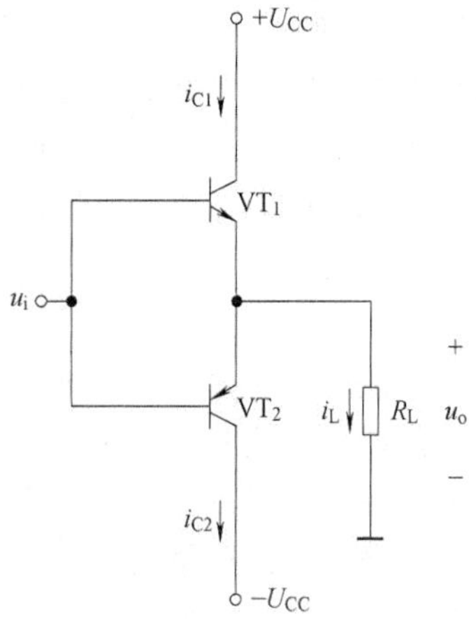

图 6-25 乙类互补对称功率放大电路

1. 乙类互补对称功率放大电路

在图 6-25 所示电路中,采用了一对 NPN 和 PNP 型晶体管 VT_1 和 VT_2,其特性及参数完全相同,两管的基极和发射极互相连接在一起。电路的输入信号从基极输入,输出信号从发射极输出,负载 R_L 接于两管的发射极,由双电源供电。静态时,VT_1 和 VT_2 均截止,管耗几乎为零。有正弦信号输入时,在输入信号的正半周,VT_1 工作在放大状态,而 VT_2 截止,负载上获得正半周的输出电压;在输入信号的负半周,VT_2 工作在放大状态,而 VT_1 截止,负载上获得负半周的输出电压。互补对称电路可以实现静态时,两管不导通,但有信号输入时,两管轮流工作,互补不足,负载上因此可以获得完整的波形。

电路的输出功率是输出电压有效值和输出电流有效值的乘积,设输出电压是幅值为 U_{om} 的正弦信号,则输出功率为

$$P_o = U_o I_o = \frac{1}{2} \times \frac{U_{om}^2}{R_L} \tag{6-39}$$

若将 VT_1 或 VT_2 单独工作时构成的共集电极放大电路的电压放大倍数近似看作 1,则当输入信号足够大时,忽略晶体管的饱和管压降,输出电压幅值最大可接近电源电压 U_{CC},此时获得最大输出功率为

$$P_{om} = U_{om} I_{om} \approx \frac{1}{2} \times \frac{U_{CC}^2}{R_L} \tag{6-40}$$

直流电源提供的功率是电源电压与平均电流的乘积,即

$$P_V = U_{CC} I_o = \frac{2}{\pi} \times \frac{U_{om} U_{CC}}{R_L} \tag{6-41}$$

式中,U_{om} 最大时约为电源电压,因此电源提供的最大功率为

$$P_{Vm} \approx \frac{2}{\pi} \times \frac{U_{CC}^2}{R_L} \tag{6-42}$$

电源提供的功率包括负载得到的信号功率和两管的管耗,则总管耗为

$$P_T = \frac{2}{\pi} \times \frac{U_{om} U_{CC}}{R_L} - \frac{1}{2} \times \frac{U_{om}^2}{R_L} = \frac{U_{om}}{2R_L}\left(\frac{4U_{CC}}{\pi} - U_{om}\right) \tag{6-43}$$

式中,管耗的最大值可以通过求极值的方法求解,可知当 $U_{om} = \dfrac{2U_{CC}}{\pi}$ 时,最大总管耗为

$$P_{Tm} = \frac{2}{\pi^2} \times \frac{U_{CC}^2}{R_L} \approx 0.4 P_{om} \qquad (6\text{-}44)$$

根据式(6-38)，电路的效率为

$$\eta = \frac{P_o}{P_V} = \frac{\pi}{4} \times \frac{U_{om}}{U_{CC}} \qquad (6\text{-}45)$$

当输出电压最大时，效率可达到 78.5%。

在乙类工作状态下，两管交替工作，截止状态的晶体管承受的反向电压最高接近 $2U_{CC}$，因此功放管的选择可参照式(6-46)，即

$$\begin{cases} I_{CM} \geq \dfrac{U_{CC}}{R_L} \\ U_{(BR)CEO} \geq 2U_{CC} \\ P_{CM} \geq 0.2 P_{om} \end{cases} \qquad (6\text{-}46)$$

考虑到晶体管发射结存在死区，当输入信号低于死区电压时，负载上并无电流通过，因此负载上的电压和电流均存在失真现象，这种失真称为交越失真，如图 6-26 所示。为了克服交越失真，应使两管在静态时均处于微导通状态，即甲乙类工作状态。

2. 甲乙类互补对称功率放大电路

从图 6-27 所示电路可以看出，偏置电路的存在使得静态时 VT_1 和 VT_2 均处于微导通状态，静态工作点的位置如图 6-24 中 Q_2 所示，因此电路称为甲乙类功率放大电路。当输入信号 $u_i > 0$ 时，VT_1 开始导通，而 VT_2 逐渐截止；当输入信号 $u_i < 0$ 时，VT_2 开始导通，而 VT_1 逐渐截止。在信号的一个周期内，电路均有输出，且解决了死区问题，克服了交越失真。

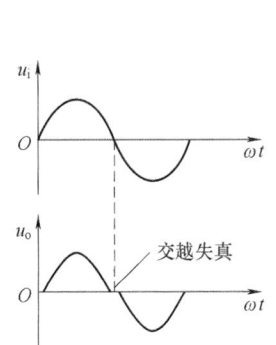

图 6-26 交越失真的波形图

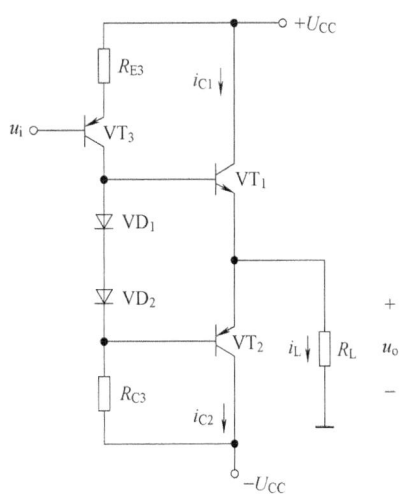

图 6-27 带偏置电路的甲乙类互补对称功率放大电路

习题

6-1 简答题

(1) 在交流放大电路中，当静态工作点 Q 位置偏高，容易出现何种失真？若 Q 点的位置偏低，容易出现何种失真？

(2) 某放大电路在负载开路时的输出电压为 6V,在接入 2kΩ 的负载后,其输出电压为 4V,则该放大电路的输出电阻为何值?

(3) 在基本共发射极放大电路中,当基极电流 I_B 的数值较大时,容易引起何种失真?可以采用什么措施进行调节?

(4) 由晶体管构成的三种放大电路中,哪种放大电路既有电压放大作用又有电流放大作用?

(5) 差分放大电路的差模信号和共模信号是指什么?

(6) 温度影响放大电路中的哪种元件,从而使静态工作点不稳定?

(7) 在差分放大电路中,若两端输入电压分别为 $u_{s1}=18$mV,$u_{s2}=10$mV,则差模输入电压 u_{id} 和共模输入电压 u_{ic} 分别是多少?若差模电压放大倍数 $A_{ud}=-10$,共模电压放大倍数 $A_{uc}=-0.2$,则差动放大电路输出电压 u_o 是多少?

(8) 放大电路有两种工作状态——静态和动态,什么是静态?什么是动态?放大电路的输入电阻和输出电阻的大小对放大电路的性能有什么影响?

(9) 功率放大电路的工作状态有哪几类?各有什么特点?

(10) 什么是交越失真?如何消除交越失真?

6-2 分析下列说法是否正确并说明理由。

(1) 放大电路必须加上合适的直流电源才能正常工作。

(2) 只要静态工作点选择合适,就不会出现失真现象。

(3) 放大电路放大的对象是变化量,因此不放大直流信号。

(4) 射极输出器没有放大作用。

(5) 在基本共发射极放大电路中,基极偏置电阻 R_B 的作用是调节基极电流。

(6) 在分压式偏置的共射放大电路中,若不慎将发射极旁路电容断开,则会影响静态工作点。

(7) 放大电路中的输入信号和输出信号的波形总是反相关系。

(8) 单管共射放大电路输出波形出现上削波,说明电路出现了饱和失真。

(9) 选用差分放大电路的原因是提高输入电阻。

(10) 差分放大电路不仅能放大差模信号,也能放大共模信号。

6-3 在图 6-28 所示放大电路中,已知晶体管 $U_{CC}=12$V,$R_c=2$kΩ,$R_L=2$kΩ,$R_B=100$kΩ,$R_p=1$MΩ,$\beta=51$,$U_{BE}=0.6$V。

(1) 当将 R_p 调到零时,试求静态值 I_B、I_C、U_{CE},此时晶体管工作在何种状态?

(2) 当将 R_p 调到最大时,试求静态值,此时晶体管工作在何种状态?

(3) 若使 $U_{CE}=6$V,应将 R_p 调到何值?此时晶体管工作在何种状态?

(4) 设 $u_i=U_m\sin\omega t$,试画出上述三种状态下对应的输出电压 u_o 的波形。如产生饱和失真或者截止失真,应如何调节 R_p 使不产生失真。

6-4 放大电路如图 6-29 所示,$R_B=150$kΩ,$R_C=2$kΩ,$U_{CC}=12$V,硅晶体管的 $\beta=40$。

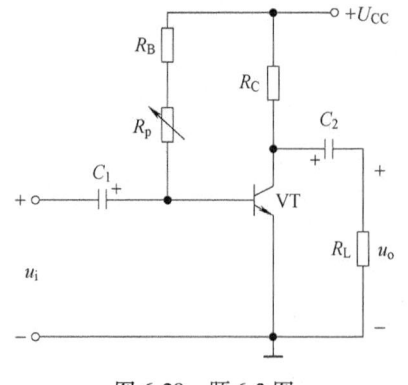

图 6-28 题 6-3 图

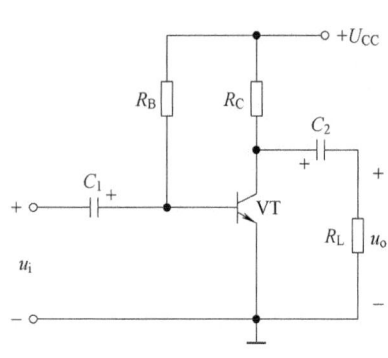

图 6-29 题 6-4 图

(1) 画直流通路；
(2) 估算静态工作点（I_{BQ}、I_{CQ}、U_{CEQ}）；
(3) 画微变等效电路；
(4) 求电压放大倍数 A_u、输入电阻 r_i 与输出电阻 r_o。
(5) 如果电路带负载 $R_L = 2k\Omega$，那么电压放大倍数 A_u、输入电阻 r_i 与输出电阻 r_o 又为多少？

6-5 已知图 6-30 中，$R_B = 200k\Omega$，$R_E = 2.4k\Omega$，$R_C = 2k\Omega$，$U_{CC} = 12V$，$\beta = 50$。
(1) 估算其静态工作点；
(2) 试画出该电路的微变等效电路；
(3) 试求电压放大倍数 A_u，输入电阻 r_i 和输出电阻 r_o。

6-6 已知图 6-31 中，$R_{B1} = 100k\Omega$，$R_{B2} = 50k\Omega$，$U_{CC} = 12V$，$\beta = 50$，$r_{be} = 1k\Omega$，$R_C = R_E = R_L = 2k\Omega$。
(1) 画出微变等效电路；
(2) 求 A_u，r_i 和 r_o。

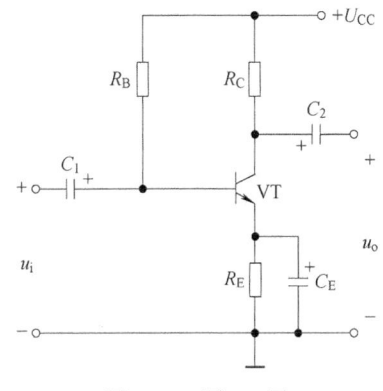

图 6-30 题 6-5 图

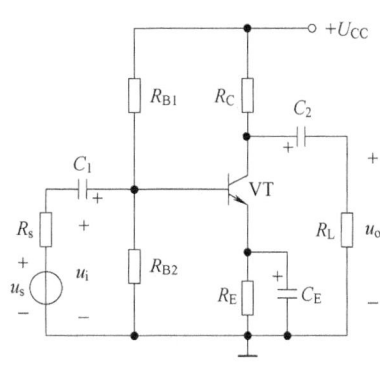

图 6-31 题 6-6 图

6-7 已知图 6-32 中，$R_s = 1k\Omega$，$R_E = 3k\Omega$，$R_{B1} = 30k\Omega$，$R_{B2} = 60k\Omega$，$U_{CC} = 12V$，$\beta = 80$，$r_{be} = 1k\Omega$。
(1) 画出微变等效电路；
(2) 求 A_u，r_i 和 r_o。

6-8 电路如图 6-33 所示，已知晶体管 $\beta = 50$，$U_{CC} = 12V$，晶体管饱和管压降 $U_{CES} = 0.5V$。在下列情况下，用直流电压表测晶体管的集电极电位，应分别为多少？
(1) 正常情况；(2) R_{B1} 短路；(3) R_{B1} 开路；(4) R_{B2} 开路；(5) R_C 短路。

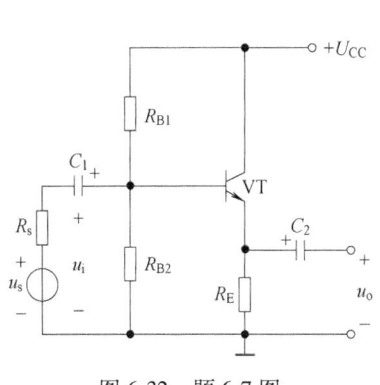

图 6-32 题 6-7 图

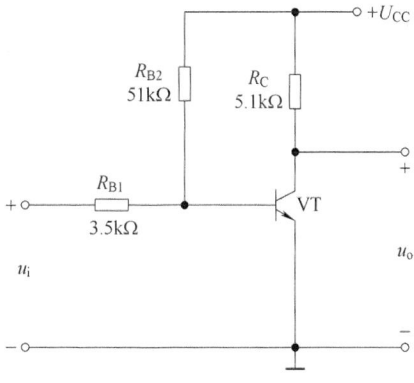

图 6-33 题 6-8 图

第 7 章 运算放大电路

1. 本章摘要

1）集成运放的主要参数及理想运放的性质；
2）放大电路中的负反馈；
3）集成运放在信号运算方面的应用；
4）集成运放在信号处理方面的应用。

2. 本章重点及难点

1）重点：理想运放的性质、集成运放在信号运算方面的应用、集成运放构成的单门限电压比较器。

2）难点：放大电路中的负反馈。

7.1 集成运算放大电路概述

将独立的晶体管、二极管、电容电阻等元器件用导线连接成的电路称为分立元件电路。相对于分立元件电路而言，集成电路是指将电路的各元器件及导线制作在同一介质基片上的完整电路，具有微型化、低功耗、高可靠性和价格低等优点。

集成运算放大器是应用最为广泛的模拟集成电路，简称集成运放。集成运放是以晶体管为核心元件构成的高电压增益的直接耦合多级放大电路。在反馈电路的配合下，集成运放可以实现对信号的加、减、乘、除、微积分等多种数学运算，故被称为运算放大电路。随着电子技术的发展，集成运放在控制、测量等领域的应用也愈加广泛。

7.1.1 集成运放的基本组成与符号

1. 集成运放的内部结构

如图 7-1 所示，集成运放一般由输入级、中间级、输出级和偏置电路四部分组成。

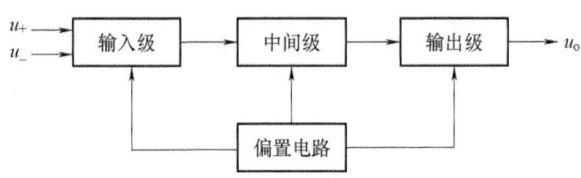

图 7-1 集成运放的组成结构

输入级采用差分放大电路,具有两个输入端:同相输入端 u_+ 和反相输入端 u_-。它是提高运放质量的关键,要求输入电阻高、能减小零点漂移并抑制干扰信号。

中间级主要提供足够高的电压增益,通常由多级放大电路组成,放大倍数可以达到数万倍。

输出级连接负载,要求输出电阻小、带载能力强,能够输出足够大的电压和电流,给负载提供足够大的功率,驱动负载正常工作。一般由互补对称电路或者共集电极放大电路构成。

偏置电路给各级电路提供稳定合适的静态工作点,一般由恒流源电路组成。

2. 集成运放的结构特点

集成电路的制造工艺使得集成运放具有如下几个主要特点:

① 硅片上难以制造大容量电容(一般不超过 100pF)和电感,一般采用外接的办法解决。集成电路各级之间采用直接耦合方式。

② 大容量电阻会占用过多面积,一般用晶体管恒流源代替。电路中大量采用差分放大电路和恒流源电路,具有抑制零点漂移和稳定静态工作点的作用。

③ 用晶体管构成二极管等,温度系数一致,保证集成运放的工作稳定。

3. 集成运放的符号

集成运放的电路符号如图 7-2 所示,图中 u_- 表示反相输入端,从该端与地之间输入时,输出电压 u_o 与输入电压极性相反;u_+ 表示同相输入端,从该端与地之间输入时,输出电压 u_o 与输入电压同相。

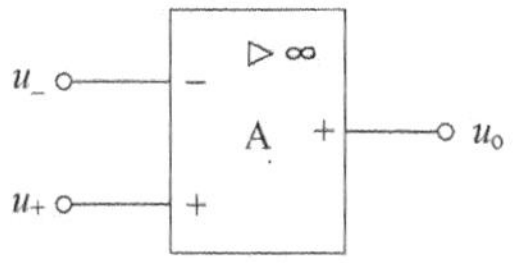

图 7-2 集成运放电路符号

7.1.2 集成运放的主要参数

通过查阅相关《元器件手册》掌握各种不同型号集成运放的技术指标和主要参数,了解各个参数的含义,才能合理选择和正确使用集成运放。

1. 开环差模特性

① 开环差模电压放大倍数 A_{od}:开环状态下,输出电压与差模输入电压的比值,一般为 $10^4 \sim 10^7$。

② 差模输入电阻 r_{id}:开环状态下,差模信号作用下运放的输入电阻,可高达 $10^6 M\Omega$。

③ 最大差模输入电压 U_{idm}:运放两输入端之间允许的最大差模输入电压,超过此值则输入级晶体管可能出现反向击穿而损坏。

④ 输出电阻 r_o:开环状态下,从输出端向内看进去的等效电阻,该值越小,说明运放带载能力越强。

2. 共模特性

① 共模抑制比 K_{CMRR}:开环差模电压放大倍数与共模电压放大倍数之比,该值越大,表明对共模信号的抑制能力越强。

② 最大共模输入电压 U_{icm}:运放两输入端之间允许的最大共模输入电压,超过此值则运放会出现 K_{CMRR} 下降,影响差模放大能力。

3. 输入失调特性

① 输入失调电压 U_{os}:理想情况下,输入电压为零时,输出也应该为零,但集成运放的

输入级很难做到完全对称,为使输入为零时,输出电压也为零,在输入端外加一个补偿电压称为输入失调电压,该值越小说明对称性越好。

② 输入失调电流 I_{os}:表征了输入级差分管输入电流的对称性,该值越小越好。

7.1.3 理想运放的性质

如图 7-3 所示为采用正负双电源供电的集成运放输出电压与输入差模电压之间的电压传输特性曲线。从传输特性曲线可以看出,集成运放由线性放大区和饱和区(又称非线性区)两个工作区。在线性区,放大倍数就是直线的斜率;在饱和区,输出电压有两种情况,$+U_{OM}$ 或 $-U_{OM}$。

集成运放工作在线性工作区时,$u_o = A_{od}(u_+ - u_-)$,开环放大倍数 A_{od} 非常高,而输出电压受电源电压限制使得集成运放的线性工作区非常窄。

在分析电路时,为了简化计算,可以把集成运放看作"理想运放",理想运放的主要技术指标为

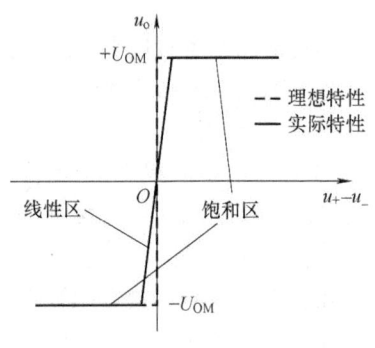

图 7-3 集成运放的电压传输特性

① 开环差模电压放大倍数:$A_{od} \to \infty$;
② 差模输入电阻:$r_{id} \to \infty$;
③ 差模输出电阻:$r_o \to 0$;
④ 共模抑制比:$K_{CMRR} \to \infty$;
⑤ 失调、温漂、噪声均为 0。

根据理想运放的技术指标,工作于线性区和饱和区的理想运放具有不同的特性。

(1) 线性区

在理想运放构成的电路中引入负反馈,才能使理想运放工作于线性区。此时

$$u_o = A_{od}(u_+ - u_-) \tag{7-1}$$

式中,$A_{od} \to \infty$,因此 $u_+ - u_- = 0$,即 $u_+ = u_-$,称为"虚短"。

又由 $r_{id} \to \infty$ 可知,流入运放两输入端的电流 $i_+ = i_- = 0$,称为"虚断"。

(2) 饱和区/非线性区

当理想运放构成的电路中不引入负反馈时,理想运放工作在饱和区。由于 $r_{id} \to \infty$,因此仍然满足 $i_+ = i_- = 0$,即存在"虚断"现象。

但此时输出与输入之间不存在线性关系,由电压传输特性可知:

当 $u_+ > u_-$ 时,$u_o = +U_{OM}$;
当 $u_+ < u_-$ 时,$u_o = -U_{OM}$。

综上所述,"虚短"和"虚断"这两个重要结论是分析运放应用电路的依据。

7.2 放大电路中的负反馈

反馈是电子系统常用的基本控制方法,在实际应用中,引入负反馈可以改善放大电路性能,因此掌握反馈的基本概念与判断方法是分析集成运放电路的基础。

7.2.1 反馈的基本概念

在电子电路中,将电路的输出量(电压或电流)的一部分或全部,通过一定的电路送回

到电路的输入端，与原输入信号叠加作用于电路，对电路的输出产生一定的影响，这一过程就称为反馈。具有反馈网络的放大电路也称为反馈放大电路，框图如图7-4所示。

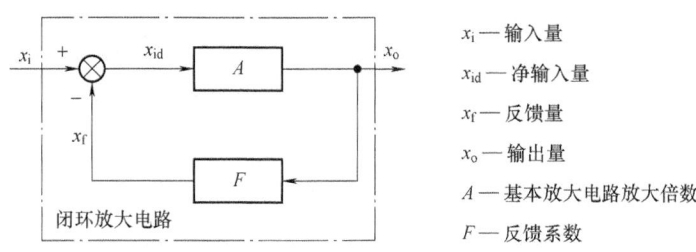

图 7-4　反馈放大电路框图

反馈放大电路由基本放大电路 A 和反馈网络 F 组成，构成的闭合环路称为闭环。基本放大电路的净输入量为

$$x_{id} = x_i - x_f \tag{7-2}$$

式中，x 表示电压或电流。若反馈量削弱了放大电路的输入量，使净输入量 $x_{id} < x_i$，则电路中引入的是负反馈；若反馈量使得净输入量 $x_{id} > x_i$，则电路中引入的是正反馈。

基本放大电路的输出量与净输入信号之比称为开环放大倍数 A，即

$$A = \frac{x_o}{x_{id}} \tag{7-3}$$

引入反馈之后的输出量与净输入信号之比称为闭环放大倍数 A_f，即

$$A_f = \frac{x_o}{x_i} \tag{7-4}$$

反馈量与输出量之比称为反馈系数 F，即

$$F = \frac{x_f}{x_o} \tag{7-5}$$

综上可得

$$A_f = \frac{A}{1 + AF} \tag{7-6}$$

7.2.2　负反馈的类型及判断

放大电路中引入负反馈之后，根据式(7-6)可知放大倍数将会减小；反之，引入正反馈，会使放大倍数增大。虽然负反馈减小了放大倍数，但能改善放大电路的各项性能。因此放大电路中一般采用负反馈。

1. 负反馈的类型

（1）直流反馈与交流反馈

电路中的反馈若只对直流信号起作用，则称为直流反馈，一般用于稳定静态工作点；电路中的反馈若只对交流信号起作用，则称为交流反馈，交流反馈用于改善放大电路的动态性能。

（2）电压反馈与电流反馈

从放大电路的输出端看，反馈量取自输出电压，称为电压反馈；反馈量取自输出电流，则称为电流反馈。

（3）串联反馈与并联反馈

当负反馈量与输入量在放大电路输入端以电压的形式叠加，称为串联反馈；反馈量与输入量在输入端以电流的形式叠加，则称为并联反馈。

综上，根据反馈电路与基本放大电路在输入和输出端连接的方式，可将负反馈分为四种类型（或称为反馈组态）：电压串联负反馈、电压并联负反馈、电流串联负反馈和电流并联负反馈。

2. 反馈的判断

（1）有无反馈的判断

在放大电路中，输出与输入之间若存在反馈通路，并影响了放大电路的净输入，则表明电路中引入了反馈。如图 7-5a 所示，运放电路的输出与输入之间没有反馈通路，所以没有反馈；图 7-5b 中，电阻 R 连接了输入和输出回路，但电阻的存在并没有影响输入量，所以没有反馈；图 7-5c 中，输出量反馈回反相输入端，影响了净输入电压，所以有反馈。

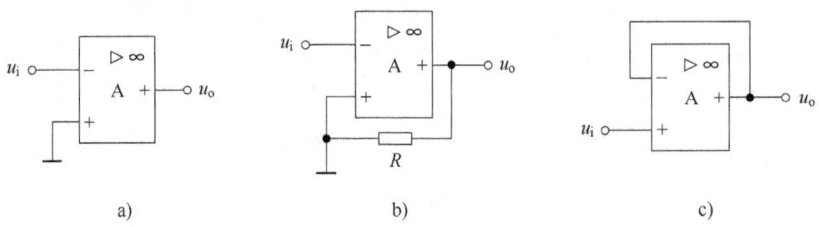

图 7-5 有无反馈的判断

（2）直流反馈与交流反馈的判断

观察电路的直流通路和交流通路，看反馈存在于哪个通路，例如，图 7-6a 中仅有交流反馈；图 7-6b 仅有直流反馈。

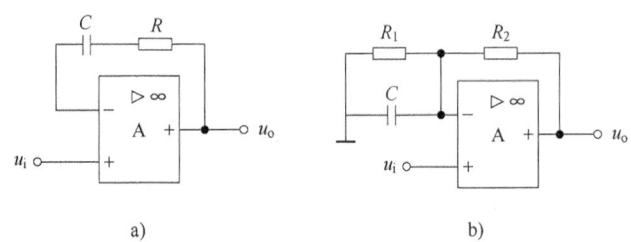

图 7-6 交、直流反馈的判断

（3）反馈极性的判断

判断正负反馈一般采用瞬时极性法：首先假设输入量在某一刻的瞬时对地极性（一般设为正），然后依次判断电路输出与输入的相位关系，根据输出量的极性判断反馈量的极性，若反馈量使得净输入量增大，为正反馈，如图 7-7a 所示；若反馈量使得净输入量减小，为负反馈，如图 7-7b 所示。

（4）电压反馈和电流反馈的判断

由于反馈量取自输出量，所以当输出量消失，则反馈量也随之消失。因此，可采用输出短路法，将放大电路输出端的负载短路（即令 $u_o = 0$），若反馈消失就是电压反馈，如图 7-8a、b 所示，否则就是电流反馈，如图 7-8c、d 所示。

第7章 运算放大电路

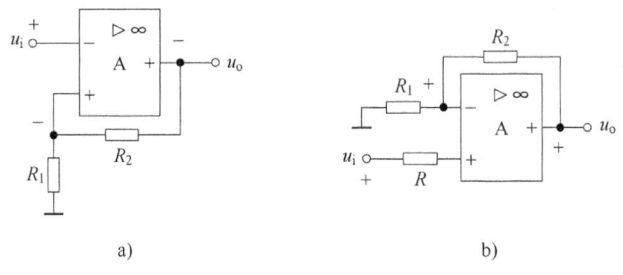

图 7-7 正负反馈的判断

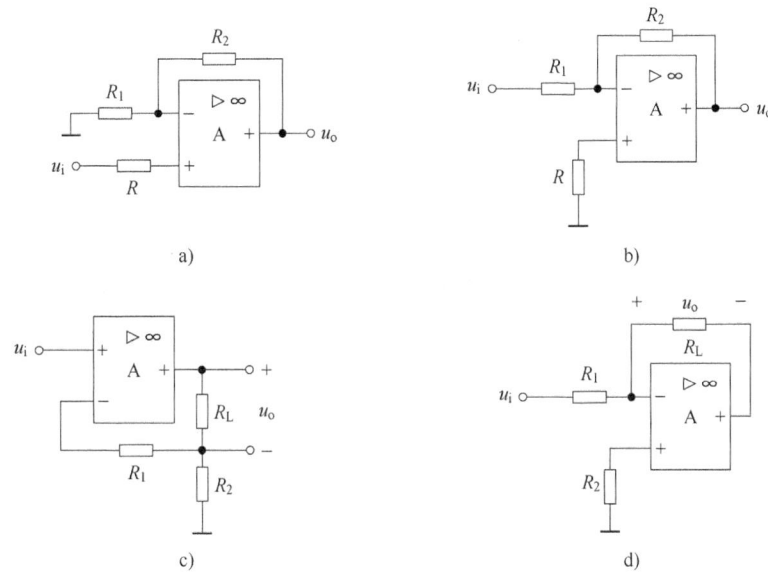

图 7-8 负反馈的四种类型

(5) 串联反馈和并联反馈的判断

反馈量和输入量在输入端以电压的形式比较,则为串联反馈,如图 7-8a、c 所示;若反馈量和输入量在输入端以电流的形式比较,则为并联反馈,如图 7-8b、d 所示。

7.2.3 负反馈对放大电路性能的影响

放大电路引入负反馈后,净输入信号减小,放大倍数降低,但能使放大电路的性能得到改善。

1. 放大倍数

根据式(7-6)可知,引入负反馈之后,闭环电路的放大倍数小于开环放大倍数,当反馈深度 $|1+AF| \gg 1$ 时,称为深度负反馈,式(7-6)可写为

$$A_f = \frac{A}{1+AF} \approx \frac{A}{AF} = \frac{1}{F} \tag{7-7}$$

此时,A_f 几乎与 A 无关,只取决于反馈系数 F,因此放大倍数的稳定性提高,闭环放大倍数的相对变化率为

$$\frac{dA_f}{A_f} = \frac{1}{1+AF} \frac{dA}{A} \tag{7-8}$$

2. 非线性失真

由于晶体管是非线性元件,容易引起输出信号的非线性失真,如图 7-9a 所示。引入负反馈后,反馈量与输出量的失真情况类似,与输入量叠加后,使得净输入量发生另半周失真,由此可以改善输出信号的失真程度,如图 7-9b 所示。

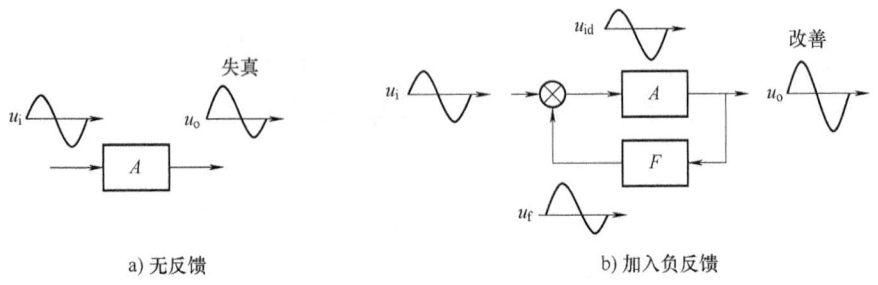

a) 无反馈　　　　　　　　　　b) 加入负反馈

图 7-9　非线性失真的改善

3. 通频带

负反馈的引入还可以改变放大电路的频率特性,如图 7-10 所示,放大电路的中频特性较好,由于电路中的电容作用,在低频和高频段,开环放大倍数下降较快。引入负反馈后,负反馈使得放大倍数的变化率降低,频率特性趋于平坦,因此展宽了电路的通频带。

4. 输入电阻和输出电阻

引入负反馈后,放大电路的输入特性和输出特性都受到一定的影响,反馈类型的不同,带来的影响也不一样。输入电阻的变化取决于反馈量与输入量在输入端的连接方式,串联负反馈使输入电阻增大;

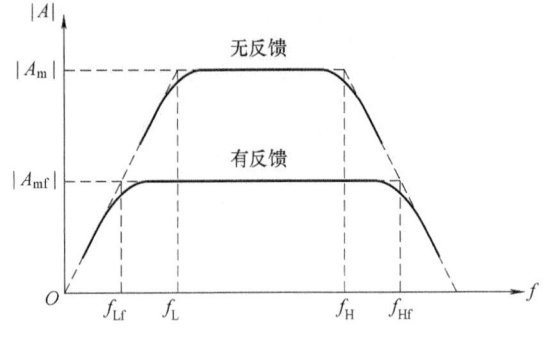

图 7-10　展宽通频带

并联负反馈使输入电阻减小。输出电阻的变化取决于反馈量的取样信号为电压量还是电流量,电压负反馈可使输出电压基本稳定,则输出电阻减小;电流负反馈可使输出电流基本稳定,则输出电阻增大。

7.3　运算电路

集成运放电路中,引入不同的反馈网络,可使集成运放工作在线性区,在深度负反馈的条件下,可以实现比例、加减法、微积分、对数和指数等各种运算。

在分析运算电路时,可将集成运放看作理想运放,注意使用"虚短"和"虚断"两个重要结论。

7.3.1　比例运算

1. 反相比例运算

反相比例运算电路如图 7-11a 所示,电路中通过电阻 R_f 引入了电压并联负反馈,利用

"虚短"和"虚断"的概念，可知：
$$i_+ = i_- = 0, u_+ = u_-$$
则
$$i_f = i_1, u_+ = u_- = 0$$
即运放反相端虽然没有接地，但电位接近"地"电位，故称为"虚地"，因此
$$i_1 = \frac{u_i - u_-}{R_1} = \frac{u_i}{R_1}, \quad i_f = \frac{u_- - u_o}{R_f} = -\frac{u_o}{R_f}$$
所以
$$A_{uf} = \frac{u_o}{u_i} = -\frac{R_f}{R_1} \tag{7-9}$$

式(7-9)表明，集成运放的输出电压与输入电压成比例关系，且相位相反，闭环电压放大倍数 A_{uf} 仅与 R_f 和 R_1 的比值有关，而与运放本身的参数无关。同相输入端的电阻 R_p 是平衡电阻，保证两输入端的对称性，故 $R_p = R // R_f$。当 $R_1 = R_f$ 时，$A_{uf} = -1$，这种电路称为反相器。

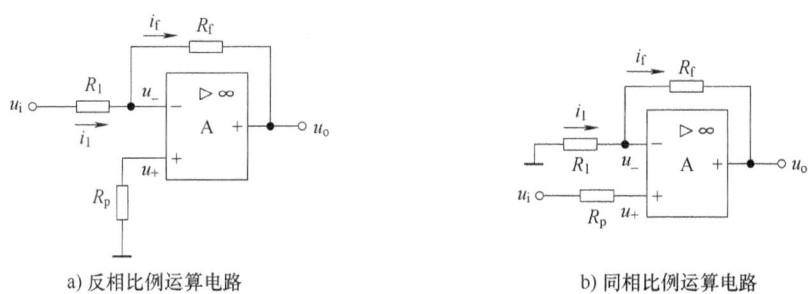

a) 反相比例运算电路   b) 同相比例运算电路

图 7-11　比例运算电路

2. 同相比例运算

同相比例运算电路如图 7-11b 所示，电路中引入了电压串联负反馈，根据"虚短"和"虚断"，可得
$$i_+ = i_- = 0, \quad u_+ = u_-$$
则
$$i_f = i_1, u_+ = u_- = u_i$$
而
$$i_1 = \frac{0 - u_-}{R_1} = -\frac{u_i}{R_1}, \quad i_f = \frac{u_- - u_o}{R_f} = \frac{u_i - u_o}{R_f}$$
所以
$$A_{uf} = \frac{u_o}{u_i} = 1 + \frac{R_f}{R_1} \tag{7-10}$$

式(7-10)表明，同相比例运算电路的输出电压和输入电压之间成比例关系，比例系数，即电压放大倍数取决于反馈网络的电阻 R_f 和 R_1，A_{uf} 为正，说明输出电压与输入电压同相，输出电压大于等于输出电压。电阻 R_p 是平衡电阻，同样 $R_p = R_1 // R_f$。

当 $R_f \to 0$ 或 $R_1 = \infty$（反相输入端电阻开路）时，则 $A_{uf} = \frac{u_o}{u_i} = 1$，这种电路称为电压跟随器。

例 7-1　图 7-12 是一电压跟随器，电压源内阻 R_s 为 100kΩ，通过电压跟随器带动负载 R_L 时，负载上获取的输出电压 u_o 为多少？如果不通过电压跟随器，直接带负载，则负载上电压 u_o 又为多少？

解 (1) 由"虚短"和"虚断"可知

$$i_+ = i_- = 0, \quad u_+ = u_-$$

$$u_+ = u_s, \quad u_- = u_o$$

所以 $\quad u_o = u_s$

(2) 若电压源直接带负载,则负载电压为

$$u_o = \frac{R_L}{R_s + R_L} u_s \approx 0.01 u_s$$

电压跟随器的输入电阻很高,几乎不取用信号源的电流,输出电阻很低,对负载而言,几乎没有内阻,所以在电子电路中一般用作缓冲级或隔离器。

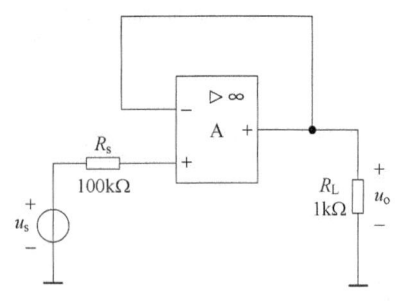

图 7-12 例 7-1 的电路

7.3.2 加减法运算

1. 加法运算

加法运算电路如图 7-13a 所示,与反相比例运算电路相比,增加了一个输入支路,根据叠加定理,这个电路可以等效为两个输入信号分别进行比例运算之后再叠加。平衡电阻 $R_p = R_1 // R_2 // R_f$。根据"虚短" $u_+ = u_-$ 和"虚断" $i_+ = i_- = 0$,可知:

由于 $\qquad i_f = i_1 + i_2, \quad u_+ = u_- = 0$

而 $\qquad i_1 = \dfrac{u_{i1}}{R_1}, \quad i_2 = \dfrac{u_{i2}}{R_2}, \quad i_f = -\dfrac{u_o}{R_f}$

所以 $\qquad u_o = -\left(\dfrac{R_f}{R_1} u_{i1} + \dfrac{R_f}{R_2} u_{i2}\right) \qquad (7-11)$

当 $R_1 = R_2 = R_f$ 时,

$$u_o = -(u_{i1} + u_{i2}) \qquad (7-12)$$

即输出电压等于各输入电压之和,实现加法运算。加法运算电路也与运放内部的参数无关。

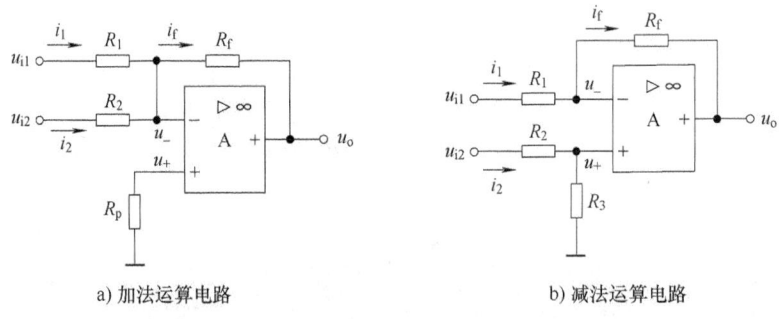

a) 加法运算电路   b) 减法运算电路

图 7-13 加减运算电路

2. 减法运算

图 7-13b 所示的减法运算电路中,运放的两个输入端都有信号输入,由图可知:

$$i_1 = i_f$$

即 $\qquad \dfrac{u_{i1} - u_-}{R_1} = \dfrac{u_- - u_o}{R_f}$

$$i_2 = \frac{u_{i2}}{R_2+R_3} = \frac{u_+}{R_3}$$

又由于 $u_+ = u_-$,

所以
$$u_o = -\frac{R_f}{R_1}u_{i1} + \left(1 + \frac{R_f}{R_1}\right)\frac{R_3}{R_2+R_3}u_{i2} \qquad (7\text{-}13)$$

当 $R_1 = R_2$, $R_3 = R_f$ 时,
$$u_o = \frac{R_f}{R_1}(u_{i2} - u_{i1}) \qquad (7\text{-}14)$$

当 $R_1 = R_2 = R_3 = R_f$ 时,
$$u_o = u_{i2} - u_{i1} \qquad (7\text{-}15)$$

由式(7-15)可知,输出电压等于两个输入电压的差值,即减法运算。

例 7-2 图 7-14 是运放的级联应用,已知 $u_{i1} = 5\text{mV}$, $u_{i2} = 20\text{mV}$, $u_{i3} = 10\text{mV}$, 运算放大器 A_1 和 A_2 各构成何电路,求 u_o、R。

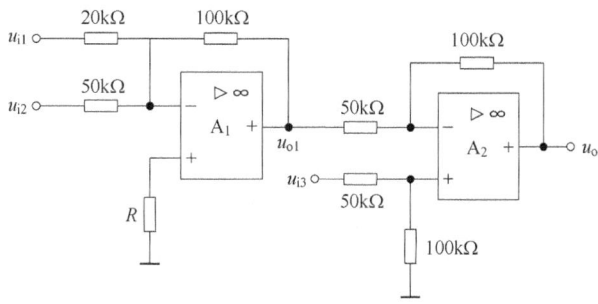

图 7-14 例 7-2 的电路

解 运放 A_1 构成反相加法电路,A_2 构成减法电路。

$$u_{o1} = -\frac{100}{20} \times u_{i1} - \frac{100}{50} \times u_{i2} = -65\text{mV}$$

$$u_o = \frac{100}{50} \times (u_{i3} - u_{o1}) = 150\text{mV}$$

$$R = \frac{\frac{100 \times 50}{100+50} \times 20}{\frac{100 \times 50}{100+50} + 20} = 12.5\text{k}\Omega$$

7.3.3 积分和微分运算

1. 积分运算

反相积分运算电路如图 7-15a 所示,电容 C_f 代替了反馈电阻的位置。利用"虚地"的概念,有 $i_f = i_1 = \frac{u_i}{R_1}$, 而 $i_f = C\frac{du_C}{dt}$, 则

$$u_o = -u_C = -\frac{1}{C_f}\int i_f dt = -\frac{1}{R_1 C_f}\int u_i dt \qquad (7\text{-}16)$$

式(7-16)表明,输出电压与输入电压成积分关系,负号表示相位相反。若输入信号为直流电压 U_i 时,则

$$u_o = -\frac{U_i}{R_1 C_f}t \tag{7-17}$$

此时,输出电压与时间呈线性关系,受电源电压制约,经过一段时间后,电压趋向饱和。

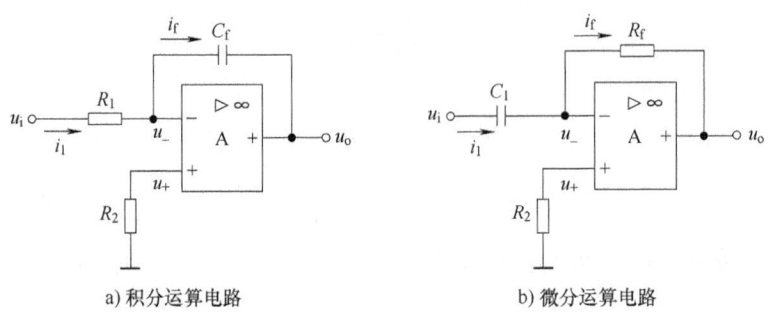

图 7-15 微积分运算电路

2. 微分运算

将图 7-15a 的积分运算电路中的 C_f 和 R_1 位置互换,就构成了微分运算电路,如图 7-15b 所示。同样由"虚短" $u_+ = u_-$ 和"虚断" $i_+ = i_- = 0$,可得

$$i_1 = i_f, \quad u_- = 0, \quad i_1 = C_1 \frac{du_C}{dt} = C_1 \frac{du_i}{dt}$$

输出电压为

$$u_o = -i_f R_f = -R_f C_1 \frac{du_i}{dt} \tag{7-18}$$

由式(7-18)可见,输出电压与输入电压的微分成正比。

比例运算和微分、积分电路组合起来,就构成了自动控制系统中常用的比例-积分-微分调节器,简称 PID 调节器。

7.4 电压比较器

集成运放在信号处理和转换方面的应用主要有有源滤波器、采样保持电路和电压比较器等。下面主要介绍电压比较器,讲述各种电压比较器的特点及电压传输特性,同时说明电压比较器的组成和分析方法。

7.4.1 概述

电压比较器是比较常用的信号处理和转换的电路,可用来对输入的模拟信号进行幅度鉴别和比较,还可以用来进行 AD 转换、将各种周期性信号转换成矩形波等,因此电压比较器也是组成非正弦波发生电路的基本单元。

在电压比较器电路中,运放通常工作于饱和区,即开环工作或者引入正反馈,输出信号一般只有高电平 U_{OH} 和低电平 U_{OL} 两个稳定状态的电压。在这种情况下,应利用"虚断"

这一结论进行分析。电压比较器的输出电压 u_o 与输入电压 u_i 之间的函数关系 $u_o = f(u_i)$ 称为电压传输特性,使输出电压从 $U_{OH} \rightarrow U_{OL}$ 或者 $U_{OL} \rightarrow U_{OH}$ 对应的输入电压叫作阈值电压或门限电压 U_T。

常用的电压比较器有单限比较器、滞回比较器和窗口比较器等电路。单限比较器只有一个阈值电压,滞回比较器和窗口比较器有两个阈值电压。

7.4.2 单限比较器及其应用

如图 7-16 所示,参考电压 U_{ref} 和输入信号 u_i 分别加在同相输入端和反相输入端,根据理想运放的工作特点,可知,当 $u_i < U_{ref}$ 时,输出电压 $u_o = U_{OM}$;当 $u_i > U_{ref}$ 时,输出电压 $u_o = -U_{OM}$,图 7-16b 是电压比较器的传输特性,当 $u_+ = u_-$ 时,输出电压从高电平跃变为低电平,阈值电压 $U_T = U_{ref}$。

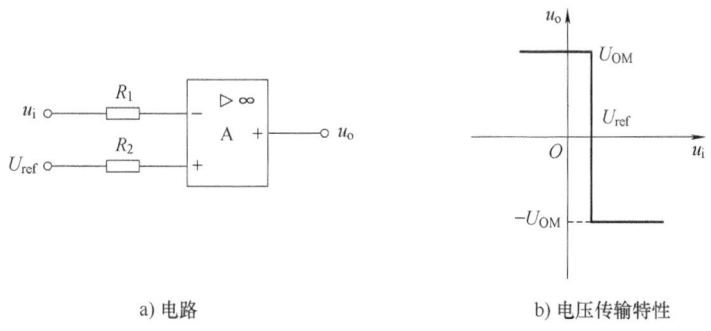

a) 电路   b) 电压传输特性

图 7-16 单限电压比较器

当阈值电压为零时,即当 $u_i < 0$ 时,输出电压 $u_o = U_{OM}$;当 $u_i > 0$ 时,输出电压 $u_o = -U_{OM}$,此时该电路称为过零比较器。若想获得与图 7-16b 中输出电压跃变方向相反的电压传输特性,应将输入信号接在同相输入端。

例 7-3 求图 7-17 所示电路的电压传输特性,当输入信号为三角波时,试画出输出电压的波形。

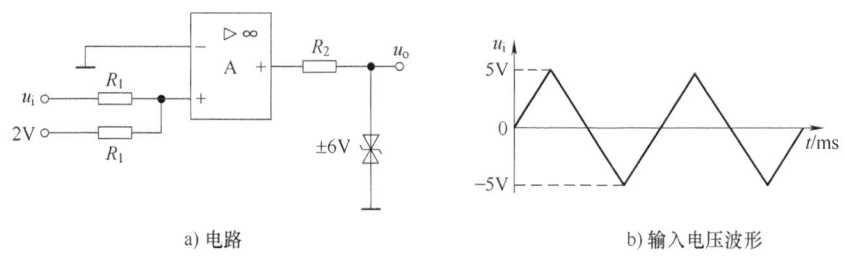

a) 电路   b) 输入电压波形

图 7-17 例 7-3 的电路

解 电路中输入信号和参考信号都接在同相输入端。

对同相输入端列 KCL 方程,得

$$\frac{u_i - u_+}{R_1} + \frac{2 - u_+}{R_1} = 0$$

所以

$$u_+ = \frac{u_i + 2}{2}$$

令 $u_+ = u_- = 0$,得阈值电压为 $U_T = -2V$。

比较器的输出端增加了双向稳压管限幅电路,当 $u_i < -2V$ 时,$u_+ < u_-$,所以 $u_o = -6V$,当 $u_i > -2V$ 时,$u_+ > u_-$,所以 $u_o = 6V$。电压传输特性和输出电压的波形如图 7-18 所示。

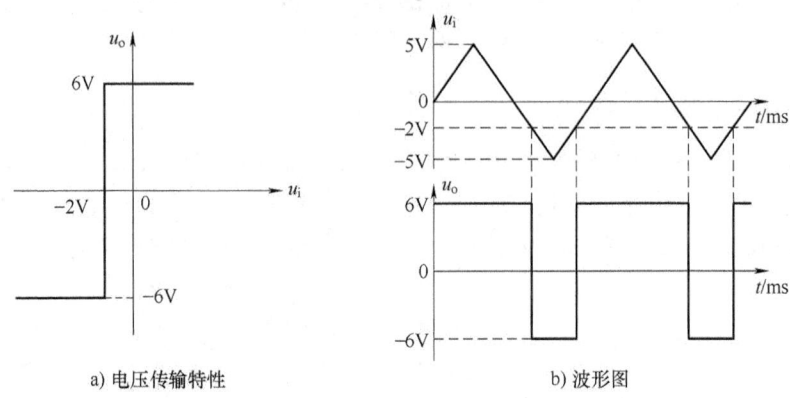

图 7-18 例 7-3 电路的电压传输特性和波形图

单限比较器结构简单,灵敏度高,输入电压在阈值电压附近的任何微小变化都会引起输出信号的跃变,因此抗干扰能力较差。

*7.4.3 滞回比较器

在单限比较器中加上部分正反馈,即可构成滞回比较器,滞回比较器具有一定的惯性,即具有一定的抗干扰能力,反相输入的滞回比较器如图 7-19a 所示。由于正反馈的加入,输出电压的翻转过程加速,并为电压比较器提供了两个阈值电压。

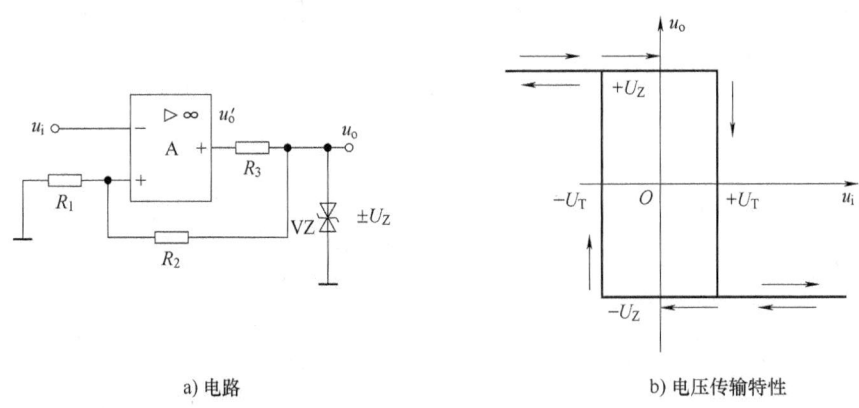

图 7-19 滞回比较器

根据叠加原理,同相输入端电压 u_+ 为

$$u_+ = \pm \frac{R_1}{R_1 + R_2} U_Z$$

令 $u_+ = u_-$,得阈值电压为

$$\pm U_T = \pm \frac{R_1}{R_1 + R_2} U_Z \tag{7-19}$$

图 7-19a 所示电路的电压传输特性如图 7-19b 所示，在 u_i 上升过程中引起输出电压发生跃变的阈值与 u_i 下降过程中引起输出电压发生跃变的阈值不同，即存在滞回特性，$\Delta U_T = 2U_T$ 称为回差电压。

习题

7-1 简答题
（1）为使运放工作于线性区，通常引入何种极性的反馈？
（2）在反相比例运算电路中，电路引入了哪种类型的负反馈？
（3）欲实现 $A_u = -80$ 的放大电路，应选用何种运算电路？
（4）为了提高电路的输入电阻，稳定输出电流，应引入哪种类型的负反馈？
（5）用什么运算电路可将方波电压转换成三角波电压？

7-2 分析下列说法是否正确并说明原因。
（1）若放大电路的放大倍数为负，则引入的反馈是负反馈。
（2）运算电路中一般引入负反馈。
（3）若放大电路引入负反馈，则负载电阻变化时，输出电压基本不变。
（4）只要在放大电路中引入反馈，就能使其性能得到改善。
（5）放大电路引入的反馈越强，电路的放大倍数也就越稳定。
（6）集成运放使用时不接负反馈，电路中的电压增益称为开环电压增益。
（7）电路中引入负反馈后，只能减小非线性失真，而不能消除失真。
（8）集成运放在开环状态下，输入与输出之间存在线性关系。
（9）在运算电路中，集成运放的反相输入端均为虚地。
（10）"虚短"就是两点并不真正短接，但具有相等的电位。
（11）"虚地"是指该点与接地点等电位。
（12）积分运算电路可以将正弦波转换为方波。

7-3 试用瞬时极性法判断图 7-20 中的各电路的反馈极性，如果是负反馈，引入的反馈类型是什么。

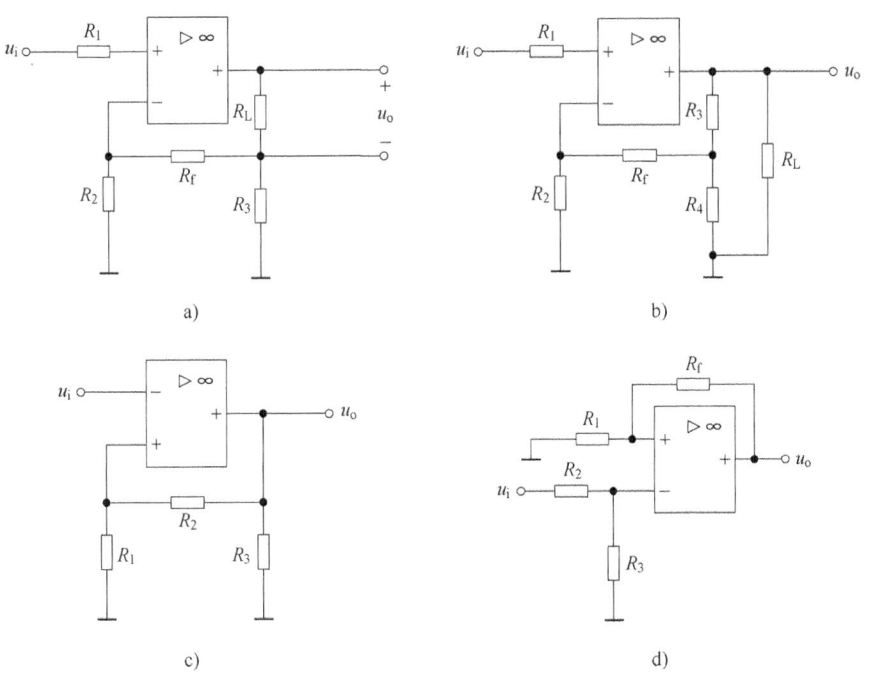

图 7-20 题 7-3 图

7-4 某运算放大器构成的电路如图 7-21 所示,已知输入电压 $U_{i1}=2V$、$U_{i2}=1V$,各相关电阻大小已经标出,试求:(1) A 点的电压值 U_A;(2) 输出电压 U_o 的大小。

7-5 电路如图 7-22 所示。试问:电路中引入的是何种反馈?若以稳压管的稳定电压 U_Z 作为输入电压,则当 R_2 的滑动端位置变化时,输出电压 u_o 的调节范围是多少?

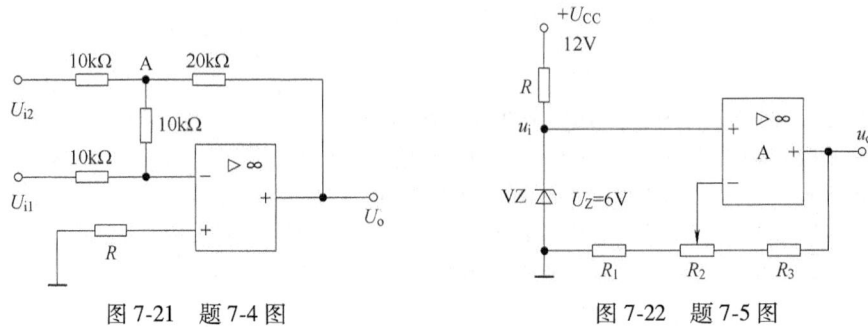

图 7-21 题 7-4 图　　　　　图 7-22 题 7-5 图

7-6 某运算放大器构成的电路如图 7-23 所示,已知输入电压 U_{i1}、U_{i2},那么
(1) 求 A 点的电压值 U_A;
(2) 求输出电压 U_{o1} 和输入电压 U_{i1}、U_{i2} 的关系式;
(3) 若 $R_2=0$,$R_5=R_6$,求 U_o 和输入电压 U_{i1}、U_{i2} 的关系式。

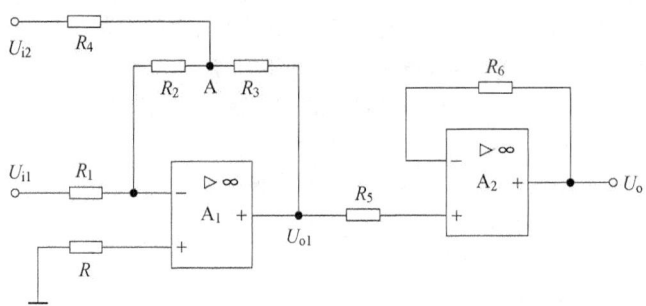

图 7-23 题 7-6 图

7-7 电路如图 7-24 所示,输入电压 $u_i=1V$,电阻 $R_1=R_2=10\text{k}\Omega$,电位器 R_p 的阻值为 $20\text{k}\Omega$,试求:
(1) 当 R_p 滑动点滑动到 A 点时,u_o 为何值?
(2) 当 R_p 滑动点滑动到 B 点时,u_o 为何值?
(3) 当 R_p 滑动点滑动到 C 点(R_p 的中点)时,u_o 为何值?

7-8 电路如图 7-25 所示,由理想运放组成求和积分器。已知 $R_1=200\text{k}\Omega$、$R_2=100\text{k}\Omega$、$C=1\mu F$,写出输出关系式 $U_o=f(U_{i1},U_{i2})$。

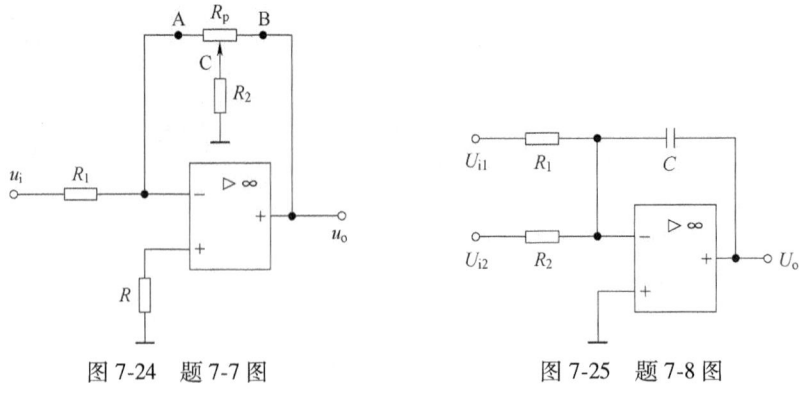

图 7-24 题 7-7 图　　　　　图 7-25 题 7-8 图

7-9 电路如图 7-26 所示,理想运放分别构成何种电路?试分析输出电压 u_o 与输入电压 u_i 的关系。

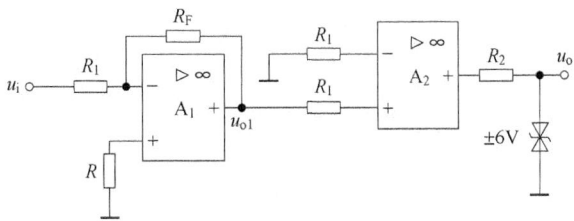

图 7-26 题 7-9 图

7-10 试设计一个比例系数为 -20 的高输入阻抗的反相比例放大电路。

第 8 章 直流稳压电源

1. 本章摘要
1）理解直流稳压电源的组成及各部分的作用；
2）理解串联型稳压电路的工作原理；
3）掌握三端集成稳压器的应用。

2. 本章重点及难点
1）重点：整流电路、滤波电路、稳压电路；
2）难点：串联型稳压电路的工作原理、三端集成稳压器的应用。

8.1 直流稳压电源的组成

电子电路工作时都需要稳定的直流电源提供能量，直流稳压电源一般由整流滤波电路和稳压电路组成，将交流电变换成直流电后，向电子设备提供稳定的直流电源。单相交流电经过变压器、整流电路、滤波电路和稳压电路转换成稳定的直流电压，其框图如图 8-1 所示。

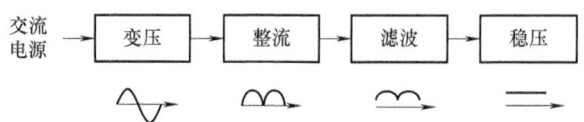

图 8-1 直流稳压电源框图

其中，整流电路是将工频交流电转为具有直流电成分的单向脉动直流电；滤波电路是将脉动直流中的交流成分滤除，使输出电压平滑；稳压电路在交流电源电压波动或负载变动时，对整流后的直流电压采用负反馈技术输出稳定的直流电压。

8.2 整流电路

将交流电变换为直流电的电路称为整流电路，具有单向导电性的元件可作为整流元件。按照整流波形分，有半波整流、全波整流和桥式整流电路。按交流电源分类，有单相整流和三相整流。

8.2.1 单相半波整流电路

单相半波整流电路是最简单的一种整流电路，如图 8-2a 所示。设二次电压有效值为 U_2，

瞬时值表达式为 $u_2 = \sqrt{2}\,U_2 \sin\omega t$。

在半波整流电路中，整流二极管 VD 可看作理想二极管。由于二极管的单向导电性，二次电压正半周期间，A 点电位高于 B 点电位，二极管 VD 导通，负载上得到的电压和流过的电流如图 8-2b 所示；二次电压负半周期间，B 点电位高于 A 点电位，二极管截止，负载电路中无电流流过。由于电路只在交流电压半个周期内通过电流，故称为半波整流电路。

半波整流电路中，不考虑二极管的正向导通压降时，负载 R_L 上得到的电压最大值就是 $\sqrt{2}\,U_2$，此时二极管上承受的反向电压最大值也是 $\sqrt{2}\,U_2$。负载上得到的整流电压平均值为

$$U_o = \frac{1}{2\pi}\int_0^\pi \sqrt{2}\,U_2 \sin\omega t\, d\omega t = 0.45 U_2 \tag{8-1}$$

流过二极管和负载的电流，即整流电流的平均值为

$$I_D = I_L = \frac{U_o}{R_L} = \frac{0.45 U_2}{R_L} \tag{8-2}$$

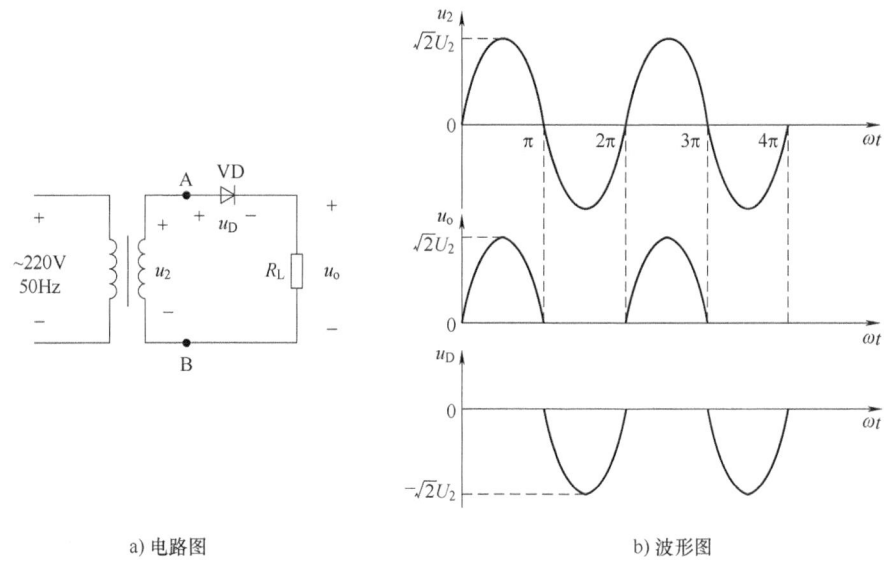

a) 电路图　　　　　　　b) 波形图

图 8-2　单相半波整流电路

单相半波整流电路结构简单，输出电压较低，脉动成分大，适用于对直流电源要求不高的场合。

8.2.2　单相桥式整流电路

为了提高整流电压、减小脉动，常采用单相全波整流电路，最常用的是单相桥式整流电路。如图 8-3 所示，单相桥式整流电路由四只二极管组成，保证在变压器二次电压整个周期内，负载上均能获得同方向的电压和电流。同样，设二次电压瞬时值表达式为 $u_2 = \sqrt{2}\,U_2 \sin\omega t$。

四只整流二极管 $VD_1 \sim VD_4$ 均看作理想二极管，在二次电压 u_2 正半周，A 点电位高于 B 点电位，整流桥上的二极管 VD_1 和 VD_3 正向导通，正向导通压降忽略不计；而二极管 VD_2 和 VD_4 反向截止，承受的反向电压为 $\sqrt{2}\,U_2$。电流从 A→VD_1→R_L→VD_3→B。

当二次电压 u_2 负半周时，A 点电位低于 B 点电位，整流桥上的二极管 VD_1 和 VD_3 反向截止，承受的反向电压为 $\sqrt{2}\,U_2$；而二极管 VD_2 和 VD_4 正向导通，正向导通压降忽略不计。电流从 $B \to VD_2 \to R_L \to VD_4 \to A$。

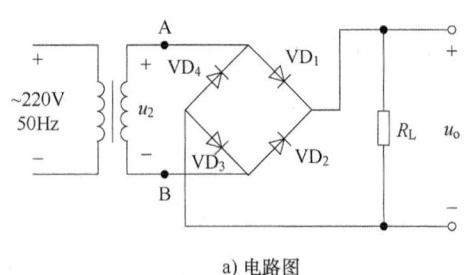

由于两对二极管 VD_1、VD_3 和 VD_2、VD_4 交替工作，负载 R_L 在 u_2 的整个周期内都有电流流过，且方向不变，输出电压 $u_o = |\sqrt{2}\,U_2 \sin\omega t|$，如图 8-3 所示为单相桥式整流电路各部分电压波形图。负载上输出的整流电压平均值为

$$U_o = \frac{1}{\pi}\int_0^{\pi}\sqrt{2}\,U_2\sin\omega t\,d\omega t = 0.9U_2 \quad (8\text{-}3)$$

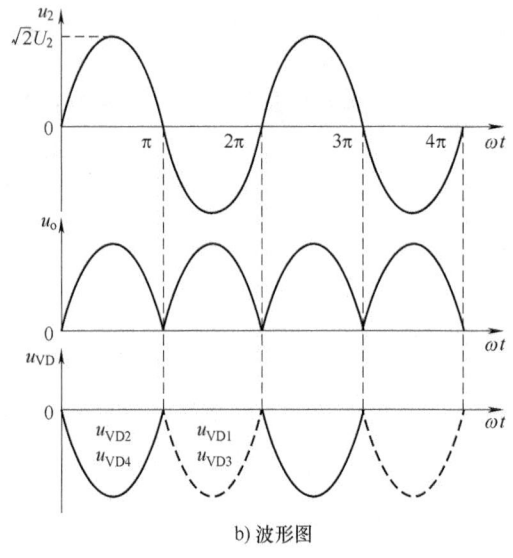

a) 电路图

b) 波形图

图 8-3 单相桥式整流电路

由于桥式整流电路将 u_2 负半周也充分利用，所以变压器二次电压相同的情况下，桥式整流电路输出电压平均值是半波整流电路的两倍；当负载也相同时，负载电流的平均值同样是半波整流电路的两倍，即

$$I_L = \frac{U_o}{R_L} = \frac{0.9U_2}{R_L} \quad (8\text{-}4)$$

由于每个整流二极管只在变压器二次电压的半个周期导通并通过电流，所以每只二极管的平均电流为负载电阻上输出电流平均值的一半，即

$$I_{VD} = \frac{I_L}{2} = \frac{0.45U_2}{R_L} \quad (8\text{-}5)$$

例 8-1 某充电装置要求输出电压为 24V，输出电流为 5A。采用单相桥式整流电路供电，当电网电压波动范围为 ±10% 时，选择合适的整流元件。

解 根据式(8-3)，可知

$$U_2 = \frac{U_o}{0.9} = \frac{24}{0.9}\text{V} = 26.7\text{V}$$

整流二极管承受的反向电压为 $\sqrt{2}\,U_2$，考虑电网电压波动 ±10%，选择整流二极管最大反向电压应为

$$U_{RM} > 1.1\sqrt{2}\,U_2 = 41.5\text{V}$$

整流二极管所通过的平均电流为输出电流的一半，考虑电网电压波动 ±10%，选择整流二极管最大整流平均电流应为

$$I_F > 1.1 \times \frac{I_L}{2} = 2.75\text{A}$$

8.3 滤波电路

整流电路得到的输出电压虽然是单一方向的，但从波形图上来看，输出电压波形含有较大的交流成分，负载上获得的直流并不稳定。因此，整流后得到的脉动的直流需要进一步利用滤波电路变为平滑的直流电压。

8.3.1 概述

直流电源中滤波电路均采用无源电路，常用的滤波电路包括电容滤波、电感滤波和复式滤波等，如图8-4所示。下面以电容滤波电路为例说明滤波电路的工作原理。

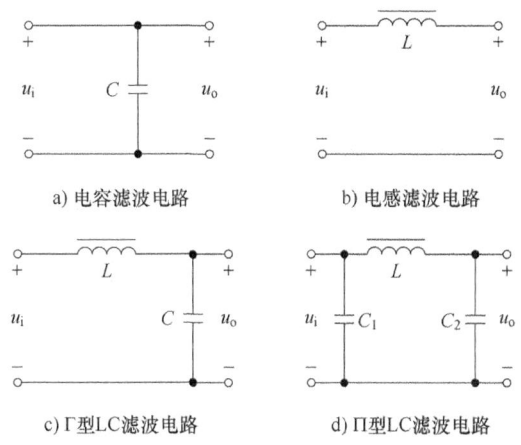

图 8-4 滤波电路

8.3.2 电容滤波电路

通过储能元件将能量存储和释放来减小负载电压的波动，消除纹波。电容滤波电路是最简单的滤波电路，在整流电路之后，负载电阻两端并联一个电容就构成了电容滤波电路，如图8-5所示，利用电容的充放电作用，使输出电压趋于平滑。

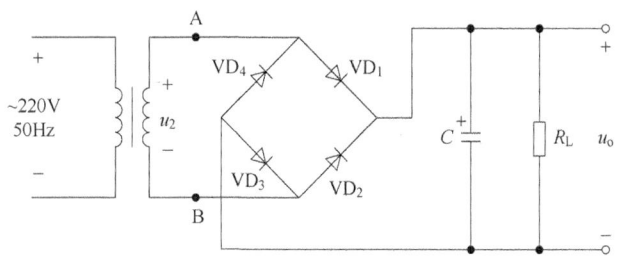

图 8-5 单相桥式整流电容滤波电路

当整流电路有脉动的直流输出，且 u_2 大于电容两端电压 u_C 的时候，电容开始充电，如果忽略变压器内阻和两个导通二极管的等效电阻，充电时间常数趋近于零，电容电压和 u_2 几乎相等。当 u_2 上升到峰值以后，在正半周的下降阶段按正弦规律下降，但电容通过负载

电阻 R_L 放电,按指数规律放电,故 u_C 下降速度小于 u_2,此时会导致本来正向导通的二极管 VD_1 和 VD_3 截止,之后电容继续通过 R_L 放电。

进入负半周时,二极管 VD_2 和 VD_4 由于 $|u_2|<u_C$ 暂时不能导通,处于截止状态。直至 u_2 变化到大于 u_C 时,VD_2 和 VD_4 导通,u_2 再次对电容 C 充电,u_C 上升到最大值后又开始下降,当 $|u_2|<u_C$ 时,VD_2 和 VD_4 截止,C 对 R_L 放电,重复上述过程。

从图 8-6 所示输出电压波形可以看出,经滤波后,负载上获得的输出电压脉动减小,平均电压增大。

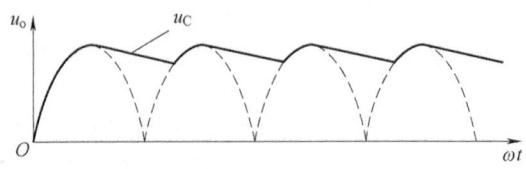

图 8-6 滤波后理想情况下的输出电压波形

综上所述,电容滤波的特点如下:

1)充电时间常数非常小,放电时间常数很大,滤波效果取决于放电时间,放电时间常数为 $R_L C$,该值越大,输出电压波形越平滑。因此,负载电阻越小,纹波越严重。滤波电容越大,纹波越小。

2)适当增加滤波电容容量可以提高滤波效果,但放电过程的缓慢导致再次充电的时间会被缩短,二极管导通的时间很短(导通角小),在此期间流过的电流增大,很容易烧毁导通的二极管。工程上建议,为了取得较好的滤波效果,选择滤波电容的容量应满足

$$R_L C = (3 \sim 5) \frac{T}{2} \tag{8-6}$$

此时,负载上获得的平均电压为

$$U_o \approx 1.2 U_2 \tag{8-7}$$

电容上承受的电压最大值为 $\sqrt{2} U_2$。整流二极管由于电容的作用,承受的最大反向电压为 $\sqrt{2} U_2$,其最大整流平均电流 I_F 应大于负载电流 I_L 的 2~3 倍。

3)由于负载电压易受负载电阻大小的影响,电容滤波电路适用于输出电压高、输出电流小、负载稳定的应用中。

例 8-2 在图 8-5 所示电路中,若要求输出电压为 15V,输出电流为 0.1A。试选择合适的滤波电容。

解 根据式(8-6),可知

$$C = (3 \sim 5) \frac{T}{2} \frac{1}{R_L} = (3 \sim 5) \frac{T}{2} \frac{I_L}{U_o}$$

其中,$T = \frac{1}{f} = 0.02s$,因此电容的容量为 200~333μF。

再根据式(8-7),变压器二次电压有效值为

$$U_2 \approx \frac{U_o}{1.2} = 12.5V$$

电容的耐压值应大于 $\sqrt{2} U_2 \approx 17.7V$。

8.4 稳压电路

经过整流滤波后的输出电压从正弦交流电压变成较为平滑但仍存在一定的纹波的直流电

压。当电源电压有波动或者是负载电阻有变化时，输出电压也会随之变化。为了获得稳定性好的直流电压，消除纹波，须采取稳压措施。

最简单的稳压电路是由稳压二极管 VZ 和限流电阻 R 组成的，如图 8-7 所示。整流滤波之后的电压 U_i 为稳压电路的输入电压，稳压电路的稳定电压就是输出电压 U_o。根据第 5 章稳压管的伏安特性可知，在稳压管稳压电路中，只要使稳压管始终工作在稳压区，即保证流过稳压管的电流在规定的范围内，不超过最大允许电流，输出电压就基

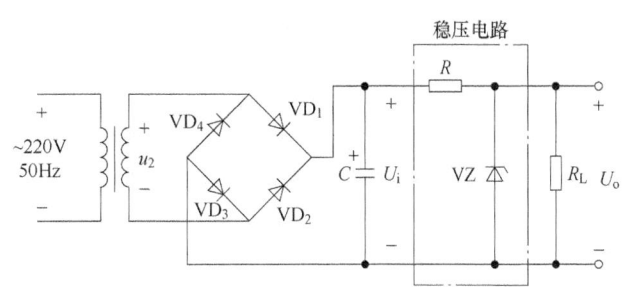

图 8-7　桥式整流滤波稳压管稳压电路

本稳定，稳压管也不会烧坏。该电路结构简单，利用稳压管的电流调节，通过限流电阻 R 上的电压或电流的变化进行补偿，限制稳压管中的电流使其正常工作，但其输出电流较小，输出电压不可调，适合负载稳定且负载电流不大的场合。

8.4.1　串联型直流稳压电路

为了解决稳压管稳压电路输出电流小、输出电压不可调等问题，在稳压管稳压电路的基础上进行改进，增加了调整管、取样电路和比较放大环节构成串联型稳压电路，如图 8-8 所示。

基准电压就是由稳压管稳压电路构成的，给整个电路提供稳定的电压标准，取样电路对输出的直流电压进行取样，通过 R_2 反馈回运放的反相端，比较放大环节将取样所得的反馈电压与基准电压比较，并将比较结果输出控制调整管，使晶体管始终工作在放大状态，调整管串联在输入、输出之间，调整压差，最终稳定输出电压，并输出较大

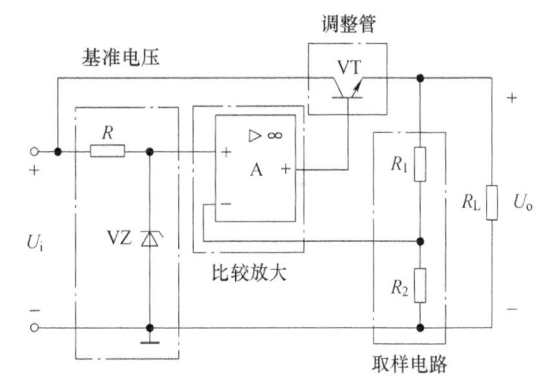

图 8-8　串联型稳压电路

的电流。调节取样电路中的电阻阻值，可以改变输出电压的大小。

8.4.2　集成稳压电路及应用

随着集成电路的发展，集成稳压电路具有使用简单、价格便宜、效果好等优点，广泛使用的集成稳压电路有固定三端稳压器和可调式集成三端稳压器。集成稳压器的三个端子分别是输入端、输出端和公共端。

1. 固定式集成三端稳压器

常见系列是 W78×× 和 W79×× 系列。W78×× 系列输出固定的正电压，有 5V、6V、9V、12V、15V、18V、24V 等，如 W7809 表示输出电压为 9V，输出电流有 1.5A、0.5A 和 0.1A 三个档。W79×× 系列输出固定的负电压，参数可参考 W78×× 系列。以塑封 W78×× 为例，其端子 1 为输入端、端子 2 为公共端、端子 3 为输出端，外形和典型电路如图 8-9 所

示。要使稳压器正常工作，输入电压的绝对值应比固定输出电压的绝对值大 2V 左右，以保证输出电压的稳定。

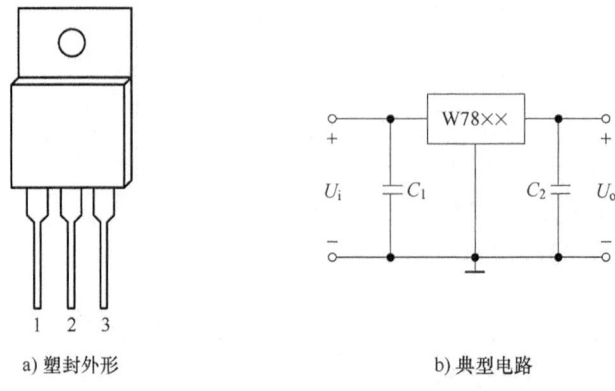

图 8-9　W78×× 系列三端稳压器

例 8-3　图 8-10 所示为三端稳压电路。通过调整滑动变阻器 R_2 使得输出电压可调。设图中运放为理想运放，已知 $R_1=10\text{k}\Omega$，R_2 为 0~20kΩ 的可调电阻，求输出电压 U_o 的范围。

解　设 R_2 的滑动抽头上端的电阻为 R_x，根据电路结构可知电阻 R_1 上的电压即为三端稳压器的输出电压 9V。

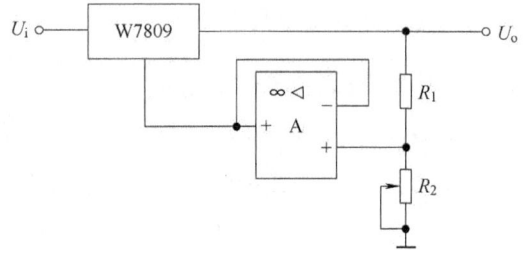

图 8-10　例 8-3 图

$$U_o = \frac{R_1+R_x}{R_1} \times 9$$

当滑动抽头上下移动时，U_o 的变化范围为 9~27V。

2. 可调式集成三端稳压器

除了固定式三端稳压器之外，还有输出电压连续可调的集成稳压器。例如 W117 输出可调的正电压，W137 输出可调的负电压。图 8-11 所示电路是 W117 的应用电路，输出端和调整端之间的电压是稳定的 1.25V，调整端电流可忽略不计，输出电流可达 1.5A。

图中 R_1 为泄放电阻，一般取 240Ω，则输出电压为

$$U_o = \left(1+\frac{R_2}{R_1}\right) \times 1.25\text{V} \quad (8-8)$$

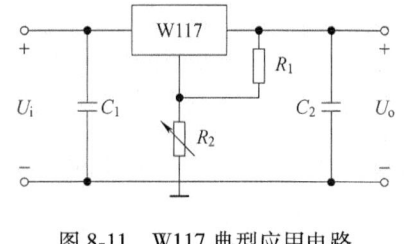

图 8-11　W117 典型应用电路

习题

8-1　简答题

（1）单相桥式整流电路中，设变压器二次侧的交流电压有效值为 10V，则负载电阻 R_L 上的直流平均电压为多少？

（2）三端集成稳压电源 W7815 正常工作时，输出电压是多少？它的输入电压应该比输出电压高还是低？

(3) 在图 8-11 所示电路中，若 R_1 为 0.25kΩ，如果要得到 10V 的输出电压，则 R_2 应为多大？

(4) 桥式整流和电容滤波电路中，负载电阻 R_L 不变，电容 C 越大，则输出电压平均值会如何变化？

8-2 分析下列说法是否正确并说明原因。

(1) 在变压器二次电压和负载电阻相同的情况下，桥式整流电路的输出电流是半波整流电路输出电流的 2 倍。

(2) 在单相桥式整流电容滤波电路中，若有一只整流管断开，输出电压平均值变为原来的一半。

(3) 整流电路可将高频信号变为低频信号。

(4) 在单相桥式整流电容滤波电路中，若有一只整流管接反，则输出电压平均值变为原来的 2 倍。

(5) 在单相桥式整流滤波电路中，若空载，则输出电压为 $\sqrt{2}U_2$。

8-3 单相桥式整流电路中，变压器二次电压有效值为 75V，负载电阻为 100Ω，试计算该电路的输出电压和输出电流，并选择二极管。

8-4 如果单相桥式整流电路中一个整流二极管因过电压而短路，将会出现什么情况？

8-5 整流滤波电路如图 8-12 所示，二极管是理想元件，电容 C = 500μF，负载电阻 R_L = 5kΩ，开关 S_1 闭合、S_2 断开时，直流电压表的读数为 141.4V，求：

(1) 开关 S_1 闭合、S_2 断开时，直流电流表的读数；

(2) 开关 S_1 断开、S_2 闭合时，直流电流表的读数；

(3) 开关 S_1、S_2 均闭合时，直流电流表的读数。（设电流表内阻为零，电压表内阻为无穷大）

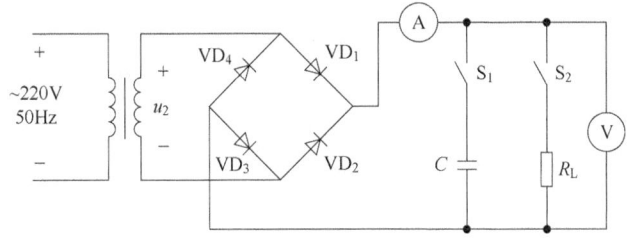

图 8-12 题 8-5 图

8-6 直流稳压源电路如图 8-13 所示，已知交流电源电压有效值 u_i = 220V、频率为 50Hz，经变压器降压后 $u_2 = 25\sqrt{2}\sin\omega t$，$R_3 = R_4 = R_5 = 20$kΩ。

(1) 电路中电容 C 的作用是什么？

(2) 整流二极管上承受的最大反向电压是多少？

(3) 经电容作用后 U_3 中的平均电压值为多少？若 C 脱焊，则 U_3 中的平均电压值变为多少？

(4) 试估算 U_o 的可调范围。

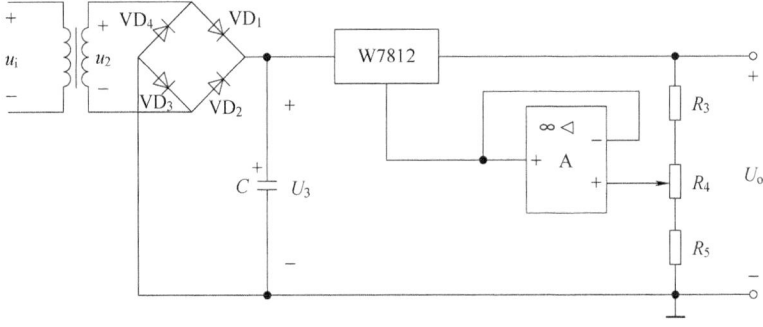

图 8-13 题 8-6 图

8-7 稳压电路如图 8-14 所示，已知 $R_1 = R_2 = R_3 = 10\text{k}\Omega$，求输出电压的调整范围。

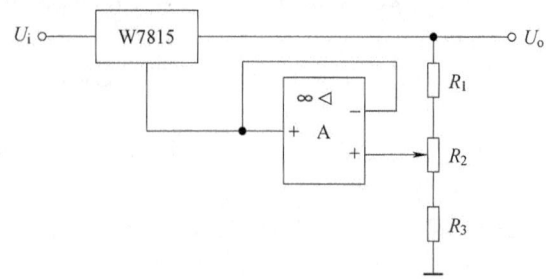

图 8-14　题 8-7 图

8-8 带运放的串联型稳压电路如图 8-15 所示，请问：

（1）若 U_o 为 10~20V，$R_1 = R_3 = 1\text{k}\Omega$，则 R_2 和 U_Z 各为多少？

（2）若电网电压波动±10%，U_o 为 10~20V，$U_{CES} = 3\text{V}$，U_i 至少选取多少伏？

（3）若电网电压波动±10%，U_i 为 28V，U_o 为 10~20V；晶体管的电流放大倍数 50，$P_{CM} = 5\text{W}$，$I_{CM} =$ 1A；集成运放最大输出电流为 10mA，则最大负载电流约为多少？

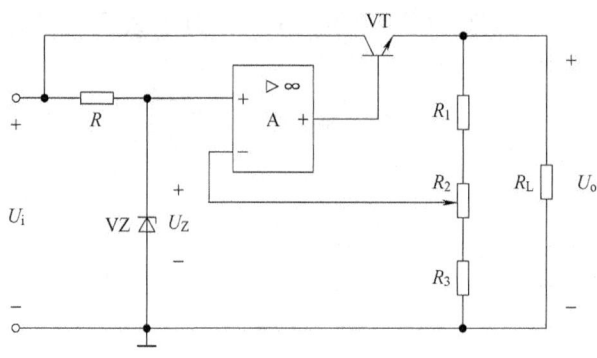

图 8-15　题 8-8 图

第 9 章

门电路与组合逻辑电路

1. 本章摘要

1）数字系统中的数制与码制；
2）数字电路中的逻辑关系及实现方法；
3）逻辑函数的化简方法；
4）逻辑门电路及其电气特性；
5）组合逻辑电路的分析与设计。

2. 本章重点及难点

1）重点：数字电子技术中的逻辑关系及逻辑门电路、逻辑函数及其化简、组合逻辑电路分析、组合逻辑电路的设计及实现方法。

2）难点：逻辑函数的图形法化简、TTL逻辑门电路及其电气特性。

9.1 数字信号和模拟信号

1. 电子技术的发展与应用

（1）电子技术的应用领域

电子技术的应用领域极其广泛，目前在计算机、仪器仪表、数控机床、自动化生产线，智能机器人、太阳能发电、通信、雷达、医疗设备、新型武器、交通、电力、航空等领域以及日常生活的手机、家用电器等方面都离不开电子技术。

（2）电子技术的发展

电子技术是19世纪末、20世纪初开始发展起来的新兴技术，成为近代科学技术发展的一个重要标志。第一代电子产品以电子管为核心，1904年发明电真空器件（电子管），1948年诞生了第一只晶体管，它具有小巧、轻便、省电、寿命长等特点，很快被各国所应用，在很大范围内取代了电子管。20世纪50年代末世界上出现了第一块集成电路，它把较多的晶体管电子元件集成在一块硅片上，使电子产品向更小型化发展。目前集成电路从小规模集成电路迅速发展到大规模集成电路和超大规模集成电路，从而使电子产品向着高集成、低功耗、高精度、高稳定性、智能化的方向发展。

（3）电子技术的分类

电子电路是研究电信号的产生、传送、接收和处理的电路。在电信号的产生、传送、接收和处理过程中分两种信号，一种是模拟信号，其特点是信号的幅度随时间连续变化，如图9-1所示。用于传送、接收和处理模拟信号的电路称为模拟电路，前面第六章所述的电压放大电路就属于模拟电路。另一种是数字信号，其特点是信号的幅度随时间离散变化，又称离散信号，如图 9-2 所示。用于传送、接收和处理数字信号的电路称为数字电路，它主要研究输出与输入信号之间的逻辑关系，所以数字电路又称为数字逻辑电路。

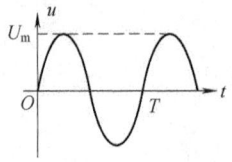

图 9-1　典型模拟信号　　　图 9-2　典型数字信号

2. 数字电路的特点

和模拟信号相比，数字电路主要具有下列特点：

1）电路结构简单，便于集成化；
2）工作可靠，抗干扰能力强；
3）数字信息便于长期保存和加密；
4）数字集成电路产品系列全、通用性强、成本低；
5）数字电路不仅能进行逻辑分析与判断，而且也能完成数值计算与处理。

3. 数字电路的分类

（1）按电路类型分类

① 组合逻辑电路：输出只与实时的输入有关，如：编码器、加法器、比较器、数据选择器。

② 时序逻辑电路：输出不仅与实时的输入有关，还与电路原来的状态有关。如触发器、计数器、寄存器等。

（2）按集成度分类

按照集成度的不同，数字集成电路可分为小规模集成电路（SSI）、中规模集成电路（MSI）、大规模集成电路（LSI）、超大规模集成电路（VLSI）。表 9-1 为数字集成电路按照集成度的分类说明。

表 9-1　数字集成电路分类

集成电路分类	集成度	电路规模及范围
小规模集成电路（SSI）	1~10 门/片或 10~100 个元件/片	逻辑单元电路，如逻辑门电路
中规模集成电路（MSI）	10~100 门/片或 100~1000 个元件/片	逻辑部件，如编码器、译码器、数据选择器、计数器、比较器等
大规模集成电路（LSI）	100~1000 门/片或 1000~100000 个元件/片	数字逻辑系统，如中央控制器、存储器、接口电路等
超大规模集成电路（VLSI）	大于 1000 门/片或 10 万个元件/片	高集成度的数字逻辑系统，如单片机

9.2　数制及码制

在数字电路中，有两种逻辑约定，一是正逻辑约定，用 1 表示高电平、用 0 表示低电平；另一种是负逻辑约定，用 0 表示高电平、用 1 表示低电平。在本书中，如果没有特别说明，就采用正逻辑约定。所以，数字电路中用来表征电平的高低只用 0 或 1 来表示，也即采用二进制。在日常生活中，采用的是十进制模式，而在计算机编程及应用中，又常采用八进制或十六进制。在工程中，为了让系统能够快速高效识别信息，有时也采用码制。

9.2.1 数制

数制是计数进位制的简称。任意一个进制的数值都可以用下式展开。

$$(n)_N = \sum_{i=-m}^{p-1} K_i N^i$$

式中，N 表示进制；n 表示数值；p 表示整数部分的位数；m 表示小数部分的位数；K_i 表示该数值第 i 位的数码；N^i 表示该数值第 i 位的位权，简称权。

1. 十进制（Decimal）

十进制是以 10 为基数的计数体制，在采用十进制的体制中，可以采用 0、1、2、3、4、5、6、7、8、9 十个不同的数码来表征一个十进制数。它的运算规则是逢十进一、借一当十。数码所处的位置不同，代表的数值也不同。如十进制数 467.5 可展开为

$$(467.5)_{10} = 4 \times 10^2 + 6 \times 10^1 + 7 \times 10^0 + 5 \times 10^{-1}$$

2. 二进制数（Binary）

二进制是以 2 为基数的计数体制，采用 0、1 两个数码来表征数字。它的运算规则是逢二进一、借一当二。例如：

$$(1010.01)_2 = 1 \times 2^3 + 0 \times 2^2 + 1 \times 2^1 + 0 \times 2^0 + 0 \times 2^{-1} + 1 \times 2^{-2}$$

3. 八进制数（Octal）

八进制是以 8 为基数的计数体制，采用 0、1、2、3、4、5、6、7 这八个数码来表征数字。它的运算规则是逢八进一、借一当八。例如：

$$(567.4)_8 = 5 \times 8^2 + 6 \times 8^1 + 7 \times 8^0 + 4 \times 8^{-1}$$

4. 十六进制（Hexadecimal）

十六进制是以 16 为基数的计数体制，采用 0、1、2、3、4、5、6、7、8、9 这 10 个数字符号和 A、B、C、D、E、F 这六个字母符号，共 16 个符号来表征数字。它的运算规则是逢十六进一、借一当十六。例如：

$$(3AC.8)_{16} = 3 \times 16^2 + A \times 16^1 + C \times 16^0 + 8 \times 16^{-1}$$

9.2.2 进制之间的相互转换

1. N 进制数转换为十进制数

N 进制转换为十进制，采用的方法是展开式展开后计算相加。例如：$(1010.01)_2 = 1 \times 2^3 + 0 \times 2^2 + 1 \times 2^1 + 0 \times 2^0 + 0 \times 2^{-1} + 1 \times 2^{-2} = 10.25$；即二进制数（1010.01）等于十进制数（10.25）。$(567.4)_8 = 5 \times 8^2 + 6 \times 8^1 + 7 \times 8^0 + 4 \times 8^{-1} = 375.5$，即八进制数（567.4）等于十进制数（375.5）。$(3AC.8)_{16} = 3 \times 16^2 + A \times 16^1 + C \times 16^0 + 8 \times 16^{-1} = 940.5$，即十六进制数（3AC.2）等于十进制数（940.5）。

2. 十进制数转换为 N 进制数

将十进制数转换为 N 进制数时，要将十进制数分为整数部分和小数部分，整数部分采用除 N 取余，小数部分采用乘 N 取整。

例 9-1 将十进制数 11.25 转换为二进制数。

解 首先将 11.25 的整数部分 11，进行除 2 取余，读数时从下往上读取，得 1011；小数部分 0.25 进行乘 2 取整，读数时从上往下读取，得 0.01。

```
2|11
2|5  ……1  最低位（LSB）           0.25
2|2   1                          ×   2
2|1   0                          ─────
  0 ……1  最高位（MSB）            0.5 ……0  最高位（MSB）
                                 ×   2
                                 ─────
                                 1.0 ……1  最低位（LSB）
```

所以，$(11.25)_{10} = (1011.01)_2$ 或表示为 $(11.25)_D = (1011.01)_B$。

例 9-2 将十进制数 375.5 转换为八进制数。

解 首先将 375.5 的整数部分 375，进行除 8 取余，读数时从下往上读取，得 567；小数部分 0.5 进行乘 8 取整，读数时从上往下读取，得 0.4。

```
8|375     最低位（LSB）
8|46 ……7
8|5   6                  0.5
  0 ……5  最高位（MSB）   ×  8
                         ─────
                         4.0 ……4
```

所以，$(375.5)_{10} = (567.4)_8$ 或表示为 $(375.5)_D = (567.4)_O$。

例 9-3 将十进制数 940.125 转换为十六进制数。

解 首先将 940.125 的整数部分 940，进行除 16 取余，读数时从下往上读取，得 3AC；小数部分 0.125 进行乘 16 取整，读数时从上往下读取，得 0.2。

```
16|940    最低位（LSB）
16|58 ……C
16|3   A                 0.125
  0 ……3  最高位（MSB）   ×   16
                         ─────
                         2.0 ……2
```

所以，$(940.125)_{10} = (3AC.2)_{16}$ 或表示为 $(940.125)_D = (3AC.2)_H$。

表 9-2 列出了十进制 (0~15) 与二进制、八进制、十六进制不同进制间的对照关系。

表 9-2 十进制与二进制、八进制、十六进制的对照关系表

十进制	二进制	八进制	十六进制
0	0000	0	0
1	0001	1	1
2	0010	2	2
3	0011	3	3
4	0100	4	4
5	0101	5	5
6	0110	6	6
7	0111	7	7
8	1000	10	8
9	1001	11	9
10	1010	12	A
11	1011	13	B

(续)

十进制	二进制	八进制	十六进制
12	1100	14	C
13	1101	15	D
14	1110	16	E
15	1111	17	F

3. 八进制数与二进制数间的相互转化

由于 $2^3 = 8^1$，也即每 3 位二进制数相当于 1 位八进制数。当八进制数转换为二进制数时，只需将每 1 位八进制数用对应的 3 位二进制数替代，并按原来的次序排列好，即可得到相应的二进制数。

例 9-4 将八进制数 527.13 转换为二进制数。

解

$$\begin{array}{ccccc} 5 & 2 & 7 & . & 1 & 3 \\ \downarrow & \downarrow & \downarrow & & \downarrow & \downarrow \\ 101 & 010 & 111 & . & 001 & 011 \end{array}$$

所以：$(527.13)_8 = (101010111.001011)_2$。

将二进制数转换为八进制数的方法是：以小数点为基准，小数点往左的整数部分，从低位开始，每 3 位二进制数为一组，最后一组不足 3 位，在高位补 0，补齐 3 位；小数点向右的小数部分，则从高位开始，每 3 位二进制数为一组，最后一组不足 3 位时，在低位补 0，补齐 3 位，然后每一组 3 位二进制数用 1 位八进制数替代，按照原来的次序组合即可得到对应的八进制数。

例 9-5 将二进制数 1010100.0111 转换为八进制数。

解

$$\begin{array}{ccccc} 001 & 010 & 100 & . & 011 & 100 \\ \downarrow & \downarrow & \downarrow & & \downarrow & \downarrow \\ 1 & 2 & 4 & . & 3 & 4 \end{array}$$

所以：$(1010100.0111)_2 = (124.34)_8$。

4. 十六进制数与二进制数间的相互转化

由于 $2^4 = 16^1$，也即每 4 位二进制数相当于 1 位十六进制数。当十六进制数转换为二进制数时，只需将每 1 位十六进制数用对应的 4 位二进制数替代，并按原来的次序排列好，即可得到相应的二进制数。

例 9-6 将十六进制数 83A.B7 转换为二进制数。

解

$$\begin{array}{ccccc} 8 & 3 & A & . & B & 7 \\ \downarrow & \downarrow & \downarrow & & \downarrow & \downarrow \\ 1000 & 0011 & 1010 & . & 1011 & 0111 \end{array}$$

所以：$(83A.B7)_{16} = (100000111010.10110111)_2$。

二进制数转换为十六进制数的方法是：以小数点为基准，小数点往左的整数部分，从低位开始，每 4 位二进制数为一组，最后一组不足 4 位，在高位补 0，补齐 4 位；小数点向右的小数部分，则从高位开始，每 4 位二进制数为一组，最后一组不足 4 位时，在低位补 0，补齐4位，然后每一组4位二进制数用1位十六进制数替代，按照原来的次序组合即可得到对应的十六进制数。

例 9-7 将二进制数 111010100.0111101 转换为十六进制数。

解

$$\begin{array}{ccccc} 0001 & 1101 & 0100 & 0111 & 1010 \\ \downarrow & \downarrow & \downarrow & \downarrow & \downarrow \\ 1 & D & 4 & .\ 7 & A \end{array}$$

所以：$(111010100.0111101)_2 = (1D4.7A)_{16}$。

9.2.3 码制

在数字系统中，常将若干0和1组合起来的一组二进制代码表示特定信息或特定含义，称为二进制代码或二进制码。可用一定位数的二进制码表示字符、文字、数字等。如在计算机中的键盘上的符号含义，常用7位二进制码来表示，称为 ASCII 码。对于常用的十进制数码，即0~9这十个数字，也常用二进制码来表示，称为二—十代码（Binary-Coded Decimal），也称为二进码十进数，简称 BCD 码，它是用4位二进制码表示1位十进制数。由于4位二进制码有16种不同的组合，而1位十进制数只有10种组合，所以 BCD 码有多种，常见的分为有权码和无权码，有权码又分 8421、5421、2421A、2421B，无权码分为格雷码、余3码。表 9-3 为常见 BCD 码对应关系。

有权码，是指在不同的位置上，仍然有位权的存在，如 8421、5421 等。每一位上的位权保持不变，称为"恒权代码"，例如 8421 码，就是指从左向右，各位的位权分别为8、4、2、1。如十进制数 9 的 8421 码为 1001，含义就是 $(9)_{10} = 1×8+0×4+0×2+1×1$。

余3码的含义是在每位十进制数所对应的 8421 码基础上再加上 3（二进制数 0011）得到的。格雷码中所有相邻数在它们的二进制码表示中只有一个数字不同，也即它在任意两个相邻的数之间转换时，只有一个数位发生变化。与其他编码方式会同时改变两位或多位的情况相比较，格雷码比其他码制更为可靠，可减少出错的可能性，是一种错误最小化的编码方式。

表 9-3 常见 BCD 码对应关系表

十进制数	有权码				无权码	
	8421	5421	2421A	2421B	格雷码	余3码
0	0000	0000	0000	0000	0000	0011
1	0001	0001	0001	0001	0001	0100
2	0010	0010	0010	0010	0011	0101
3	0011	0011	0011	0011	0010	0110
4	0100	0100	0100	0100	0110	0111
5	0101	1000	0101	1011	0111	1000
6	0110	1001	0110	1100	0101	1001
7	0111	1010	0111	1101	0100	1010
8	1000	1011	1110	1110	1100	1011
9	1001	1100	1111	1111	1101	1100

9.3 逻辑代数基础

逻辑代数，又称为布尔代数，是英国数学家乔治·布尔在1841年首先提出，它是用来描述数字系统中输出信号与输入信号之间的逻辑关系的一种手段，也是分析与设计数字电路的一种工具。在逻辑代数的表述中，会用到逻辑变量和逻辑常量，逻辑变量就是用字母来表示数字电路中的信号，而信号的状态取值只有2种可能性，逻辑0或逻辑1，这里的0和1与以前算术代数中的0和1的概念完全不同，这里的逻辑0和逻辑1表示两种相对立的状态，可以表示信号的有无、电位的高低、开关的开合等。逻辑常量就是指常量0和常量1。

9.3.1 数字电路中的逻辑关系

逻辑关系就是用来表征输出信号与输入信号间的因果关系，数字系统中的逻辑关系有与、或、非三种基本逻辑关系和与非、或非、异或、同或、与或非5种复合逻辑关系。

1. 基本逻辑关系

（1）与逻辑

与逻辑的定义：对于条件、结果之间的关系，若所有的条件全部满足，结果才会出现，若条件中只要有一个没有满足，结果则不会出现。图9-3为与逻辑的示意图。图中灯F能亮的条件是A、B这两个开关必须全部闭合，只要有1个开关没有闭合，灯F就不会亮。若将开关闭合用"1"表示，开关断开用"0"表示，灯亮用"1"表示，灯灭用"0"表示，则可得到与图9-3对应的真值表(真值表是针对输入变量的所有取值可能，列出对应输出变量取值的一张表格)，见表9-4。

表9-4 与逻辑真值表

输入信号		输出信号
A	B	F
0	0	0
0	1	0
1	0	0
1	1	1

从与逻辑的定义和真值表可以看出，与逻辑的逻辑功能可以用"有0为0，全1为1"这八个字来概括。

能够实现与逻辑功能的电路称为与门电路，简称与门，针对输入信号数量的不同，分别可以称为二输入与门、三输入与门等。图9-4为二输入与门的图形符号。其对应的逻辑表达式可描述为$F=A\times B=A \cdot B=AB$。逻辑与也称为逻辑乘。

（2）或逻辑

或逻辑的定义：对于条件、结果之间的关系，若条件中只要有1个满足，结果则出现，若没有一个条件满足，结果则不出现。图9-5为或逻辑示意图。图中灯F能亮的条件是A、B只要任一个开关闭合；若A、B两个开关都断开，则灯F灭。若将开关闭合用"1"表示，开关断开用"0"表示，灯亮用"1"表示，灯灭用"0"表示，则可得到与图9-5对应的真值表，见表9-5。

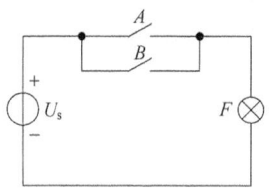

图 9-3　与逻辑示意图　　　　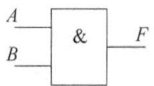

图 9-4　二输入与门图形符号

表 9-5　或逻辑真值表

输入信号		输出信号
A	B	F
0	0	0
0	1	1
1	0	1
1	1	1

从或逻辑的定义和真值表可以看出，与逻辑的逻辑功能可以用"有 1 出 1，全 0 为 0"这八个字来概括。

能够实现或逻辑功能的电路称为或门电路，简称或门，同样针对输入信号数量的不同，分别可以称为二输入或门、三输入或门等。图 9-6 为二输入或门的图形符号。其对应的逻辑表达式可描述为 $F=A+B$。逻辑与也称为逻辑加。

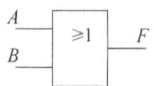

图 9-5　或逻辑示意图　　　　图 9-6　二输入或门图形符号

（3）非逻辑

非逻辑的定义：对于条件与结果之间的关系，若条件满足，结果则不会出现，但当条件不满足，结果反而出现。图 9-7 为非逻辑示意图。图中灯 F 能亮的条件是开关 A 断开；但当开关 A 闭合时，灯 F 不会亮。将开关闭合用"1"表示，开关断开用"0"表示，灯亮用"1"表示，灯灭用"0"表示，则可得到与图 9-7 对应的真值表，见表 9-6。

表 9-6　非逻辑真值表

输入信号	输出信号
A	F
0	1
1	0

能够实现非逻辑功能的电路称为非门电路，简称非门，非门的输入信号只有一个。图 9-8 为非门的图形符号，其逻辑表达式可描述为 $F=\overline{A}$。逻辑非也称为逻辑反。

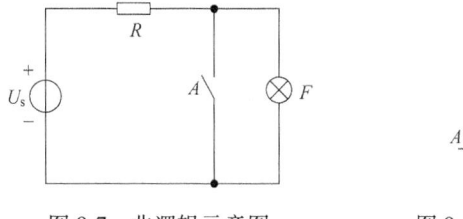

图 9-7　非逻辑示意图　　　　图 9-8　非门图形符号

2. 复合逻辑关系

在与逻辑、或逻辑、非逻辑的基础之上，可以组合得到与非逻辑、或非逻辑、与或非逻辑、异或逻辑和同或逻辑，能够实现与非逻辑的电路称为与非门电路，简称与非门，类似的，实现或非逻辑、与或非逻辑、异或逻辑、同或逻辑的电路依次称为或非门、与或非门、异或门、同或门。图 9-9a~e 为它们的图形符号。

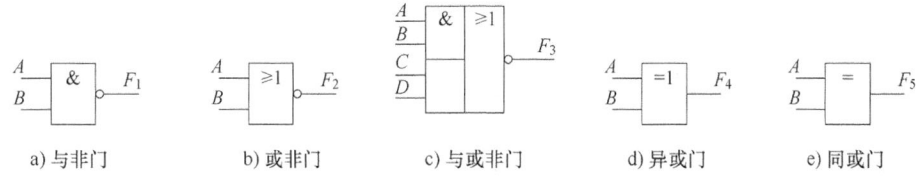

a) 与非门　　　b) 或非门　　　c) 与或非门　　　d) 异或门　　　e) 同或门

图 9-9　五种复合门电路图形符号

它们的逻辑表达式依次为

与非门：
$$F_1 = \overline{AB}$$

或非门：
$$F_2 = \overline{A+B}$$

与或非门：
$$F_3 = \overline{AB+CD}$$

异或门：
$$F_4 = A \oplus B = A\overline{B} + \overline{A}B$$

同或门：
$$F_5 = A \odot B = \overline{A}\,\overline{B} + AB$$

对于异或运算，当两个变量 A 和 B 相异时，$F=1$，相同时，$F=0$；对于同或运算，当两个变量 A 和 B 相同时，$F=1$，相异时，$F=0$。所以异或和同或互为反函数，即同或又称为异或非，异或也称为同或非。$A \oplus B = \overline{A \odot B}$，$A \odot B = \overline{A \oplus B}$。

9.3.2　逻辑代数中的常见公式和基本定律

1. 基本定律

$A+1=1$　　　$A \cdot 1 = A$

$A+0=A$　　　$A \cdot 0 = 0$

$A+A=A$　　　$A \cdot A = A$

$A+\overline{A}=1$　　　$A \cdot \overline{A} = 0$

$\overline{\overline{A}} = A$

交换律：$A+B=B+A$ $\qquad A \cdot B = B \cdot A$

结合律：$A+(B+C)=(A+B)+C$ $\qquad A \cdot (B \cdot C) = (A \cdot B) \cdot C$

分配律：$A \cdot (B+C) = A \cdot B + A \cdot C$ $\qquad A+B \cdot C = (A+B) \cdot (A+C)$

反演律：$\overline{A+B} = \overline{A} \cdot \overline{B}$ $\qquad \overline{A \cdot B} = \overline{A} + \overline{B}$

反演定律也称为摩根定律。

2. 三条规则

应用下列三条规则，可以由已知定律推导出更多的公式，从而扩大基本定律的应用范围。

（1）代入规则

前面基本定律中所涉及的变量 A、B 等只是一个代号，在实际应用中可以用其他的变量或一个表达式加以代替，所得到的表达式依然成立。

（2）对偶规则

将原逻辑函数表达式 F 中的"+"换成"·"，将"·"换成"+"，逻辑常量"1"换成"0"，"0"换成"1"，保持原运算次序不变，得到的新逻辑表达式 F' 称为原函数 F 的对偶式。如果 2 个原函数 F_1、F_2 相等，则它们的对偶式也相等。

例如：$F_1 = A \cdot (B+C)$，$F_2 = A \cdot B + A \cdot C$，显然 $F_1 = F_2$。F_1、F_2 各自的对偶式 $F_1' = A+B \cdot C$，$F_2' = (A+B) \cdot (A+C)$。由于 $F_1 = F_2$，所以 $F_1' = F_2'$。

（3）反演规则

将原逻辑函数表达式 F 中的原变量 A 换成反变量 $\overline{A}$，反变量 $\overline{A}$ 换成原变量 A，逻辑常量"1"换成"0"，"0"换成"1"，运算符"+"换成"·"，将"·"换成"+"，保持原运算次序不变，即可得到原函数 F 的反函数 $\overline{F}$。

例 9-8 已知 $F = AB + \overline{A}C$，求反函数 $\overline{F}$。

解 由反演规则可得：$\overline{F} = (\overline{A} + \overline{B}) \cdot (A + \overline{C})$。

在应用反演规则时，特别要注意原函数中先"与"后"或"的运算次序。在例 9-8 中的 $\overline{F}$ 中，先进行 $(\overline{A}+\overline{B})$ 和 $(A+\overline{C})$ 的或运算，然后进行两者之间的与运算，如果写成 $\overline{F} = \overline{A} + \overline{B} \cdot A + \overline{C}$，那就是改变运算次序，是错误的表达式。

3. 常用公式

（1）$AB + A\overline{B} = A$

证明：$\qquad AB + A\overline{B} = A(B+\overline{B}) = A \cdot 1 = A$

说明：当 2 个与项中分别含有因子和互补因子（如 A 和 $\overline{A}$），可合并成仅含公有因子项。

（2）$A + AB = A$

证明：$\qquad A + AB = A(1+B) = A$

说明：一个与项的部分因子恰好是另一个与项的全部（如 AB 中的 A），则该与项可以被合并掉。

（3）$A + \overline{A}B = A + B$

证明：$A+B = (A+B) \cdot 1 = (A+B) \cdot (A+\overline{A}) = AA + A\overline{A} + AB + \overline{A}B = A + \overline{A}B$

说明：一个与项的部分因子（如 $\overline{A}B$ 中的 $\overline{A}$），恰好是另一个与项（如 A）的反，则该与项中的部分因子可以被吸收掉。

（4） $AB+\bar{A}C+BC = AB+\bar{A}C$

证明： $AB+\bar{A}C+BC = AB+\bar{A}C+BC(A+\bar{A}) = ABC+AB+\bar{A}BC+\bar{A}C = AB+\bar{A}C$

说明：两个与项中的部分因子互补（如 AB 和 $\bar{A}C$ 中的 A 和 $\bar{A}$），其余因子（如 AB 和 $\bar{A}C$ 中的 B 和 C）构成第三与项的全部或部分，则可以将第三与项吸收掉。

（5）异或运算基本公式

交换律： $A \oplus B = B \oplus A$

结合律： $(A \oplus B) \oplus C = A \oplus (B \oplus C)$

分配律： $A \cdot (B \oplus C) = AB \oplus AC$

变量与常量之间的异或运算，即

$$A \oplus 1 = \bar{A}$$
$$A \oplus 0 = A$$
$$A \oplus A = 0$$
$$A \oplus \bar{A} = 1$$

9.3.3 逻辑函数的表示方法

逻辑函数自身又可以用逻辑函数关系真值表（简称真值表）、逻辑表达式、逻辑电路图、波形图、卡诺图等来表示。

1. 真值表

真值表是以表格的形式反映逻辑函数的取值与输入信号取值组合之间的对应关系。若某逻辑函数有 n 个变量时，则有 2^n 个不同的变量取值组合。在列真值表时，变量取值的组合一般按 n 位二进制数递增的方式列出。用真值表表示逻辑函数的优点是具有唯一性且直观，可直接看出逻辑函数值和变量取值之间的关系，可以将一个逻辑问题转换为数学问题。

例 9-9 有一个 T 形走廊，在 T 形走廊的每一侧各有一个控制开关，在 T 形走廊的交汇处，有一盏灯。要求：当任意闭合一个开关或三个开关全闭合，灯亮，任意闭合二个开关或没有开关闭合，灯灭，试列出该逻辑问题的真值表。

解 首先对输入、输出变量及取值进行定义：设三个开关分别用 A、B、C 表示，当开关闭合时用 1 表示，开关断开时用 0 表示；输出结果用 F 来表示，灯亮时用 1 表示，灯灭时用 0 表示。则可列出例 9-9 的真值表，见表 9-7。

表 9-7 例 9-9 的真值表

输入信号			输出信号
A	B	C	F
0	0	0	0
0	0	1	1
0	1	0	1
0	1	1	0
1	0	0	1

(续)

输入信号			输出信号
A	B	C	F
1	0	1	0
1	1	0	0
1	1	1	1

2. 逻辑表达式

逻辑表达式又有与—或式、与非—与非式、与或非式、或与式、或非—或非式等。

例如：$F = AB + \bar{A}C$（因运算次序为先与后或，故称为与或式）

$= \overline{\overline{AB + \bar{A}C}} = \overline{\overline{AB} \cdot \overline{\bar{A}C}}$ （与非—与非式）

$= \overline{\bar{A}\bar{C} + A\bar{B}}$ （与或非式）

$= (A+C)(\bar{A}+B)$ （或—与式）

$= \overline{\overline{(A+C)} + \overline{(\bar{A}+B)}}$ （或非—或非式）

3. 逻辑电路图

逻辑电路图是用逻辑图形符号及它们之间的连接关系来表示逻辑函数与输入信号之间的逻辑关系。将在后面的逻辑表达式与逻辑电路图之间的相互转换中加以介绍。

4. 波形图

波形图是用波形的形式来反映逻辑函数与输入信号之间的逻辑关系。对于逻辑函数 $F = A + B$，其波形图如图9-10所示。

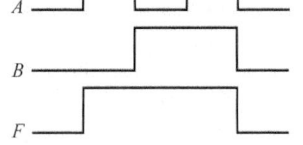

图9-10 $F = A + B$ 的波形图

5. 卡诺图

卡诺图是真值表的另一种表示形式，也是反映逻辑函数与输入信号取值之间的逻辑关系，具体的表示形式及其作用将在后面介绍。

9.3.4 逻辑函数的表示方法之间的相互转换

1. 真值表与逻辑函数表达式之间的相互转换

1）最小项的定义。

对于一个逻辑函数，有 n 个变量，如果有一个与项，这个与项中 n 个变量以原变量或反变量的形式出现，且每个变量只出现一次，则称这个与项为这 n 个变量的一个最小项。显然，由于每一个变量可以以两种形式（原变量和反变量）出现，所以 n 个变量有 2^n 个最小项。

例如：含三个变量 A、B、C 的最小项，应该有 $2^3 = 8$ 个，它们分别为

$\bar{A}\bar{B}\bar{C}$、$\bar{A}\bar{B}C$、$\bar{A}B\bar{C}$、$\bar{A}BC$、$A\bar{B}\bar{C}$、$A\bar{B}C$、$AB\bar{C}$、ABC。

显然，含四个变量 A、B、C、D 的最小项，应该有 $2^4 = 16$ 个最小项。

2）最小项的特点。

由于每个变量只有2种取值可能性，即0或者1，所以，三变量 A、B、C 的取值可能性

组合有 $2^3 = 8$ 种，分别为 000、001、010、011、100、101、110、111。针对这 8 种输入组合，存在下列规律：只要把最小项中的原变量取 1，反变量取 0，则得到的这一组组合恰好可以使得该最小项取值为 1，而其他最小项取值为 0。例如针对 $A\overline{B}C$ 这个最小项，当 ABC 的取值组合为 101 时，可以使得 $A\overline{B}C$ 为 1，而其他 7 个最小项取值为 0。所以，最小项具有以下几个特点。

① 任一种取值组合恰好可以使得其中一个最小项为 1，而使得其他最小项取值为 0；
② 所有最小项之和为 1；
③ 任意 2 个最小项之积为 0。

3) 最小项的编号。

为了方便，常对最小项进行编号，编号的方法是把使某最小项取值为 1 的取值组合理解为一组二进制数，用对应的十进制数表示该二进制数，该十进制数就是最小项的编号。例如 101 可以使 $A\overline{B}C$ 取值为 1，而 101 对应的十进制数为 5，所以 $A\overline{B}C$ 可以记为 m_5。

2. 真值表转换为逻辑函数表达式

真值表转换为逻辑函数表达式的方法如下：在真值表中，选出使函数值为 1 的变量组合所对应的最小项进行或运算，即可得到函数的逻辑表达式。由于该表达式中的各个与项都为最小项，所以该表达式又称最小项表达式，也称为标准与—或式，例如针对表 9-7 的真值表对应的逻辑函数表达式，可表示为

$$F = \overline{A}\,\overline{B}C + \overline{A}B\overline{C} + A\overline{B}\,\overline{C} + ABC = m_1 + m_2 + m_4 + m_7 = \sum_m(1,2,4,7)$$

3. 逻辑函数表达式转换为真值表

方法一：把逻辑表达式中所有输入变量的取值组合依次代入函数表达式中，分别计算每一种取值组合的函数取值，列表表示即可。

方法二：把函数表达式化为最小项表达式，然后根据最小项的特点即可列出真值表。

例 9-10 试列出逻辑函数 $F = AB + \overline{A}C$ 的真值表。

解 $F = AB + \overline{A}C = AB(C+\overline{C}) + \overline{A}C(B+\overline{B}) = \overline{A}\,\overline{B}C + \overline{A}BC + AB\overline{C} + ABC$

则该表达式所对应的真值表见表 9-8。

表 9-8 例 9-10 的真值表

输入信号			输出信号
A	B	C	F
0	0	0	0
0	0	1	1
0	1	0	0
0	1	1	1
1	0	0	0
1	0	1	0
1	1	0	1
1	1	1	1

4. 逻辑函数表达式与逻辑图之间的相互转换

（1）逻辑函数表达式转换为逻辑电路图

把逻辑函数表达式中的逻辑运算用对应的图形符号依次代替并表示。

例 9-11 试画出逻辑函数 $F=AB+\bar{A}C$ 的逻辑电路图。

解 由于输入信号为各输入信号的原变量，而表达式中有 $\bar{A}$，所以需要 1 个非门，又表达式中有变量 A、B 的与运算以及 $\bar{A}$、C 的与运算，故需要 2 个与门，再将 AB 和 $\bar{A}C$ 进行或运算，则可得到图 9-11 所示的逻辑电路图。

（2）逻辑电路图转换为逻辑函数表达式

根据逻辑电路图，从输入向输出方向，依次写出各个门的输出与输入间的逻辑关系，最后写出输出与输入间的逻辑表达式。

例 9-12 试写出图 9-12 所示电路的逻辑函数表达式。

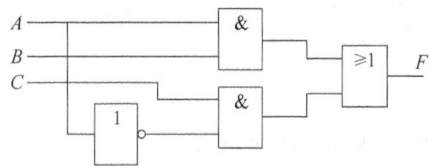
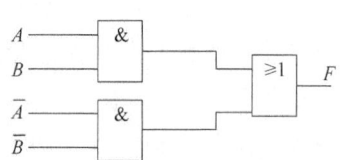

图 9-11 例 9-11 的逻辑电路图　　　　图 9-12 例 9-12 逻辑电路图

解 根据图，可得 $F=AB+\bar{A}\,\bar{B}=A\odot B$。

9.3.5 逻辑函数的公式法化简

1. 化简逻辑函数的意义

根据实际逻辑问题归纳出来的逻辑函数及对应的逻辑电路并非最简，因此，有必要对逻辑函数进行化简。简化的逻辑函数对应的逻辑图更为简单。如果用电路元器件组成实际的电路，则化简后的电路不仅器件用得较少，而且连线简单，这对于节省元器件，优化生产工艺，降低成本和提高系统的可靠性，提高产品在市场的竞争力是非常必要的。

2. 逻辑函数的公式法化简

（1）并项法

运用基本公式 $A+\bar{A}=1$，将两项合并为一项，同时可消去一个变量。如：

$$A\bar{B}C+ABC=AC(B+\bar{B})=AC$$

$$ABC+A\bar{B}\,\bar{C}+A\bar{B}C+AB\bar{C}=A(B\odot C)+A(B\oplus C)=A\,\overline{(B\oplus C)}+A(B\oplus C)=A$$

（2）吸收法

利用吸收定律 $A+AB=A$ 和 $AB+\bar{A}C+BC=AB+\bar{A}C$，消去多余项。如：

$$AC+ABC=AC$$

$$ABC+\bar{A}D+\bar{C}D+BD=ABC+\overline{AC}D+BD=ABC+\overline{AC}D=ABC+\bar{A}D+\bar{C}D$$

（3）消去法

运用吸收定律 $A+\bar{A}B=A+B$，消去多余的因子。如：

$$AB+\bar{A}C+\bar{B}C=AB+(\bar{A}+\bar{B})C=AB+\overline{AB}C=AB+C$$

$$A\bar{B}+\bar{A}B+\bar{A}\bar{B}CD+ABCD=A\bar{B}+\bar{A}B+(\bar{A}\bar{B}+AB)CD=(A\oplus B)+\overline{A\oplus B}CD=(A\oplus B)+CD=A\bar{B}+\bar{A}B+CD$$

（4）配项法

配项法就是在化简过程中，利用 $A+\bar{A}=1$ 或 $A+A=A$ 进行配项，然后再化简。如：

$$\bar{A}\bar{B}+AC+\bar{B}C=\bar{A}\bar{B}+AC+\bar{B}C(A+\bar{A})$$
$$=\bar{A}\bar{B}+AC+\bar{A}\bar{B}C+A\bar{B}C$$
$$=\bar{A}\bar{B}(1+C)+AC(1+\bar{B})$$
$$=\bar{A}\bar{B}+AC$$

$$A\bar{B}C+A\bar{B}\bar{C}+AB\bar{C}+ABC$$
$$=A\bar{B}C+A\bar{B}\bar{C}+AB\bar{C}+ABC+A\bar{B}C+ABC$$
$$=BC(A+\bar{A})+AC(B+\bar{B})+AB(C+\bar{C})$$
$$=AB+AC+BC$$

3. 公式法化简举例

在实际化简逻辑函数时，需要灵活运用上述几种方法，才能得到最简与－或式。

例 9-13 将逻辑函数 $F=AD+A\bar{D}+AB+\bar{A}C+\bar{C}D+A\bar{B}E$ 化为最简与－或式。

解
$$F=AD+A\bar{D}+AB+\bar{A}C+\bar{C}D+A\bar{B}E$$
$$=A+AB+A\bar{B}E+\bar{A}C+\bar{C}D$$
$$=A+\bar{A}C+\bar{C}D$$
$$=A+C+\bar{C}D$$
$$=A+C+D$$

例 9-14 将逻辑函数 $F=\overline{A\bar{C}+D}\cdot\overline{\bar{C}\bar{D}}+CD$ 化为最简与－或式。

解
$$F=\overline{A\bar{C}+D}\cdot\overline{\bar{C}\bar{D}}+CD$$
$$=\overline{A\bar{C}+D+\bar{C}\bar{D}+CD}$$
$$=\overline{A\bar{C}+D+\bar{C}\bar{D}}$$
$$=\overline{A\bar{C}+D+\bar{C}}$$
$$=\overline{\bar{C}+D}$$
$$=C\bar{D}$$

9.3.6 逻辑函数的图形法化简

1. 卡诺图的基本结构

卡诺图是真值表的另一种表示形式，它也是反映逻辑函数与输入信号取值之间的逻辑关系。它是把逻辑函数的所有最小项用小方格的形式表示出来的一种方法，为了使几何相邻的最小项具有逻辑相邻性，变量取值的顺序按格雷码排列，这样排列的目的是逻辑相邻的两个最小项进行或运算时，可以消去互补的变量而留下公因子项，从而达到化简逻辑函数的目的。

图 9-13a、b、c 分别为二输入变量、三输入变量、四输入变量的卡诺图的基本结构形式。

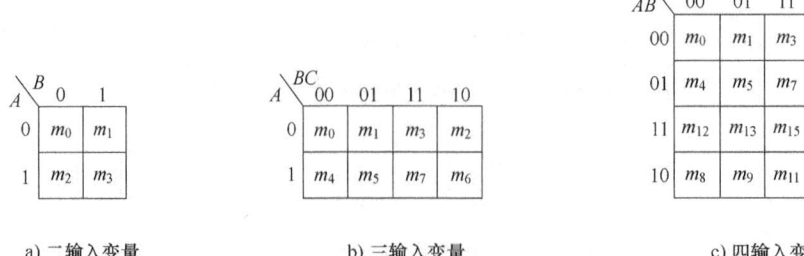

A \ B	0	1
0	m_0	m_1
1	m_2	m_3

a) 二输入变量

A \ BC	00	01	11	10
0	m_0	m_1	m_3	m_2
1	m_4	m_5	m_7	m_6

b) 三输入变量

AB \ CD	00	01	11	10
00	m_0	m_1	m_3	m_2
01	m_4	m_5	m_7	m_6
11	m_{12}	m_{13}	m_{15}	m_{14}
10	m_8	m_9	m_{11}	m_{10}

c) 四输入变量

图 9-13　卡诺图基本结构

卡诺图的画法是

1）n 个变量的卡诺图由 2^n 个小方格组成，每个小方格对应着 n 个变量的一个最小项。

2）变量卡诺图中的最小项的编号可以在小方格的右下角标出，也可以不一一列出，而是在图形左上角标注变量，在左边和上边标注其对应的变量取值，这样每个小方格所代表的最小项编号，就是其左边和上边变量取值组合对应的最小项编号。

3）变量卡诺图的组成特点是把逻辑相邻的最小项安排在几何位置相邻的小方格中。

两个最小项中除一个变量不同外，其他的变量都相同，这两个最小项叫作逻辑上具有相邻性。例如 $m_1=\bar{A}\,\bar{B}C$ 和 $m_5=A\bar{B}C$ 是逻辑相邻的。

几何相邻包括 3 种情况：相接（紧挨）；相对（任意一行或一列的两头）；相重（对折起来位置重合）。

为了使几何相邻的最小项具有逻辑相邻性，变量取值的顺序要按照格雷码排列，例如图 9-13c 中，AB 和 CD 都是按照 00、01、11、10 的顺序排列的。这样的排列，对于逻辑函数的化简提供了有利条件，因为根据公式 $AB+\bar{A}B=B$ 可知，逻辑相邻的两个最小项相加时，可以消去互补的那一个变量而留下公因子项。例如图 9-13b 中，$m_1+m_5=\bar{A}\,\bar{B}C+A\bar{B}C=\bar{B}C$。

2. 逻辑函数的卡诺图

在变量卡诺图的基础上，把对应逻辑函数值为 1 的变量取值组合对应的小方格填上 1，函数值为 0 的填 0，就可得到逻辑函数的卡诺图，如果给出的是逻辑函数的真值表，只要一一对应填入函数值即可。

如果给出的是逻辑函数的标准与或式——最小项表达式，只要在变量卡诺图上找到函数表达式所包括的全部最小项对应的小方格，并填上 1，其余的小方格填 0，即得函数的卡诺图。例如，针对函数表达式 $F(A,B,C,D)=ABC+B\bar{C}D$ 卡诺图，将该表达式化为最小项表达式，得：$F(A,B,C,D)=ABC+B\bar{C}D=ABCD+ABC\bar{D}+AB\bar{C}D+\bar{A}B\bar{C}D=\sum_m(5,13,14,15)$。然后在四变量卡诺图的结构形式中的最小项 m_5，m_{13}，m_{14}，m_{15}对应的小方格填 1，其余填 0，即得 F 的卡诺图，如图 9-14 所示。

AB \ CD	00	01	11	10
00	0	0	0	0
01	0	1	0	0
11	0	1	1	1
10	0	0	0	0

图 9-14　$F(A,B,C,D)=ABC+B\bar{C}D$ 的卡诺图

3. 用卡诺图化简逻辑函数的步骤

1）画出逻辑函数的卡诺图。

2）画合并圈。将包含 $2^i(i=0,1,2,3,\cdots)$ 个且相邻为 1 的小方格圈起来，目的在于合并最小项，消去一些变量。画合并圈的原则是

① 圈内 1 格的个数必须是 $2^i(i=0,1,2,3,\cdots)$，也即为 1,2,4,8,$\cdots$，因为 2^i 个最小项相加，提出公因子后，剩下的乘积项，恰好是要被消去的 i 个变量的全部最小项，根据最小项的性质，它们的和恒等于 1，所以可被消去。两个最小项合并可以消去 1 个变量，四个最小项合并可消去 2 个变量，八个最小项合并可消去 3 个变量。

② 合并圈个数最少。因为每个合并圈对应与—或表达式中的一个与项，合并圈个数最少，则表达式中的与项最少。

③ 每个合并圈应尽可能大。合并圈越大，消去的变量越多，与项中的变量数就越少。

3）写出最简与—或表达式。对卡诺图中所画的每一个合并圈，都可以写出一个相应的与项，将这些与项相加，即得最简与—或式。

应该注意的是，有时会出现虽满足上面画合并圈的原则，但合并圈的画法可能不唯一，得到的最简与—或式也会有所不同。

例 9-15 用图形法将逻辑表达式 $F(A,B,C)=\overline{A}BC+A\overline{B}C+AB\overline{C}+ABC$ 化为最简与或式。

解 $F(A,B,C)=\overline{A}BC+A\overline{B}C+AB\overline{C}+ABC=\sum_m(3,5,6,7)$

其卡诺图并画合并圈，如图 9-15 所示。

则最简与或式为 $F(A,B,C)=AB+AC+BC$。

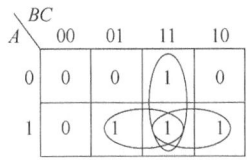

图 9-15 例 9-15 的卡诺图

例 9-16 用图形法将逻辑表达式 $F(A,B,C,D)=\overline{B}\,\overline{C}\,\overline{D}+\overline{B}\,\overline{C}D+\overline{A}CD+\overline{A}BC\overline{D}$ 化为最简与—或式。

解 根据逻辑表达式可得其卡诺图并画合并圈，如图 9-16 所示。

根据图 9-16，可得最简与或式为 $F(A,B,C,D)=\overline{B}\,\overline{C}+\overline{B}\,\overline{D}+\overline{A}CD$。

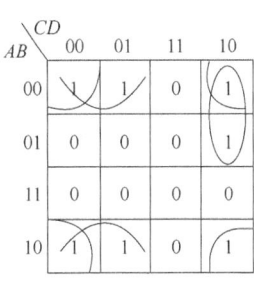

图 9-16 例 9-16 的卡诺图

4. 具有约束项的逻辑函数的化简

（1）约束、约束项、约束条件

约束是指逻辑函数的各个变量之间所具有的相互制约的关系，由具有约束的变量所决定的逻辑函数，叫作有约束的逻辑函数。

约束项是指不会或不允许出现的变量取值组合所对应的最小项。

约束条件是由约束项加起来所构成的函数表达式。

（2）具有约束的逻辑函数的化简

因为约束项是不可能出现的项，因此在合并最小项时，作为 0 或者作为 1 处理都可以，处理成 0 或 1 的原则是逻辑函数最简。下面举例说明。

例 9-17 要求写出一个逻辑函数 F，该逻辑函数能够判断一位用 8421 码表示的十进制数，该数范围为 $2<(DCBA)_{8421}\leq7$。

解 该逻辑函数 F 的真值表见表 9-9。由于 1010～1111 六个状态在 8421BCD 码中不可

能出现，所以 $m_{10} \sim m_{15}$ 是约束项，在真值表和卡诺图中用 x 表示。图 9-17 是其卡诺图。

表 9-9 例 9-17 的真值表

十进制数	输入变量				输出变量
	D	C	B	A	F
0	0	0	0	0	0
1	0	0	0	1	0
2	0	0	1	0	0
3	0	0	1	1	1
4	0	1	0	0	1
5	0	1	0	1	1
6	0	1	1	0	1
7	0	1	1	1	1
8	1	0	0	0	0
9	1	0	0	1	0
不出现	1	0	1	0	x
	1	0	1	1	x
	1	1	0	0	x
	1	1	0	1	x
	1	1	1	0	x
	1	1	1	1	x

约束条件可写为 $\sum_d(10,11,12,13,14,15)=0$，也可表示成 $AB+AC=0$。

函数 F 的逻辑表达式也可表示为 $F(A,B,C,D)=\sum_m(3,4,5,6,7)+\sum_d(10,11,12,13,14,15)$。其卡诺图如图 9-17 所示。

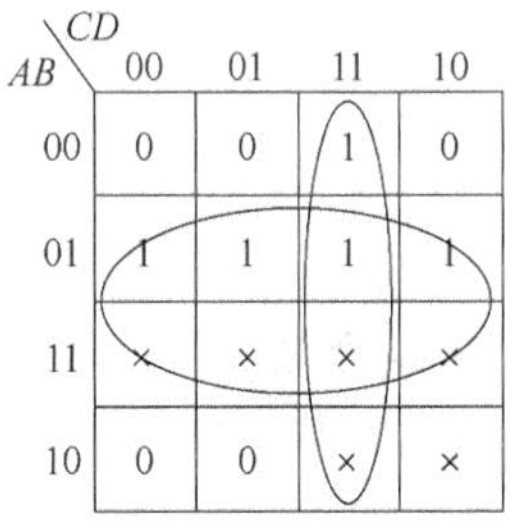

从图 9-17 可以写出 F 的最简与—或式为

$$\begin{cases} F=B+CD \\ AB+AC=0(\text{约束条件}) \end{cases}$$

图 9-17 例 9-17 的卡诺图化简

上例中，如果把所有的约束项当作 0 处理，则得到的最简与—或式为 $F=\overline{A}B+\overline{A}CD$。显然，利用约束项化简逻辑函数，结果要更为简单，实现该逻辑函数成本更少。

9.4 逻辑门电路

逻辑门电路就是实现一些基本逻辑关系的电路。在数字电路中，用高电平、低电平来描述电路的两种逻辑状态，称为逻辑电平。它们对应于电路中两个不同的但具有确定范围的高、低电压，高电平对应相对较大的电压，低电平对应相对较小的电压。高、低电平表示的是一定的电压范围，而不是一个固定不变的值。

9.4.1 分立元件门电路

1. 二极管与门

由二极管组成的与门结构如图9-18所示。图中 A、B 为输入信号，输入电压 F 为输出信号。当两个输入信号进行4种不同情况的输入时，可以分析出相应的输出见表9-10的输入、输出电压对应表。显然，0V、0.7V 表示低电平，而 3V、3.7V 表示高电平。采用正逻辑约定进行状态赋值，可得真值表，见表9-11。

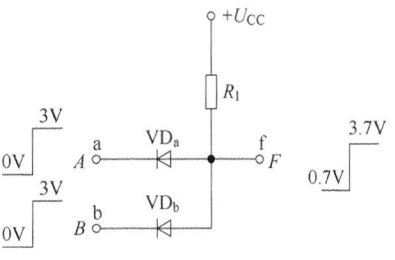

图 9-18　二极管与门

表 9-10　图 9-18 的电压对应表

a点输入电压	b点输入电压	f点输出电压
0V	0V	0.7V
0V	3V	0.7V
3V	0V	0.7V
3V	3V	3.7V

表 9-11　图 9-18 的真值表

输入		输出
A	B	F
0	0	0
0	1	0
1	0	0
1	1	1

由表9-18可以看出，图9-18实现了输出信号 F 与输入信号 A、B 之间的逻辑功能是与逻辑功能。

2. 二极管或门

由二极管组成的或门结构如图9-19所示。可以分析出输出电压与输入电压间的对应关系见表9-12。这里，0V、-0.7V 表示低电平，而 2.3V、3V 表示高电平。同样采用正逻辑约定进行状态赋值，可得真值表，见表9-13。

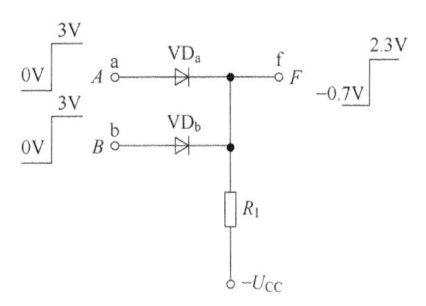

图 9-19　二极管或门

表 9-12　图 9-19 的电压对应表

a点输入电压	b点输入电压	f点输出电压
0V	0V	-0.7V
0V	3V	2.3V
3V	0V	2.3V
3V	3V	2.3V

表 9-13　图 9-19 的真值表

输入		输出
A	B	F
0	0	0
0	1	1
1	0	1
1	1	1

由表 9-13 可以看出，图 9-19 实现了输出信号 F 与输入信号 A、B 之间的逻辑功能是或逻辑功能。

3. 晶体管非门

由晶体管所构成的非门基本结构如图 9-20 所示。选择阻值合适的 R_B、R_C，使得当 A 输入端为 0V 时，晶体管 VT 工作于截止状态，输出 F 约为 5V，而当 A 输入端为 3V 时，晶体管 VT 工作于饱和状态，输出 F 约为 0.3V。由此可得表 9-14 所示的真值表。

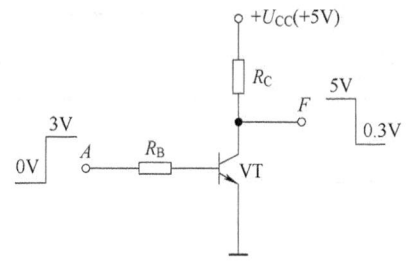

图 9-20　晶体管非门

表 9-14　图 9-20 的真值表

输入	输出
A	F
0	1
1	0

显然，从表 9-14 可以看出，图 9-20 所实现的逻辑功能为非逻辑功能。

9.4.2　TTL 集成门电路

集成电路是在分立元件基础之上发展、演变而来。集成电路是指所有元件及连线都制作在同一块半导体基片上。按照制作所用的半导体材料的不同，分为 TTL(Transistor-Transistor Logic，晶体管-晶体管逻辑电路) 和 CMOS(Complementary Metal Oxide Semiconductor，互补金属氧化物半导体)。不论是哪一种材料制作的同类门电路，其电气性能虽然有差异，但所实现的逻辑功能是相同的。

与非门是应用较为广泛的一类门电路，下面以 TTL 与非门为例介绍 TTL 门电路的结构。

1. 电路组成

图 9-21a 为一个三输入与非门的内部结构电路图，图 9-21b 为其图形符号，该图实现的逻辑功能是 $F=\overline{ABC}$。

从图 9-21a 可以看出该电路可由三部分组成。

（1）输入级

由多发射极晶体管(VT_1)和电阻(R_1)组成，该部分的作用是实现与的功能。

(2) 中间级

由晶体管(VT_2)和电阻(R_2、R_3)组成,该部分的作用是从 VT_2 的集电极和发射极同时输出高电电平相反的信号,分别驱动 VT_3、VT_5。

(3) 输出级

由晶体管(VT_3、VT_4、VT_5)和电阻(R_4、R_5)共同组成。其中 VT_5 起反相器作用,VT_3、VT_4 组成的复合管电路构成一个射极输出器,作为 VT_5 的有源负载,这种输出模式称为推拉式输出电路,特点是输出电阻小,也即带负载能力强。

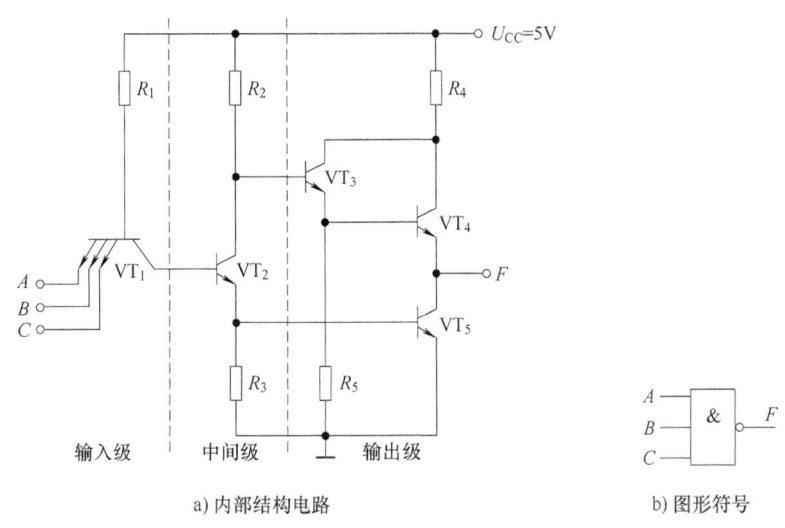

图 9-21 TTL 与非门的内部结构

2. 逻辑功能分析

1) 当输入信号 A、B、C 全部为高电平(3.6V)时,晶体管 VT_1 的基极电压较高,利用二极管的箝位作用,使得晶体管 VT_2、VT_5 处于饱和导通状态,从而输出 F 端的电压约为 0.3V。此时称为开门状态(导通状态)。图 9-22 所示电路表明在输入信号 A、B、C 全部为高电平下各晶体管的相关电极的电压大小情况及晶体管的工作状态。

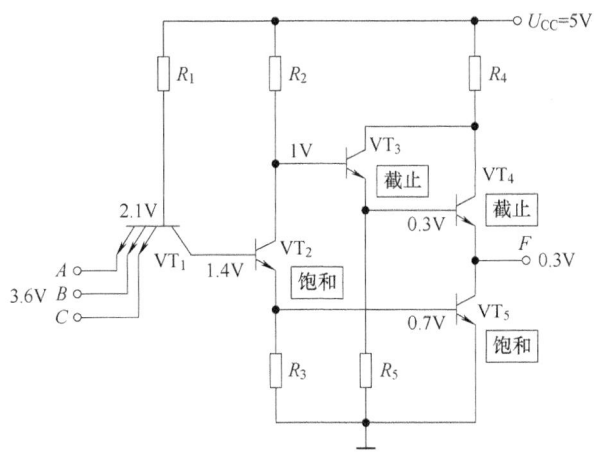

图 9-22 输入信号全高时的内部工作情况

2）当输入信号 A、B、C 至少有一个为低电平(0.3V)时，由于晶体管 VT_1 的基极电压小，使得晶体管 VT_2、VT_5 处于截止状态，而 VT_3、VT_4 饱和导通状态，此时输出 F 的电压为

$$U_F = U_{CC} - U_{R_2} - U_{BE(VT_3)} - U_{BE(VT_4)} \approx (5-0.7-0.7)\text{V} = 3.6\text{V}$$

图 9-23 所示电路表明在输入信号 A、B、C 至少有一个为低电平时，各晶体管的相关电极的电压大小情况及晶体管的工作状态。

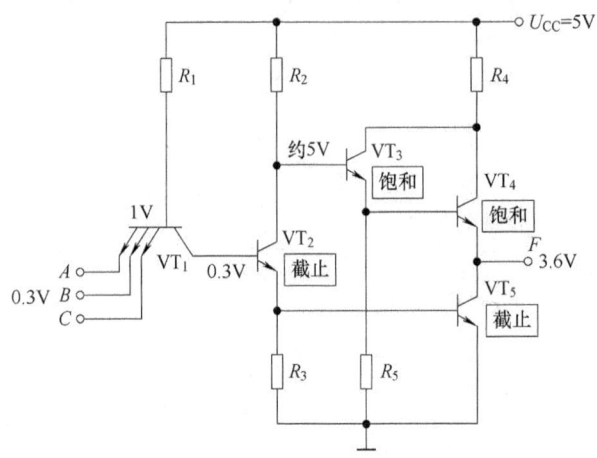

图 9-23 输入至少 1 个低电平时的内部工作情况

3. 电气特性

（1）电压传输特性

电压传输特性是指有关电路的输出电压与输入电压的对应关系，TTL 集成与非门的电压传输特性曲线如图 9-24 所示。习惯上将该电压传输特性曲线分为 AB 段(截止区)、BC 段(线性区)、CD 段(过渡区)、DE 段(饱和区)四个区域。从图 9-24 可以看出，输出的高电平 $U_{OH} = 3.6\text{V}$，输出的低电平 $U_{OL} = 0.3\text{V}$。为确保门电路的正常工作，通常规定输出高电平的下限值 $U_{OHmin} = 2.4\text{V}$，输出低电平的上限值 $U_{OLmax} = 0.4\text{V}$。将电压传输特性曲线中，U_{OHmin} 所对应的输入电压称为 U_{ILmax}（输入低电平电压最大值），U_{OLmax} 所对应的输入电压称为 U_{IHmin}（输入高电平电压最小值）。

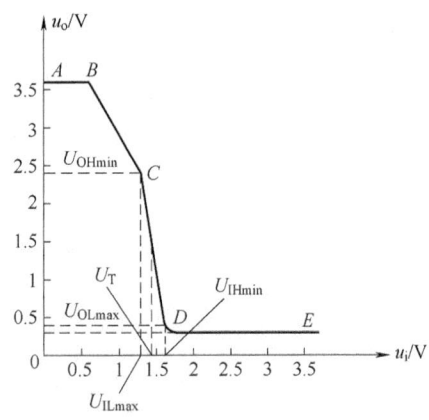

图 9-24 TTL 集成与非门的电压传输特性曲线

可以从电压传输特性上查出相对应的 U_{ILmax} 和 U_{IHmin}。当 $U_I < U_{ILmax}$ 时，电路输出高电平，处于关门状态，因此 U_{ILmax} 也称为关门电平（U_{OFF}）；当 $U_I > U_{OHmin}$ 时，电路则输出低电平，处于开门状态，因此 U_{OHmin} 也称为开门电平（U_{ON}）。电压传输特性中 CD 段的中点所对应的输入电压叫阈值电压 U_T（或门槛电压），$U_T \approx 1.4\text{V}$。

（2）输入端负载特性

在与非门的实际使用中，有时会在其输入端通过外接电阻 R 接地，如图 9-25 所示。此时会有电流流经电阻，若电阻的阻值为 0，相当于在图 9-25 的输入端 A 接入低电平；若电阻

的阻值为∞（开路，称为悬空），此时相当于输入端 A 接入高电平。则当电阻阻值从 0 变化到∞，输入端的电平会从低电平变化到高电平，由此可以推断，当 R 在大于 0 的某个范围内相当于输入低电平，当 R 小于∞的某个范围内相当于输入高电平。把相当于低电平输入时的最大电阻称为关门电阻，用 R_{OFF} 表示（约 700Ω）。把相当于高电平输入时的最小电阻称为开门电阻，用 R_{ON} 表示（约 2kΩ）。也就是说，图 9-25 中的外接电阻 $R<R_{OFF}$ 时，输入端 A 为低电平；当外接电阻 $R>R_{ON}$ 时，输入端 A 为高电平。

上述结论不仅对 TTL 与非门适用，对于其余 TTL 门电路也成立。但要注意的是，在实际工程应用中，对于多余的输入端不建议采用悬空，因为悬空易把外部干扰信号引入。

（3）输出端负载特性及扇出系数

在 TTL 门电路外接负载时，如图 9-26 所示。此时产生负载电流 I_L。此电流的大小会影响输出电压值。

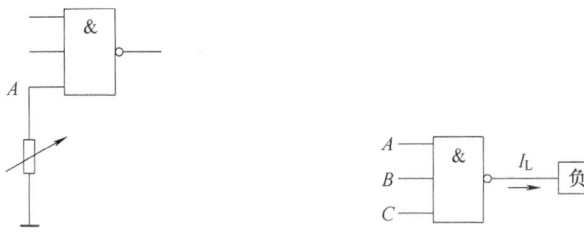

图 9-25 输入端外接负载示意图　　图 9-26 输出端外接负载示意图

当 TTL 与非门输出高电平时，形成拉电流负载，随着负载电流的增加，输出的高电平将逐渐下降，以致无法保证正常的高电平输出，如图 9-27a 所示；而当 TTL 与非门输出低电平时，形成灌电流负载，随着负载电流的增加，输出的低电平却逐渐上升，也无法保证正常低电平的输出，如图 9-27b 所示。由此可见，要保证输出正常的高、低电平，TTL 与非门所能提供的负载电流是有限的，即 TTL 门电路带负载的能力是有限的，如超出能力范围，将造成逻辑功能的混乱。通常，把一个门最多可以驱动几个同类门的数目称其为门电路的扇出系数 N_0，以此来衡量一个门的带负载能力。显然，N_0 越大，驱动同类门的数目就越多，所能提供的负载电流也就越大，则带负载能力就越强。

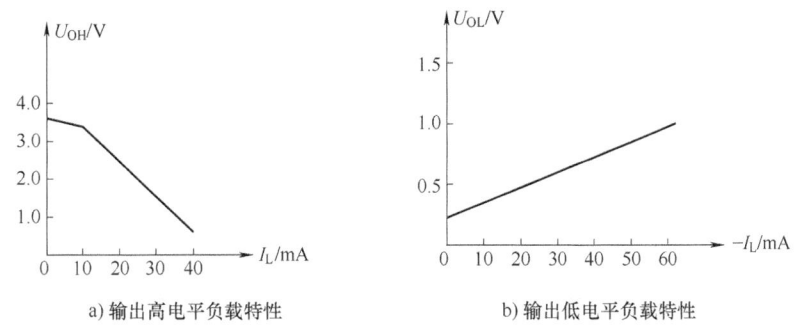

a）输出高电平负载特性　　b）输出低电平负载特性

图 9-27 输出端外接负载的特性曲线

（4）主要参数

1）输出高电平值 U_{OH}。

输出高电平 U_{OH} 是指 TTL 与非门输入端至少一个为低电平时的输出高电平的电压值，典型值 3.6V，最小值 2.4V。

2）输出低电平值 U_{OL}。

输出低电平 U_{OL} 是指 TTL 与非门输入端全为高电平时的输出低电平的电压值，典型值 0.3V，最大值 0.4V。

3）输入短路电流值 I_{IL}。

输入短路电流值 I_{IL} 是指 TTL 与非门有一个输入端接地，其余输入端悬空时，流入到接地端的输入电流值，典型值为 1.4mA。

4）输入漏电流值 I_{IH}。

输入漏电流值 I_{IH} 是指 TTL 与非门有一个输入端接高电平，其余输入端接地时，流入到接高电平输入端的输入电流值，典型值为 10μA。

5）开门电平 U_{IHmin}。

开门电平 U_{IHmin} 是指 TTL 与非门输出为标准低电平时，所允许输入的最小输入高电平值，也用 U_{ON} 表示，典型值为 1.8V。

6）关门电平 U_{ILmax}。

关门电平 U_{ILmax} 是指 TTL 与非门输出为标准高电平时，所允许输入的最大输入低电平值，也用 U_{OFF} 表示，典型值为 0.8V。

7）扇出系数 N_0。

扇出系数 N_0 是指一个门最多能够驱动几个同类门的数目，主要用来衡量门电路的带负载能力，典型值为 8。

9.4.3 特殊门电路

1. 集电极开路门电路（OC 门）

（1）OC 门的结构

有时在工程实际应用中，希望能够把几个门电路的输出并接在一起，这种方法称为线与。但一般门电路绝对不允许把输出端接到一起，因为这样一方面会造成逻辑混乱，更为严重的会把门电路损坏。为了解决门电路线与的问题，可采用 OC 门。图 9-28a 所示电路为集电极开路的 TTL 与非门内部电路图，图 9-28b 为其图形符号。从图 9-28a 可以看出，该电路是把图 9-21a 中的有源负载部分（VT_3、VT_4、R_4、R_5）去掉，这样 VT_5 的集电极处于开路状态，故名集电极开路门电路（简称 OC 门）。

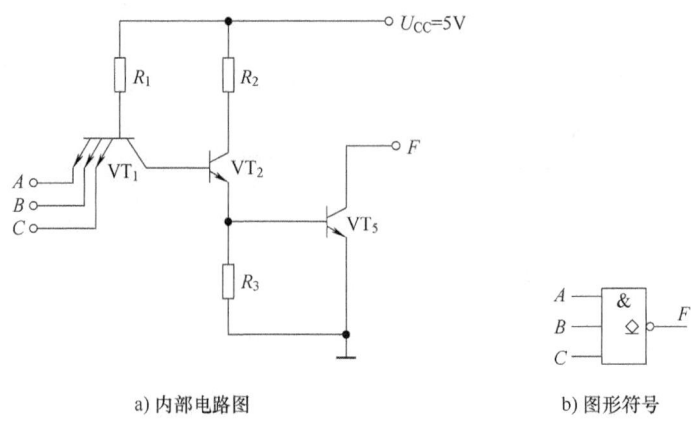

a）内部电路图　　　　b）图形符号

图 9-28　集电极开路与非门内部电路

要使 OC 门能够正常工作,必须在输出端与电源端之间外接合适的电阻(此电阻称为上拉电阻,当无上拉电阻时,输出与输入之间没有逻辑关系),如图 9-29 所示,图中输出与输入之间的逻辑关系为 $F=\overline{ABC}$。

(2) OC 门的应用

1)实现线与

普通门电路不允许将输出端并接在一起,但对于 OC 门来说,可以将输出端并接在一起,实现线与功能,如图 9-30 所示,图中输出与输入之间的逻辑关系为 $F=\overline{AB}\cdot\overline{CD}$。由反演定律可知:$\overline{AB}\cdot\overline{CD}=\overline{AB+CD}$,所以图 9-30 也就实现了与或非的功能。

2)用作驱动器

由于普通门电路的带负载能力不强,当用普通门电路去驱动 LED 指示灯、继电器时通常要加一驱动电路。但若用 OC 门就可以直接驱动指示灯、继电器等负载,如图 9-31 所示。图中二极管的作用是续流,称为续流二极管。

3)实现电平转换

TTL 的逻辑电平值,输出高电平典型值为 3.6V,输出低电平典型值为 0.3V,但并不是所有的数字系统的值都是如此。有时可能需要把输出高电平的值提高到 12V,这时可以采用 OC 门,如图 9-29 所示,将该图中的 U_{CC} 接到 12V 电源上,此时输入端与普通 TTL 门电路无异,但输出高电平值变为 12V。

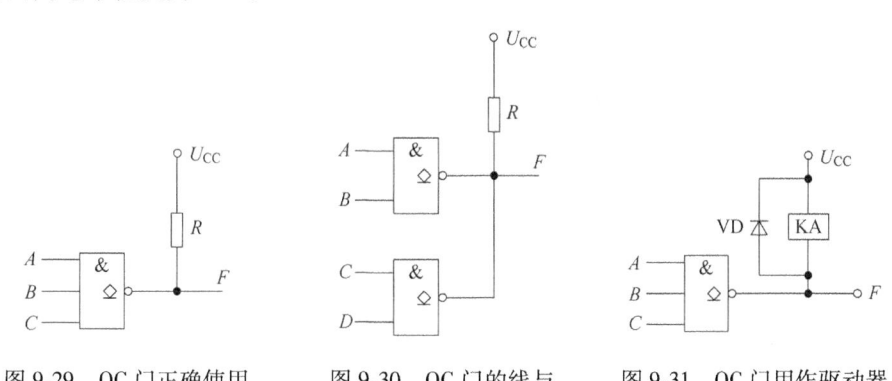

图 9-29 OC 门正确使用　　图 9-30 OC 门的线与　　图 9-31 OC 门用作驱动器

2. 三态门(TS 门)

普通门电路的输出只具有高电平、低电平两种状态,但三态门的输出除了高电平、低电平两种状态,还具有第三种状态——高阻状态(又称开路状态、禁止状态)。

(1) 三态门电路结构

三态门电路的电路结构如图 9-32a 所示,图 9-32b 为该三态门的图形符号。

从图 9-32a 可以分析到,当 EN 为低电平时,P 点处就为高电平,二极管 VD_1 截止,此时电路功能与图 9-21 TTL 与非门的功能相同,实现 $F=\overline{AB}$;当 EN 为高电平时,P 点处就为低电平,一方面使得二极管 VD_1 导通,图中 N 点的电压约为 1V,从而使得 VD_2 截止;另一方面,P 点相当于多发射极的一个输入端,由于 P 点处为低电平,使得 VT_2、VT_5 截止,这样,输出 F 与电源、地之间都处于开路状态,故输出端呈高阻抗状态。图 9-32b 为图 9-32a 的图形符号。若图 9-32a 中没有非门,此时电路功能变为当 EN 为高电平时,输出与输入之间的逻辑关系为 $F=\overline{AB}$,当 EN 为低电平时,输出 F 呈高阻状态,它的图形符号如图 9-32c

所示。EN 称为使能端，控制端。在实际应用中，应注意这两种图形符号之间的区别和由此带来使用上的不同。

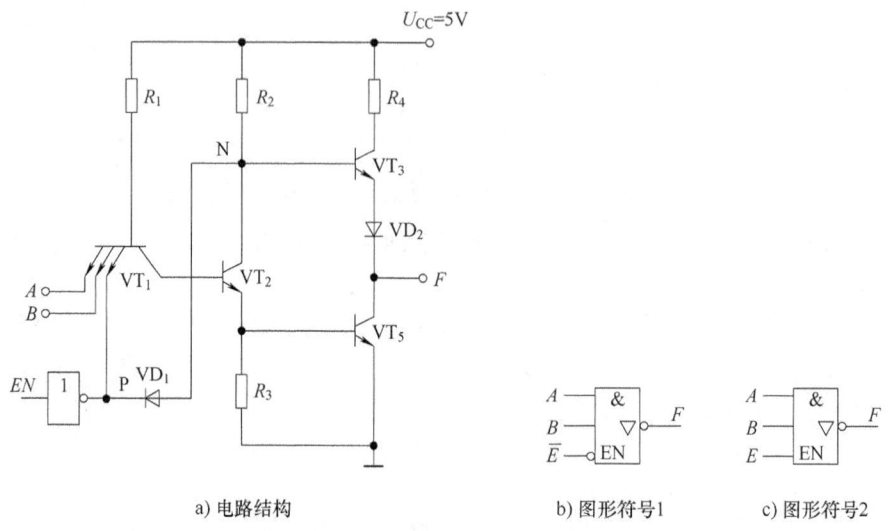

a）电路结构　　　b）图形符号1　　　c）图形符号2

图 9-32　TS 门的电路结构及图形符号

（2）TS 门的应用

1）总线传输

总线（BUS）是数字系统中信号传输线路的一种结构形式，是计算机硬件结构中的一种重要形式，可以理解为具有控制功能的传送数据的公共通道。使用总线可以实现同一线路轮流传送几组不同的数据。

图 9-33 所示电路是三态门用于总线传输，在该电路中，任何时候至多只能有一个三态门处于工作状态，不允许两个或两个以上三态门同时工作。这就需要首先对各个三态门的使能端 EN 进行适当控制，当一个三态门使能端有效时（图中使能端低电平有效），其余三态门的使能端就必须接高电平（无效），例如当 $\overline{E_1}=0$，$\overline{E_2}=\cdots=\overline{E_n}=1$，此时总线上的信号就为 $\overline{A_1B_1}$，当总线上的信号需要是 $\overline{A_2B_2}$ 时，$\overline{E_2}=0$，$\overline{E_1}=\overline{E_3}=\cdots=\overline{E_n}=1$，依次类推。

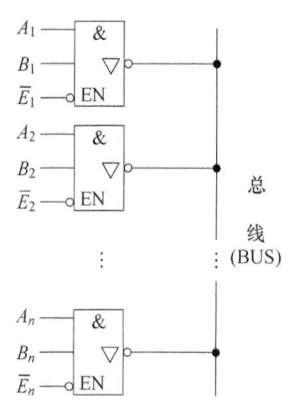

图 9-33　三态门用于总线传输

2）双向传输

图 9-34 是利用三态门实现了数据的双向传输。图中 G_1、G_2 门为三态非门，A、B 表示数据输入/输出端，E 为控制端。当 E 为低电平时，G_1 控制端有效，此时 A 为数据输入端，B 为数据输出端，$B=\overline{A}$；当 E 为高电平时，G_2 控制端有效，此时 B 为数据输入端，A 为数据输出端，$A=\overline{B}$。

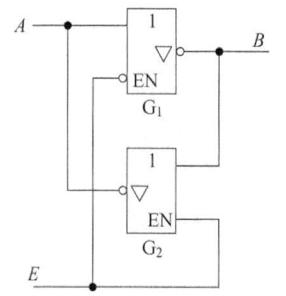

图 9-34　三态门用于双向传输

9.4.4　CMOS 集成门电路

在数字系统中，集成门电路芯片除了采用双极型逻辑门电路以外，还采用单极型逻辑门电路。单极型逻辑门电路是由绝缘栅场效应晶体管组成,具有功耗低、抗干扰能力强、工艺简单、集成度高、电源电压适用范围广等特点,利于超大规模集成电路发展,但缺点是工作速度比 TTL 电路低。常用的单极型逻辑电路,主要有 NMOS、PMOS、CMOS、HCMOS 等类型。这几种类型中广泛应用的是 CMOS 逻辑电路。

CMOS 逻辑电路是指采用 NMOS、PMOS 构成的互补型 MOS 电路。CMOS 逻辑电路和 TTL 逻辑电路内部结构、电气特性等方面虽然不同,但类型相同的逻辑门电路图形符号、实现功能是一致的。

下面以 CMOS 非门为例,简单介绍 CMOS 门电路。

图 9-35a 是 CMOS 非门电路图。图中 VT_1 为 N 沟道增强型 MOS 管,VT_2 为 P 沟道增强型 MOS 管,两者的栅极与外部输入信号 A 相接,两者的漏极 D 相接,两者的源极 S 与各自的衬底相接。要求电源电压值 $U_{CC} > U_{GS(th)1} + |U_{GS(th)2}|$。

功能分析如下:当输入 A 为高电平时,加在 VT_1 上的栅—源电压大于它的开启电压($U_{GS1} > U_{GS(th)1}$),VT_1 导通;同时,加在 VT_2 上的栅—源电压小于它的开启电压的绝对值($U_{GS2} < |U_{GS(th)2}|$),VT_2 截止。此时输出电压值 $U_F \approx 0.1V$,故输出为低电平。

同理可分析到,当输入 A 为低电平时,VT_2 导通,VT_1 截止;若电源电压为 5V,此时输出电压值 $U_F \approx U_{CC} - 0.1 = (5-0.1)V = 4.9V$,故输出为高电平。

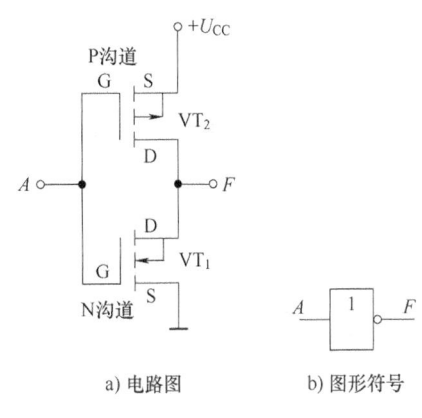

a) 电路图　　b) 图形符号

图 9-35　CMOS 非门

从上面分析可以得出,输出 F 与输入 A 之间的逻辑关系为 $F = \overline{A}$,图 9-35b 为图 9-35a 的图形符号。

与 TTL 门电路一样,CMOS 门电路还有与门、或门、与非门、传输门等,此处不再一一介绍。

9.4.5　集成门电路的使用

在数字电路理论分析中,一般只用高、低电平来进行分析,但在电路设计与制作过程中,还有一些必须注意的事项。

1. TTL 逻辑电路的使用

(1) TTL 逻辑电路对电源电压要求:相关手册规定,电源电压范围在 5V±0.25V 之间,不能超过 5.25V,而且在使用中还要注意不能颠倒电源极性,否则会烧毁集成电路。

(2) 集成门电路多余输入端的使用

1) 与门和与非门多余输入端应接高电平处理,具体方法如下:

① 接标准高电平;

② 通过一个上拉电阻接电源正极端;

③ 与其余输入端并接使用;

④ 悬空处理,但在实际使用中,不推荐悬空处理,因为悬空虽然相当于高电平,但外部干扰信号容易窜入。

2）或门和或非门多余输入端应接低电平处理，具体方法如下：

① 接电源负极端（接地）；

② 与其余输入端并接使用。

2. CMOS 逻辑电路的使用

由于 CMOS 电路的输入端是绝缘栅极，其输入阻抗极高，易引起静电感应而被击穿，故在生产、运输、使用（含焊接、测试）等环节中，要有必要的保护措施。

1）CMOS 电路应在防静电材料中储存和运输；

2）焊接时，采用内热式电烙铁，电烙铁必须要可靠接地，以屏蔽交流电场；最好利用电烙铁上的余温焊接；

3）组装、调试过程中，工作台面有良好的导电性，并且可靠接地；所用电源、仪器仪表也要可靠接地；插拔 CMOS 器件时，须先切断电源；工作人员不宜穿尼龙、化纤衣服，不穿硬塑料底的鞋，手或工具在接触 CMOS 器件前应先释放静电；

① CMOS 电路的电源电压范围较 TTL 电源范围宽，为 3~18V，不能超过 18V，在使用中也不能颠倒电源极性。

② 多余输入端和多余门都不能悬空，而是在不影响逻辑功能的前提下，进行接高电平线接地、并接其他输入端等处理。

3. TTL 与 CMOS 的接口处理

在一个数字系统中，如果既有 TTL 集成电路又有 CMOS 集成电路，要注意有时必须有可靠的接口电路，使得相互之间能实现电平匹配。

（1）TTL 输出驱动 CMOS

表 9-15 为 TTL 输出高、低电平时的电压值以及 CMOS 输入高、低电平的电压值（表中的数据是在 5V 电压下）。显然，两者的低电平值能匹配，但高电平值并不兼容，就是说 TTL 的输出高电平值达不到 CMOS 高电平值的要求，此时要加必要的接口电路，以完成两者的电平匹配。图 9-36 为 TTL 输出驱动 CMOS 电路的接口电路图。图 9-36a 在 5V 电压供电下，在 TTL 输出端接上拉电阻到电源端，以提高 TTL 输出高电平电压值。图 9-36b 在两者供电电压不相同的情况下，TTL 门电路采用 OC 门，然后再接上拉电阻，以实现电平匹配。

表 9-15　TTL 输出端、CMOS 输入端的高、低电平电压值表

TTL 输出电平电压值	CMOS 输入电平电压值（5V 电压下）
$U_{OL} \leq 0.4V$	$U_{IL} \leq 1.0V(0.2U_{CC})$
$U_{OH} \geq 2.4V$	$U_{IH} \geq 3.5V(0.7U_{CC})$

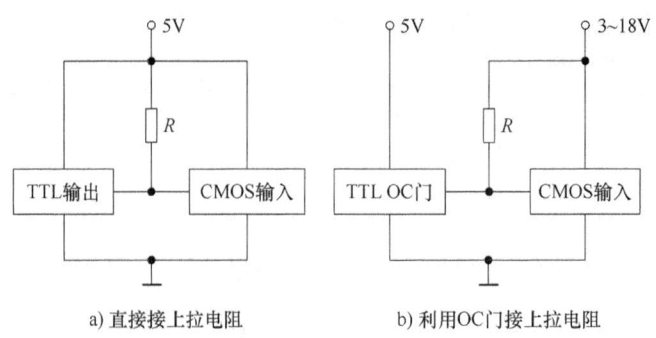

a）直接接上拉电阻　　b）利用 OC 门接上拉电阻

图 9-36　TTL 输出驱动 CMOS 电路的接口电路图

(2) CMOS 输出驱动 TTL

表 9-16 为 CMOS 输出高电平的电压值(表中的数据是在 5V 电压下)以及 TTL 输入高、低电平电压值。从表中数据可以看出,在 5V 电源电压作用下,两者之间的电平值是匹配的,可以直接相接。但若 CMOS 使用的电源电压较大时,可以在两者之间加专业的电平转换器(74HCT 集成电路,此处不再详细介绍)。

表 9-16 CMOS 输出端、TTL 输入端的高、低电平电压值表

CMOS 输出电平电压值(5V 电压下)	TTL 输入电平电压值
$U_{OL} \leq 0.1V$	$U_{IL} \leq 0.8V$
$U_{OH} \geq 4.9V(U_{CC}-0.1V)$	$U_{IH} \geq 1.8V$

9.5 组合逻辑电路

组合逻辑电路是指在某一时刻的输出状态只取决于该时刻的输入状态,而与电路的原来状态无关的电路。在电路组成上,组合逻辑电路是由逻辑门电路构成的。

9.5.1 组合逻辑电路的分析

1. 基本分析步骤

组合逻辑电路的分析是指根据给定的逻辑电路图,来分析该逻辑电路图所能实现的逻辑功能。其基本分析步骤如下:

(1) 给定逻辑电路→输出逻辑函数式

一般从输入端向输出端逐级写出各个门电路输出和其输入间的逻辑表达式,进一步写出整个逻辑电路的输出和输入变量的逻辑表达式。必要时,可进行化简,求出最简逻辑表达式。

(2) 列真值表

将输入变量的取值组合以自然二进制数顺序排列,求出相应的输出状态,并填入真值表中。

(3) 分析逻辑功能

通过分析真值表的特点来说明电路的逻辑功能。

2. 分析举例

例 9-18 分析图 9-37 所示电路的逻辑功能。

解 (1) 输出逻辑函数表达式

$$F_1 = A \oplus B$$
$$F = F_1 \oplus C$$
$$= A \oplus B \oplus C$$
$$= \overline{A}\,\overline{B}C + \overline{A}B\overline{C} + A\overline{B}\,\overline{C} + ABC$$

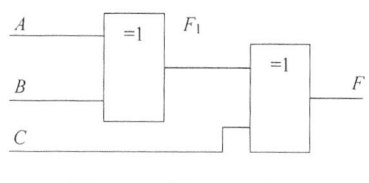

图 9-37 例 9-18 逻辑图

(2) 列真值表

根据上述表达式可列出表 9-17 的真值表。

表 9-17 例 9-18 的真值表

输入信号			输出信号
A	B	C	F
0	0	0	0
0	0	1	1
0	1	0	1
0	1	1	0
1	0	0	1
1	0	1	0
1	1	0	0
1	1	1	1

（3）逻辑功能分析

由真值表可看出：在 A、B、C 三个输入变量中，有奇数个 1 时，输出 F 为 1，否则 F 为 0，因此，该图 9-37 所示电路功能为三位判奇电路，又称为奇校验电路。

例 9-19 分析图 9-38 所示电路的逻辑功能，并指出从使用门电路的数量来看，该电路设计是否合理。

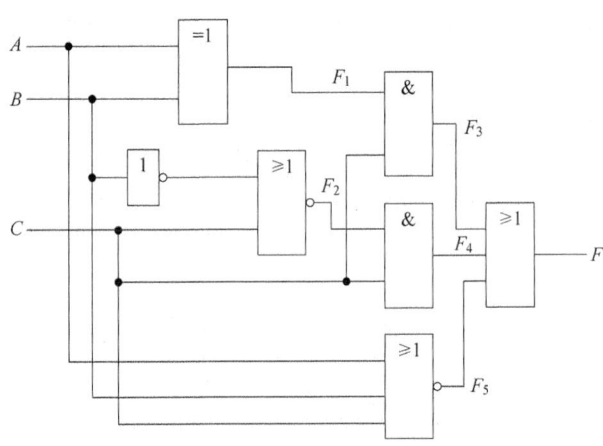

图 9-38 例 9-19 电路图

解 （1）输出逻辑函数表达式

$$F_1 = A \oplus B$$
$$F_2 = \overline{\overline{B} + C}$$
$$F_3 = F_1 \cdot C$$
$$F_4 = F_2 \cdot C$$
$$F_5 = \overline{A + B + C}$$
$$F = F_3 + F_4 + F_5$$
$$= F_1 \cdot C + F_2 \cdot A + \overline{A + B + C}$$

$$= (A \oplus B) \cdot \overline{C} + \overline{B} + C \cdot \overline{A} + \overline{A+B+C}$$
$$= \overline{A}BC + A\overline{B}C + AB\overline{C} + \overline{A}\,\overline{B}\,\overline{C}$$

(2) 列真值表。根据上述表达式可列出表 9-18 的真值表。

表 9-18 例 9-19 的真值表

输入信号			输出信号
A	B	C	F
0	0	0	1
0	0	1	0
0	1	0	0
0	1	1	1
1	0	0	0
1	0	1	1
1	1	0	1
1	1	1	0

(3) 逻辑功能分析。由表 9-18 可看出，图 9-38 所示电路的 A、B、C 三个输入中有偶数个 1 时，输出 Y 为 1，否则 Y 为 0。因此，该电路为三位判偶电路，又称偶校验电路。

(4) 改进：这个电路使用门的数量太多，设计并不合理，可用较少的门电路来实现。变换表达式为

$$Y = \overline{A}BC + A\overline{B}C + AB\overline{C} + \overline{A}\,\overline{B}\,\overline{C}$$
$$= (A \oplus B)\overline{C} + \overline{(A \oplus B)}\,\overline{C}$$
$$= (A \oplus B) \odot C$$

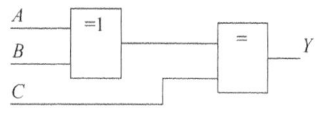

图 9-39 例 9-19 的改进电路

(5) 最少门电路实现如图 9-39 所示。

9.5.2 组合逻辑电路的设计

1. 基本设计步骤

组合逻辑电路的设计是指给定设计要求（功能），设计能够实现该功能的逻辑电路图。设计和分析是互逆的两个过程。

设计步骤：

1) 分析设计要求，列真值表。根据题意设输入变量和输出函数并进行逻辑赋值，确定它们相互间的关系，然后将输入变量以自然二进制数顺序的各种取值组合排列，列出真值表。

2) 根据真值表，写出输出逻辑函数表达式。

3) 对输出逻辑函数进行化简（或化为指定的结构形式），方法可用代数法或卡诺图法。

4) 根据逻辑函数式画逻辑图。

2. 设计举例

例 9-20 设计一个 A、B、C 三人表决电路。当表决某个提案时，A 具有否决权，同时必须多数人同意，提案才通过，前面 2 个条件不同时满足，提案不通过。要求用与非门

实现。

解 (1) 真值表

设 A、B、C 三个人，表决同意用 1 表示，不同意时用 0 表示；Y 为表决结果，提案通过用 1 表示，不通过用 0 表示，则根据题意，可列出表 9-19 的真值表。

表 9-19　例 9-20 的真值表

输入信号			输出信号
A	B	C	Y
0	0	0	0
0	0	1	0
0	1	0	0
0	1	1	1
1	0	0	0
1	0	1	1
1	1	0	1
1	1	1	1

(2) 写逻辑表达式并化简

$$Y = A\bar{B}C + AB\bar{C} + ABC$$
$$= A\bar{B}C + AB\bar{C} + ABC + ABC$$
$$= AB(C+\bar{C}) + AC(B+\bar{B})$$
$$= AB + AC$$
$$= \overline{\overline{AB+AC}}$$
$$= \overline{\overline{AB} \cdot \overline{AC}}$$

(3) 画逻辑电路图，根据上述与非表达式可画出如图 9-40 所示的电路图。

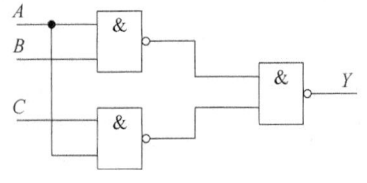

图 9-40　例 9-20 电路图

例 9-21　设计一个能将 8421BCD 码变换为余 3 码的组合逻辑电路。

解 (1) 列真值表。根据题意，输入为 8421BCD 码，用 D、C、B、A 表示；输出为余 3 码，用 A_3、A_2、A_1、A_0 表示。由于余 3 码有六个状态不用，不会出现，作为约束项处理。可得表 9-20 的真值表。

表 9-20　例 9-21 的真值表

输入信号				输出信号			
D	C	B	A	A_3	A_2	A_1	A_0
0	0	0	0	0	0	1	1

(续)

输入信号				输出信号			
D	C	B	A	A_3	A_2	A_1	A_0
0	0	0	1	0	1	0	0
0	0	1	0	0	1	0	1
0	0	1	1	0	1	1	0
0	1	0	0	0	1	1	1
0	1	0	1	1	0	0	0
0	1	1	0	1	0	0	1
0	1	1	1	1	0	1	0
1	0	0	0	1	0	1	1
1	0	0	1	1	1	0	0
1	0	1	0	×	×	×	×
1	0	1	1	×	×	×	×
1	1	0	0	×	×	×	×
1	1	0	1	×	×	×	×
1	1	1	0	×	×	×	×
1	1	1	1	×	×	×	×

（2）卡诺图化简。四个输出变量，每个输出变量各画一张卡诺图，分别求出 D、C、B、A 的最简表达式。含有最小项的方格填 1，没有最小项的方格填 0，任意项的方格填×。A_3、A_2、A_1、A_0 的卡诺图分别如图 9-41a~d 所示。

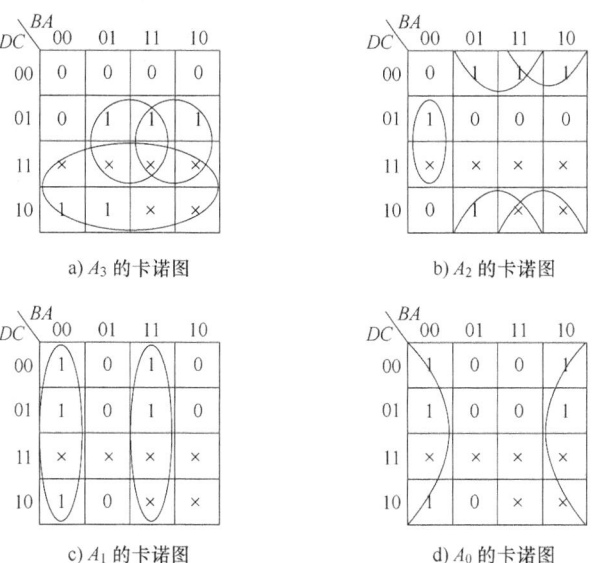

a) A_3 的卡诺图　　　　b) A_2 的卡诺图

c) A_1 的卡诺图　　　　d) A_0 的卡诺图

图 9-41　例 9-21 的卡诺图

(3) 根据卡诺图写出最简的逻辑表达式

$$A_3 = D + CA + CB$$

$$A_2 = \overline{C}A + \overline{C}B + C\overline{B}\overline{A}$$

$$A_1 = \overline{B}A + B\overline{A}$$

$$A_0 = \overline{A}$$

(4) 根据表达式画出逻辑电路图。实现例 9-21 的电路图,如图 9-42 所示。

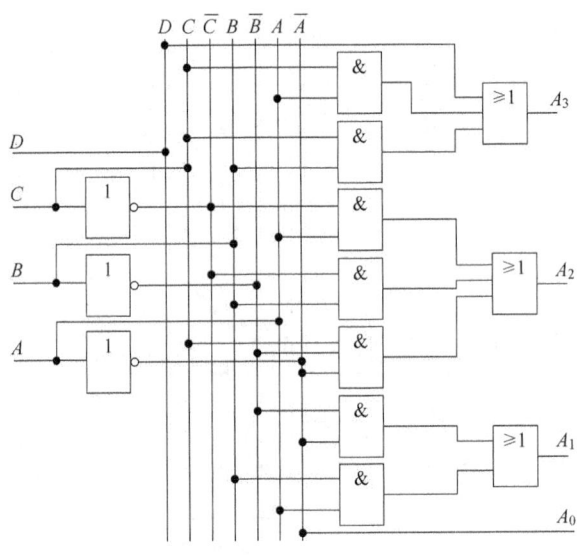

图 9-42　例 9-21 的逻辑电路图

9.6　常见集成组合逻辑电路模块及其应用

9.6.1　编码器

所谓编码,就是将特定意义的信息编成相应的二进制代码的过程。能够实现编码功能的电路称为编码器。例如,将计算机键盘信息输入计算机中,就需要编码器,当按下一个键时,编码器会将该键代表的信息编成对应的代码送到计算机中。编码器按功能分,可分为二进制编码器、二—十进制编码器和优先编码器。

1. 二进制编码器和二—十进制编码器

二进制编码器是指将 2^N 个输入信号转换成 N 位二进制代码输出的逻辑电路。

二—十进制编码器是指将 10 个输入信号转换成 4 位二进制代码输出的逻辑电路。下面以二—十进制编码器为例说明编码器的含义及设计过程。

例 9-22　需要编码的 10 个输入信号为 $I_0 \sim I_9$,对应输出 4 位二进制代码为 $Y_3 \sim Y_0$。试设计该编码器。

解　(1) 列真值表。由于 4 位二进制代码组合有 16 种状态,而二—十进制编码器只需要 10 种输出,输出组合方式就有很多种,常用的是 8421BCD 编码方式,则可得表 9-21 所示的二—十进制编码表。

表 9-21 例 9-22 的编码表

输入信号										输出信号			
I_0	I_1	I_2	I_3	I_4	I_5	I_6	I_7	I_8	I_9	Y_3	Y_2	Y_1	Y_0
1	0	0	0	0	0	0	0	0	0	0	0	0	0
0	1	0	0	0	0	0	0	0	0	0	0	0	1
0	0	1	0	0	0	0	0	0	0	0	0	1	0
0	0	0	1	0	0	0	0	0	0	0	0	1	1
0	0	0	0	1	0	0	0	0	0	0	1	0	0
0	0	0	0	0	1	0	0	0	0	0	1	0	1
0	0	0	0	0	0	1	0	0	0	0	1	1	0
0	0	0	0	0	0	0	1	0	0	0	1	1	1
0	0	0	0	0	0	0	0	1	0	1	0	0	0
0	0	0	0	0	0	0	0	0	1	1	0	0	1

（2）写逻辑表达式。由于有 4 个输出信号，根据表 9-21 写出各自的逻辑表达式，即

$$Y_3 = I_9 + I_8 = \overline{\overline{I_9}\,\overline{I_8}}$$

$$Y_2 = I_7 + I_6 + I_5 + I_4 = \overline{\overline{I_7}\,\overline{I_6}\,\overline{I_5}\,\overline{I_4}}$$

$$Y_1 = I_7 + I_6 + I_3 + I_2 = \overline{\overline{I_7}\,\overline{I_6}\,\overline{I_3}\,\overline{I_2}}$$

$$Y_0 = I_9 + I_7 + I_5 + I_3 + I_1 = \overline{\overline{I_9}\,\overline{I_7}\,\overline{I_5}\,\overline{I_3}\,\overline{I_1}}$$

（3）画逻辑电路图，根据上述逻辑表达式可画出该逻辑电路图，如图 9-43 所示。

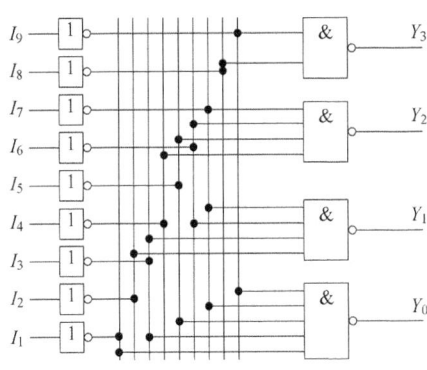

图 9-43 例 9-22 逻辑电路图

从图 9-43 可以发现，输入信号只有 9 个，I_0 没有出现在图中，表明当 $I_9 \sim I_1$ 不请求编码时，就认同 I_0 信号请求编码，输出 $Y_3 \sim Y_0$ 为 0000；从图中或真值表中还能发现，如果出现 2 个输入信号同时请求编码，比如 I_2 和 I_1 同时请求编码，输出 $Y_3 \sim Y_0$ 为 0011，意味着出现了逻辑混乱。也就是说，这类编码器不允许多个输入信号同时请求编码，否则将出现逻辑混乱，为了解决这个问题，应采用优先编码器。

2. 优先编码器

（1）优先编码器的含义

在实际工程应用中，例如计算机有多个外部输入设备，当它们需要工作时，要向 CPU

发出中断请求信号(指 CPU 暂时停止正在执行的操作,转而响应外部设备的工作),这些外部设备可能会同时发出中断请求信号,这时就要求计算机优先响应中断优先权高的外部设备,为了完成这一要求,需要优先编码器。

优先编码器是指允许同时输入数个编码信号,而电路只对其中优先级别最高的信号进行编码。优先级别高的编码器信号排斥级别低的。

(2) MSI 优先编码器

MSI 优先编码器类型有多种,下面以 74LS147 为例加以说明。74LS147 是一种二—十进制优先编码器,又称为 10 线—4 线优先编码器,其真值表见表 9-22。

表 9-22 74LS147 优先编码器真值表

输入信号										输出信号			
$\overline{I_9}$	$\overline{I_8}$	$\overline{I_7}$	$\overline{I_6}$	$\overline{I_5}$	$\overline{I_4}$	$\overline{I_3}$	$\overline{I_2}$	$\overline{I_1}$	$\overline{I_0}$	$\overline{Y_3}$	$\overline{Y_2}$	$\overline{Y_1}$	$\overline{Y_0}$
1	1	1	1	1	1	1	1	1	1	1	1	1	1
0	×	×	×	×	×	×	×	×	×	0	1	1	0
1	0	×	×	×	×	×	×	×	×	0	1	1	1
1	1	0	×	×	×	×	×	×	×	1	0	0	0
1	1	1	0	×	×	×	×	×	×	1	0	0	1
1	1	1	1	0	×	×	×	×	×	1	0	1	0
1	1	1	1	1	0	×	×	×	×	1	0	1	1
1	1	1	1	1	1	0	×	×	×	1	1	0	0
1	1	1	1	1	1	1	0	×	×	1	1	0	1
1	1	1	1	1	1	1	1	0	×	1	1	1	0
1	1	1	1	1	1	1	1	1	0	1	1	1	1

从表 9-22 可以看出:

1) 输入信号为 $\overline{I_9} \sim \overline{I_0}$(输入信号上加非的含义为低电平有效,也就是说输入信号为低电平时响应该信号),输出信号为 $\overline{Y_3} \sim \overline{Y_0}$(输入信号上加非的含义为 8421BCD 码的反码输出)。

2) $\overline{I_9}$ 的优先级最高,$\overline{I_8}$ 次之,以此类推,$\overline{I_0}$ 的优先级最低。如输入信号 $\overline{I_9} \sim \overline{I_0}$ 为 1110011001,就意味着 $\overline{I_6}$、$\overline{I_5}$、$\overline{I_2}$、$\overline{I_1}$ 这 4 个信号同时请求编码,由于此时 $\overline{I_6}$ 的优先级最高,优先响应 $\overline{I_6}$ 的请求信号,输出信号 $\overline{Y_3} \sim \overline{Y_0}$ 就为 1001(6 的 8421BCD 码为 0110,然后按位求反,得 1001)。

9.6.2 译码器

译码器(也称解码器)将原二进制代码的含义翻译出来,是编码的逆过程。按照逻辑功能的不同,译码器分为二进制译码器、二—十进制译码器和显示译码器。下面重点介绍二进制译码器和显示译码器。

1. 二进制译码器

（1）二进制译码器功能介绍

二进制译码器是指将特定含义的一组二进制代码，按其编码时的原意译成对应输出信号的逻辑电路。按其二进制代码位数的不同，二进制译码器当输入为 N 位二进制时，其输出位数为 2^N。故常见的二进制译码器根据其输入、输出信号数量的不同，分为二线—四线译码器、三线—八线译码器等。下面以三线—八线译码器（74LS138）为例，说明其内部组成、逻辑功能及其应用。

1）逻辑电路图

图 9-44 是 3 线—8 线译码器 74LS138 的逻辑电路图。它的输入端分两类，一类是使能（控制）输入（S_A、$\overline{S}_B$、$\overline{S}_C$，非的含义为低电平有效），另一类是译码输入（A_2、A_1、A_0），输出端 8 个，即 $\overline{Y}_7 \sim \overline{Y}_0$。

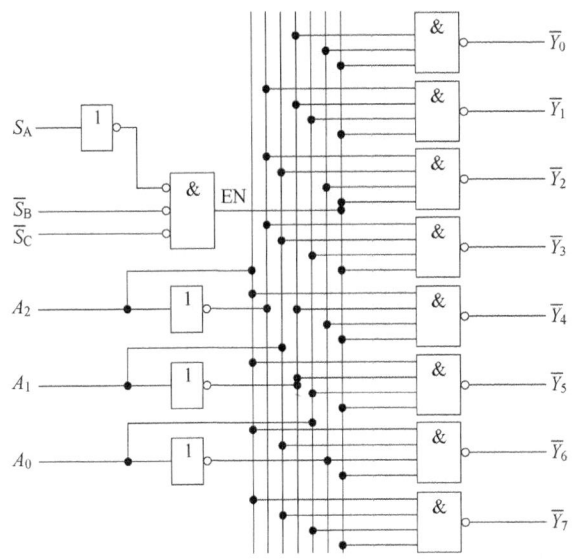

图 9-44 3 线—8 线译码器 74LS138 的逻辑电路图

2）真值表

表 9-23 为 3 线—8 线译码器 74LS138 真值表（译码表）。

表 9-23 3 线—8 线译码器 74LS138 的真值表

输入信号						译码输出信号							
使能输入			译码输入										
S_A	$\overline{S}_B$	$\overline{S}_C$	A_2	A_1	A_0	$\overline{Y}_0$	$\overline{Y}_1$	$\overline{Y}_2$	$\overline{Y}_3$	$\overline{Y}_4$	$\overline{Y}_5$	$\overline{Y}_6$	$\overline{Y}_7$
1	1	×	×	×	×	1	1	1	1	1	1	1	1
1	×	1	×	×	×	1	1	1	1	1	1	1	1
0	×	×	×	×	×	1	1	1	1	1	1	1	1
1	0	0	0	0	0	0	1	1	1	1	1	1	1
1	0	0	0	0	1	1	0	1	1	1	1	1	1

(续)

输入信号						译码输出信号							
使能输入			译码输入										
S_A	$\overline{S_B}$	$\overline{S_C}$	A_2	A_1	A_0	$\overline{Y_0}$	$\overline{Y_1}$	$\overline{Y_2}$	$\overline{Y_3}$	$\overline{Y_4}$	$\overline{Y_5}$	$\overline{Y_6}$	$\overline{Y_7}$
1	0	0	0	1	0	1	1	0	1	1	1	1	1
1	0	0	0	1	1	1	1	1	0	1	1	1	1
1	0	0	1	0	0	1	1	1	1	0	1	1	1
1	0	0	1	0	1	1	1	1	1	1	0	1	1
1	0	0	1	1	0	1	1	1	1	1	1	0	1
1	0	0	1	1	1	1	1	1	1	1	1	1	0

3）逻辑功能

从图 9-44 和表 9-23，可以分析到 74LS138 的逻辑功能为

① 当 $S_A = 0$ 或 $\overline{S_B} + \overline{S_C} = 1$（即 $\overline{S_B}$、$\overline{S_C}$ 只要有一个为 1）时，译码器禁止译码，输出 $\overline{Y_7} \sim \overline{Y_0}$ 都为高电平。

② 当 $S_A = 1$ 且 $\overline{S_B} + \overline{S_C} = 0$ 时，译码器根据 $A_2 \sim A_0$ 译码输入信号的组合不同，决定 $\overline{Y_7} \sim \overline{Y_0}$ 的输出信号，输出为反码输出。在使能信号都有效的前提下，此时输出逻辑函数式为：

$$\overline{Y_0} = \overline{\overline{A_2}\,\overline{A_1}\,\overline{A_0}} = \overline{m_0},\ \overline{Y_1} = \overline{\overline{A_2}\,\overline{A_1}A_0} = \overline{m_1},\ \overline{Y_2} = \overline{\overline{A_2}A_1\,\overline{A_0}} = \overline{m_2},\ \overline{Y_3} = \overline{\overline{A_2}A_1A_0} = \overline{m_3},$$

$$\overline{Y_4} = \overline{A_2\,\overline{A_1}\,\overline{A_0}} = \overline{m_4},\ \overline{Y_5} = \overline{A_2\,\overline{A_1}A_0} = \overline{m_5},\ \overline{Y_6} = \overline{A_2A_1\,\overline{A_0}} = \overline{m_6},\ \overline{Y_7} = \overline{A_2A_1A_0} = \overline{m_7}.$$

74LS138 属于二进制译码器，其输出将输入二进制代码的各种状态都译出来了。因此，二进制译码器又称全译码器，它的输出提供了输入变量的全部最小项，即 $\overline{Y_i} = \overline{m_i}$。

（2）二进制译码器的应用

由于二进制译码器的输出为输入变量的全部最小项，即每一个输出对应一个最小项 $\overline{Y_i} = \overline{m_i}$（以 74LS138 为例），而任何一个 n 位变量的逻辑函数都可变换为最小项表达式。因此，用译码器和与非门电路可实现任何单输出或多输出的组合逻辑函数。下面通过举例说明采用二进制译码器设计组合逻辑函数的方法。

例 9-23 试用译码器和门电路实现逻辑函数 $F = A\overline{C} + \overline{B}C$。

解 根据逻辑函数选用译码器。

由于逻辑函数 F 中有 A、B、C 三个变量，故应选用三线—八线译码器 74LS138，加上必要的与非门。

（1）写出标准与—或表达式为

$$F = A\overline{C} + \overline{B}C = A\overline{C}(B + \overline{B}) + \overline{B}C(A + \overline{A})$$

$$= \overline{A}\,\overline{B}C + A\overline{B}\,\overline{C} + A\overline{B}C + AB\overline{C}$$

$$= m_1 + m_4 + m_5 + m_6$$

$$= \overline{\overline{m_1} \cdot \overline{m_4} \cdot \overline{m_5} \cdot \overline{m_6}}$$

（2）设 $A = A_2$、$B = A_1$、$C = A_0$，将逻辑函数 F 和 74LS138 的输出表达式进行比较，比

较得

$$F = \overline{\overline{Y_1} \cdot \overline{Y_4} \cdot \overline{Y_5} \cdot \overline{Y_6}}$$

（3）画逻辑电路图，根据逻辑表达式可得图 9-45 所示。

例 9-24 试用译码器设计一个一位全加器。它能将两个二进制数及来自低位的进位进行相加，并产生和数与进位数。

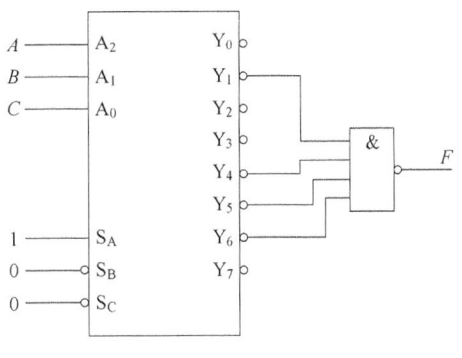

图 9-45　例 9-23 电路图

解　（1）分析设计要求并列出真值表

设在第 i 位的两个二进制数相加，设被加数为 A_i，加数为 B_i，来自低位的进位数为 C_{i-1}。输出本位和为 S_i，向高位的进位数为 C_i。根据一位全加器的逻辑功能，列出其真值表，见表 9-24。

表 9-24　一位全加器真值表

输入信号			输出信号	
A_i	B_i	C_{i-1}	S_i	C_i
0	0	0	0	0
0	0	1	1	0
0	1	0	1	0
0	1	1	0	1
1	0	0	1	0
1	0	1	0	1
1	1	0	0	1
1	1	1	1	1

（2）根据真值表写输出逻辑函数为

$$\begin{cases} S_i = \overline{A_i}\,\overline{B_i}\,C_{i-1} + \overline{A_i}B_i\,\overline{C_{i-1}} + A_i\,\overline{B_i}\,\overline{C_{i-1}} + A_iB_iC_{i-1} = m_1 + m_2 + m_4 + m_7 = \overline{\overline{m_1} \cdot \overline{m_2} \cdot \overline{m_4} \cdot \overline{m_7}} \\ C_i = \overline{A_i}B_iC_{i-1} + A_i\,\overline{B_i}\,C_{i-1} + A_iB_i\,\overline{C_{i-1}} + A_iB_iC_{i-1} = m_3 + m_5 + m_6 + m_7 = \overline{\overline{m_3} \cdot \overline{m_5} \cdot \overline{m_6} \cdot \overline{m_7}} \end{cases}$$

（3）选择译码器

全加器有三个输入信号 A_i、B_i、C_{i-1}，有两个输出信号 S_i、C_i。因此选用三线—八线译码器 74LS138 和两个与非门。设 $A_i = A_2$、$B_i = A_1$、$C_{i-1} = A_0$，将逻辑函数 S_i、C_i 和 74LS138 的输出表达式进行比较，可得

$$\begin{cases} S_i = \overline{\overline{Y_1} \cdot \overline{Y_2} \cdot \overline{Y_4} \cdot \overline{Y_7}} \\ C_i = \overline{\overline{Y_3} \cdot \overline{Y_5} \cdot \overline{Y_6} \cdot \overline{Y_7}} \end{cases}$$

（4）画逻辑电路图，根据逻辑表达式可得图 9-46 所示。

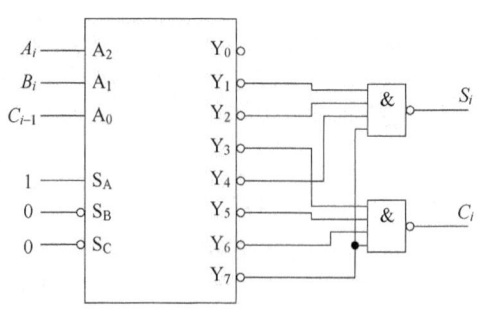

图 9-46 例 9-24 电路图

2. 显示译码器

(1) 半导体数码管显示器

数码显示器的品种很多，例如有半导体显示器即发光二极管（LED）显示器，荧光数码管，液晶显示器，等离子显示板等。数码的显示方式也有字形重叠式、点阵式和分段式等不同方式。下面以目前常用的七段 LED 数码管显示器为例来加以说明。图 9-47 为七段 LED 数码管显示器的组成原理图，其中图 9-47a 为共阳极显示器，图 9-47b 为共阴极显示器。

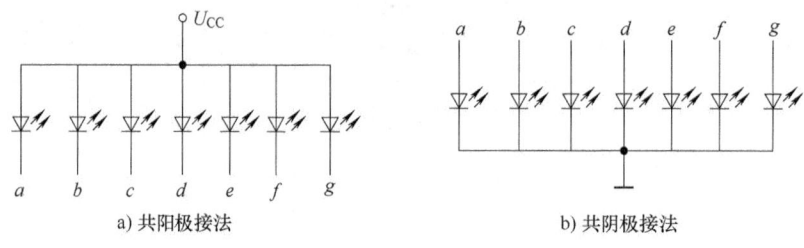

a) 共阳极接法　　　　　　　　b) 共阴极接法

图 9-47 七段 LED 数码管显示器内部电路

图 9-48a 为七段 LED 数码管显示器的外引脚图，图 9-48b 为显示 0~9 的七段显示示意图。图 9-48a 中的"com"表示公共端，对于共阳极显示器，该引脚通过限流电阻接"$+U_{CC}$"，而 $a\sim g$ 七个输入端，需要哪个 LED 亮，就在哪个输入端加低电平，例如，显示 1 时需要在 b、c 这两段上加低电平，而在 a、$d\sim g$ 这 5 段加高电平；对于共阴极显示器，使用方法与共阳极相反，即公共端接地，哪个 LED 亮就在哪个输入端加高电平。当然，在实际使用中，为保护 LED，外部应加限流电阻。

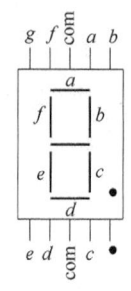

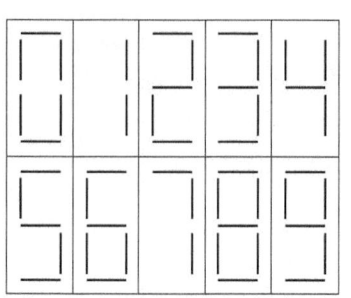

a) 七段LED数码管显示器外引脚图　　　　b) 七段显示示意图

图 9-48 七段 LED 数码管显示器及显示示意图

（2）显示译码器的逻辑功能

显示译码器是指将数字、文字或符号的二进制代码，"翻译"并显示出相应的数字、文字或符号。在数字测量仪器和数字系统中，应用十分广泛。

在工程应用中，七段 LED 数码管显示器作为终端显示设备，它所显示的数字需要从前级电路传送过来，例如，通过计数器（第十章介绍）的输出传送给显示器，而一般计数器是 8421BCD 码输出，其输出信号为 $DCBA$ 四位数码（即 4 个输出信号），而七段 LED 数码管显示器的输入信号是 7 个，两者之间怎么相连呢？这时候需要显示译码器，由于七段 LED 数码管显示器有共阴、共阳之分，故显示译码器也有共阴与共阳两种类型，显示器与译码器类型必须匹配。下面以 74LS48 共阴极显示译码器为例，说明显示译码器的功能与作用。

1）功能表。表 9-25 为 74LS48 的功能表。

表 9-25　74LS48 功能表

十进制数或功能	输入信号						输出信号							显示数码
	$\overline{LT}$	$\overline{RBI}$	D	C	B	A	$\overline{BI}/\overline{RBO}$	Y_a	Y_b	Y_c	Y_d	Y_e	Y_f	Y_g	
灯测试	0	×	×	×	×	×	/1(输出)	1	1	1	1	1	1	1	8
灭零	1	0	0	0	0	0	/0(输出)	0	0	0	0	0	0	0	
灭灯	×	×	×	×	×	×	/0(输入)	0	0	0	0	0	0	0	
0	1	1	0	0	0	0	/1(输出)	1	1	1	1	1	1	0	0
1	1	×	0	0	0	1	/1(输出)	0	1	1	0	0	0	0	1
2	1	×	0	0	1	0	/1(输出)	1	1	0	1	1	0	1	2
3	1	×	0	0	1	1	/1(输出)	1	1	1	1	0	0	1	3
4	1	×	0	1	0	0	/1(输出)	0	1	1	0	0	1	1	4
5	1	×	0	1	0	1	/1(输出)	1	0	1	1	0	1	1	5
6	1	×	0	1	1	0	/1(输出)	1	0	1	1	1	1	1	6
7	1	×	0	1	1	1	/1(输出)	1	1	1	0	0	0	0	7
8	1	×	1	0	0	0	/1(输出)	1	1	1	1	1	1	1	8
9	1	×	1	0	0	1	/1(输出)	1	1	1	1	0	1	1	9
10	1	×	1	0	1	0	/1(输出)	0	0	0	1	1	0	1	
11	1	×	1	0	1	1	/1(输出)	0	0	1	1	0	0	1	
12	1	×	1	1	0	0	/1(输出)	0	1	0	0	0	1	1	
13	1	×	1	1	0	1	/1(输出)	1	0	0	1	0	1	1	
14	1	×	1	1	1	0	/1(输出)	0	0	0	1	1	1	1	
15	1	×	1	1	1	1	/1(输出)	0	0	0	0	0	0	0	

2）功能说明

从表 9-25 的 74LS48 功能表可以看出：

灯测试（$\overline{LT}$）：低电平有效，当$\overline{LT}=0$时，$\overline{BI}/\overline{RBO}$输出为 1，数码管七段应全亮。

输出灭灯（$\overline{BI}/\overline{RBO}$）：用来作控制显示器的亮与灭。当$\overline{BI}/\overline{RBO}$输入为 0 时，$Y_a \sim Y_g$输出为 0，显示器不灭。

灭零（$\overline{RBI}$）：用于当输入为 0 但又不需要显示 0 的场合。当$\overline{RBI}$为 0，$\overline{LT}$为 1 时，若

$DCBA$ 输入为 1，则 $Y_a \sim Y_g$ 输出为 0。实现灭 0（此时 $\overline{BI/RBO}$ 输出为 0）；当 $DCBA$ 输入为非 0000 时，译码器能够驱动数码管显示非 0 数字。

动态灭零输出 $\overline{RBO}$：利用 $\overline{RBO}$ 和 $\overline{RBI}$ 配合，可消去混合小数中无用 0（整数前面或小数后面的 0）。

（3）显示译码器的应用

图 9-49 为显示译码器的典型的应用电路（图中译码器、显示译码器都是共阴极），译码器的输入信号来自于计数器，在外部 CP 脉冲的作用下，计数器的输出信号 $DCBA$ 为 8421BCD 码输出，译码器根据接收到的 8421BCD 码，由表 9-25 的逻辑功能可知，译码器的输出信号能驱动显示器显示对应的数码。

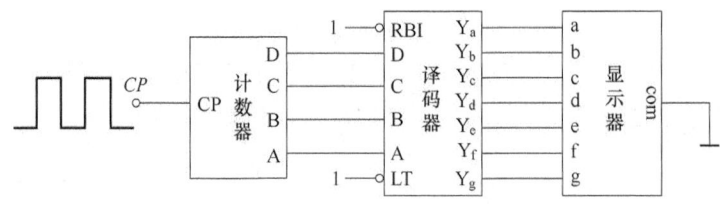

图 9-49　显示译码器的典型应用电路

9.6.3　数据选择器

数据选择器又称多路选择器或多路开关，它的逻辑功能可实现从多个数据输入信号中选择一个作为输出，图 9-50 所示电路是一个四选一数据选择器的功能示意图，图中 $D_3 \sim D_0$ 为数据输入，A_1、A_0 为地址输入，Y 为输出信号。数据选择器相当于一个单刀多掷开关，这个开关在 A_1、A_0 地址输入的不同组合（00、01、10、11）下，将开关分别合在 0~3 处，从而使得输出 Y 分别等于 $D_0 \sim D_3$。

数据选择器根据输入信号数量的不同，常见的有二选一、四选一、八选一等。下面以八选一数据选择器为例说明数据选择器的功能、应用。

1. 八选一数据选择 74LS151 的逻辑功能

图 9-51 为八选一数据选择 74LS151 的图形符号。图中 $\overline{ST}$ 为使能端（低有效），$D_7 \sim D_0$ 为 8 个数据输入端，$A_2 \sim A_0$ 为 3 个地址输入端，Y、$\overline{Y}$ 为一对互补输出。表 9-26 为 74LS151 的功能表。

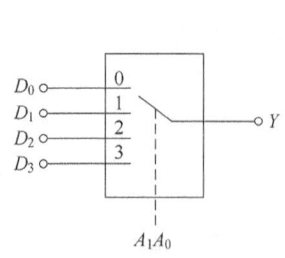

图 9-50　四选一数据选择器功能示意图

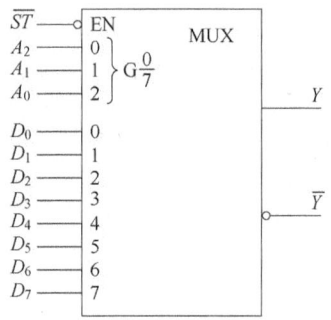

图 9-51　八选一数据选择 74LS151 的图形符号

表 9-26 74LS151 功能表

输入信号				输出信号	
使能输入	地址输入			原码输出	反码输出
$\overline{ST}$	A_2	A_1	A_0	Y	$\overline{Y}$
1	×	×	×	0	1
0	0	0	0	D_0	$\overline{D_0}$
0	0	0	1	D_1	$\overline{D_1}$
0	0	1	0	D_2	$\overline{D_2}$
0	0	1	1	D_3	$\overline{D_3}$
0	1	0	0	D_4	$\overline{D_4}$
0	1	0	1	D_5	$\overline{D_5}$
0	1	1	0	D_6	$\overline{D_6}$
0	1	1	1	D_7	$\overline{D_7}$

从表 9-26 可以看出，输出与输入之间的逻辑关系为

$$Y = \overline{\overline{ST}}(\overline{A_2}\,\overline{A_1}\,\overline{A_0}D_0 + \overline{A_2}\,\overline{A_1}A_0D_1 + \overline{A_2}A_1\overline{A_0}D_2 + \overline{A_2}A_1A_0D_3 + A_2\overline{A_1}\,\overline{A_0}D_4 + A_2\overline{A_1}A_0D_5 + A_2A_1\overline{A_0}D_6 + A_2A_1A_0D_7)$$

2. 八选一数据选择 74LS151 的应用

数据选择器实用性很强，可以用来实现各种逻辑函数。

（1）并行数据传输转换为串行数据传输

从多路输入数据中选择一输出是数据选择器的基本用途。利用这一功能可以将多位数据并行输入转换为串行输出。把数据 $D_0 \sim D_7$ 并行输入到 8 选 1 数据选择器的 8 个数据输入端，然后控制地址输入端 $A_2 \sim A_0$ 依次由 000 递增到 111 时，8 个并行输入数据 $D_0 \sim D_7$ 便依次传送到输出端，转换成串行数据，如果并行输入数据 $D_0 \sim D_7$ 各自先预置成 0 或 1，则在选择输入端的控制下，数据选择器将输出所要求的序列信号，这就是"可编程逻辑信号发生器"。

（2）实现逻辑函数

采用数据选择器可以实现逻辑函数，一般而言，用 4 选 1 数据选择器可以实现二变量和三变量的逻辑函数，用 8 选 1 数据选择器可以实现三变量和四变量的逻辑函数，而用 16 选 1 数据选择器可以实现四变量和五变量的逻辑函数，下面举例说明。

例 9-25 用数据选择器 74LS151 实现逻辑函数 $F = \overline{A}C + B\overline{C}$。

解 方法一：表达式比较法。

先将逻辑函数用最小项表达式表示为

$$F = \overline{A}C + B\overline{C} = \overline{A}(B + \overline{B})C + (A + \overline{A})B\overline{C}$$
$$= \overline{A}\,\overline{B}C + \overline{A}BC + \overline{A}B\overline{C} + AB\overline{C}$$

而 74LS151 自身输出与输入表达式为

$$Y = \overline{A_2}\,\overline{A_1}\,\overline{A_0}D_0 + \overline{A_2}\,\overline{A_1}A_0D_1 + \overline{A_2}A_1\,\overline{A_0}D_2 + \overline{A_2}A_1A_0D_3 + A_2\,\overline{A_1}\,\overline{A_0}D_4 + A_2\,\overline{A_1}A_0D_5 + A_2A_1\,\overline{A_0}D_6 + A_2A_1A_0D_7$$

此时若令 $A=A_2$，$B=A_1$，$C=A_0$，则74LS151的表达式可表示为

$$Y=\overline{A}\,\overline{B}\,\overline{C}D_0+\overline{A}\,\overline{B}CD_1+\overline{A}B\overline{C}D_2+\overline{A}BCD_3+A\overline{B}\,\overline{C}D_4+A\overline{B}CD_5+AB\overline{C}D_6+ABCD_7$$

比较 Y 与 F 的表达式可得

$D_1=D_2=D_3=D_6=1$；$D_0=D_4=D_5=D_7=0$。

根据上面的分析，可得电路图如图 9-52 所示。

方法二：卡诺图比较法

根据逻辑表达式 $F=\overline{A}C+B\overline{C}$，可得其卡诺图，如图 9-53a 所示，而 74LS151 自身的卡诺图，如图 9-53b 所示。比较两者的卡诺图，可得：$D_1=D_2=D_3=D_6=1$；$D_0=D_4=D_5=D_7=0$，同样可以画出图 9-52 所示的电路。

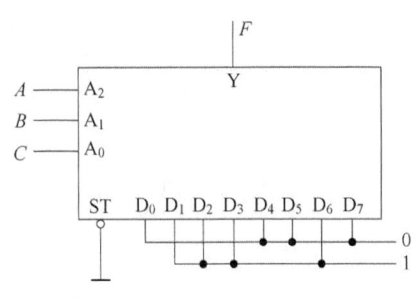

图 9-52　例 9-25 电路图

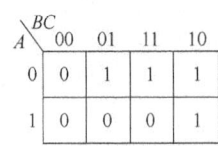
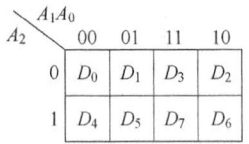

a) $F=\overline{A}C+B\overline{C}$ 的卡诺图　　　b) 74LS151 的卡诺图

图 9-53　例 9-25 的卡诺图

例 9-26　某工厂对技术工人进行合格测试，加工对象分别有工件甲、乙、丙、丁，测试流程从工件甲到工件丁依次进行，当工件甲、乙、丙、丁加工完成后，分别可得 1 分、2 分、4 分、5 分，否则得分为 0；当总分大于等于 8 分且工件甲加工合格，即可获得合格证书，试分析该逻辑关系，并采用 74LS151 实现该逻辑电路。

解　设工件甲、乙、丙、丁分别用逻辑变量 A、B、C、D 表示，加工合格用 1 表示，加工不合格用 0 表示，测试结果用 F 表示，合格用 1 表示，否则用 0 表示。则可列出上述逻辑关系的真值表，见表 9-27。

表 9-27　例 9-26 真值表

输入变量				输出变量
A	B	C	D	F
0	×	×	×	0
1	0	0	0	0
1	0	0	1	0
1	0	1	0	0
1	0	1	1	1
1	1	0	0	0
1	1	0	1	1
1	1	1	0	0
1	1	1	1	1

根据表 9-27 可写出该逻辑函数关系表达式为

$$F=A\overline{B}CD+AB\overline{C}D+ABCD$$

若令 $A=A_2$，$B=A_1$，$C=A_0$，则 74LS151 的表达式可表示为
$$Y=\bar{A}\bar{B}\bar{C}D_0+\bar{A}\bar{B}CD_1+\bar{A}B\bar{C}D_2+\bar{A}BCD_3+A\bar{B}\bar{C}D_4+A\bar{B}CD_5+AB\bar{C}D_6+ABCD_7$$
将 Y 与 F 的表达式比较可令
$$D_5=D_6=D_7=D；D_0=D_1=D_2=D_3=D_4=0。$$
根据上面的分析，可得电路图如图 9-54 所示。

若采用卡诺图法，则逻辑函数关系表达式 $F=A\bar{B}CD+AB\bar{C}D+ABCD$ 的卡诺图，可用图 9-55 表示，而 74LS151 自身的卡诺图，如图 9-53b 所示。

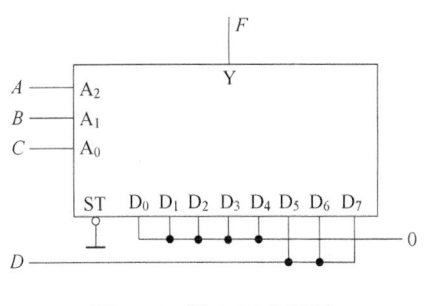

图 9-54 例 9-26 电路图

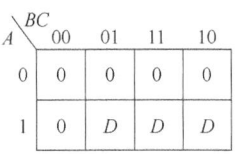

图 9-55 例 9-26 卡诺图

比较两者的卡诺图，可得：$D_5=D_6=D_7=D$；$D_0=D_1=D_2=D_3=D_4=0$。同样可以画出图 9-54 所示的电路图。

习题

9-1 将十进制数 58.75 分别转换为二进制数、八进制数、十六进制数、8421BCD 码。

9-2 将十六进制数 3B9.C 分别转换为十进制数、二进制数、八进制数、8421BCD 码。

9-3 将二进制数 10111.011 分别转换为十进制数、十六进制数、八进制数、8421BCD 码。

9-4 已知 A、B、C 的输入信号如图 9-56 所示，若输出信号分别与 A、B、C 的逻辑关系如下，试分别画出各输出信号的波形图。

(1) $F_1=\overline{A+B+C}$

(2) $F_2=\overline{A \cdot B \cdot C}$

(3) $F_3=A\oplus B\otimes C$

(4) $F_4=AB+A\bar{C}$

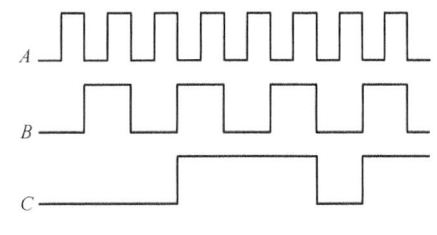

图 9-56 题 9-4 图

9-5 试分别写出下列各逻辑函数的对偶式和反函数。

(1) $F_1=AB+\bar{A}(B+\bar{C})$

(2) $F_2=(A+C)(A+\overline{B\bar{C}})+\overline{BC}$

(3) $F_3=\overline{\bar{A}\bar{B}(C+\bar{D})\cdot(AC+B\bar{D})}$

9-6 利用公式法化简下列逻辑函数。

(1) $F=(A+B+\bar{C})(\bar{A}+B+C)$

(2) $F=\bar{A}D+\bar{A}C+\overline{BC}+AD+BDEF$

(3) $F=AB\overline{C+D}+\overline{AD}(B+C)$

(4) $F=\bar{A}BD+\bar{A}CD+\bar{A}\bar{B}D+\bar{B}\bar{C}D+ABCD$

9-7 利用图形法化简下列逻辑函数。

(1) $F = \bar{A}\,\bar{B}\,\bar{C} + \bar{B}C + AC + \bar{A}\,\bar{C} + AB$

(2) $F = \bar{A}\,\bar{B}C + B\bar{D} + AD + C\bar{D} + A\bar{C}$

(3) $F(A,B,C) = \sum_m(0,1,2,3,5,7)$

(4) $F(A,B,C,D) = \sum_m(1,5,6,7,11,12,13,15)$

9-8 利用图形法化简下列逻辑函数

(1) $F(A,B,C) = \sum_m(0,1,2,3) + \sum_d(6,7)$

(2) $F(A,B,C,D) = \sum_m(0,1,2,3,8,9) + \sum_d(10,11,12,13,14,15)$

(3) $F(A,B,C,D) = \sum_m(0,2,4,5,6,11,12) + \sum_d(8,9,10,13,14,15)$

(4) $F(A,B,C,D) = \sum_m(0,2,4,6,8,9) + \sum_d(12,13,14,15)$

9-9 试分析图9-57a、b所示的各电路中的逻辑关系，并写出 F_1、F_2 的逻辑表达式。

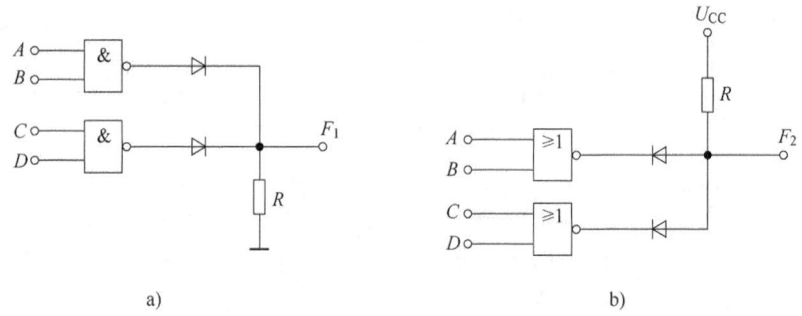

图 9-57　题 9-9 图

9-10 图 9-58 中，TTL 门输入端 1 是多余的，指出哪些接法是错误的。

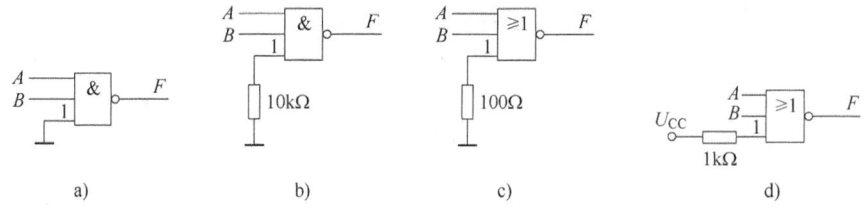

图 9-58　题 9-10 图

9-11 试分析图 9-59 所示电路中，当 D 为 0 或 1 时，输出 F 的状态。

9-12 试分析图 9-60 所示电路的逻辑函数关系表达式，并化为最简与或式，列出真值表。

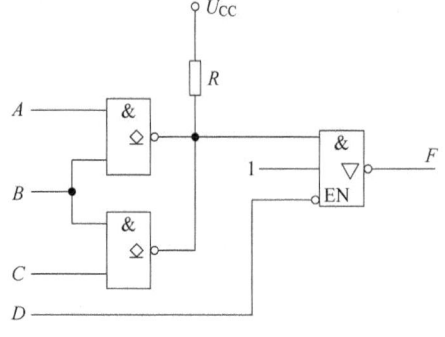

图 9-59　题 9-11 图

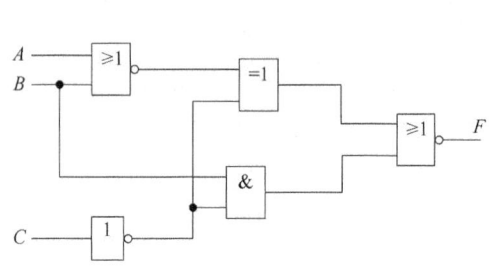

图 9-60　题 9-12 图

9-13 在举重比赛中，有 3 名裁判 A、B、C，其中 A 为主裁判，当两名或两名以上裁判（且必须包括 A 在内）认为运动员上举合格后，才可发出合格信号，试用与非门设计实现上述要求的组合电路。

9-14 试用异或门设计一个 3 变量奇偶校验电路，其逻辑功能是，能校验 3 位二进制数码中 1 的个数为偶数。

9-15 图 9-61 中 138 是 3 线—8 线译码器，试写出 F 的最简与或表达式；并用 8 选 1 数据选择器 74LS151 实现该逻辑功能。

9-16 设计一个组合逻辑电路，它接收 1 位 8421BCD 码 $DCBA$，仅当 $2 \leqslant DCBA \leqslant 7$ 时，输出 F 才为 1。要求：

(1) 用与非门实现；

(2) 用二进制译码器 74LS138 实现；

(3) 用 8 选 1 数据选择器 74LS151 实现。

9-17 有 1 个车间，用红、黄、绿三种指示灯来指示 3 台设备的工作情况。有 1 台设备工作则红色指示灯亮，有 2 台设备工作则黄色指示灯亮，3 台设备都工作则绿色指示灯亮，请用二进制译码器 74LS138 实现该逻辑电路。

9-18 试用 8 选 1 数据选择器 74LS151 分别实现下列逻辑函数：

(1) $F_1(A,B,C) = \sum_m(1,2,5,6,7)$

(2) $F_2(A,B,C,D) = \sum_m(0,2,6,7,8,9,10,15)$

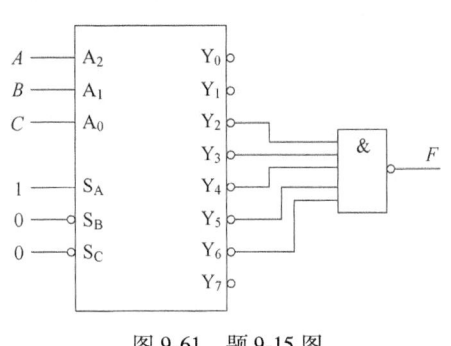

图 9-61　题 9-15 图

第 10 章

触发器及时序逻辑电路

1. 本章摘要

1）双稳态触发器的逻辑功能及其触发方式；
2）时序逻辑电路的组成，同步、异步时序逻辑电路的分析；
3）常见集成计数器功能，N 进制计数器的分析与设计；
4）寄存器电路的分析；
5）脉冲信号的产生、整形；
6）555 集成定时器的功能及应用。

2. 本章重点及难点

1）重点：边沿型双稳态触发器 RS、D、JK、T、T′ 的功能及应用分析；时序逻辑电路的分析方法；集成计数器构成 N 进制计数器的分析设计方法；555 集成定时器的应用分析。

2）难点：时序逻辑电路的分析、N 进制计数器的分析与设计、555 集成定时器的应用。

10.1 双稳态触发器

10.1.1 基本 RS 触发器

1. 电路结构

由 2 个与非门组成的基本 RS 触发器电路组成如图 10-1a 所示，图 10-1b 为基本 RS 触发器的图形符号。

图 10-1 中，输入端 $\bar{S}$ 为置位端，$\bar{R}$ 为复位端。图形符号中的小圆圈与符号表达中的非号的含义为低电平有效（简称低有效）。输出端 Q 和 $\bar{Q}$ 为一对互补输出，当 $Q=1$，$\bar{Q}=0$ 时称触发器处于 1 态，当 $Q=0$，$\bar{Q}=1$ 时称触发器处于 0 态。由于触发器电路是一种最基本的时序逻辑电路，其输出状态会与原来的状态有关，为便于描述，将其输出状态又分为 2 种：一种称为原态（也称现态，是指输入信号起作用前的状态），用 Q^n 表示；另一种称为输出次态（指输入信号起作用后的状态），用 Q^{n+1} 表示。

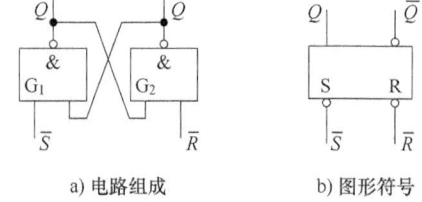

图 10-1 基本 RS 触发器电路组成及图形符号
a) 电路组成   b) 图形符号

2. 逻辑功能

当 $\bar{R}=0$，$\bar{S}=1$ 时，可以得到 $Q^{n+1}=0$、$\overline{Q^{n+1}}=1$，即触发器处于 0 态；当 $\bar{R}=1$、$\bar{S}=0$ 时，可以得到 $Q^{n+1}=1$，$\overline{Q^{n+1}}=0$，即触发器处于 1 态；当 $\bar{R}=\bar{S}=1$ 时，触发器的状态处于保持状态，即若触发器原处于 1 态（$Q^n=1$，$\overline{Q^n}=0$），状态更新后仍处于 1 态；若触发器原处于 0 态（$Q^n=0$，$\overline{Q^n}=1$），状态更新后仍处于 0 态；当 $\bar{R}=\bar{S}=0$ 时，此时输出 $Q^{n+1}=\overline{Q^{n+1}}=1$，即不是 0 态也不是 1 态，会造成触发器逻辑混乱，并且当 $\bar{R}$ 和 $\bar{S}$ 同时由 0 变为 1 时，由于门电路的电气延迟性能，其输出状态可能为 0 态，也可能为 1 态，其输出状态会带来未知的情况，所以在实际使用中，要避免出现 $\bar{R}=\bar{S}=0$ 的情况。

3. 基本 RS 触发器的逻辑功能描述方法

（1）特性表

特性表是指输出次态 Q^{n+1} 与输入信号及输出原态 Q^n 之间的逻辑关系状态表。表 10-1 为与非门组成的基本 RS 触发器的特性表。

表 10-1　与非门组成的基本 RS 触发器的特性表

$\bar{R}$	$\bar{S}$	Q^n	Q^{n+1}	功能说明
0	0	0	×	状态不定，禁止使用
0	0	1	×	
0	1	0	0	置 0
0	1	1	0	
1	0	0	1	置 1
1	0	1	1	
1	1	0	0	保持
1	1	1	1	

（2）驱动表

驱动表是指触发器原态 Q^n 和次态 Q^{n+1} 之间状态变化与输入信号取值之间的关系表。表 10-2 是基本 RS 触发器的驱动表。

表 10-2　基本 RS 触发器的驱动表

$Q^n \to Q^{n+1}$		R	S
0	0	×	0
0	1	0	1
1	0	1	0
1	1	0	×

（3）特性方程

特性方程是次态 Q^{n+1} 与输入信号 R、S 及原态 Q^n 之间的逻辑关系表达式。根据表 10-1、表 10-2 对基本 RS 触发器逻辑功能的描述，可得图 10-2 所示的卡诺图。

由图 10-2 可得，基本 RS 触发器的特性方程为

$$\begin{cases} Q^{n+1} = S + \overline{R}Q^n \\ RS = 1(约束条件) \end{cases} \quad (10\text{-}1)$$

（4）状态转换图

状态转换图表示触发器从一个状态变化到另一个状态（或保持不变）时，对输入信号（R、S）的要求。图 10-3 为基本 RS 触发器的状态转换图。

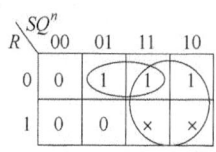

图 10-2 Q^{n+1} 的卡诺图

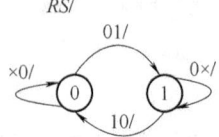

图 10-3 基本 RS 触发器状态转换图

10.1.2 钟控触发器

在有的数字系统中，电路组成中会有很多个触发器，为保证各触发器有条不紊的工作，协调各触发器工作次序的时间同步信号不可或缺，时钟脉冲信号就是这样的一个时间同步信号。时间脉冲信号，又常称为时钟信号、脉冲信号，用 CP 表示。受时钟信号控制的触发器称为钟控触发器。

根据钟控触发器逻辑功能的不同，常分为 RS、JK、D、T、T′ 五种类型。

根据钟控触发器触发方式的不同，又分为电平型、脉冲型（主从型）和边沿型触发器。

1. 钟控 RS 触发器

钟控 RS 触发器的电路组成如图 10-4a 所示，图 10-4b 为钟控 RS 触发器的图形符号。

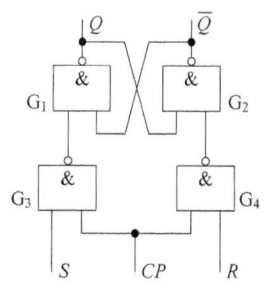
a) 钟控 RS 触发器电路组成

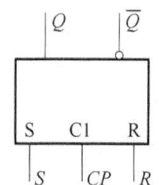
b) 钟控 RS 触发器图形符号

图 10-4 钟控 RS 触发器电路组成及图形符号

从图 10-4a 可看出，在基本 RS 触发器的基础上，增加 G_3、G_4 两个与非门和 CP 信号输入端，就构成了钟控 RS 触发器。

从图 10-4a 钟控 RS 触发器的电路组成，可以分析到该电路的逻辑功能如下：

当 $CP=0$ 时，此时 G_3、G_4 门被封锁，触发器状态保持不变。

当 $CP=1$ 时，G_3、G_4 门被打开，根据接收到的 R、S 信号的不同，钟控 RS 触发器实现不同的逻辑功能。当 $R=0$、$S=1$ 时，实现置 1（即 $Q^{n+1}=1$，$\overline{Q^{n+1}}=0$）的逻辑功能；当 $R=1$、$S=0$ 时，实现置 0（即 $Q^{n+1}=0$，$\overline{Q^{n+1}}=1$）的逻辑功能；当 $R=0$、$S=0$ 时，实现保持（即 $Q^{n+1}=$

Q^n)的逻辑功能;对于 $R=1$、$S=1$ 的情况,禁止使用。

2. 钟控 D 触发器

钟控 D 触发器的电路组成如图 10-5a 所示,图 10-5b 为钟控 D 触发器的图形符号。

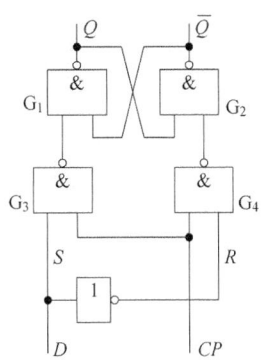
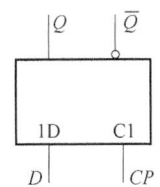

a) 钟控 D 触发器的电路组成　　b) 钟控 D 触发器的图形符号

图 10-5　钟控 D 触发器电路组成及图形符号

从图 10-5 可以分析到,在 $CP=0$ 期间,G_3、G_4 门被封锁,触发器状态保持不变。在 $CP=1$ 期间,G_3、G_4 门被打开,接收外部的 D 信号。当 $D=0$ 时,实现置 0(即 $Q^{n+1}=0$,$\overline{Q^{n+1}}=1$)的逻辑功能;当 $D=1$ 时,实现置 1(即 $Q^{n+1}=1$,$\overline{Q^{n+1}}=0$)的逻辑功能。所以 D 触发器具有置 0 和置 1 两种逻辑功能。D 触发器的特性方程为 $Q^{n+1}=D$。

3. 钟控 JK 触发器

钟控 JK 触发器的电路组成如图 10-6a 所示,图 10-6b 为钟控 JK 触发器的图形符号。

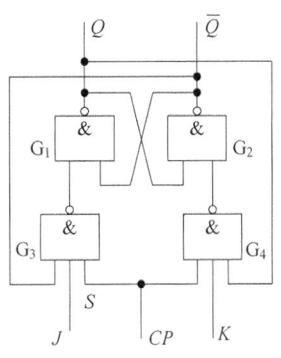
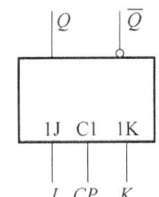

a) 钟控 JK 触发器的电路组成　　b) 钟控 JK 触发器的图形符号

图 10-6　钟控 JK 触发器电路组成及图形符号

从图 10-6a 可以分析到,在 $CP=0$ 期间,G_3、G_4 门被封锁,触发器状态保持不变。在 $CP=1$ 期间,G_3、G_4 门被打开,接收外部的 J、K 信号。当 $J=0$,$K=1$ 时,实现置 0(即 $Q^{n+1}=0$,$\overline{Q^{n+1}}=1$)的逻辑功能;当 $J=1$ 时,$K=0$ 时,实现置 1(即 $Q^{n+1}=1$,$\overline{Q^{n+1}}=0$)的逻辑功能;当 $J=K=0$ 时,实现保持的逻辑功能,即 $Q^{n+1}=Q^n$;当 $J=K=1$ 时,实现翻转的逻辑功能,即 $Q^{n+1}=\overline{Q^n}$。所以 JK 触发器具有置 0、置 1、保持、翻转四种逻辑功能。JK 触发器的特性方程为 $Q^{n+1}=J\overline{Q^n}+\overline{K}Q^n$。

4. 钟控 T 触发器

在 CP 信号作用下，具有保持和翻转两种逻辑功能的触发器，称为 T 触发器。T 触发器的特性方程是 $Q^{n+1}=T\overline{Q^n}+\overline{T}Q^n=T\oplus Q^n$。钟控 T 触发器的电路构成，在图 10-6a 的基础上，令 $J=K=T$，就可以构成 T 触发器，如图 10-7a 所示，图 10-7b 为钟控 T 触发器的图形符号。

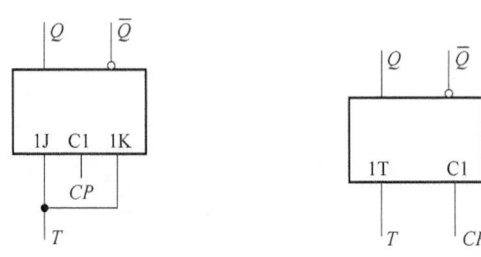

a) 钟控 T 触发器的结构示意图　　　b) 钟控 T 触发器的图形符号

图 10-7　钟控 T 触发器结构示意图及图形符号

10.1.3　触发器的触发方式

触发器何时输入数据、何时进行输出状态的更新，是受到时钟信号严格控制的。这种触发器的时钟控制作用，称为触发器的触发方式。根据触发方式的不同，分为电平型、脉冲型(主从型)、边沿型三种。

1. 电平型触发方式

10.1.2 节所讲述的钟控触发器，在 $CP=0$ 期间，输入信号被封锁，触发器的输出状态保持不变，在 $CP=1$ 期间，输入信号才可以被触发器接收，触发器根据接收到输入信号的状态，来决定输出的状态。也就是说，只有在 $CP=1$ 期间，输入信号才能被触发器接收，通常将这种接收输入信号的方式称为电平型触发器。有些电平型触发器，也可以在 $CP=0$ 期间接收输入信号。

在实际使用中，要求在一个时钟周期内，触发器的输出状态最多只翻转一次(如果出现两次及两次以上的翻转，称为空翻)。对于电平型触发器，为了保证不出现空翻，必须在 $CP=1$(如果是 $CP=0$ 有效的则要求在 $CP=0$)期间，输入端的信号始终保持不变。但对于输入信号来说，受环境、电源电压波动等因素的影响，输入信号可能会产生抖动，此时电平型触发器就会产生空翻现象。为了提高触发器的抗干扰能力，就要从触发器的结构上加以改善。

2. 脉冲(主从)型触发方式

图 10-8a 为脉冲型 JK 触发器的结构示意图，图 10-8b 为脉冲型 JK 触发器的图形符号。

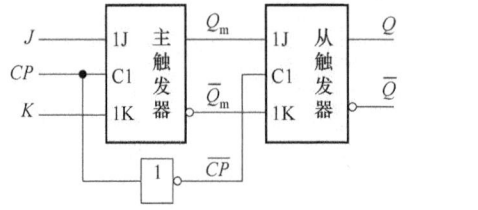

a) 脉冲型 JK 触发器结构示意图　　　b) 脉冲型 JK 触发器的图形符号

图 10-8　脉冲型 JK 触发器结构示意图及图形符号

从图 10-8a 可以分析到，在 $CP=1$ 期间，主触发器接收外部的 J、K 信号，主触发器的输出信号 Q_m 根据接收到 J、K 信号发生状态变化，但此时从触发器的脉冲信号 $\overline{CP}=0$，从触发器状态保持不变（即 $CP=1$ 期间，主触发器打开接收信号，但从触发器被封锁，输出状态保持不变）；在 $CP=0$ 期间，主触发器状态保持不变，但从触发器的脉冲信号 $\overline{CP}=1$，此时，从触发器根据接收到的 Q_m、$\overline{Q_m}$ 信号发生状态变化。从而保证从触发器在一个脉冲周期里状态最多只改变一次，解决了空翻的问题。但这种脉冲型触发器没有解决抗干扰能力的问题，要彻底解决抗干扰能力，还要从结构上改变触发器的组成。

3. 边沿型触发方式

边沿型 D 触发器组成原理图如图 10-9a 所示，图 10-9b 为边沿型 D 触发器的图形符号。

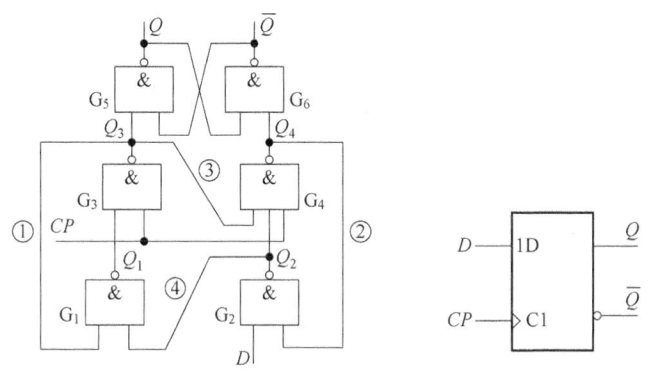

a) 边沿型 D 触发器组成原理图　　b) 边沿型 D 触发器图形符号

图 10-9　边沿型 D 触发器组成结构图原理图及图形符号

从图 10-9a 可以看出，边沿型 D 触发器共有 6 个与非门组成，其中 G_1、G_2 组成外部信号输入电路，G_3、G_4 组成时钟控制电路，G_5、G_6 组成基本 RS 触发器。工作原理分析如下：

1) 在 $CP=0$ 期间，G_3、G_4 门被封锁，$Q_3=1$，$Q_4=1$，输出信号（Q、$\overline{Q}$）保持不变，与输入信号 D 无关。

2) 当 CP 信号从 0→1（即上升沿到来），此时 $Q_3=\overline{Q_2 Q_3}$，$Q_4=\overline{\overline{Q_2} Q_3}$，$Q_2=\overline{DQ_4}$，输出状态 Q、$\overline{Q}$ 由输入信号 D 的状态决定。当 $D=1$ 时，使得 $Q_2=0$、$Q_3=0$、$Q_4=1$，从而 $Q=1$、$\overline{Q}=0$；当 $D=0$ 时，使得 $Q_2=1$，$Q_3=1$，$Q_4=0$，从而 $Q=0$、$\overline{Q}=1$。

3) 在 $CP=1$ 期间，若在 CP 的上升沿到来时触发器处于置 1 状态，则置 1 信号（$Q_3=0$，$Q_4=1$）通过线①使得 $Q_1=0$，又使得 $Q_3=0$，从而处于维持置 1 状态，也通过线③使得 $Q_4=1$ 阻塞置 0；若在 CP 的上升沿到来时触发器处于置 0 状态，则置 0 信号（$Q_3=1$、$Q_4=0$）通过线②使得 $Q_2=1$，又使得 $Q_4=0$，从而处于维持置 0 状态，也通过线④使得 $Q_1=0$、$Q_3=1$，阻塞置 1；这种维持—阻塞作用直至 $CP=0$ 到来后才能打破。所以，在 $CP=1$ 期间，输出状态 Q、$\overline{Q}$ 与输入 D 信号无关。

从上面的分析可以得出，只有在 CP 信号的上升沿到来时，图 10-9 所示的触发器才可能接收外部输入 D 信号，而在其余时刻，输出状态保持不变。根据这种触发方式，将该类型触发器称为边沿型触发器，又称为维持—阻塞型 D 触发器。图 10-9b 为图 10-9a 所示的边沿型 D 触发器的图形符号，图形符号内脉冲输入端中的">"表示该类型触发器为边沿型触发器。

当然，边沿型触发器接收外部信号的时刻也可以为 CP 脉冲下降沿到来时的时刻，此时在图形符号的表示中，会在时钟端加“∘”（小圆圈）。图 10-10 为下降沿触发的触发器图形符号。其中图 10-10a 为下降沿触发的 D 触发器，图 10-10b 为下降沿触发的 JK 触发器。

a) 下降沿触发的 D 触发器　　b) 下降沿触发的 JK 触发器

图 10-10　边沿型触发器图形符号

显然，由于边沿型触发器接收信号的时刻只在边沿到来的那一瞬间，所以与电平型触发器、脉冲型触发器相比，边沿型触发器的抗干扰能力得到很大改善。

10.2　时序逻辑电路的分析

1. 定义

时序逻辑电路，又称时序电路，是指在任何一个时刻的输出状态不仅取决于该时刻的输入信号，而且还取决于电路原来的状态。

2. 电路构成

时序逻辑电路由触发器和必要的门电路构成。时序逻辑电路的状态由存储电路来记忆和表示。图 10-11 为时序逻辑电路的结构框图。

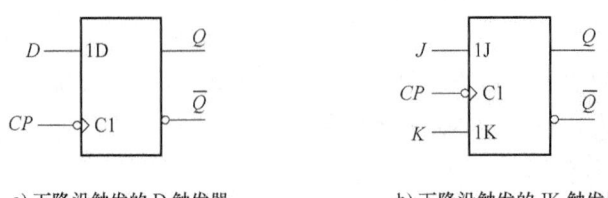

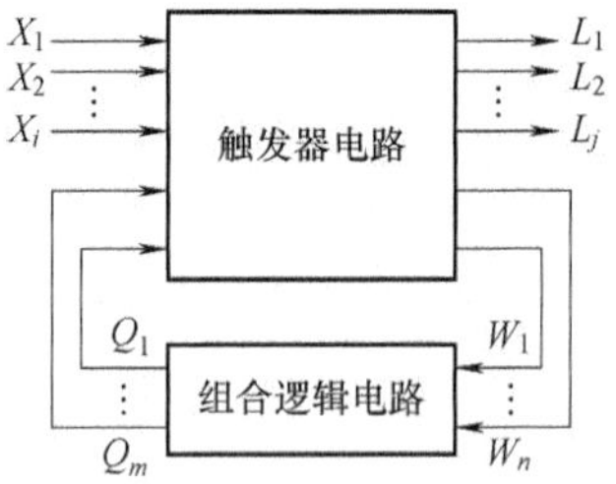

图 10-11　时序逻辑电路的结构框图

3. 分类

根据触发器状态更新与时钟脉冲 CP 是否同步，分为

（1）同步时序逻辑电路

在同一个时钟脉冲 CP 作用下，触发器状态的更新和时钟脉冲 CP 是同步进行的。在同步时序逻辑电路中，所有触发器的时钟输入端 CP 都连在一起。

（2）异步时序逻辑电路

触发器状态更新有先有后，并不都和时钟脉冲 CP 同步。在异步时序逻辑电路中，时钟脉冲 CP 只接部分触发器的时钟输入端，其余触发器则由电路内部信号触发。

10.2.1　同步时序逻辑电路的分析

在同步时序逻辑电路中，所有触发器都由同一个时钟脉冲信号 CP 来触发，故可以不考虑时钟条件。

1. 基本分析步骤

（1）写方程式

1）输出方程。时序逻辑电路的输出逻辑表达式通常为现态的函数。

2)驱动方程。各触发器输入端的逻辑表达式。

3)状态方程。将驱动方程代入相应触发器的特性方程中,便得到该触发器的状态方程。时序逻辑电路的状态方程由各触发器次态的逻辑表达式组成。

(2)列状态转换真值表

将外部输入信号和现态作为输入,次态和输出作为输出,列出状态转换真值表。

(3)画状态转换图和时序图

状态转换图:电路由现态转换到次态的示意图。时序图:在时钟脉冲 CP 作用下,各触发器状态变化的波形图。

(4)逻辑功能的说明

根据状态转换真值表来说明电路的逻辑功能。

2. 分析举例

例 10-1 试分析图 10-12 所示时序电路的逻辑功能。

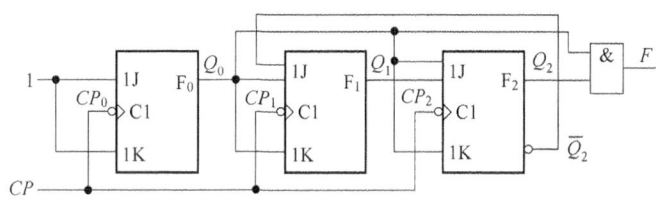

图 10-12 例 10-1 同步时序电路逻辑图

解 (1)写方程式:根据图 10-12 写出电路的时钟方程、驱动方程和输出方程。

时钟方程:$CP_0 = CP_1 = CP_2 = CP$(同步时序逻辑电路,对于同步时序逻辑电路,因触发器同时满足有效的时钟条件,因此时钟方程也可省略不写。)

驱动方程为

$$\begin{cases} J_0 = 1 \\ K_0 = 1 \end{cases}, \begin{cases} J_1 = \overline{Q_2^n} Q_0^n \\ K_1 = Q_0^n \end{cases}, \begin{cases} J_2 = Q_1^n Q_0^n \\ K_2 = Q_0^n \end{cases}$$

输出方程为

$$F = Q_2^n Q_0^n$$

状态方程:JK 触发器的特性方程为

$$Q^{n+1} = J\overline{Q^n} + \overline{K} Q^n$$

将驱动方程代入特性方程,可得各触发器的状态方程为

$$Q_0^{n+1} = \overline{Q_0^n}$$

$$Q_1^{n+1} = \overline{Q_2^n} \, \overline{Q_1^n} Q_0^n + Q_1^n \overline{Q_0^n}$$

$$Q_2^{n+1} = \overline{Q_2^n} Q_1^n Q_0^n + Q_2^n \overline{Q_0^n}$$

(2)列状态转换真值表:从设电路的初始状态($Q_2^n Q_1^n Q_0^n = 000$)开始,把 $Q_2^n Q_1^n Q_0^n = 000$ 代入各触发器的状态方程和输出方程,得 $Q_2^{n+1} Q_1^{n+1} Q_0^{n+1} = 001$,$F = 0$。将这一结果作为新的原态 Q^n 再次代入方程进行计算,得到又一组次态的输出值。如此循环下去,直到 $Q_2^n Q_1^n Q_0^n = 101$

的次态为000，返回电路的初始状态。在分析过程中 $Q_2^n Q_1^n Q_0^n$ = 110 和 111 未出现过，因此需要求出它们的次态。最后得到完整的状态转换表，见表10-3。

表 10-3 例 10-1 的状态真值表

CP 顺序	各触发器原态			各触发器次态			输出
	Q_2^n	Q_1^n	Q_0^n	Q_2^{n+1}	Q_1^{n+1}	Q_0^{n+1}	F
1	0	0	0	0	0	1	0
2	0	0	1	0	1	0	0
3	0	1	0	0	1	1	0
4	0	1	1	1	0	0	0
5	1	0	0	1	0	1	0
6	1	0	1	0	0	0	1
	1	1	0	1	1	1	0
	1	1	1	0	0	0	1

（3）画状态转换图和时序图：根据表10-3中的计算结果画出的状态转换图如图10-13a所示，图10-13b 为其时序图。

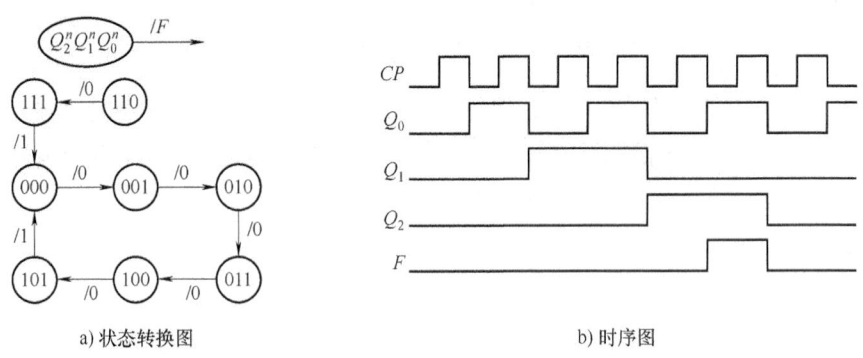

a) 状态转换图 　　　　　　　　　　b) 时序图

图 10-13 例 10-1 的状态转换图和时序图

（4）逻辑功能说明：从状态表、状态图、时序图都可以看出，电路状态每经过6个时钟脉冲周期，电路状态就会循环变化一次。因此，这个电路具有对时钟脉冲信号计数的功能，由于每6个脉冲周期，电路状态循环一次，而且每来一个脉冲，电路状态对应的十进制数加1，即该电路是一个六进制同步加法计数器。状态转换真值表和状态转换图还能得出，000～101 六个状态为有效状态，110、111 两个状态为无效状态。有效状态构成的循环为有效循环。在 CP 脉冲的作用下无效状态最终能进入有效循环中的电路，称该电路具有自启动功能，所以，例 10-1 电路的功能称为具有自启动能力的六进制同步加法计数器。

如果无效状态在 CP 脉冲的作用下不能进入有效循环，则说明电路不能自启动。通常，状态图中若存在两个或两个以上的循环时，即除有效循环外，还存在无效循环，此时，电路不能自启动。

10.2.2 异步时序逻辑电路的分析

在异步时序逻辑电路中，只有部分触发器由计数脉冲信号源 CP 触发，而其他触发器则由电路内部信号触发。因此，应考虑各个触发器的时钟条件，即应写出时钟方程。各个触发器只有在满足时钟条件后，才需通过状态方程分析其次态，否则，状态保持不变。这是异步时序逻辑电路在分析方法上和同步时序逻辑电路的根本不同点。

例 10-2 试分析图 10-14 所示时序电路的逻辑功能。

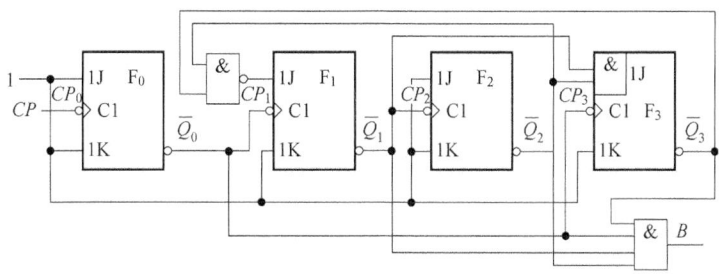

图 10-14 例 10-2 异步时序电路逻辑图

解 （1）写方程式：

时钟方程：

$$CP_0 = CP,\ CP_1 = CP_3 = \overline{Q_0},\ CP_2 = \overline{Q_1}\ (异步时序电路)$$

驱动方程：

$$\begin{cases} J_0 = 1 \\ K_0 = 1, \end{cases} \begin{cases} J_1 = \overline{\overline{Q_3^n}\ \overline{Q_2^n}} \\ K_1 = 1, \end{cases} \begin{cases} J_2 = 1 \\ K_2 = 1, \end{cases} \begin{cases} J_3 = \overline{Q_2^n}\ \overline{Q_1^n} \\ K_3 = 1 \end{cases}$$

输出方程：

$$B = \overline{\overline{Q_3^n}\ \overline{Q_2^n}\ \overline{Q_1^n}\ \overline{Q_0^n}}$$

状态方程：

$$Q_0^{n+1} = \overline{Q_0^n} \qquad (CP\downarrow)$$

$$Q_1^{n+1} = \overline{\overline{Q_3^n}\ \overline{Q_2^n}\ \overline{Q_1^n}} \qquad (\overline{Q_0^n}\downarrow)$$

$$Q_2^{n+1} = \overline{Q_2^n} \qquad (\overline{Q_1^n}\downarrow)$$

$$Q_3^{n+1} = \overline{Q_3^n}\ \overline{Q_2^n}\ \overline{Q_1^n} \qquad (\overline{Q_0^n}\downarrow)$$

（2）列状态转换真值表：状态转换真值表见表 10-4。设初始状态 $Q_3Q_2Q_1Q_0 = 0000$。

表 10-4 例 10-2 状态转换真值表

脉冲顺序	各触发器原态				各触发器次态				触发条件				输出信号
	Q_3^n	Q_2^n	Q_1^n	Q_0^n	Q_3^{n+1}	Q_2^{n+1}	Q_1^{n+1}	Q_0^{n+1}	CP_3	CP_2	CP_1	CP_0	B
0	0	0	0	0	1	0	0	1	↓		↓	↓	1
1	1	0	0	1	1	0	0	0				↓	0

（续）

脉冲顺序	各触发器原态 Q_3^n	Q_2^n	Q_1^n	Q_0^n	各触发器次态 Q_3^{n+1}	Q_2^{n+1}	Q_1^{n+1}	Q_0^{n+1}	触发条件 CP_3	CP_2	CP_1	CP_0	输出信号 B
2	1	0	0	0	0	1	1	1	↓	↓	↓	↓	0
3	0	1	1	1	0	1	1	0				↓	0
4	0	1	1	0	0	1	0	1	↓		↓	↓	0
5	0	1	0	1	0	1	0	0				↓	0
6	0	1	0	0	0	0	1	1	↓	↓	↓	↓	0
7	0	0	1	1	0	0	1	0				↓	0
8	0	0	1	0	0	0	0	1	↓		↓	↓	0
9	0	0	0	1	0	0	0	0				↓	0
1	1	0	1	0	0	0	0	1	↓		↓	↓	0
2	1	0	1	1	1	0	1	0				↓	0
3	1	1	0	0	0	0	1	1	↓	↓	↓	↓	0
4	1	1	0	1	1	1	0	0				↓	0
5	1	1	1	0	0	0	0	1	↓		↓	↓	0
6	1	1	1	1	1	1	1	0				↓	0

（3）画状态转换图和时序图：根据状态转换真值表画出的状态转换图和时序图，如图 10-15 所示。

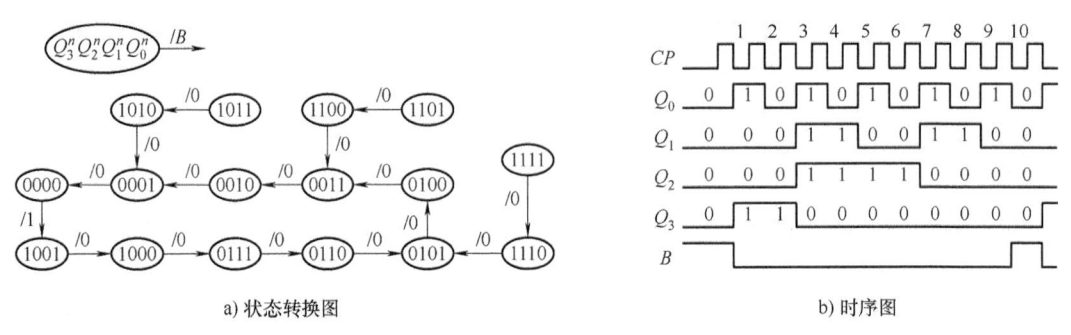

a) 状态转换图　　　　b) 时序图

图 10-15　例 10-2 电路的状态转换图和时序图

（4）逻辑功能说明：本电路为能自启动的异步十进制减法计数器。

在分析同步时序逻辑电路和异步时序逻辑电路的过程中，应注意分析过程的不同之处。由于同步时序逻辑电路中的各触发器时钟条件一起来到，所以在列状态转换表时应同时分析各触发器状态转换。而异步时序逻辑电路中的各触发器的时钟条件有先后次序，在分析过程中，首先看时钟条件，时钟条件到时，才去根据状态方程分析次态，若触发器时钟条件没到，则触发器就处于保持状态。如例 10-2 中，在 $Q_3^n Q_2^n Q_1^n Q_0^n = 0000$ 时，当外部 CP 下降沿到来，由于 $CP_0 = CP$，触发器 F_0 的时钟条件来到，因此，F_0 将按状态方程 $Q_0^{n+1} = \overline{Q_0^n}$ 来更新状态，即 Q_0 由 0 转换成 1，这样 $\overline{Q_0}$ 由 1 转换成 0，即出现了下降沿，则 F_1、F_3 的时钟条件也来到，经计算，Q_1 仍为 0，而由于 $\overline{Q_1}$ 是作为 F_2 的时钟信号，所以 F_2 触发器的时钟条件没有到来，故 F_2 状态保持，即 $Q_2^{n+1}=0$。

10.3 集成计数器

10.3.1 常用集成计数器及其主要特点

集成计数器的产品比较多，目前，主要使用的是 TTL 和 CMOS 集成计数器。对于使用者来说，通过对常见集成计数器功能及典型使用方法的介绍，掌握查看集成计数器的功能表、图形符号、时序图的含义，以达到正确使用集成计数器来设计应用电路的目的。表 10-5 介绍了几种常用 MSI 计数器及其主要特点。

表 10-5　几种常用 MSI 计数器及其主要特点

脉冲引入方式	型号	计数模式	清零方式	预置数方式
同步	74LS160	十进制加法	异步	同步
	74LS161	四位二进制加法	异步	同步
	74LS162	十进制加法	同步	同步
	74LS163	四位二进制加法	同步	同步
	74LS190	单时钟十进制可逆	无	异步
	74LS193	双时钟四位二进制可逆	异步	异步
异步	74LS90	二—五—十进制加法	异步	异步
	74LS290	二—五—十进制加法	异步	异步
	74LS293	双时钟四位二进制加法	异步	无

10.3.2 典型 MSI 计数器分析

典型计数器芯片：

（1）74LS163

74LS163 是一种 4 位二进制同步加法计数器，图 10-16a 为 74LS163 的引脚排列图，图 10-16b 为国标符号，图 10-16c 为常用符号。

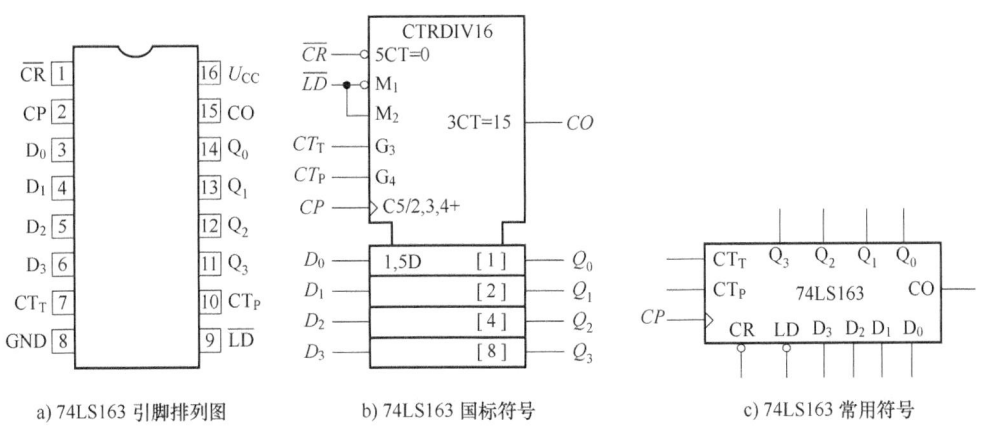

a) 74LS163 引脚排列图　　b) 74LS163 国标符号　　c) 74LS163 常用符号

图 10-16　74LS163 的引脚排列和逻辑符号

对于图 10-16b 所示的国标符号，虽然比较复杂，但深刻理解其含义，无须了解其内部结构，无须查阅其功能表或时序图，就能掌握该集成芯片的逻辑功能以及输出与输入间的逻辑关系，进而掌握该集成芯片的使用方法，并能够采用该芯片设计相关应用电路。下面结合图 10-16b 介绍如何理解图中符号的相关含义。

CTRDIV16 为总限定符，其中 CTR 表明这是个计数器芯片，DIV16 表示能被 16 整除（即计数模为 16），表明这是一个四位二进制计数器，CP 端仅有"+"，表明这是一个加法计数器（若仅有"-"，表明为减法计数器，如果有"±"，表明可加可减，即可逆计数器）。

CP 端的"C5"（C 称为控制关联符）和 $\overline{CR}$ 的"5CT=0"以及 $\overline{CR}$ 端的小圆圈表明当 $\overline{CR}$ 为低电平且在脉冲（上升沿）配合下，对输出清零，所以为同步清零。

$\overline{LD}$ 端的"M_1"（M 称为方式关联符）、CP 端的"C5"、$D_3 \sim D_0$ 端的"1,5D"（1,5D 仅在 D_0 端标示，$D_3 \sim D_1$ 省略）以及 $\overline{LD}$ 的小圆圈，共同表明：在 $\overline{LD}$ 为低电平且在脉冲上升沿到来时，将 $D_3 \sim D_0$ 端的预置数据一一对应置入到输出端 $Q_3 \sim Q_0$，所以为同步置数。

CP 端的"2，3，4+"和关联符号"M_2、G_3、G_4（G 称为与关联符）"表示，当 $\overline{CR}$ 和 $\overline{LD}$ 为高电平，CT_T 和 CT_P 也为高电平，计数器能够来一个脉冲上升沿自动加 1。G_3 和 3CT=15 表示，当计到 15 且 CT_T 为高电平时，进位输出信号 CO 将输出高电平，否则就为低电平。即 $CO = Q_3^n Q_2^n Q_1^n Q_0^n CT_T$。

表 10-6 为 74LS163 的逻辑功能表。

表 10-6　74LS163 的逻辑功能表

输入信号									输出信号				功能说明
脉冲信号	清零信号	置数信号	计数允许信号		预置数								
CP	$\overline{CR}$	$\overline{LD}$	CT_T	CT_P	D_3	D_2	D_1	D_0	Q_3^{n+1}	Q_2^{n+1}	Q_1^{n+1}	Q_0^{n+1}	
↑	L	×	×	×	×	×	×	×	0	0	0	0	同步清零
↑	H	L	×	×	d_3	d_2	d_1	d_0	d_3	d_2	d_1	d_0	同步置数
×	H	H	×	L	×	×	×	×	Q_3^n	Q_2^n	Q_1^n	Q_0^n	保持
×	H	H	L	×	×	×	×	×	Q_3^n	Q_2^n	Q_1^n	Q_0^n	保持
↑	H	H	H	H	×	×	×	×	加法计数，到 1111 返回 0000				加法计数

表 10-6 同样表明，当 $\overline{CR}$ 为低电平且在要求 CP 上升沿来到（表中↑表示上升沿），对计数器输出进行清零（同步清零）；在 $\overline{CR}$ 为高电平（表明清零信号无效），且 $\overline{LD}$ 为低电平及 CP 上升沿来到，将 $D_3 \sim D_1$ 的数据置入 $Q_3 \sim Q_0$，实现了置数的功能（同步置数）；在 $\overline{CR}$、$\overline{LD}$ 为高电平（即清零、置数都无效），但 CT_T、CT_P 任一个为低电平（CT_T、CT_P 为高电平有效），则计数器处于保持状态；在 $\overline{CR}$、$\overline{LD}$、CT_T、CT_P 都为高电平，此时就具备了加法计数的条件，每来一个脉冲上升沿，计数器进行加 1 操作，直至 $Q_3 \sim Q_0$ 为 1111，此时进位输出信号 $CO = 1$。

(2) 74LS160

74LS160 是一种 8421 编码的十进制加法计数器。图 10-17a 为 74LS160 的引脚排列图，图 10-17b 为 74LS160 国标符号，图 10-17c 为 74LS160 常用符号。

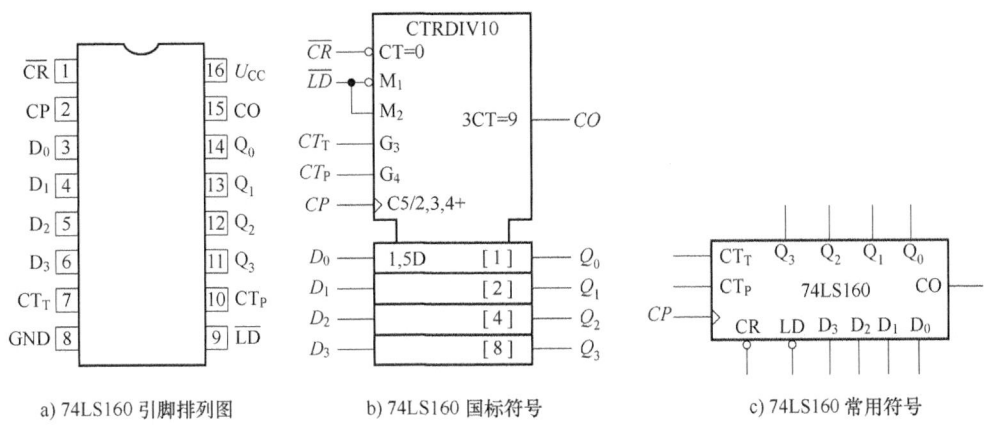

a) 74LS160 引脚排列图　　b) 74LS160 国标符号　　c) 74LS160 常用符号

图 10-17　74LS160 的引脚排列和逻辑符号

74LS160 的国标符号的含义类似于 74LS163，但要注意与 74LS163 国标符号的不同之处，以及由此带来的功能上的不同。74LS160 的逻辑功能表见表 10-7。

表 10-7　74LS160 逻辑功能表

输入信号								输出信号				功能说明
脉冲信号	清零信号	置数信号	计数允许信号		预置数							
CP	$\overline{CR}$	$\overline{LD}$	CT_T	CT_P	D_3	D_2	D_1	D_0	Q_3^{n+1}	Q_2^{n+1}	Q_1^{n+1}	Q_0^{n+1}	
×	L	×	×	×	×	×	×	×	0	0	0	0	异步清零
↑	H	L	×	×	d_3	d_2	d_1	d_0	d_3	d_2	d_1	d_0	同步置数
×	H	H	×	L	×	×	×	×	Q_3^n	Q_2^n	Q_1^n	Q_0^n	保持
×	H	H	L	×	×	×	×	×	Q_3^n	Q_2^n	Q_1^n	Q_0^n	
↑	H	H	H	H	×	×	×	×	加法计数，到 1001 返回 0000				加法计数

从国标符号和逻辑功能表可以发现：当 $\overline{CR}$ 为低电平且无须 CP 配合，即可对计数器输出进行清零（异步清零）；即当计到 $9[(1001)_{8421BCD}]$ 时，$CO=1$，即 74LS160 的进位输出信号 $CO = Q_3^n Q_0^n CT_T$。

(3) 74LS290

74LS290 是异步二—五—十进制计数器。图 10-18a 为其逻辑电路图，图 10-18b 为芯片引脚图。由图 10-18a 可知，它由一个 1 位二进制计数器和一个异步五进制计数器组成。如果计数脉冲由 CP_A 端输入，输出由 Q_0 端引出，则为 1 位二进制计数器；如果计数脉冲由 CP_B 端输入，由 $Q_3 \sim Q_1$ 端输出，则可得五进制计数器；如果将 Q_0 与 CP_B 相连，计数脉冲由 CP_A 端输入，由 $Q_3 \sim Q_0$ 输出，则可得 8421 码十进制计数器。表 10-8 为 74LS290 的逻辑功能表。

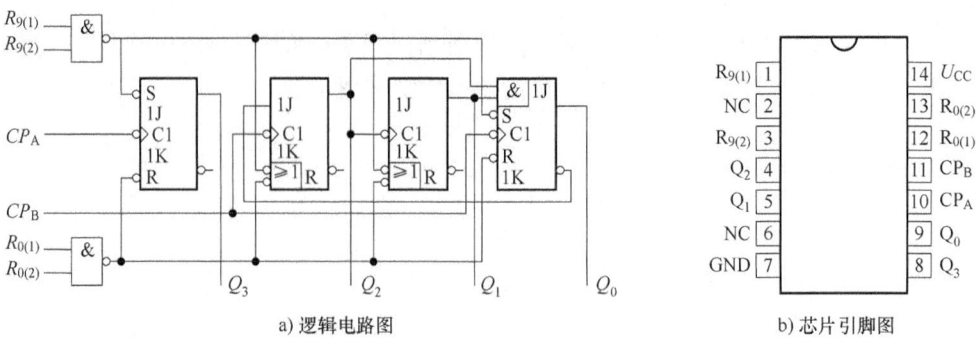

a) 逻辑电路图　　　　　　　　　　b) 芯片引脚图

图 10-18　74LS290 的逻辑电路图和芯片引脚图

表 10-8　74LS290 的逻辑功能表

输入信号					输出信号				功能说明
脉冲信号	清零信号		置9信号						
CP	$R_{0(1)}$	$R_{0(2)}$	$R_{9(1)}$	$R_{9(2)}$	Q_3^{n+1}	Q_2^{n+1}	Q_1^{n+1}	Q_0^{n+1}	
×	H	H	L	×	0	0	0	0	异步清零
×	H	H	×	L	0	0	0	0	
×	×	×	H	H	1	0	0	1	异步置9
↓	×	L	×	L	加法计数，到 1001 返回 0000				加法计数
↓	×	L	L	×					
↓	L	×	×	L					
↓	L	×	L	×					

由表 10-8 可知，74LS290 的清零、置 9 信号都为高电平有效。由于无须 CP 脉冲的配合就能实现清零功能，故为异步清零，清零时，只要求清零信号 $R_{0(1)} = R_{0(2)} = 1$ 且置 9 信号 $R_{9(1)}$ 和 $R_{9(2)}$ 至少有一个为 0，就能实现清零。置 9 时，要求置数信号 $R_{9(1)} = R_{9(2)} = 1$，对清零信号和脉冲信号无要求。在清零信号至少有一个为低电平且置 9 信号也至少有一个为低电平时，每来一个脉冲的下降沿，计数器状态加 1，计到 9 后再来一个脉冲的下降沿，自动返 0。

(4) 74LS193

74LS193 为双时钟 4 位二进制同步可逆计数器。74LS193 的逻辑功能表见表 10-9，引脚排列如图 10-19 所示。

表 10-9　74LS193 的逻辑功能表

输入信号								输出信号				功能说明
脉冲信号		清零信号	置数信号	预置数								
CP_U	CP_D	R_D	$\overline{LD}$	D_3	D_2	D_1	D_0	Q_3^{n+1}	Q_2^{n+1}	Q_1^{n+1}	Q_0^{n+1}	
×	×	H	×	×	×	×	×	0	0	0	0	异步清零
×	×	L	L	d_3	d_2	d_1	d_0	d_3	d_2	d_1	d_0	异步置数

（续）

输入信号								输出信号				功能说明
脉冲信号		清零信号	置数信号	预置数								
CP_U	CP_D	R_D	$\overline{LD}$	D_3	D_2	D_1	D_0	Q_3^{n+1}	Q_2^{n+1}	Q_1^{n+1}	Q_0^{n+1}	
↑	H	L	H	×	×	×	×	加法计数				加法计数
H	↑	L	H	×	×	×	×	减法计数				减法计数

从表 10-9 功能表中可了解该芯片具有如下功能：

异步清零和预置数：只要清零端 R_D（高有效）为高电平，计数器的输出将直接清零；在 R_D 为低电平，预置数端 $\overline{LD}$（低有效）为低电平的条件下，就可以直接对计数器置数，将 $D_3 \sim D_1$ 的数据置入到 $Q_3 \sim Q_0$。需要用作加法计数器时，在 R_D、$\overline{LD}$ 都无效的前提下，在 CP_D 加高电平，外部 CP 脉冲接入到 CP_U 即能实现加法计数。需要用作减法计数器时，同样 R_D、$\overline{LD}$ 都无效，在 CP_U 加高电平，外部 CP 脉冲接入到 CP_D 即能实现减法计数。

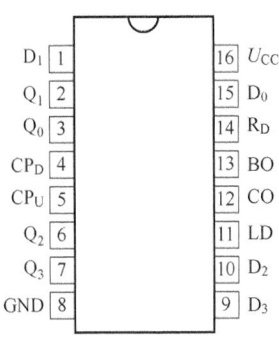

图 10-19　74LS193 引脚排列图

10.3.3　MSI 计数器的应用

集成计数器的产品一般为十进制或 4 位二进制计数器。当需要其他进制（通常称为 N 进制）计数器时，通常可通过级联扩展，并进一步采用反馈清零法或反馈置数法来实现。

1. MSI 计数器计数长度的扩展——级联

当计数长度超过单个计数器芯片的模数时，可以将多个 MSI 计数器串联，即级联起来使用。下面以 74LS160、74LS163、74LS290 为例，介绍常见的计数器间级联的方法。

(1) 74LS160 的级联

两片 74LS160 的级联如图 10-20a、b 所示。其中图 10-20a 的级联模式称为同步级联。它将两片 74LS160 的脉冲信号输入端统一接外部 CP，用低位的进位输出 CO 去控制高位片的 CT_P 端（也可以是 CT_T，或者 CT_T、CT_P 都受低位的进位输出 CO 控制），使得只有在低位计满 10 个脉冲产生进位输出（即 CO＝1）时，高位计数器方能允许加 1 操作，即逢十进一。图 10-20b 的级联模式称为异步级联（两片 74LS160 的脉冲信号输入端没有接到一起，请自行分析为什么加非门），将两片 74LS160 的计数允许端 CT_T、CT_P 都接高电平，即两片 74LS160 都处于计数允许状态，低位计数芯片每来一个脉冲上升沿，进行加 1 计数，但高位计数芯片要低位计数芯片从 9 返 0 时才能加 1。这样图 10-20a、b 中的计数长度将增至 $10^2 = 100$。这样，如果 N 片级联，计数长度将是 10^N，其计数数码为 8421BCD 编码。

(2) 74LS163 的级联

图 10-21 表示的是两片 74LS163 的同步级联，与图 10-20a 不同的是，由于 74LS163 为四位二进制计数器，只有在低位计到 $2^4 = 16$（即低位输出信号 $Q_3^n Q_2^n Q_1^n Q_0^n = 1111$）时，才会使得进位输出 CO＝1，从而使高位计数器处于加法允许状态。所以图 10-21 的计数长度为 $2^4 \times 2^4 = 256$。

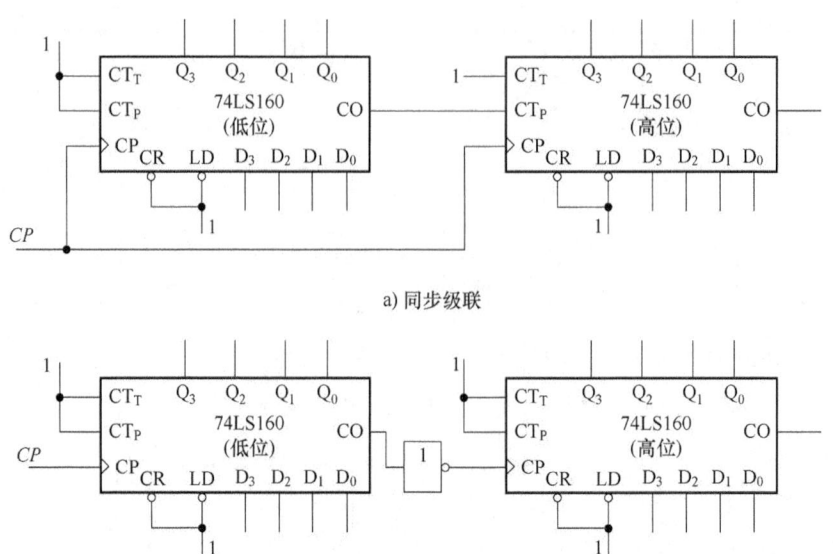

图 10-20 两片 74LS160 的级联

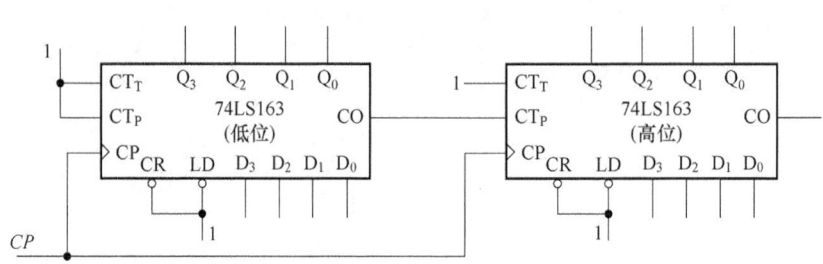

图 10-21 两片 74LS163 同步级联

(3) 74LS290 的级联

图 10-22 表示的是两片 74LS290 的级联,由于 74LS290 没有计数允许输入信号和进位输出信号,为了解决级联,采用的方法是将低位的 Q_3 作为高位的计数脉冲(原因是低位 Q_3 信号在低位计数从 9 返 0 时,恰好产生下降沿)。图 10-22 也是一个 100 进制的加法计数器。

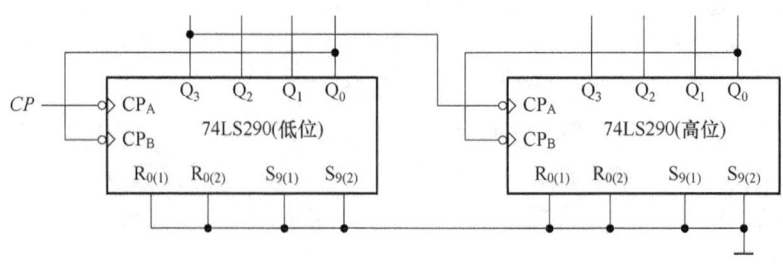

图 10-22 两片 74LS290 的级联

2. N 进制计数器——反馈清零法

反馈清零法(又称反馈归零法、复位法)是指利用计数器的清零端(复位控制端)构成 N 进制计数器的方法,所以反馈清零法适用于具有清零端的集成计数器。用反馈清零法构成 N

进制计数器所选用的集成计数器的计数容量必须大于 N。由于 MSI 计数器的清零端(复位控制端)分异步清零和同步清零两种形式。异步清零端不受时钟脉冲控制，只要清零有效电平到来，就立即清零；而同步清零则需在清零端有效电平和计数脉冲的有效沿的共同作用下才能实现清零。在分析、设计电路时要尤其注意两者之间的区别。图 10-23a 为用 74LS160 构成的六进制加法计数器，图 10-23b 为图 10-23a 的状态转换图。图 10-24a 为用 74LS163 构成的七进制加法计数器，图 10-24b 为图 10-24a 的状态转换图。从图 10-23a 和图 10-24a 对比发现，两图的接法完全一致，它们的反馈清零信号 $\overline{CR} = \overline{Q_2^n Q_1^n}$，都是在计数器输出信号 $Q_3^n Q_2^n Q_1^n Q_0^n = 0110$ 时，使得 $\overline{CR} = 0$。但由于 74LS160 的清零模式是异步，其 0110 的状态持续的时间只有几十~几百纳秒(相关门电路的延迟时间)，而不会是一个完整的脉冲周期，所以 0110 的状态只是个过渡的状态，故图 10-23a 实现的功能是六进制加法计数器。而对于图 10-24a 来说，由于 74LS163 的清零模式是同步，当出现 0110 的状态时，并不能立即清零。而是要等到下一个脉冲上升沿的到来，故 0110 的状态能够持续一个脉冲周期，是个有效状态，故该电路实现的功能是七进制加法计数器。

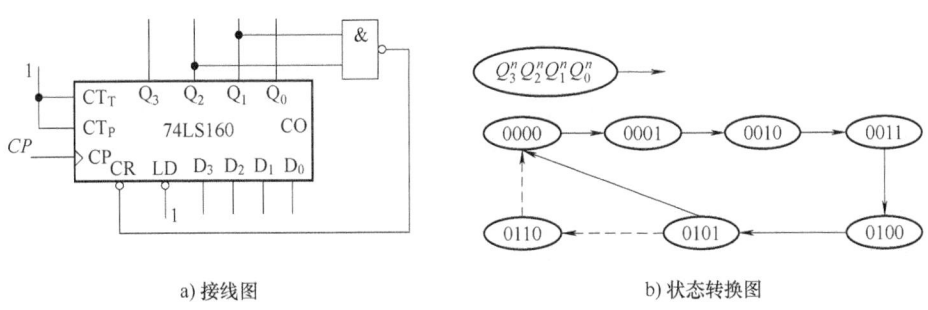

图 10-23　74LS160 构成的六进制加法计数器

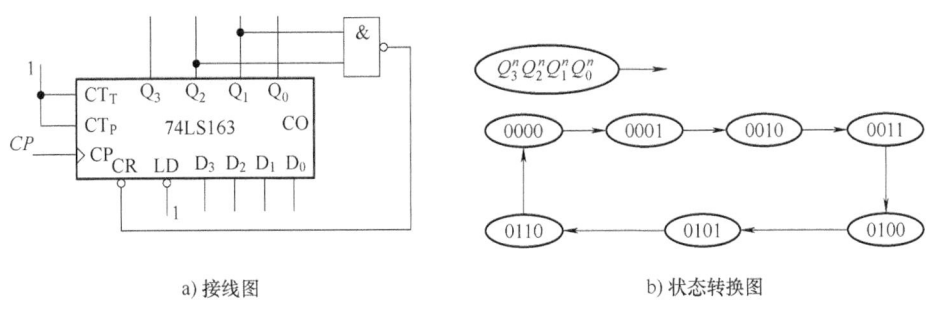

图 10-24　74LS163 构成的七进制加法计数器

采用反馈清零法的设计 N 进制计数器的步骤如下：

1) 确定 MSI 计数器芯片数量。要求构成 N 进制计数器所选用的集成计数器的计数容量必须大于 N。

2) 确定所要设计的 N 进制计数器的起始状态和终止状态。当采用反馈清零法时，起始状态总是 0，而终止状态则要综合考虑所使用的 MSI 计数器的类别(二进制或十进制)和清零模式(异步或同步)，写出终止状态的编码(使用 4 位二进制 MSI 计数器实现 N 进制计数，其状态编码为二进制码；采用十进制 MSI 计数器实现 N 进制计数时，其状态编码为 8421BCD 码)。对于清零模式，若是同步模式，则终止状态为 $N-1$，若为异步模式，则终止状态为 N。

3）根据终止状态的编码，求出清零信号的逻辑表达式 $\overline{CR} = \prod \overline{Q^1}$（低电平有效的清零信号），或 $R_d = \prod Q^1$（高电平有效的清零信号），式中 $\prod \overline{Q^1}$ 是 N 进制计数器终止状态为 1 的输出 Q 端的与非。

4）画出计数器芯片的外部电路接线图。清零信号低电平有效的采用与非门实现；清零信号高电平有效的采用与门实现。

例 10-3 用反馈清零法将 74LS163 设计成十二进制计数器。

解 （1）确定芯片数量。由于 74LS163 为四位二进制加法计数器，而 $2^4 > 12$。所以在一片 74LS163 芯片的基础上就能实现十二进制计数器。

（2）确定起始状态和终止状态。反馈清零法的起始状态总是为 0。对于终止状态，由于 0~11 就有 12 个状态，且 74LS163 为同步清零，故 11 就是终止数据，而 $(11)_{10} = (1011)_2$。

（3）确定清零信号。由于 74LS163 清零信号 $\overline{CR}$ 为低电平有效，故 $\overline{CR} = \overline{Q_3 Q_1 Q_0}$。

（4）画电路连接图。图 10-25 所示为 74LS163 构成的十二进制计数器。

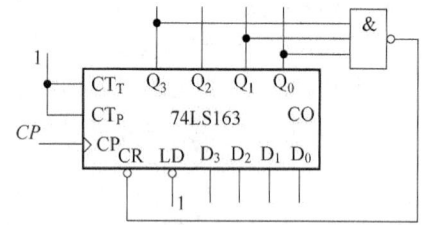

图 10-25　74LS163 构成的十二进制计数器

例 10-4 用反馈清零法将 74LS160 设计成十二进制计数器。

解 （1）确定芯片数量。由于 74LS160 为十进制加法计数器，显然一片 74LS160 只能实现十进制以内的计数器。所以采用两片 74LS160 芯片级联来实现十二进制计数器。

（2）确定起始状态和终止状态。反馈清零法的起始状态总是为 0。对于终止状态，由于 0~11 就有 12 个状态，但 74LS160 为异步清零，故终止数据应该为 12，且 74LS160 为十进制加法计数器，故写出终止数据的 8421BCD 码，即 $(12)_{10} = (00010010)_{8421BCD}$。

（3）确定清零信号。由于 74LS160 清零信号 $\overline{CR}$ 为低电平有效，故 $\overline{CR} = \overline{Q_{0(高)} Q_{1(低)}}$。

（4）画电路连接图。图 10-26 所示为 74LS160 构成的十二进制计数器。

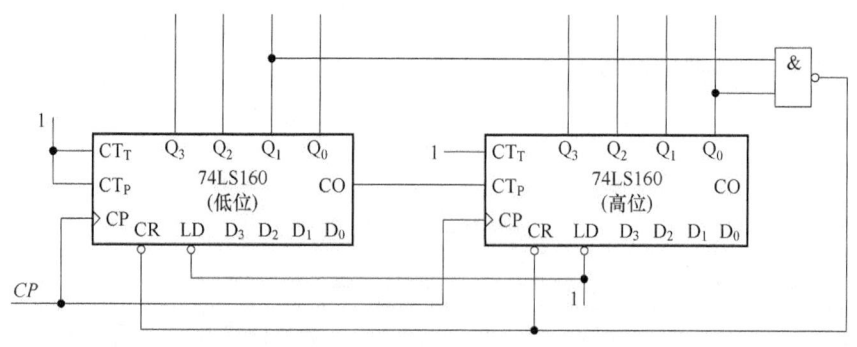

图 10-26　74LS160 构成的十二进制计数器

3. N 进制计数器——反馈置数法

对于具有置数控制模式的 MSI 计数器而言，在实现 N 进制计数器时，也可以利用反馈置数模式来实现。与反馈清零法设计步骤类似，当用反馈置数法来实现 N 进制计数器时，也应先确定所选用 MSI 计数器的数量，再写出起始状态和终止状态，然后写出反馈置数信号的逻辑表达式，最后画出原理图。但与反馈置数法不同的是，反馈清零法的起始状态总是 0，而反馈置数法的起始状态是要首先在置数端（以 74LS160 为例），就是在 $D_3 \sim D_0$ 端，预先把起始状态的数据准备好。

例 10-5　用反馈置数法将 74LS160 设计成 24 进制计数器，要求能在 00～23 之间循环。

解　（1）确定芯片数量。由于 74LS160 为十进制加法计数器，所以采用两片 74LS160 芯片来实现。

（2）确定起始状态和终止状态。题中要求的起始状态总是为 0，即 $(00)_{10} = (00000000)_{8421BCD}$。对于终止状态，由于 74LS160 为同步置数，故终止数据就是 23，故写出终止数据的 8421BCD 码，$(23)_{10} = (00100011)_{8421BCD}$。

（3）确定反馈置数信号。由于 74LS160 置数信号 $\overline{LD}$ 为低有效，故 $\overline{LD} = \overline{Q_{1(高)} Q_{1(低)} Q_{0(低)}}$。

（4）画电路连接图。图 10-27 所示为 74LS160 构成的 24 进制计数器。

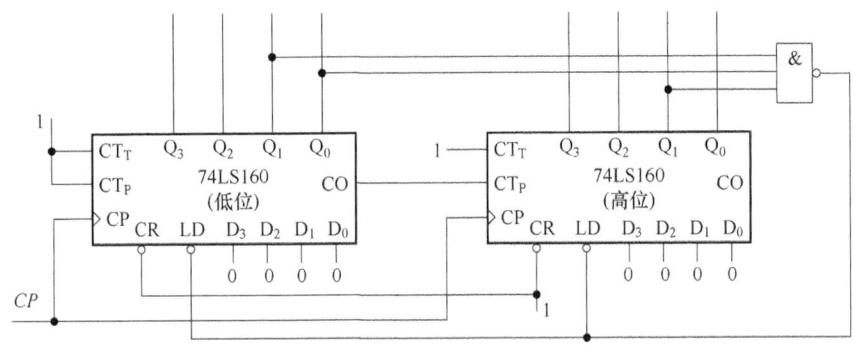

图 10-27　74LS160 构成的 24 进制计数器

例 10-6　用反馈置数法将 74LS163 设计成 24 进制计数器，要求从 02 开始计数。

解　（1）确定芯片数量。由于要求设计 24 进制计数器，所以采用两片 74LS163 芯片来实现。

（2）确定起始状态和终止状态。题中要求的起始状态是 02，即 $(02)_{10} = (00000010)_{8421BCD}$。对于终止状态，由于要求是 24 进制（24 个状态），且 74LS163 为四位二进制加法计数器，置数模式为同步置数，故终止数据就是 $(19)_{16}$，故写出终止数据的二进制码，即 $(19)_{16} = (00011001)_2$。

（3）确定反馈置数信号。74LS163 置数信号 $\overline{LD}$ 为低电平有效，故 $\overline{LD} = \overline{Q_{0(高)} Q_{3(低)} Q_{0(低)}}$。

（4）画电路连接图。图 10-28 所示为 74LS163 构成的 24 进制计数器。

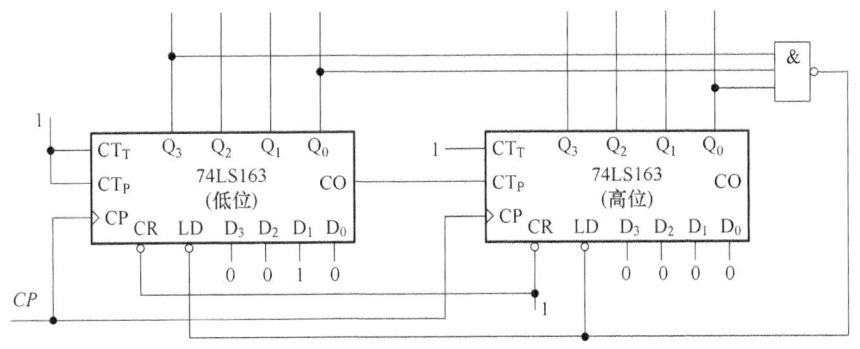

图 10-28　74LS163 构成的 24 进制计数器

10.4 寄存器

10.4.1 寄存器基本概念

1. 寄存器的功能

用来暂时存放数据、指令等信息的时序逻辑电路部件称为寄存器。寄存器的记忆单元是触发器。一个触发器可以存储 1 位二进制代码,若存放 N 位二进制代码,则需用 N 个触发器。对寄存器的基本要求是:数码要存得进;存得住;取得出。

2. 寄存器的分类

寄存器分为数据寄存器和移位寄存器两类。

数据寄存器主要用来存放一组二进制信息,在计算机中常被用来存储原始数据、中间结果、最终结果及地址码等数据信息与指令。

同时具有寄存数据和移位数据功能的寄存器称为移位寄存器。移位是指在时钟脉冲的控制下,寄存器中所存的各位数据依次(左边向右边或右边向左边)移动。

10.4.2 数据寄存器分析

常用 D 触发器构成数据寄存器。图 10-29 为一个四位数据寄存器的组成原理图。该电路具有清零、并行存入数据和保持三种功能。

从图 10-29 可以分析到:(1)当 $\overline{R_D} = 0$ 时,对各触发器清零;(2)当 $\overline{R_D} = 1$ 时,在 CP 脉冲下降沿的作用下,将 $D_3 \sim D_1$ 的数据送入到 $Q_3 \sim Q_0$,并行存入数据;(3)在 $\overline{R_D} = 1$ 且无脉冲下降沿的前提下,$Q_3 \sim Q_0$ 保持。

10.4.3 移位寄存器分析

1. 移位寄存器介绍

(1)单向左移寄存器

移位寄存器分单向移位(左移、右移)和双向移位两大类。根据数据输入和输出格式的不同,移位寄存器可分为四种工作方式:串入/串出、串入/并出、并入/串出、并入/并出。

图 10-30a 是用 4 个 D 触发器组成的四位单向左移移位寄存器。其中,每个触发器的输出端 Q 依次接到下一个触发器的 D 端,只有第一个触发器的 D 端接收外部数据输入。每当 CP 上升沿到来时,串行数据输入端的输入数码移入 F_0 触发

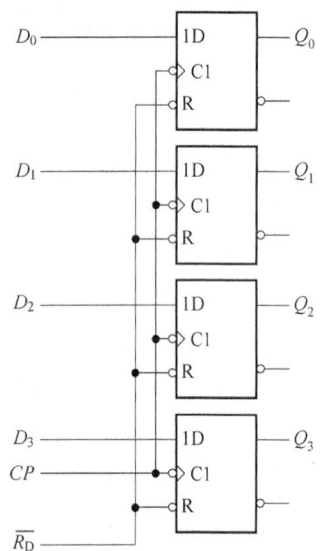

图 10-29 四位数据寄存器的组成原理图

器,同时每个触发器的原态也移给下一个触发器。假设输入数据为 1101,从高位到低位逐位输入到 D 端。图 10-30b 为该电路的时序图。从时序图可以看出,在移位脉冲作用下,当来过 4 个 CP 脉冲以后,1101 这 4 位数码恰好全部移入寄存器中。这时,可以从 4 个触发器的 Q 端得到并行的数码输出。

最后一个触发器的 Q 端还可以作为串行数据输出端。如果需要得到串行的输出数据,

则只要再输入 3 个 CP 脉冲，4 位数据便可依次从串行输出端 Q 送出去，这就是所谓串行输出方式。因此，可以把图 10-30a 所示的电路叫作串行输入，串行/并行输出左向移位寄存器。

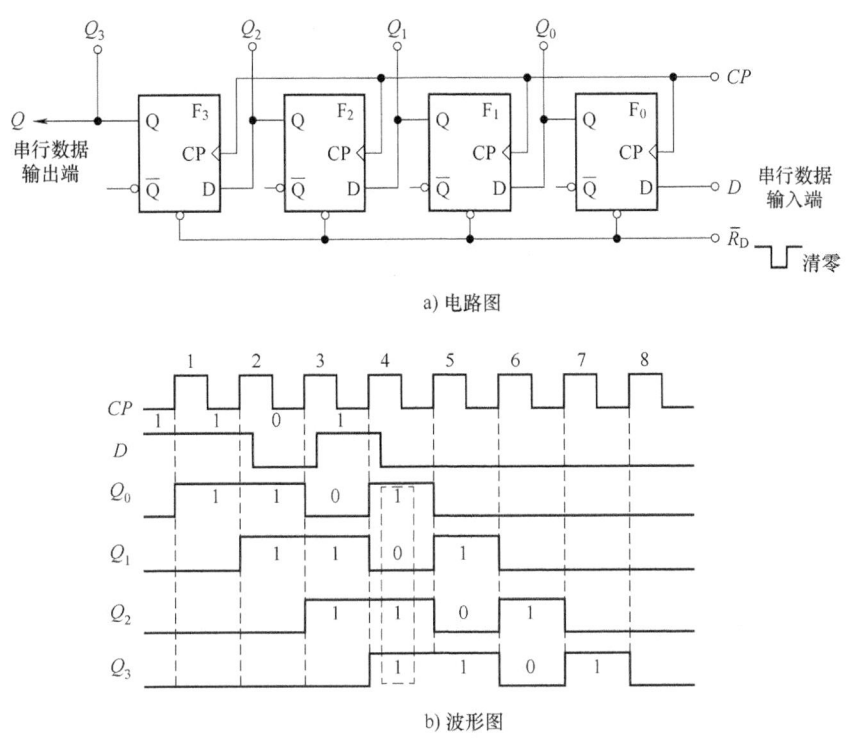

图 10-30　四位单向移位寄存器电路图和时序图

（2）单向右移寄存器

如果把图 10-30a 所示的电路的各触发器连接顺序调换一下，则可构成右向移位寄存器。图 10-31 所示的是用 JK 触发器构成的右向移位寄存器。如再增添一些控制门，则可构成既能左移，又能右移的双向移位寄存器。

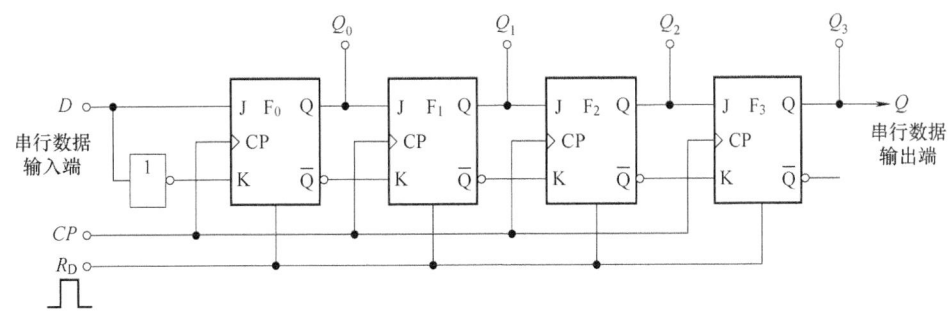

图 10-31　右向移位寄存器电路

2. 寄存器的应用

（1）三态输出数据寄存器用于总线传输

由于三态输出数据寄存器的输出线上出现的数据和输入线上传来的数据不是同时存在

的，因此这些寄存器可以共用数据总线。图 10-32 为微型计算机中的寄存器示意框图。图中 RTA、RTB、RTC、RTD 为三态输出数据寄存器，全部挂在 BUS 数据总线上，其中双箭头数据线表示传输的数据是双向的。如果要将 RTA 中所存数据传送到 BUS 上去，只要令使能端控制 $\overline{E}_A = 0$，而其他寄存器使能控制端为 1（相当于关闭其他寄存器，使其输出端呈高阻态）。这样就能实现 RTA 寄存器与总线之间数据传输。

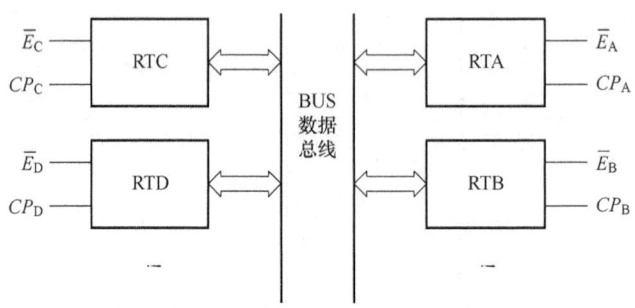

图 10-32　三态输出寄存器挂接数据总线

（2）构成环形计数器

将单向移位寄存器首尾相接，即可构成环形计数器，图 10-33a 所示为 4 位环形计数器的逻辑电路图。利用对时序电路的基本分析方法，可以很容易地画出环形计数器的状态图，如图 10-33b 所示。

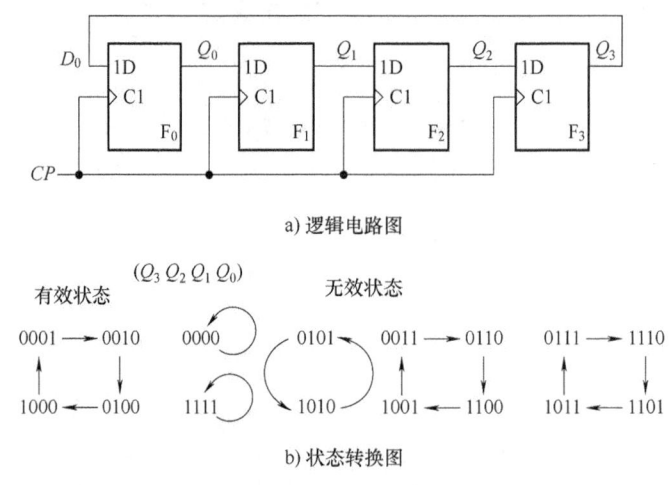

图 10-33　4 位环形计数器

由状态转换图可知，在 CP 脉冲的连续作用下，如循环移位 1 个 1（也可以循环移位 1 个 0），则 $Q_3Q_2Q_1Q_0$ 的状态在 0001、0010、0100、1000 之间循环。

图 10-33b 所示的状态图反映出，4 个触发器的有效循环状态也是 4，而 4 个触发器共有 16 种可能的状态，除了有效的计数循环外，显然电路还存在多个无效状态形成的无效循环。因此，环形计数器的状态利用率低，记 N 个数就需用 N 个触发器，且不能自启动，工作时，还需先将有效状态置入计数器中，然后才能在 CP 脉冲的作用下进行环形计数。

（3）构成扭环形计数器

如果电路如图 10-34a 所示，将单向移位寄存器的 D_0 与 $\overline{Q}_3$ 相接，即 $D_0 = \overline{Q}_3$，就构成了扭

环形计数器。该计数器的状态转换图和时序图如图 10-34b、c，从图中可以发现，图 10-34a 的计数状态是 8。显然在扭环形计数器中，对触发器的利用率和环形计数器相比有了大幅提高，用 N 个触发器能记 $2N$ 个状态。

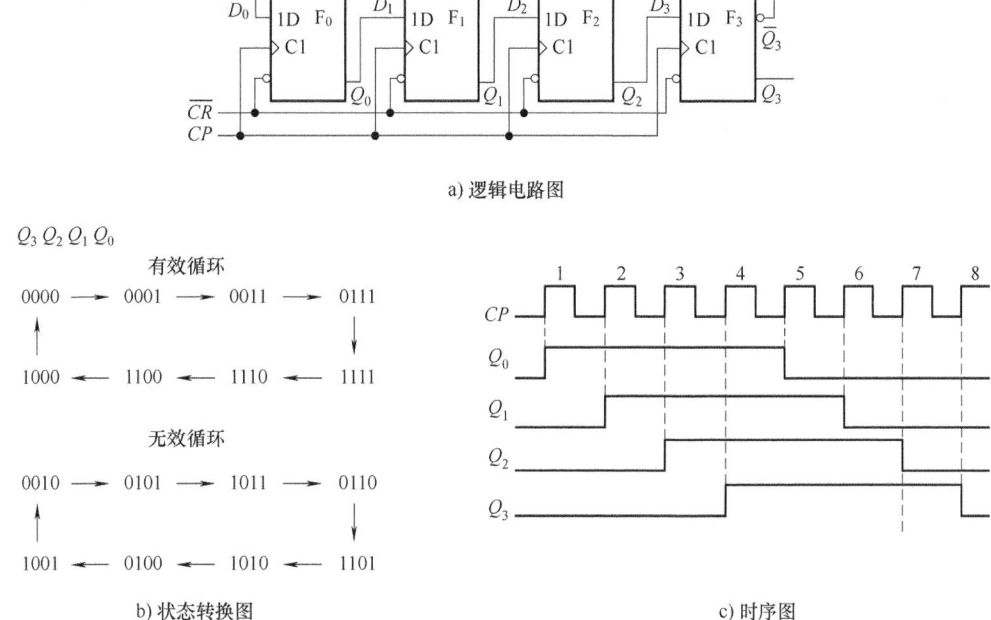

图 10-34 扭环形计数器

10.5 脉冲信号产生与整形电路

10.5.1 脉冲

时序电路中的时钟信号即矩形脉冲波。时钟脉冲的特性直接关系着系统能否正常工作。矩形脉冲波形如图 10-35 所示，其特性可用以下指标来描述：

脉冲周期 T——周期性脉冲序列中，两个相邻脉冲间的时间间隔。脉冲频率 $f=1/T$，表示单位时间内脉冲重复的次数。

脉冲幅度 U_m——脉冲电压的最大变化幅度。

脉冲宽度 T_W——从脉冲前沿上升到 $0.5U_m$ 开始，到脉冲后沿下降到 $0.5U_m$ 为止的一段时间。

上升时间 t_r——脉冲前沿从 $0.1U_m$ 上升到 $0.9U_m$ 所需要的时间。

下降时间 t_f——脉冲后沿从 $0.9U_m$ 下降到 $0.1U_m$ 所需要的时间。

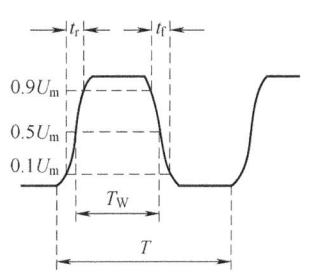

图 10-35 实际的矩形脉冲波形图

占空比 q——脉冲宽度与周期之比称为占空比，$q = \dfrac{T_W}{T}$。

10.5.2　555 定时器

555 定时器是目前在工业自动控制、仿声、电子乐器、防盗报警等方面获得了广泛的应用的一种时基电路，可以构成多谐振荡器、施密特触发器和单稳态触发器等脉冲产生和波形变换电路。目前的集成定时器产品中，CMOS 型的有 CC7555、CC7556 等，器件的电源电压为 4.5~18V，能提供与 TTL、CMOS 电路相兼容的逻辑电平；双极型的有 5G555(NE555)，下面以 CC7555 为例，介绍 555 定时器的功能。

CC7555 为双列直插式封装，共有 8 个引脚。图 10-36a 为 CC7555 的电路结构图，图 10-36b 是它的外引脚排列图。

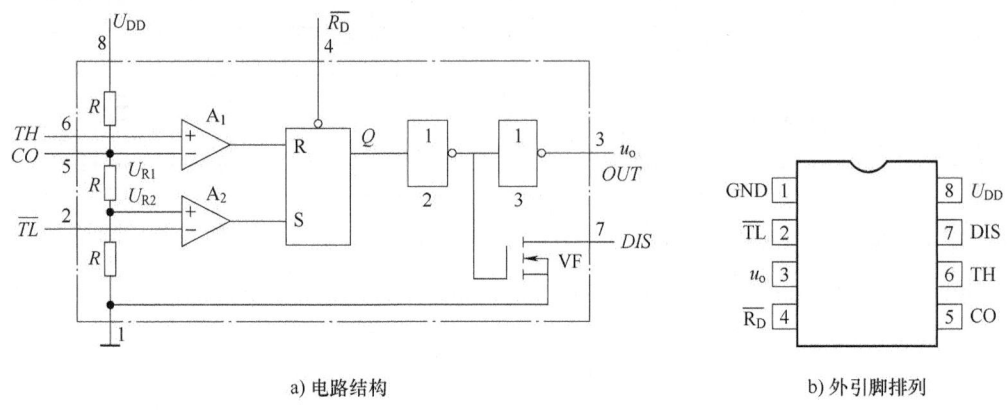

a) 电路结构　　　　　　　　b) 外引脚排列

图 10-36　集成定时器 CC7555

1. CC7555 的组成

（1）分压器。由三个 5kΩ 的电阻 R 构成电阻分压器(故得名 555 定时器)，它向比较器 A_1 和 A_2 提供参考电压，即 $U_{R1} = \dfrac{2}{3}U_{DD}$，$U_{R2} = \dfrac{1}{3}U_{DD}$。电压控制端 CO 也可外加控制电压改变参考电压值。CO 端不用时，可外接 0.01μF 的去耦电容，以消除干扰，保证参考电压不变。

（2）比较器。集成运算放大器 A_1、A_2 组成两个电压比较器，每个比较器的 2 个输入端标有"+"号和"-"号，当 $U_+ > U_-$ 时，比较器输出高电平，当 $U_+ < U_-$ 时，比较器输出低电平。

（3）基本 RS 触发器。R、S 的值取决于比较器 A_1、A_2 的输出。$\overline{R_D}$ 端为 RS 触发器的直接复位端，该端为低电平时，$Q = 0$，输出 OUT 为低电平。

（4）放电管 VF(也称开关管)和输出缓冲器门 2 和门 3。VF 为 N 沟道增强型 MOS 管，当输出 OUT 为低电平时，VF 的栅极电位为高电平，VF 导通；当输出 OUT 为高电平时，VF 的栅极电位为低电平，VF 截止。门 2 和门 3 为输出缓冲器，用来提高定时器的带负载能力，同时也隔离负载对定时器的影响。

2. CC7555 的功能

表 10-10 是 CC7555 的功能表。

表 10-10　CC7555 功能表

输　　入			输　　出	
高触发端 TH	低触发端 $\overline{TL}$	复位 $\overline{R}$	输出 OUT	放电管 VF 状态
×	×	L	L	导通
$>\frac{2}{3}U_{DD}$	$>\frac{1}{3}U_{DD}$	H	L	导通
$<\frac{2}{3}U_{DD}$	$>\frac{1}{3}U_{DD}$	H	保持原状态	保持原状态
$<\frac{2}{3}U_{DD}$	$<\frac{1}{3}U_{DD}$	H	H	截止

3. 555 定时器应用举例

例 10-7　图 10-37 为 CC7555 接成的逻辑电平分析仪，待测信号为 u_i，调节 CC7555 的 CO 端电压 $U_R=3V$，试问：

（1）当 $u_i>3V$ 时，哪个发光二极管亮？

（2）当 u_i 小于多少 V 时，该逻辑电平仪表示低电平输入？这时哪一个发光二极管亮？

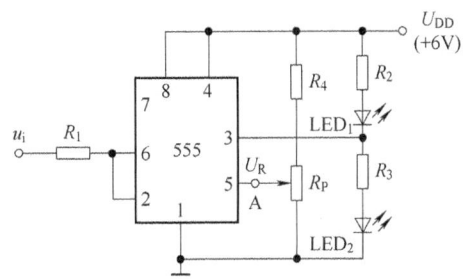

图 10-37　例 10-7 电路图

解　由图 10-36 和表 10-10 可知，由于电压控制端 CO 外加控制电压 $U_R=3V$，改变了图 10-36 所示电路中比较器 A_1、A_2 的参考电压值，使之分别变为 U_R（高触发端 TH 比较电压）、$\frac{1}{2}U_R$（低触发端 $\overline{TL}$ 比较电压），根据题意分别为 3V 和 1.5V。由于图 10-37 电路中的高触发端 TH（6 引脚）和低触发端 $\overline{TR}$（2 引脚）接在一起，所以：

（1）当 $u_i>3V$ 时，CC7555 的 3 引脚输出 OUT 为低电平，LED_1 亮；

（2）当 $u_i<1.5V$ 时，CC7555 的 3 引脚输出 OUT 为高电平，LED_2 亮。

10.5.3　多谐振荡器

多谐振荡器是产生矩形脉冲波的自激振荡器，由于矩形脉冲波中除基波外，还有丰富的谐波成分，故名多谐振荡器，也称为无稳态触发器。产生矩形脉冲的电路很多，例如用 TTL 与非门构成的基本多谐振荡器和 RC 环形振荡器；用 CMOS 或非门组成的多谐振荡器等。本节主要介绍用集成定时器构成的多谐振荡器和频率稳定性高的石英晶体振荡器。多谐振荡器的符号如图 10-38 所示。

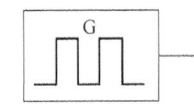

图 10-38　多谐振荡器符号

1. 用 555 定时器构成多谐振荡器

图 10-39a 所示为用 CC7555 定时器构成的多谐振荡器电路，R_1、R_2 和 C 是外接定时元件。电路的工作波形如图 10-39b 所示。

电路的工作原理如下：

根据 CC7555 定时器的逻辑功能可知（见图 10-36），接通电源瞬间，TH 和 $\overline{TL}$ 端的电位 $u_C=0$，基本 RS 触发器的 $R=0$、$S=1$，触发器置 1，输出 OUT（u_o）为高电平，VF 截止，电

源经 R_1、R_2 对 C 充电，u_C 逐渐升高。当 $u_C \geq \frac{2}{3}U_{DD}$ 时，比较器 A_1 的输出即 RS 触发器的 R 端跳变为高电平，比较器 A_2 的输出，即 RS 触发器的 S 端跳变为低电平，使 RS 触发器置 0，输出 $OUT(u_o)$ 跳变为低电平，MOS 导通，电容 C 通过 R_2 及 MOS 放电，u_C 下降。当 $u_C < \frac{1}{3}U_{DD}$ 时，比较器 A_2 的输出使 RS 触发器的 S 端跳变为高电平，比较器 A_1 的输出使 RS 触发器的 R 端跳变为低电平，输出 $OUT(u_o)$ 再次跳变到高电平，MOS 截止，C 再次充电……如此周而复始，在多谐振荡器的输出得到两个暂态，输出端就形成了矩形脉冲序列。它的输出周期 T 可以采用电路中的一阶电路的三要素法来计算，分析过程如下：

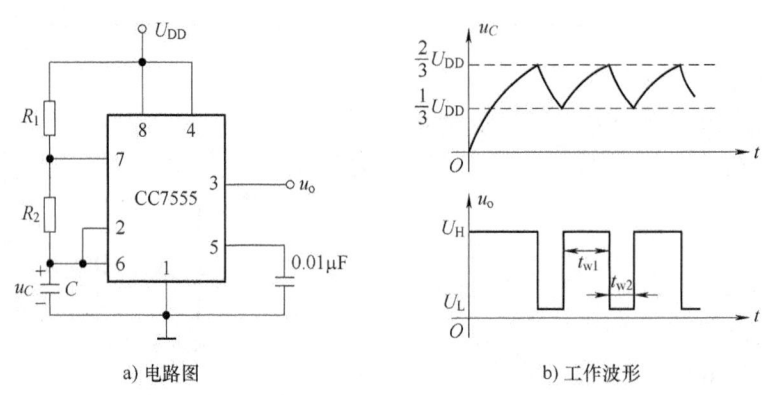

a) 电路图   b) 工作波形

图 10-39　由 CC7555 定时器构成的多谐振荡器

（1）输出高电平的时间 t_{w1}

输出高电平时间 t_{w1} 相当于电容电压 u_C 从 $\frac{1}{3}U_{DD}$ 充电到 $\frac{2}{3}U_{DD}$ 的时间，利用三要素法公式得

$$f(t) = f(\infty) + [f(0_+) - f(\infty)] e^{-\frac{1}{\tau_1}t} \tag{10-2}$$

式中，$f(0_+) = \frac{1}{3}U_{DD}$；$f(\infty) = U_{DD}$；$\tau_1 = (R_1 + R_2)C$。

可分析到 $t_{w1} = \ln 2 (R_1 + R_2) C$

（2）输出低电平的时间 t_{w2}

输出低电平时间 t_{w2} 相当于电容电压 u_C 从 $\frac{2}{3}U_{DD}$ 放电到 $\frac{1}{3}U_{DD}$ 的时间，同样利用三要素法公式可分析到 $t_{w2} = \ln 2 R_2 C$。

（3）输出信号周期、频率、占空比

振荡周期为

$$T = t_{w1} + t_{w2} = \ln(R_1 + 2R_2)C \approx 0.69(R_1 + 2R_2)C$$

振荡频率

$$f = \frac{1}{T} = \frac{1.43}{(R_1 + 2R_2)C}$$

脉冲宽度与周期之比称为占空比 q，占空比 q 的计算如下：

$$q = \frac{t_{w1}}{t_{w1}+t_{w2}} \approx \frac{0.7(R_1+R_2)C}{0.7(R_1+2R_2)C} = \frac{R_1+R_2}{R_1+2R_2}$$

2. 用555定时器构成的构成压控振荡器

压控振荡器是指输出频率与输入控制电压有对应关系的振荡电路。在图10-40a所示电路中，在CC7555的5引脚（控制端CO）不接电容，而是加一个可控电压U_m，即可构成一个压控振荡器。此时，CC7555内部比较器A_1的参考电压为U_m，比较器A_2的参考电压为$\frac{1}{2}U_m$。而U_m大小的变化会改变电容C的充、放电时间，也就改变了输出脉冲的周期，U_m越大，输出脉冲周期越长，输出频率越低；反之，U_m越小，输出频率越高，其输出波形如图10-40b所示。

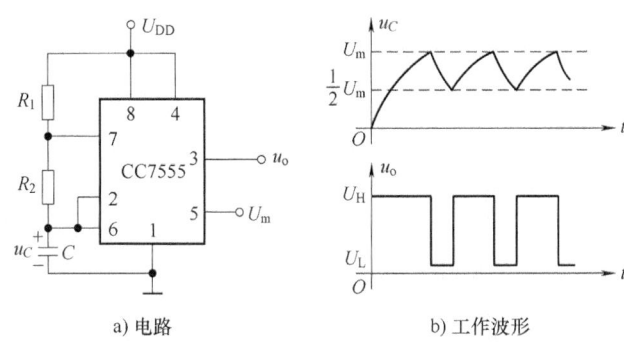

图10-40　压控振荡器

3. 石英晶体振荡器

石英晶体振荡器的符号如图10-41a所示，图10-41b为其阻抗频率特性。由图10-41b可知，石英晶体的选频特性很好，只有频率为f_0的信号才能通过晶体，其他频率信号都会被晶体衰减。所以，为了得到稳定度很高的脉冲信号，目前普遍采用石英晶体多谐振荡器电路，图10-41c所示为一种典型的石英晶体多谐振荡器电路。图中，门G_1、G_2及R_1、R_2、C_1、C_2构成基本多谐振荡器，它只有两个暂态：一个非门导通，另一个非门截止。假设G_1导通，G_2截止，则C_1充电，C_2放电；当C_1充电到使G_2输入端电平达到阈值电压U_T时，G_2转到导通，同时C_2的放电也使G_1转为截止，电路进入另一暂态：G_1截止，G_2导通，C_1放电，C_2充电；当C_2充电到使G_1输入端电平达到阈值电压U_T时，G_1又转为导通，同时C_1放电使G_2又转为截止，如此周而复始，输出u_o即为连续的矩形波。

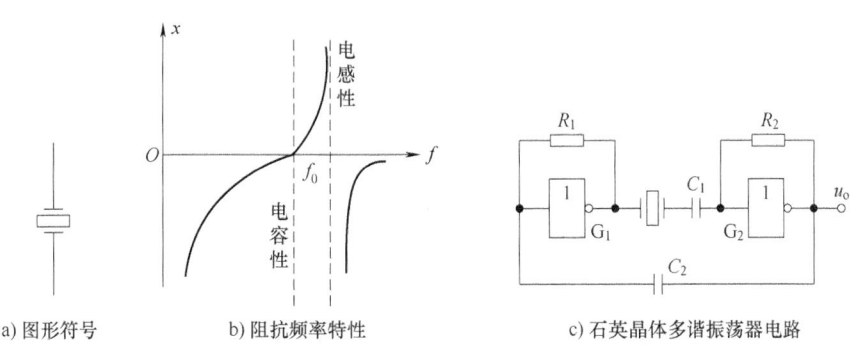

图10-41　石英晶体多谐振荡器

由于电路中接入了石英晶体，这个振荡器只能谐振在频率 f_0 上。对于 TTL 门，R_1、R_2 通常取 $0.7\sim2\text{k}\Omega$，而对于 CMOS 门取 $10\sim100\text{M}\Omega$。电容 C_1、C_2 作为非门间的耦合，其容抗对石英晶体的谐振频率 f_0 可忽略不计。

在振荡器输出端再加一级反相器可以提高带负载能力，改善输出波形。图 10-42a 是在石英晶体多谐振荡器输出端加一级分频后再输出，可以产生两相时钟信号的电路，图 10-42b 是其工作波形。

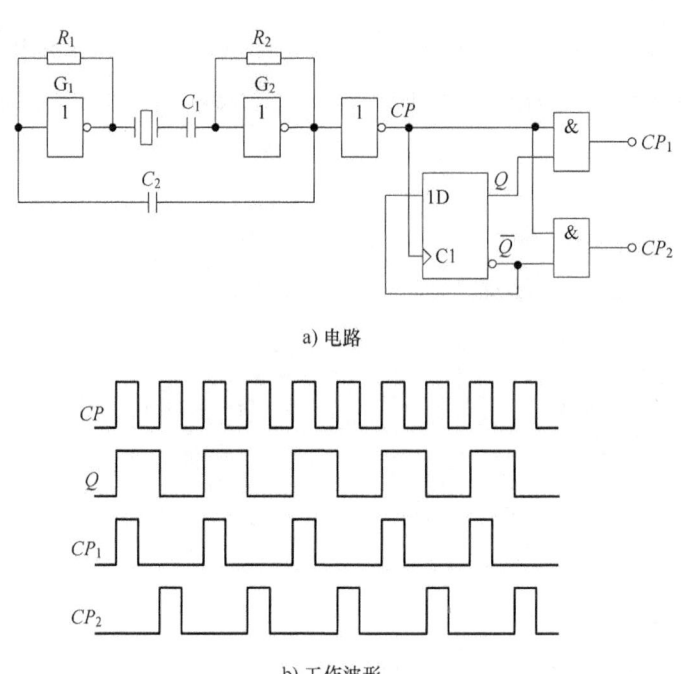

图 10-42 两相时钟多谐振荡器

10.5.4 施密特触发器

1. 施密特触发器的功能与特性

施密特触发器是一种应用很广的电路，常用作波形的变换、整形和鉴幅。它的电压传输特性和图形符号如图 10-43a、b 所示。

由图 10-43a 可知，施密特触发器有两个稳定的工作状态，对于正向和负向增长的输入信号，电路有不同的阈值电平 U_{T_+} 和 U_{T_-}，要使施密特触发器的输出状态发生转换，输入电压 u_i 必须大于 U_{T_+} 或小于 U_{T_-}。当输入信号 u_i 由低向高变化并大于正向阈值电压 U_{T_+} 时，电路翻转到一个稳态，输出 u_o 为低电平；当输入信号 u_i 由高向低变化并小于负向阈值电压 U_{T_-} 时，电路翻转到另一个稳态，u_o 为高电平。这种滞后的电压传输特性，又叫作回差特性。

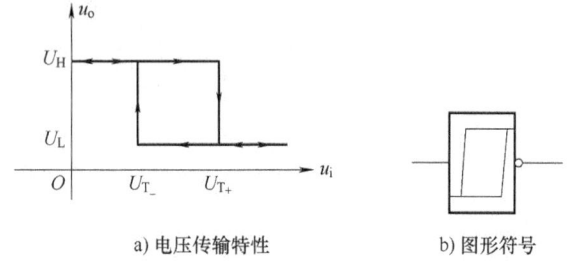

图 10-43 施密特触发器

U_{T_+} 与 U_{T_-} 之差值,称为回差电压 ΔU,即

$$\Delta U = U_{T_+} - U_{T_-}$$

回差电压 ΔU 大,电路的抗干扰能力强,但"鉴幅"和"触发灵敏度"会变差。此外,施密特触发器靠输入信号的电压高低来触发,也靠输入信号的幅值来维持翻转后的状态。

2. 用 555 定时器构成的施密特触发器

图 10-44a 所示为一个用 CC7555 定时器构成的施密特触发器电路。图 10-44b 所示为当触发信号 u_i 为图示波形时,输出信号 u_o 的工作波形。

图中,定时器的高触发端 TH 和低触发端 $\overline{TL}$ 接在一起作为信号输入端。由 CC7555 定时器的功能表 10-10 可知,这个触发器的正向阈值电压 $U_{T_+} = \frac{2}{3}U_{DD}$,负向阈值电压 $U_{T_-} = \frac{1}{3}U_{DD}$,回差电压 $\Delta U = \frac{1}{3}U_{DD}$。若在控制端 CO 外加电压,可以改变 U_{T_+}、U_{T_-} 和 ΔU 的值。

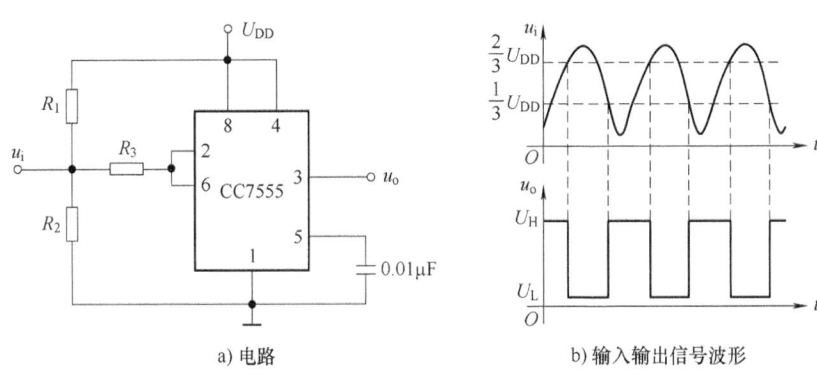

图 10-44 用 CC7555 定时器构成的施密特触发器

3. 施密特触发器的应用

(1) 波形变换和整形

当图 10-44 中的输入电压为三角波或正弦波等信号时,可以分析到输出信号仍为矩形脉冲。若图 10-44 中的输入信号为畸变信号时,通过施密特触发器可以将输出信号转换为矩形脉冲,其波形转换如图 10-45 所示。所以施密特触发器可以完成信号转换,故施密特触发器也常用作 TTL 的接口电路。

(2) 鉴幅

施密特触发器可用作鉴别输入信号的幅度是否超过规定值。图 10-46 是一个阈值电压探测器输入、输出电压波形,幅度超过 U_{T_+} 的脉冲使施密特触发器动作,在输出端就能得到一个矩形脉冲,这样,就能鉴别输入信号的幅度是否超过规定值 U_{T_+}。

(3) 组成多谐振荡器

用施密特触发器组成的多谐振荡器的电路和工作波形如图 10-47a、b 所示。当施密特触发器的输入端为低电平时,输出为高电平,则该高电平通过 R 对电容 C 充电,C 上的电压 u_C 随着充电而升高,当 u_C 达到正向阈值电压 U_{T_+} 时,施密特触发器翻转输出低电平,则电容电压通过 R 放电,u_C 随着放电而逐渐降低,当下降到负向阈值电压 U_{T_-} 时,施密特触发器又翻转输出高电平,如此周而复始,电路就输出了连续的矩形波。

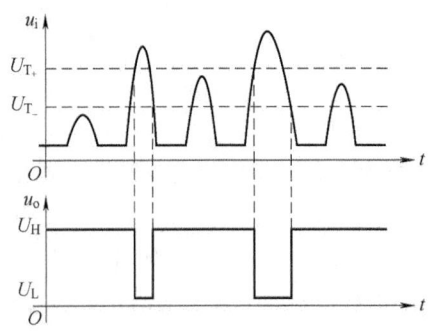

图 10-45 施密特触发器使畸变波形整形　　图 10-46 阈值电压探测器输入、输出波形图

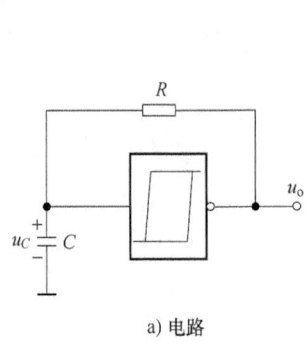

a) 电路

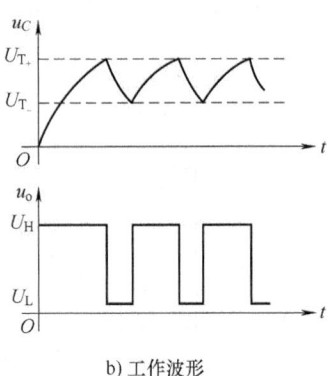

b) 工作波形

图 10-47 施密特触发器组成的多谐振荡器

10.5.5 单稳态触发器

单稳态触发器有一个稳态，一个暂稳态，在外加信号的作用下，单稳态触发器能够从稳态翻转到暂稳态，经过一定的时间后又自动返回稳态。

1. 由 CC7555 定时器构成单稳态触发器

用 CC7555 定时器构成的单稳态触发器电路如图 10-48a 所示。图 10-48b 是它的工作波形图。输入触发信号 u_i 加在低触发端 $\overline{TL}$，输出信号为 u_o，R 和 C 是外接定时元件。

电路的工作原理如下：

参看 CC7555 的功能表 10-10，通电而触发信号没有到来时，低触发端 $\overline{TL}$ 为高电平，电源电压 U_{DD} 对 C 充电，随着电容 C 的充电，u_C 逐渐升高（高电平触发端 TH 的电位也不断升高），当 $u_C > \frac{2}{3}U_{DD}$ 时，输出信号 u_o 为低电平，此时放电管 VF 导通，C 放电到使 $u_C \approx 0$，使 TH 端为低电平，维持输出端 u_o 的低电平状态，电路处于稳态。

触发信号到来时，u_i 负跳变为 $u_i < \frac{1}{3}U_{DD}$，输出信号 u_o 跳变到高电平，放电管 VF 截止，电源 U_{DD} 经 R 向电容 C 充电，电路处于暂稳态。随着电容 C 的充电，u_C 逐渐升高（TH 端的电位也不断上升），当 $u_C > \frac{2}{3}U_{DD}$ 时（此时 u_i 必须已恢复到高电平），输出信号 u_o 又跳变为低

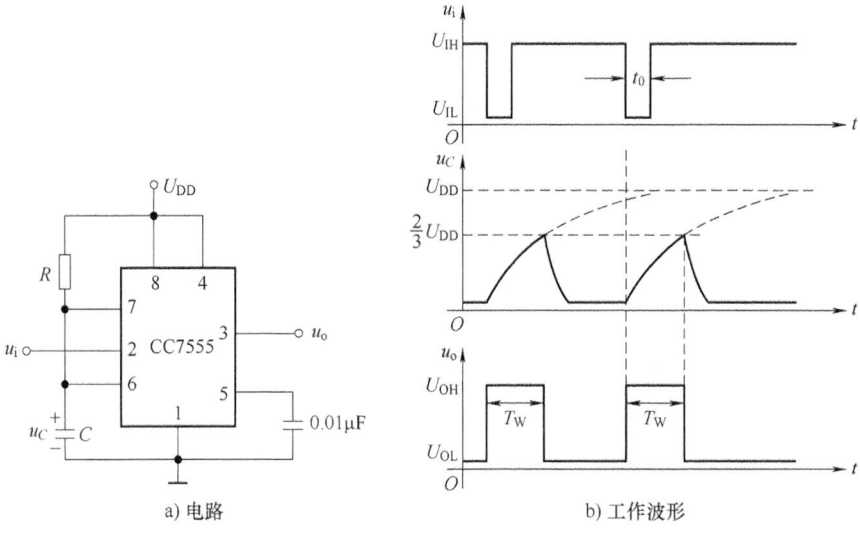

图 10-48 用 CC7555 定时器构成的单稳态触发器

电平，放电管 VF 导通，电容 C 又放电到使 $u_C=0(TH=0)$，电路又回到稳态。

电路在暂稳态的时间等于单稳态触发器输出脉冲的宽度 T_W。T_W 为定时电容 C 上的电压 u_C 由零上升到 $\frac{2}{3}U_{DD}$ 所需的时间。T_W 的计算如下方法，依然采用一阶暂态电路的三要素法，根据式 (10-2)，其中 $f(0_+)=0$，$f(\infty)=U_{DD}$，$\tau=RC$ 可得

$$T_W = \ln 3 \cdot RC \approx 1.1RC$$

对于单稳态触发器由暂稳态返回稳态的条件是输入触发脉冲的宽度 $t_0 < T_W$。若 $t_0 > T_W$ 时，可在触发输入端加 RC 微分电路。

在实际使用中，单稳态触发器又分为可重复触发和不可重复触发两种类型。图 10-49a、b 为可重复触发单稳态触发器的图形符号和波形图，图 10-50a、b 为不可重复触发单稳态触发器的图形符号和波形图。

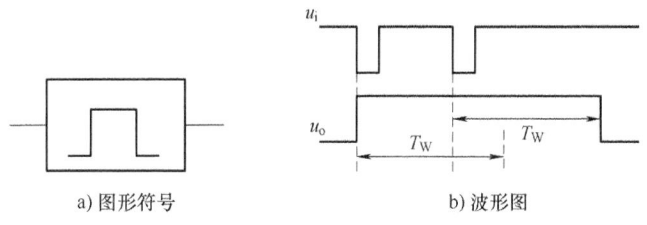

图 10-49 可重复触发单稳态触发器的图形符号和波形图

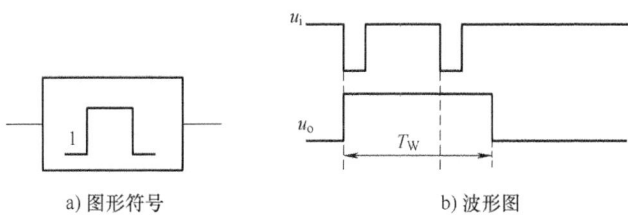

图 10-50 不可重复触发单稳态触发器的图形符号和波形图

2. 单稳态触发器的应用

（1）用于脉冲信号的延时、定时与整形

图 10-51a、b 是由单稳态触发器和与门组成的延时与定时选通电路和工作波形图。u_i、u_f、u_{o1} 和 u_o 分别是触发信号、选通信号、单稳输出信号和与门输出信号的波形。由图 10-51b 可知，u_{o1} 的下降沿比触发信号 u_i 的下降沿延迟了 T_W 时间，起到了延时的作用。而 u_{o1} 又控制了与门，使高频信号 u_f 只能在 u_{o1} 的正脉冲 T_W 时间内通过与门传输到输出端 u_o，起到了定时选通的作用。

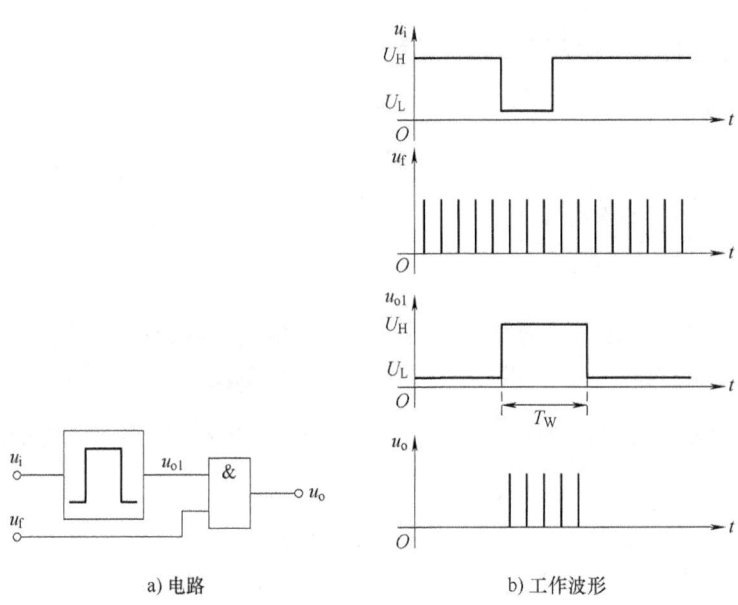

a) 电路　　　　　　　　b) 工作波形

图 10-51　单稳态触发器用于延时与定时选通

（2）整形

单稳态触发器也能把不规则的脉冲信号整形为规则的矩形波。图 10-52 所示为单稳态触发器用以整形的波形图。因为单稳态触发器一经触发由稳态进入暂稳定后，输出信号就保持一个固定的幅度，与触发信号的波形无关，直至经过 T_W 后回到稳态。因此，若有不规则脉冲触发单稳触发器，则其输出 u_o 是具有一定宽度（T_W）和幅度，边沿陡峭的矩形波。

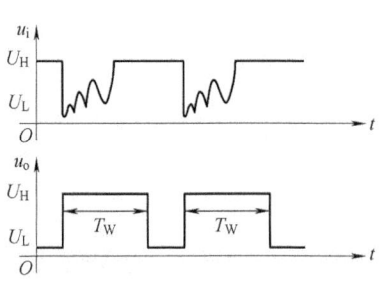

图 10-52　单稳态触发器用以整形的波形图

习题

10-1　维持阻塞型 D 触发器图形符号及其 CP、D 的波形如图 10-53 所示。试对应画出 Q 的波形。设触发器初始状态为 0。

10-2　边沿 JK 触发器图形符号及其 CP、J、K 的波形如图 10-54 所示。试对应画出 Q 的波形。设触发器初始状态为 0。

10-3　如图 10-55 所示，

（1）写出图中所示各触发器的次态 Q^{n+1} 的函数表达式；

（2）对应图给出的 CP、A、B 的波形图，画出各触发器 Q 端的波形。设各触发器初始状态皆为 0。

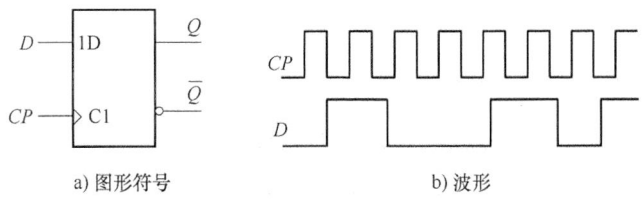

图 10-53　题 10-1 图

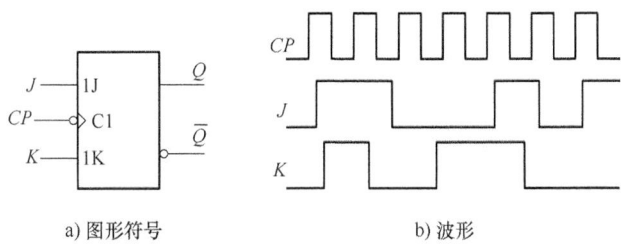

图 10-54　题 10-2 图

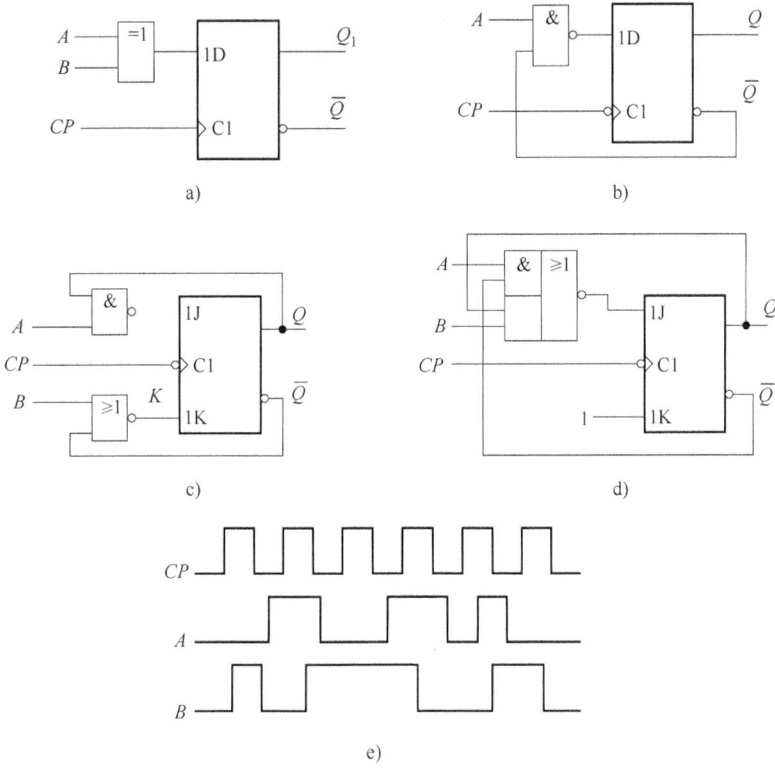

图 10-55　题 10-3 图

10-4　如图 10-56 所示电路，

试：（1）写出各触发器的时钟方程和驱动方程；

（2）写出各触发器的状态方程；

（3）列状态转换真值表；

(4) 画出状态转换图和时序图，说明时序电路的类型(同步或异步)和逻辑功能。

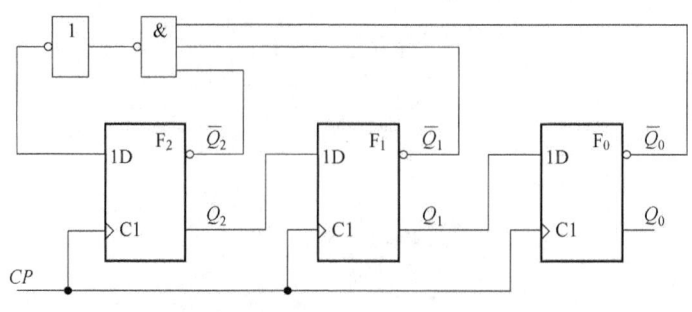

图 10-56　题 10-4 图

10-5　如图 10-57 所示电路，

试：(1) 写出各触发器的时钟方程和驱动方程；

(2) 写出各触发器的状态方程；

(3) 列状态转换真值表；

(4) 画出状态转换图和时序图，说明时序电路的类型(同步或异步)和逻辑功能。

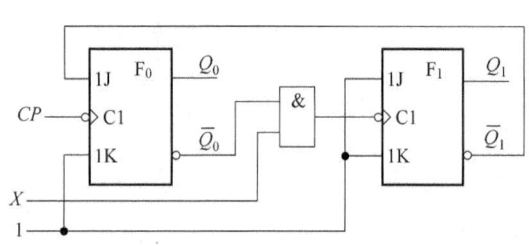

图 10-57　题 10-5 图

10-6　如图 10-58 所示电路，

试：(1) 写出各触发器的时钟方程和驱动方程。

(2) 写出各触发器的状态方程。

(3) 列状态转换真值表。

(4) 画出状态转换图和时序图，说明时序电路的类型(同步或异步)和逻辑功能。

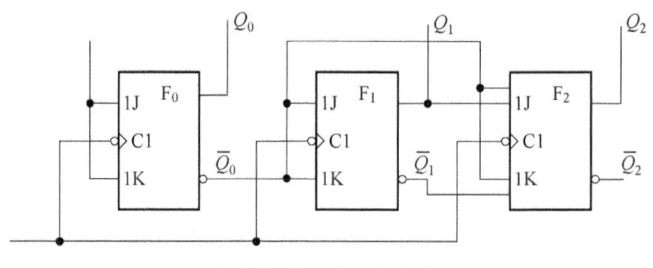

图 10-58　题 10-6 图

10-7　分析图 10-59 所示各电路为几进制计数器，画出它们的状态转换图。

10-8　分别采用反馈置数法和反馈清零法将 74LS160 连接成计数长度为 9 的计数器。

10-9　分别采用反馈置数法和反馈清零法，在 74LS160 的基础上构成六十进制计数器。

10-10　采用两片反馈清零法，在 74LS290 的基础上构成六十进制计数器。

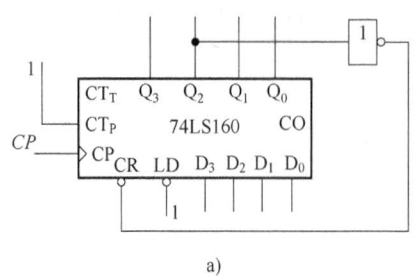
a)

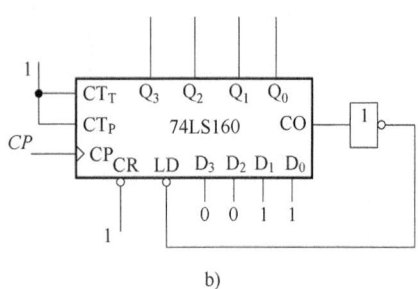
b)

图 10-59　题 10-7 图

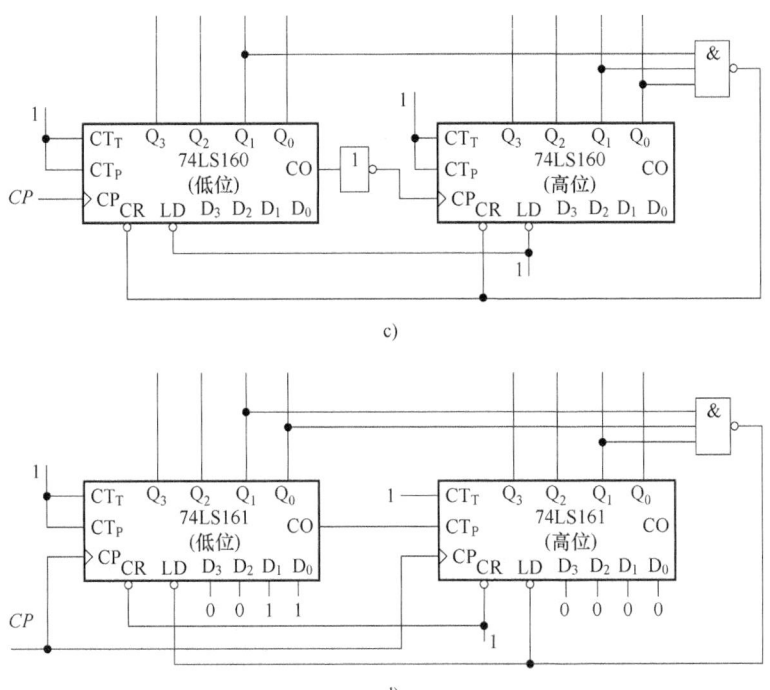

图 10-59 题 10-7 图（续）

10-11 三相步进电机内部有 3 个线圈，若三个线圈分别用 A、B、C 表示，若用 1 表示线圈导通，用 0 表示线圈截止，在外部控制输入 M（控制输入端 $M=1$ 时正转，$M=0$ 时反转，见图 10-60）的控制下，试设计能够完成上述要求的逻辑电路（该逻辑电路在步进电机的应用中称为脉冲分配器）。

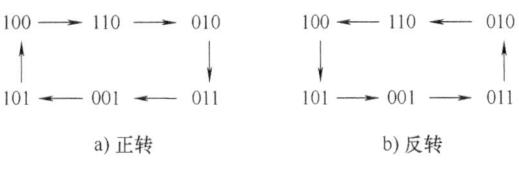

图 10-60 题 10-11 图

10-12 在 74LS161 的基础上设计一个可控的同步加法计数器，要求当控制信号 $M=0$ 时为六进制，$M=1$ 时为十二进制。

10-13 图 10-61 所示电路，其主要参数如下：$U_{DD}=10\text{V}$，$C=0.1\mu\text{F}$，$R_1=20\text{k}\Omega$，$R_2=80\text{k}\Omega$。
试：（1）写出该电路的应用名称；（2）计算该电路输出信号的周期；（3）定性画出 u_C、u_o 的波形。

10-14 图 10-62 所示电路是一个简易触摸开关电路，当手触摸金属片时，发光二极管 LED 亮，经过一定时间后，LED 灭。试分析其工作原理。若图中 $R_1=100\text{k}\Omega$，$C=50\mu\text{F}$，$R_2=1\text{k}\Omega$，LED 约亮多长时间？

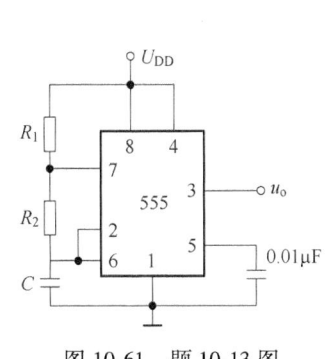

图 10-61 题 10-13 图   图 10-62 题 10-14 图

10-15 图 10-63 所示电路为一个由 555 定时器构成的占空比可调的振荡器,试分析其工作原理,若要求占空比为 50%,应如何选择电路中的有关元件参数?该振荡器频率为多少?

10-16 图 10-64 所示电路,已知 $R_1 = R_2 = 20\text{k}\Omega$,$C = 100\mu\text{F}$。试:

(1) 定性画出电容电压 u_C 和输出电压 u_o 的波形;

(2) 求输出电压 u_o 的周期和频率各为多少?

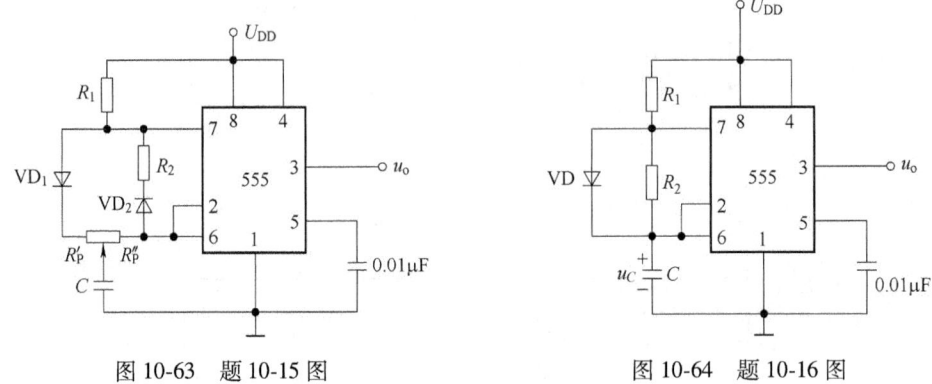

图 10-63 题 10-15 图   图 10-64 题 10-16 图

10-17 图 10-65 所示电路,已知:$U_{DD} = 15\text{V}$,$U_R = 8\text{V}$,输入信号为 $u_i = 10\sin\omega t$ 的正弦信号,试画出输出信号的波形。

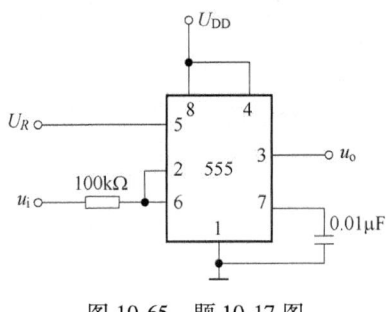

图 10-65 题 10-17 图

第 11 章 电工电子技术基础实验

11.1 电工电子实验的基本要求

11.1.1 实验的意义和目的

"电工电子技术基础"是一门实践性较强的专业基础课,实验是学习这门课程的重要实践环节,是高等教育中一个不可缺少的重要组成部分,是理论联系实际的重要手段,是培养学生严谨的科学态度、独立分析问题和解决问题能力的重要环节。通过必要的实验训练和实践技能的培养,使学生将理论与实践相结合,巩固课堂上所学的理论知识。通过实验培养有关电路连接、电工测量及故障排除等实验技巧,学会掌握常用仪器仪表的基本工作原理、使用与选择方法。在实验测量中学习数据的采集与处理、各种现象的观察与分析,培养实事求是、严肃认真的科学态度和细致踏实的实验品质,为今后的专业实践与科学研究打下坚实的基础。

通过实验课的学习,应能达到以下目的:
1) 能够正确选择和安全使用交、直流电源。
2) 能够根据各个实验的要求,学会按电路图连接实验电路和合理布线,做到连线正确、布局合理、测试方便,能够初步分析并排除一般故障。
3) 能够认真观察实验现象,运用正确的实验手段,采集实验数据,绘制图表、曲线,科学地分析实验结果,正确编写实验报告。
4) 能正确地运用实验手段来验证一些定理和理论。
5) 对设计性实验,能根据实验任务,在实验前确定实验方案、设计实验电路,实验验证时,能正确选择仪器、仪表、元器件,并能独立完成实验要求的内容。
6) 养成严肃认真、实事求是的科学态度和严谨的工作作风。

11.1.2 实验课程要求

为了培养学生良好的实验习惯,提高实验质量,电工电子技术实验分为实验预习、实验操作和实验报告三个环节。

1. 实验预习

实验能否顺利进行和收到预期的效果,很大程度上取决于预习准备是否充分。为此,课前预习一定要做到:

1)认真阅读实验指导书和复习相关理论,明确实验的目的、内容,了解实验的基本原理以及实验的方法、步骤,清楚实验中要观察哪些现象,记录哪些数据。

2)尽可能熟悉仪器、仪表、设备的工作原理和技术性能,以及正确使用的方法、条件及使用中应注意的问题。

3)设计好实验待测数据的记录表格,并预先计算出待测量的理论数值。这些理论计算值既可作为仪器、仪表量程选择的依据,又可在实验中与测量值进行比较。

4)学生认真做好预习后,方可进入实验室进行实验。

2. 实验过程

实验课为每位学生提供了一个综合能力培养的机会,只要认真参与,按要求进行实验操作,则每次实验都会有收获。如果一次实验没有成功,应该重做。

在实验过程中具体要做到:

1)在预习的基础上认真听教师讲解,明确实验内容及方法,特别要注意测试条件及有关安全事项。自觉遵守实验室的规章制度,保持环境卫生,并注意人身及设备安全。在实验室用到220V或380V的交流电时,必须注意用电安全,严禁触及带电体,若发生意外触电事故,应立即切断电源。

2)使用仪器、仪表核对量程及技术指标,对各种可调电源应从最小值往上调。电子仪器(如示波器、函数信号发生器及交流毫伏表等)应先进行通电预热和检查。

3)按本次实验的仪器设备清单清点设备,注意仪器设备类型、规格和数量,以及辅助设备是否齐全,同时了解设备的使用方法及注意事项,做好准备工作。保持实验桌面的整洁,暂时不用的设备整齐摆放。

4)按实验要求连接电路。接线时,按照电路图先接主要串联电路(由电源的一端开始,顺次而行,再回到电源的另一端),然后再连接分支电路,应尽量避免同一端上接很多导线。连线完毕后,经自查无误并请教师复查同意后,才能够闭合电源开始实验。按照实验指导书上的实验步骤进行操作,注意观察各表计和指示是否正常,如果有异常应立即断电检查,待排除故障后重新继续实验。数据记录在统一的预习报告上,要尊重原始记录,不得涂改。

5)完成全部规定的实验内容后,先不要急于拆除电路,而应先自行核查实验数据,再经教师复查记分后,方可切断电源,拆除实验电路。除此之外还应做好仪器设备、桌面和环境清洁整理工作,经教师同意后方可离开实验室。

3. 实验报告

实验报告是实验工作的全面总结,是在实验的定性观察和定量测量后,对数据进行整理和分析,去伪存真、由此及彼地对实验现象和结果得出正确的结论,对提高学习能力和工作能力是十分重要的。实验报告的书写要求如下:

1)要用简明的形式将实验结果完整和认真地表示出来。报告要求文理通顺、简明扼要、字迹端正、图表清晰、结论正确、分析合理、讨论深入。

2)实验中的故障应有记录,并在报告中写明故障现象、分析故障产生的原因以及其排除的措施和方法。

3)当需要在报告中画波形图和曲线时,必须选用统一要求的坐标纸,并且在图上标出相应的数据。

4)回答思考题。

11.1.3　实验室安全用电规则

为了做好实验，确保人身和设备的安全，在做实验时，必须严格遵守下列安全用电规则：

1）不得擅自接通电源。必须遵守"先接线后通电，先断电后拆线"的操作规程，接线、改线、拆线都必须在切断电源的情况下进行，实验过程中不得触及带电体。

2）接线完毕后，要认真检查，确认无误，并请指导教师检查后，通知同组同学，方可接通电源。

3）在电路通电的情况下，人体严禁接触电路中不绝缘的金属导线或连接点等裸露的带电体，万一发生触电事故，应立即切断电源，进行必要的处理。

4）实验中，特别是设备刚投入运行时，要随时注意仪器设备的运行情况，如发现有超量程、发热、异味、异声、冒烟、火花等，应立即切断电源，并请指导教师检查，确认排除故障后方可再次投入使用。

5）室内仪器设备不能随意搬动，非本次实验所用的仪器设备，未经教师允许不得动用。在不清楚仪器、仪表、设备及元器件的使用方法前，不得进行实验。若损坏仪器设备，必须立即报告指导教师，做书面检查，若为责任事故则要酌情赔偿。

6）注意仪器、仪表允许的安全电压（电流），切勿超限。当被测量的大小不能确定时，应从仪表的最大量程开始测试，然后逐渐减小量程，使之合适。

11.2　电工电子实验中常见故障的处理

实验过程中，由于各种各样的原因，不可避免地会出现一些故障。如果不能及时发现并排除故障，不仅会影响实验的正常进行，还会造成不必要的损失。故障分为硬故障和软故障两大类。硬故障可造成元器件或仪器设备的损坏，常常伴有元器件过热冒烟、有烧焦味、有吱吱声或爆竹声似的爆炸声。软故障一般暂时不会造成元器件的损坏，但会使电路中电压、电流的数值不正常或者使信号的波形发生畸变，从而使电路不能正常工作。软故障通常是由接触不良、元器件性能变化等原因引起的，不易发现。

11.2.1　常见的故障

实验中发生的故障大概有以下几种：

1）电源连接错误：把交流电源的线电压当作相电压使用，或把相电压当作线电压使用；直流电压源的输出电压超出规定值或极性接反，直流电流源的输出电流超出规定值或两个输出端接反。

2）电路连接错误：这种故障主要是粗心大意造成的，所以连接实验电路时要认真，并且要仔细检查连接好的电路。

3）电源、实验电路、仪器仪表之间公共参考点选择不当或公共参考点连接错误。

4）仪器仪表使用不当，如测量模式不对、量程选择不合适、读数错误等。

5）干扰，如电源线干扰、接地线干扰、人体干扰、输入端悬空干扰等。

6）元器件老化，如连接导线内部断裂、元器件参数值与标称值不符等。

11.2.2 故障的预防

为了能够顺利、安全地进行实验,减少或避免出现故障,应对实验中要用到的实验仪器设备、元器件进行必要的检查。

1. 通电前的检查

在连接实验电路前,先对所用的实验元器件、导线、实验仪器设备进行必要的检查。连接好实验电路后,不要立即通电,应先对实验电路进行以下几个方面的检查:

1)检查实验电路中的设备和元器件是否符合要求,对有极性的元器件(如二极管、晶体管、电解电容等)检查接法是否正确。

2)检查实验电路的连接线,包括检查电源线、接地线、信号线连接是否正确;有无接触不良或短路现象;有无多接线或漏接的情况。

3)检查所用实验仪器的工作模式是否正确、量程是否合适。

4)检查电源电压是否正常。可用电压表进行检测。

2. 通电后的检查

接通电源后,要注意观察实验电路有无异常现象,如出现打火、冒烟、有异味、有异常声响时,应立即切断电源,并报告指导教师。待查出并排除故障后,经指导教师同意方可重新接通电源。

11.2.3 故障的检查与排除

故障的检查主要是找出发生故障的原因或发生故障的部位,进而排除故障。通常采用下面两种方法检查实验电路的故障。

1. 断电检查法

当出现具有破坏性的硬故障时,应采用断电检查法。首先切断电源,检查电路中有无短路、开路、元器件损坏等情况。在排除故障之前,不能通电,以防引起更大的损失。

2. 通电检查法

可用电压表、示波器等仪器对电路中某部分的电压或波形进行检测,找出故障点,加以排除。

另外,电路中可能同时存在多个故障,这些故障又可能相互影响。所以,在检查电路故障时一定要耐心细致,逐个检查、排除。

11.3 常用电量测量基础

在电工电子实验中,常遇到的量有电压、电流、功率、时间、放大倍数、输入电阻和输出电阻等。掌握这些量的测量原理和方法,对顺利完成实验以及将来从事科技工作都大有益处。常用的测量方法有直接测量法和间接测量法。直接测量法是一种对被测对象直接进行测量并获得其数据的方法。电工测量大多采用直接测量法,例如对电压、电流、电阻、功率的测量就是直接测量。间接测量法是对一个或几个与被测量有确切函数关系的电量进行测量,然后通过对函数关系的计算或推导得出被测量。另外,测量时,要根据被测对象是电压、电流还是功率,是直流还是交流,对测量精度的要求以及被测电路阻抗的大小来选用测量仪表,才能取得较准确的测量结果。

11.3.1 电压的测量

电压从频率上分为直流电压、50Hz 工频电压、低频和高频信号电压等。测量电压的仪表称为电压表。电压表是由基本测量机构（电流表头）串联一定的固定电阻 R 构成的，如图 11-1 所示（图中 R_G 为表头的内电阻）。

流过表头的电流 I_G 与被测电压 U 的关系为

$$I_G = \frac{U}{R+R_G} \tag{11-1}$$

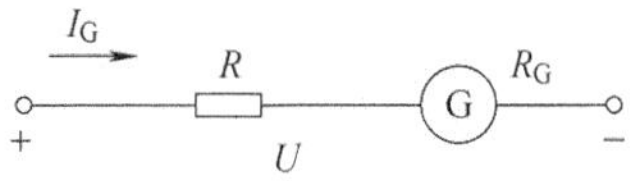

图 11-1 电压表的构成

I_G 与被测电压 U 成正比。因为允许流过表头的电流 I_G 很小（μA 级）且为有限值，所以测量的电压 U 越高，R 的阻值就越大。显然，表头串接不同阻值的电阻就可以构成不同量程的电压表。

测量电压时，应把电压表并接在被测电路两端，以使电压表两端的电压等于被测电压。由于电压表本身的内电阻为 $R_V = R + R_G$，电压表并接到电路中相当于把电阻 R_V 并接到电路中，这必然会对被测电路中的电压、电流产生影响，使其发生变化。为了使测量值较为真实地反映被测电路电压的真值，就要求电压表的内阻 R_V 越大越好。所以，要使电压表的测量满足一定精度，除了要考虑电压表的测量范围及测量误差以外，还应考虑电压表的内阻对被测电路的影响。

测量电路的电压时，在选择好电压表的量程后，只需把电压表的两端并接在被测电路的两端即可。电压表的量程选择以大于并接近于被测电压值为好。另外，测量直流电压时，要用直流电压表或万用表的直流电压档。还要注意，电压表的"+""-"端要与被测电路的"+""-"端对应相接，不能接反。

11.3.2 电流的测量

测量电流的仪表称为电流表。电流表是由基本测量机构（电流表头）并联一定的固定电阻 R 构成的，如图 11-2 所示（图中 R_G 为表头的内电阻）。

流过表头的电流 I_G 与被测电流 I 的关系为

$$I_G = I \frac{R}{R+R_G} \tag{11-2}$$

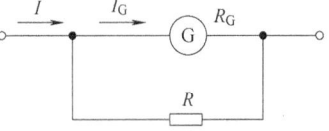

图 11-2 电流表的构成

I_G 与被测电流 I 成正比。因为允许流过表头的电流 I_G 很小（μA 级）且为有限值，所以测量的电流 I 越大，R 的阻值就越小。显然，表头并接不同阻值的电阻就可以构成不同量程的电流表。

测量电流时，应把电流表串接在被测支路中，以使流过电流表的电流等于被测支路的电流。由于电流表本身的内电阻为 $R_A = R // R_G$，电流表串接到电路中相当于把电阻 R_A 串接到电路中，这必然会对被测电路中的电压、电流产生影响，使其发生变化。为了使测量值较为真实地反映被测电路电流的真值，就要求电流表的内阻 R_A 越小越好。所以，要使电流表的测量满足一定精度，除了要考虑电流表的测量范围及测量误差以外，还应考虑电流表的内阻对被测电路的影响。

测量电路的某一支路电流时，在选择好电流表的量程后，应该把电流表的两端串接在被测支路中。电流表的量程选择以大于并接近于被测电流值为好。另外，测量直流电流时，要用直流电流表或万用表的直流电流档。还要注意，应使被测电流从电流表的"+"端流入、"-"端流出，不能接反。

11.3.3 功率的测量

1. 间接测量法

对于直流电路，因为功率 $P=UI$，所以可以用直流电压表测得负载 R_L 两端的电压 U，用直流电流表测得流过负载 R_L 的电流 I，两者相乘即得功率。图 11-3 是间接测量直流电路功率的两种方法。在负载电流较大时可采用图 11-3a 所示的方法，这时电压表的分流作用相对较小，若这时采用图 11-3b 所示的方法，在电流表的内阻上电压降会更大。在负载电流较小时可采用图 11-3b 所示的方法，因为若采用图 11-3a 所示的方法，电压表的分流作用会使误差增大。

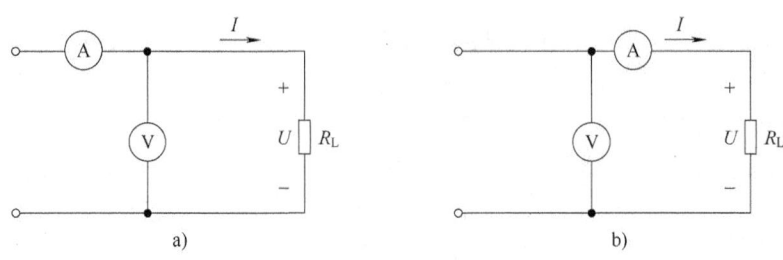

图 11-3　用间接测量法测量直流电路的功率

2. 直接测量法

不管是直流电路，还是交流电路，都能用功率表直接测得功率，而且测量的方法相同。功率表内有两个线圈：一个用来反映负载电压，与负载并联，称为并联线圈或电压线圈；另一个反映负载电流，与负载串联，称为串联线圈或电流线圈。由于交流电路的有功功率 $P=UI\cos\varphi$ 不仅与电压、电流的大小有关，还与负载的功率因数 $\cos\varphi$ 有关，所以交流电路的功率通常都用功率表直接测量。

1）单相电路有功功率的测量。单相电路有功功率的测量如图 11-4 所示。接入功率表时应注意将功率表的电流线圈串接到负载电路中，将功率表的电压线圈并接在负载两端；而且必须将电流线圈和电压线圈的同名端"*"（又称为电源端）接到同一根靠近电源端的线上。

2）三相电路有功功率的测量。在三相电路中，对于三相四线制电路和三相三线制电路，采用不同的方法测量功率。

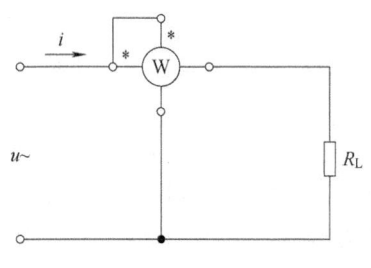

图 11-4　单相电路有功功率的测量

对于三相四线制电路，如图 11-5 所示，无论负载是否对称，均可用三只功率表分别测出各相负载的有功功率，然后相加，得到三相电路的总有功功率。当电路负载对称时，只需要用一只功率表测出其中一相负载的有功功率，便可求出三相总有功功率，这种测量方法称为三表法。

对于三相三线制电路，如图 11-6 所示，无论负载是否对称，均可用两只功率表测出其总有功功率，两个功率表读数的代数和为三相负载的总功率，这种方法称为两表法。

其特点是两只功率表的电流线圈串入任意两根传输导线（"*"或"±"端接电源侧）。电压线圈的对应端与电流线圈相连接，电压线圈的另一端应与没有电流线圈串入的那根传输线相接。

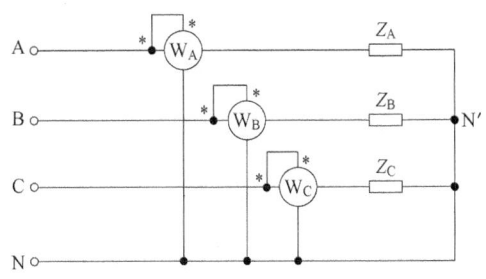

图 11-5　三表法测量三相功率示意图

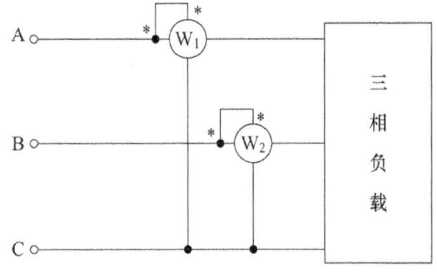

图 11-6　两表法测量三相功率示意图

11.3.4　电阻的测量

1. 普通电阻的测量

所谓普通电阻指中等数值的电阻，即其值在 $1\sim10^5\Omega$，这种电阻的测量可以不必考虑接触电阻的影响和漏电流的影响，是最一般的情况，可以用下述一些方法测量。

1）用电压表和电流表测量：将被测电阻接到直流电源，用电压表、电流表分别测出它的电压和电流，即可算出电阻值为

$$R_x = U/I \tag{11-3}$$

这种方法应考虑电压表和电流表的接法，测量准确度较低，最多可得到三位有效数字。

2）用欧姆表测量：单独的电阻表较少见，多是在万用表中有欧姆档。利用欧姆表测电阻可以从指针的偏转直接读出数值，是最方便的方法，但它的准确度低，误差可达标尺长度的 2.5%。使用电阻表应选择合适的量程，以使指针偏转在中间位置较好。测量前必须注意调零。

3）用直流单臂电桥测量：直流单臂电桥的准确度很高，所以是测量普通电阻最主要的方法。但使用方法较复杂，最多可读出五位有效数字。

当然，还有一些其他方法，但通常只应用在特殊情况，这里就不再赘述。

2. 小电阻的测量

小电阻是指 1Ω 以下的电阻，例如导线电阻、金属材料电阻、电流表电阻等。由于被测电阻很小，测量时连接导线电阻和接头处接触电阻都可能造成误差，应设法避免。测量小电阻可以用双臂电桥，由于在双臂电桥中被测电阻是采用两对接头（一对电流接头，一对电位接头），可以避免接触电阻和连线电阻造成的误差，其测量准确度高。

3. 大电阻的测量

大电阻指 $10^5\Omega$ 以上的电阻，主要是绝缘材料的电阻。由于被测电阻很大，通过它的电流非常小，测量时漏电流可能造成误差，必须注意避免。测量时，可用电压表加检流计测量，或用绝缘电阻表测量。绝缘电阻表的原理与欧姆表类似，为了适于测量大电阻，它的电源不是电池而是直流发电机，它的优点是可以直接得出结果、携带方便，因此常被使用。但其测量范围有限，超过范围就需用其他方法了。

11.4 直流电路实验单元

11.4.1 实验目的

1）验证基尔霍夫电流定律(KCL)和电压定律(KVL)；
2）掌握电路中电流、电压参考方向的概念，以及测量仪表的使用方法；
3）验证叠加定理，加深对该定理的理解；
4）用实验的方法验证戴维南定理；
5）掌握有源二端口网络的开路电压和入端等效电阻的测定方法。

11.4.2 实验原理

1. 基尔霍夫定律

基尔霍夫定律是电路理论中最基本的定律之一。基尔霍夫定律有两条：一条是电流定律，另一条是电压定律。

（1）基尔霍夫电流定律(KCL)

KCL：任一时刻，流入一个节点的电流代数和为零，即 $\sum I = 0$。

测量时直流电流表按照参考方向接入（即电流表正极为电流流入端，负极为电流流出端），若测量数值为正值，说明电流实际方向与参考方向相同，若测量数值为负值，则说明电流实际方向与参考方向相反。

（2）基尔霍夫电压定律(KVL)

KVL：任一时刻，沿回路绕行一周（按顺时针或逆时针方向，一般取顺时针方向），回路中各段电压降代数和恒等于零，即 $\sum U = 0$。

测量电压和测量电流类似，同样应注意，测量中实际方向与参考方向一致时，测量值取正值，反之取负值。

2. 叠加原理

在由多个电源共同作用的线性电路中，任一支路的电流（或电压）都是电路各个电源单独作用时在该支路中产生的电流（或电压）的代数和，这就是叠加原理。应当注意的是，在应用叠加原理时不能改变电路的结构，它只适用于线性电路中的电流和电压，不适用于功率，对不起作用的电源可以这样处理：恒压源用短路线代替，恒流源视为开路。

3. 戴维南定理

戴维南定理：任何一个线性有源二端网络，对外电路来说，都可以用一个电压源 U_s 和电阻 R_s 串联的等效电路来代替，如图 11-7 所示，其电压源 U_s 等于原有二端网络的开路电压（U_{ABO}），电阻 R_s 等于原有源二端网络除去电源（将各独立电压源短路，即其电压为零；各独立电流源开路，即其电流为零）后的入端电阻 R_{AB}。

所谓等效，是指它们的外部特性，就是说在有源二端网络的两个端口 A 和 B，如果接相同的负载，则流过负载的电流相同。

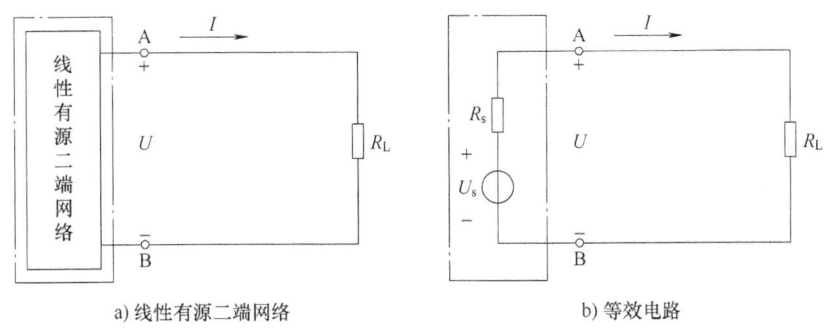

a) 线性有源二端网络　　　　　　　b) 等效电路

图 11-7　戴维南定理

11.4.3　实验任务

1. 基尔霍夫定律

实验电路如图 11-8 所示。连接好电路，双路可调电压源输出电压分别调至 $U_{s1}=15\text{V}$ 和 $U_{s2}=10\text{V}$，并保持不变。

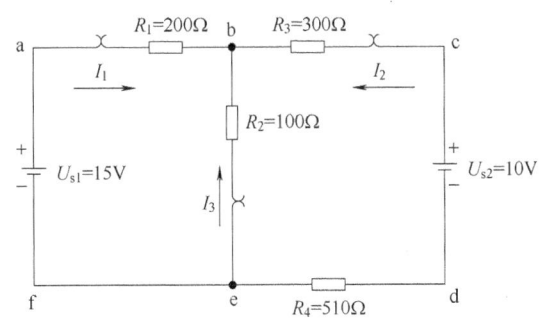

图 11-8　基尔霍夫定律实验电路

（1）基尔霍夫电流定律

测量各支路电流，将数据填入表 11-1。如果测量数据与理论计算值相差过大，则应仔细检查错误所在。

表 11-1　验证 KCL 测量数据

测量项目	测量值	理论计算值	误差
I_1/mA			
I_2/mA			
I_3/mA			

通常测量结果 $\sum I \neq 0$，其数值就是误差，而根据仪表的准确度等级和量程可以确定测量各个量产生的最大误差，以及各个量之和的总误差。

（2）基尔霍夫电压定律

测量回路 abcdefa 的支路电压 U_{ab}、U_{bc}、U_{cd}、U_{de}、U_{ef}、U_{fa}，将数据填入表 11-2 中，注意电压值的正负。

表 11-2 验证 KVL 测量数据

项目	U_{ab}/V	U_{bc}/V	U_{cd}/V	U_{de}/V	U_{ef}/V	U_{fa}/V	$\sum U$
测量值							
计算值							
误差							

2. 叠加原理

叠加原理验证电路如图 11-9 所示。

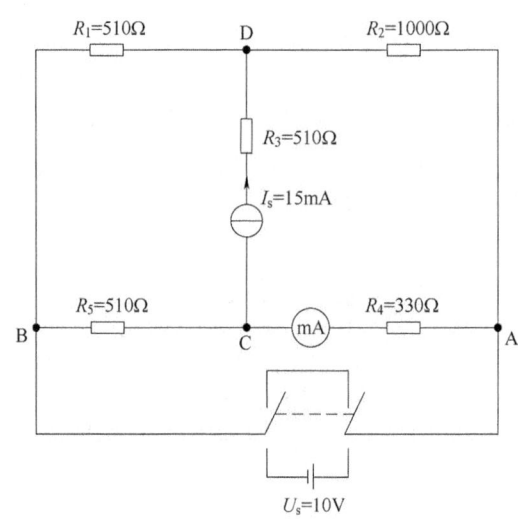

图 11-9 叠加原理验证电路

1）将 I_s 开路，将开关扳向 U_s 端，使 U_s 单独作用，测量各元件两端电压以及支路 AC 中的电流，记录在表 11-3 中。

2）接上 I_s，将开关扳向短路线端，即断开电压源，使 I_s 单独作用，测量各元件两端电压以及支路 AC 中的电流，记录在表 11-3 中。

3）接上 I_s，将开关扳向 U_s 端，测量各元件两端电压以及支路 AC 上的电流，记录在表 11-3 中。

表 11-3 验证叠加原理的测量数据

测量条件	测量值				
	U_{AD}/V	U_{DC}/V	U_{BD}/V	U_{AC}/V	I_{AC}/mA
U_s 单独作用					
I_s 单独作用					
U_s 和 I_s 共同作用					

3. 戴维南定理

1）按照图 11-10 接线；

2）调节电压源输出 10V，电流源输出 15mA（注意电压源输出电压应开路调节，电流源输出应短路调节）；

3）改变负载电阻 R，对每一个负载电阻值，测出 U_{AB} 和 I_R 值，记录在表 11-4 中；

4）将电流源开路、电压源视为短路，用万用表测出负载两端的电阻（去掉负载）R_s；没有万用表也可以测出 A、B 之间的短路电流 I_{sc}，利用公式 $R_s = U_{oc}/I_{sc}$ 计算出等效电源的内电阻 R_s；

5）利用 U_{oc}、R_s 等效出一个电源，然后再接上和 3）相同的一个负载电阻 R，如图 11-11 所示，重新测量 U_{AB} 和 I_R 值，记入表 11-5 中。

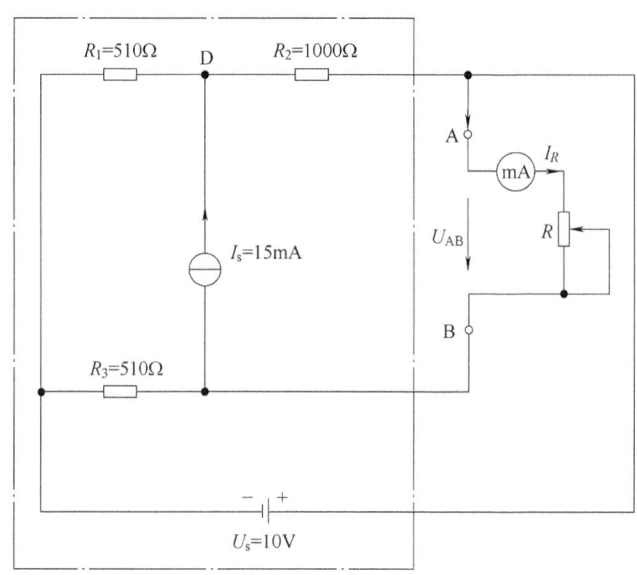

图 11-10　验证戴维南定理电路图

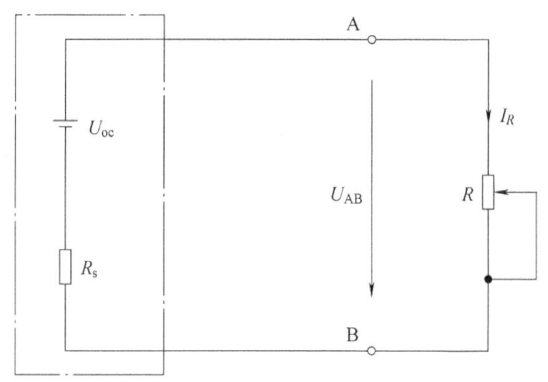

图 11-11　验证戴维南定理等效电路图

表 11-4　验证戴维南定理测试数据

R/Ω	0	100	200	300	400	500	600	1000	2000	∞
U_{AB}/V										
I_R/mA										

表 11-5　验证戴维南定理等效电路测试数据

R/Ω	0	100	200	300	400	500	600	1000	2000	∞
U_{AB}/V										
I_R/mA										

11.4.4　注意事项

1）直流稳压电源的输出端禁止短路。进行叠加原理实验中，电压源 U_s 不作用，是指 U_s 处用短路线代替，而不是将 U_s 本身短路。

2）测电流时，根据规定的电流参考方向，电流从电流表"+"端流入，从"-"端流出。

3）严禁用万用表电流档和欧姆档测电压。

4）直流稳压电源的输出电压值，必须用电压表或万用表直流电压档校对。

11.4.5　思考题

1）若将图 11-9 中的 R_3 变为 300Ω 时，叠加原理是否仍成立？

2）在求含源线性二端口网络等效电路中的 R_{AB} 时，如何理解"原网络中所有独立电源为零值"？实验中怎样将独立电源置零？

11.4.6　实验报告要求

1）用叠加原理计算图 11-9 各支路的电压值和电流值，与实验数据相比较后计算其相对误差，并分析产生误差的原因。

2）用实验数据说明叠加原理的正确性。

3）对实验结果进行比较和讨论，验证戴维南定理的正确性。

4）回答思考题。

11.4.7　实验设备及主要器材

名称	数量
三相断路器	1个
双路可调直流电源	1个
恒流源	1个
直流电压电流表	1只
电阻	若干
电流插孔导线	3根
短接桥和连接导线	若干

11.5　交流电路实验单元

11.5.1　实验目的

1）学习功率表的使用。

2）研究正弦稳态交流电路电压和电流相量之间的关系。

3）了解荧光灯的工作原理，学会荧光灯电路的连接。理解提高功率因数的意义并掌握其方法。

4）学习三相负载的星形联结和三角形联结。测量三相负载连接的各参数并验证它们间的相互关系。

5）分析三相电路中的中性线作用。

11.5.2 实验原理

1. 并联交流电路的谐振

在工业及生活用电中，大部分都是感性负载。例如：工矿企业中驱动机械设备的电动机，家庭生活使用的荧光灯、电风扇、洗衣机、电冰箱等都是感性负载。要提高感性负载的功率因数，可以用并联电容器的方法，使流过电容器中无功电流与感性负载中的无功电流互相补偿，减小电压与电流之间的相位差，从而提高功率因数。

2. 荧光灯电路

本实验中的感性负载使用的是一个荧光灯电路，如图 11-12 所示。

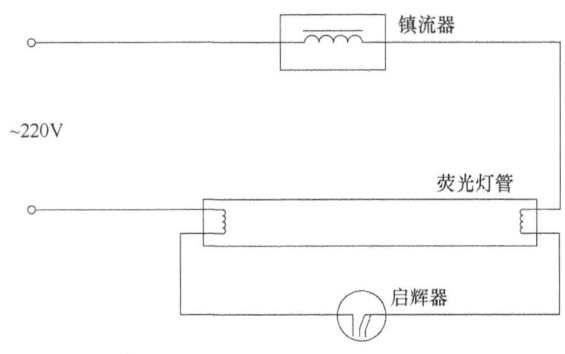

图 11-12 荧光灯电路

荧光灯灯管是一根气体放电管，管内充有一定量的惰性气体和少量的水银蒸气，内壁涂有一层荧光粉，灯管两端各有一个由钨丝绕成的灯丝作为电极。当在管端电极间加以高压后，电极发射的电子能使水银蒸气电离产生辉光，辉光中的紫外线射到管壁的荧光粉上使其受到激励而发光。

荧光灯在高电压下才能发生辉光放电，在低压下（如 220V）使用时，必须有启动装置来产生瞬时的高电压。

灯管点亮后，可以认为是一个电阻负载，而镇流器是一个有铁心的线圈，可以认为是一个电感较大的感性负载，二者串联构成一个感性电路，如图 11-13 所示。

荧光灯电路的功率因数较低。为了提高功率因数，可在电路两端并联一个适当大小的电容。改变并联电容的大小，当电

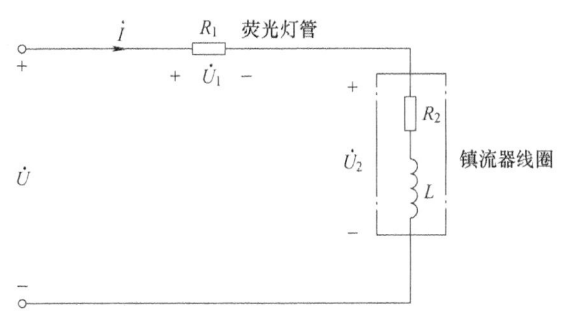

图 11-13 荧光灯点亮后的等效电路

路总电流最小时，电路的功率因数最高。

3. 三相负载的星形联结

当三相对称负载进行星形联结时，线电压 U_L 是相电压 U_P 的 $\sqrt{3}$ 倍，线电流 I_L 等于相电流 I_P，即

$$U_L = \sqrt{3}\, U_P ,\; I_L = I_P \tag{11-4}$$

这种情况下，流过中性线的电流 $I_0 = 0$，所以可省去中性线。

不对称三相负载进行星形联结时，必须采用三相四线制接法，而且中性线必须牢固连接，以保证三相不对称负载的每相电压维持对称不变。倘若中性线断开，会导致三相负载电压的不对称，致使负载轻的一相相电压过高，使负载遭受损坏；负载重的一相相电压又过低，使负载不能正常工作。

4. 三相电路有功功率测量

对于三相四线制电路，无论负载是否对称，均可用三只功率表分别测出各相负载的有功功率，然后相加，得到三相电路的总有功功率，即 $P = P_A + P_B + P_C$。当电路负载对称时，只需要用一只功率表测出其中一相负载的有功功率，便可求出三相总有功功率，即 $P = 3P_A = 3P_B = 3P_C$。这种测量方法称为三表法。

对于三相三线制电路，无论负载是否对称，均可用两只功率表测出其总有功功率，即 $P = P_1 + P_2$，这种方法称为两表法。

11.5.3 实验任务

1. 荧光灯电路电压、电流、功率的测量

1）按图 11-14 接好电路，先不接电容，接通电源，观察荧光灯的启动过程。

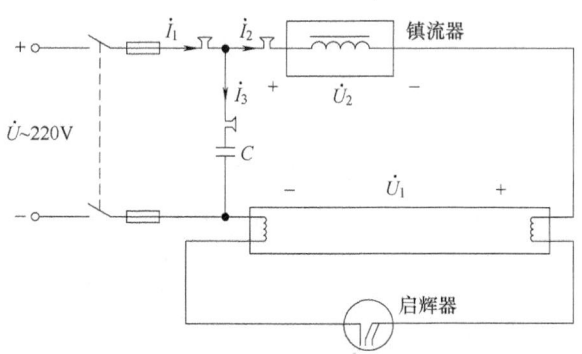

图 11-14 荧光灯实验接线示意电路

2）在电容未接入的情况下，测出电路的功率 P、电流 I_1、电源电压 U、灯管电压 U_1、镇流器两端电压 U_2，填入表 11-6 中，并计算表 11-6 中各项的值。

表 11-6 荧光灯测量记录表

测量值					计算值				
P/W	I_1/A	U/V	U_1/V	U_2/V	$(U_1^2+U_2^2)$/V	$\sqrt{U_1^2+U_2^2}$/V	UI_1/W	$U_1 I_1$/W	$\cos\varphi$

3）荧光灯电路两端并联电容，将电容逐渐增大，观察总电流 I_1、灯管支路电流 I_2 及电容支路电流 I_3 的变化情况，记录 P、U、I_1、I_2、I_3 的数据，填入表 11-7 中，计算相应的功率因数 $\cos\varphi$ 的值。逐渐加大电容容量过程中，注意观察并联谐振现象，并找到谐振点。

表 11-7 功率补偿记录表

$C/\mu F$	测量结果					
	P/W	U/V	I_1/A	I_2/A	I_3/A	$\cos\varphi$
1						
2						
3						
3.7						
4.7						
5.7						
6.7						

2. 负载星形联结下，电压、电流、功率的测量

1）将灯负载按照图 11-15 进行星形联结，并请教师检查电路。

2）测量对称负载，分别在有中性线和无中性线时的各电量。

3）测量不对称负载，分别在有中性线和无中性线时的各电量。

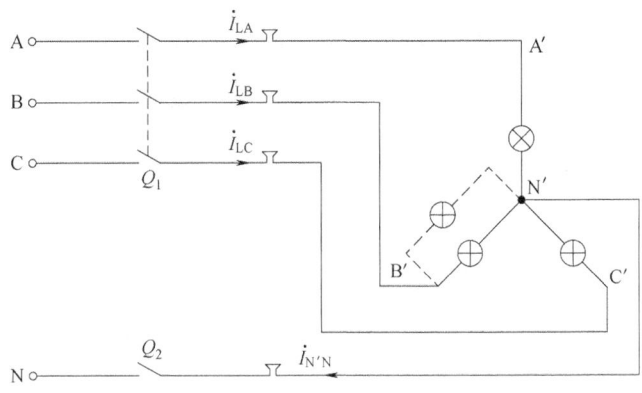

图 11-15 三相电路星形联结实验电路图

将 B 相负载的灯增加一组，其他两相仍各为一组（不对称负载）。分别测量有中性线和无中性线时的各电量。负载星形联结测量数据填入表 11-8。

4）观察并分析在负载不对称有中性线、无中性线情况下，测量数据和灯发光状态有什么差别，加深理解中性线的作用。

注意：在断开中性线时，由于各相电压不平衡，测量完毕应立即断开电源或接通中性线。

表 11-8　负载星形联结测量数据

负载情况	灯只数			线电压/V			相电压/V			线电流/mA			中性线电流/mA	中性线电压/V	功率/W（三表法/两表法）			
	A	B	C	$U_{A'B'}$	$U_{B'C'}$	$U_{C'A'}$	$U_{A'N'}$	$U_{B'N'}$	$U_{C'N'}$	I_{LA}	I_{LB}	I_{LC}	$I_{N'N}$	$U_{N'N}$	P_1	P_2	P_3	P
对称Y联结，有中性线																		
对称Y联结，无中性线																		
不对称Y联结，有中性线																		
不对称Y联结，无中性线																		

11.5.4　注意事项

1）本实验中电源电压较高，必须严格遵守安全操作规程，身体不要触及带电部位，以保证安全。接好电路后，先进行检查，无误后再通电；每项实验结束后，先断电、后拆线；严禁带电接线、拆线。

2）禁止引出两根相线接入荧光灯电路，避免交流 220V 的电压直接加在灯管两端，荧光灯发光后，测量时要避免频繁通断。

3）灯正常发光后，避免实验用线搭在灯上。

4）各参数测量要在负载侧进行。

5）测量功率时，有中性线的情况用三表法，无中性线的情况用两表法。

6）星形联结时，负载不对称无中性线时，负载较轻的一相相电压会超过灯的额定值，注意时间不要过长。

11.5.5　思考题

1）当荧光灯电路并联电容进行补偿前后，功率表的读数及荧光灯支路的电流是否发生了改变？为什么？

2）如何利用表 11-6 中测得的数据计算 R_1、R_2 及 L？试推导它们的计算公式。

3）总结并分析当并联电容值不断增大时总电流 I 的变化规律？

4）试说明在三相四线制电路中（对称三相电源）负载对称与否对中性线电流的影响。为什么中性线阻抗不宜过大？

5）总结对称三相电路和不对称三相电路的特点。

6）总结三表法与两表法应注意的问题及各自的适用范围。

11.5.6　实验报告要求

1）根据未接入电容时测得的数据，计算整个荧光灯电路的等效参数 $R_L = R_1 + R_2$ 和 L，从而计算出谐振时的 C 值，并与实验所得的谐振时的 C 值相比较。
2）测出谐振时的总电流及各支路电流，比较其大小及比值关系。
3）根据测量数据画出曲线 $\cos\varphi\text{-}C$ 及 $I_1\text{-}C$，并加以讨论。
4）根据测量结果，计算相应的三相总功率 P，并比较各种情况下相、线各量有何不同。
5）回答思考题。

11.5.7　实验设备及主要器材

名称	数量
三相断路器	1个
三相熔断器	1个
单相调压器	1个
荧光灯开关板	1块
荧光灯镇流器板带电容	1块
三相负载板	1块
电流插孔板	1块
单相电量仪	1台
安全导线与短接桥	若干

11.6　分立元件放大电路实验单元

11.6.1　实验目的

1）熟悉示波器、函数信号发生器、晶体管毫伏表、万用表、直流稳压电源、模拟电路及实验系统等常用电子仪器面板上各旋钮及接线柱的作用。
2）学会并掌握常用电子仪器的使用和测量方法。
3）学会判断晶体管的三种工作状态。
4）学会测量和调整放大电路静态工作点的方法，观察放大电路的非线性失真。
5）学会测量放大电路的电压放大倍数。
6）掌握放大电路静态工作点的测试方法。

11.6.2　实验原理

单管放大电路是放大电路中最基本的。虽然使用较少，但其分析方法、电路调整方法、静态工作点调试方法及其参数的测试等，都具有普遍的意义。因此要设计好单管交流放大电路(可以参考实验装置的电路结构和参数或实验内容中的要求和图 11-16 放大电路实验参考接线图)。

电路中有关元件的参数可以参考如下数据：$R_1 = 5.1\text{k}\Omega$，$R_{p1} = 680\text{k}\Omega$，$R_{p2} = 10\text{k}\Omega$，$R_2 = 51\text{k}\Omega$，$R_3 = 24\text{k}\Omega$，$R_4 = 5.1\text{k}\Omega$，$R_5 = 100\Omega$，$R_6 = 1.8\text{k}\Omega$，$R_{L1} = 10\text{k}\Omega$，$C_1 = 10\mu\text{F}$，$C_2 = 10\mu\text{F}$，

$C_3 = 10\mu F$。

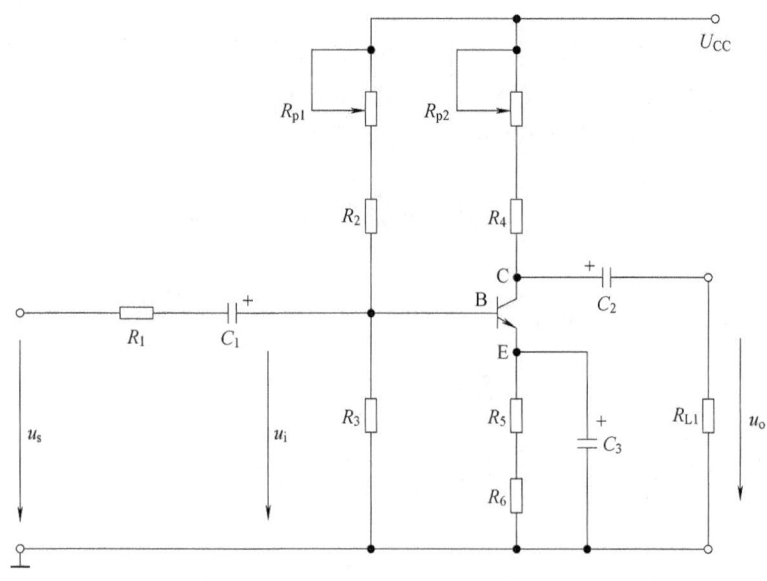

图 11-16　单管交流放大电路实验参考接线图

由常用电子实验仪器组成的电子电路实验和测试系统如图 11-17 所示。

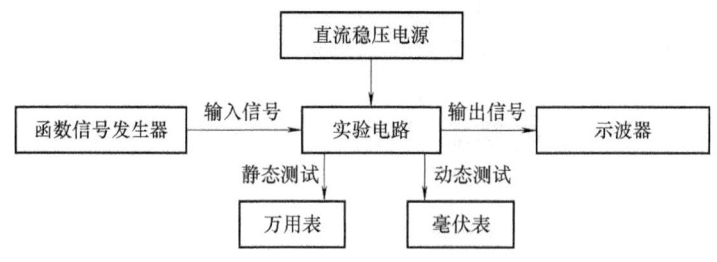

图 11-17　电子电路实验和测试系统

11.6.3　实验任务

1. 直流稳压电源与万用表的使用

将实验箱电源打开，指示灯亮。将万用表红表笔插入"V"插孔，黑表笔插入"COM"插孔，功能旋钮旋至于"V"档，按"SELECT"键选择 DC 档，并将表笔并联到待测电源上，将测量值填入表 11-9。

表 11-9　直流稳压电源输出电压的测量

稳压电源的输出电压/V	5	12	−12
万用表的测量值/V			

2. 函数信号发生器与晶体管毫伏表的使用

使函数信号发生器输出正弦波信号，频率为 1kHz，输出幅度分别调为 1V、10V、20V。将函数信号发生器和晶体管毫伏表红黑夹子对接，观察毫伏表指针读数，将测量值填入

表 11-10。

表 11-10　晶体管毫伏表的测量数据

函数信号发生器输出幅度/V	1	10	20
毫伏表的测量值/V			

3. 示波器的使用

使函数发生器输出正弦波信号，频率为 1kHz，输出峰峰值为 10V。将函数发生器与示波器红黑夹子对接，示波器显示波形。适当调节扫描时间因数和灵敏度，使示波器屏幕上能观察到完整、稳定、方便读数的波形，读出电压和频率的数值，将测量值填入表 11-11。

表 11-11　示波器的测量数据

测量参数	有效值电压/V	峰峰值电压/V	信号频率/kHz
实测值			

4. 单管交流放大电路

（1）连接实验电路

将实验箱上 12V 直流稳压电源连接至实验装置的"U_{CC}"端，直流稳压电源负端连接实验电路的"⊥"端。将函数信号发生器的输出信号 u_s 通过输出电缆接至单管放大器的信号输入端，调整函数信号发生器输出的正弦波信号使频率为 1kHz，幅值适当（大一些也没关系，静态工作点好调整）。将示波器 Y 轴输入电缆接至单管放大器的输出端。

（2）调整静态工作点

调整基极电阻 R_{p1}，在示波器上观察单管放大器的输出电压 u_o 的波形，注意观察静态工作点的变化对输出波形的影响过程，观察何时出现饱和失真、截止失真和双向失真。如何将 u_o 调整到最大不失真输出，是本实验的难点。可以参考表 11-12 反复调试直至满足要求为止。

注意：调好静态工作点后 R_{p1} 电位器不要再动。静态工作点调试好后，可以先测试电压放大倍数，看是否满足电路设计要求，如放大倍数 A_u 不满足设计要求，可辅助调节 R_{p2}，直至电压放大倍数合适为止，这样可以避免静态工作点数据的重复测试。静态工作点调试过程中输出信号 u_o 可能出现的情况见表 11-12。

表 11-12　静态工作点的调试

静态工作点偏低时的波形（截至失真）	静态工作点偏高时的波形（饱和失真）	输入信号太大时的波形（双向失真）
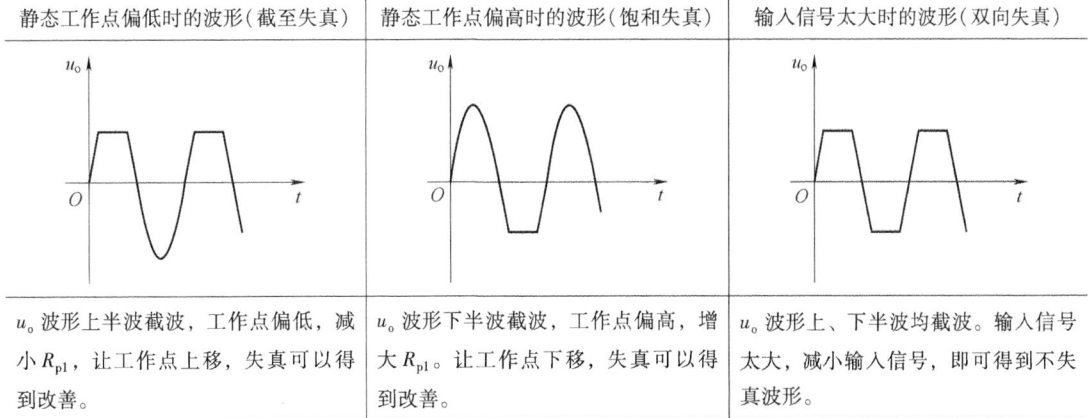		
u_o 波形上半波截波，工作点偏低，减小 R_{p1}，让工作点上移，失真可以得到改善。	u_o 波形下半波截波，工作点偏高，增大 R_{p1}，让工作点下移，失真可以得到改善。	u_o 波形上、下半波均截波。输入信号太大，减小输入信号，即可得到不失真波形。

(3) 测量放大电路的电压放大倍数(设计要求,空载时 $A_u \geqslant 100$)

在静态工作点完全调整好后,调节函数信号发生器输出为 $f=1\text{kHz}$, $U_i=10\text{mV}$(U_i 为输入信号 u_i 的有效值即毫伏表的测量显示值)的正弦信号,用晶体管毫伏表测量放大器空载时(断开负载 R_{L1})的输出电压和加负载时的输出电压 U_o 的实测值,调节 $U_i=5\text{mV}$,重复上述步骤,将数据填入表 11-13 中,验证电压放大倍数的线性关系。

表 11-13 电压放大倍数的测量

测量参数	实测值		计算值
	U_i/mV	U_o	A_u
空载	5		
	10		
加负载	5		
	10		

(4) 测试静态工作点

用万用表测试静态工作点,记录数据于表 11-14 中。

表 11-14 静态工作点的测量

测量参数	U_{CC}/V	I_c/mA	U_{ce}/V	U_{be}/V	$R_b/\text{k}\Omega$
实测值					

注意:测试 R_b 值时($R_b = R_{p1} + R_2$)应断开电源 U_{CC} 连线和 R_2 与晶体管基极的连线。

11.6.4 注意事项

1) 用万用表测量电压时,功能旋钮调至"V"对应的档位;用万用表测量电阻时,功能旋钮调至"Ω"对应的档位。

2) 函数信号发生器实际操作时毫伏级小信号很难调节,此时可利用衰减按键开关。

3) 测量放大电路的放大倍数时,毫伏表测量的是 u_i,而不是 u_s。

11.6.5 思考题

1) 使用函数信号发生器及直流稳压电源时应注意什么?

2) 如何用示波器测量正弦波信号的频率和电压大小?

3) 晶体管毫伏表测出的是正弦波的什么值?如果波形不是正弦波,能否采用晶体管毫伏表来测量其电压值?

4) 晶体管毫伏表与万用表的交流电压档有何不同?

5) 测量静态工作点用何种仪表?测量 U_i、U_o 用何种仪表?

6) 如何正确选择放大电路的静态工作点,在调试中应注意什么?

7) 负载电阻 R_{L1} 变化时对放大电路静态工作点 Q 有无影响?对放大倍数 A_u 有无影响?

11.6.6 实验报告要求

1）写出实验目的及电路原理。
2）写出实验内容及步骤。
3）写出数据处理与分析。
4）计算出放大电路的静态工作点同实测值比较。
5）回答思考题。
6）写出实验体会。

11.6.7 实验设备及主要器材

名称	数量
示波器	1 台
函数信号发生器	1 台
晶体管毫伏表	1 块
万用表	1 块
直流稳压电源	1 台
电子学实验装置	1 台
导线	若干

11.7 集成运算放大电路实验单元

11.7.1 实验目的

1）了解运算放大器的基本性质和特点，熟悉用集成运算放大器构成基本运算电路的方法。
2）掌握基本运算放大电路的测试和分析方法。
3）了解集成运算放大器在电压比较电路方面的应用。
4）熟悉电压比较器的特点及基本电路的调试和测量方法。
5）学会用集成运放设计电压比较器。

11.7.2 实验原理

1. 基本原理（见图 11-18）

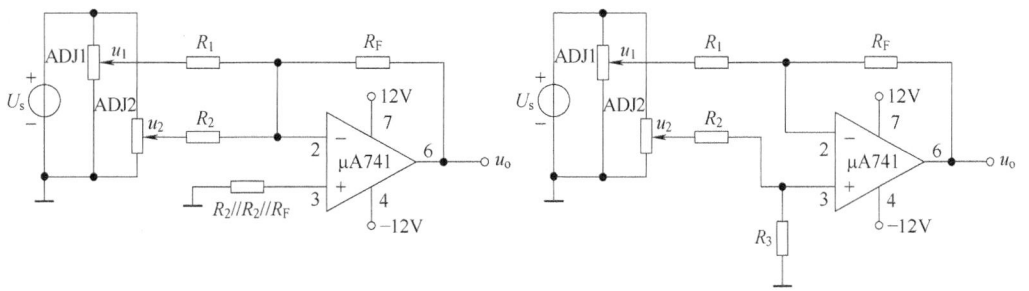

图 11-18 基本运算放大电路实验原理图

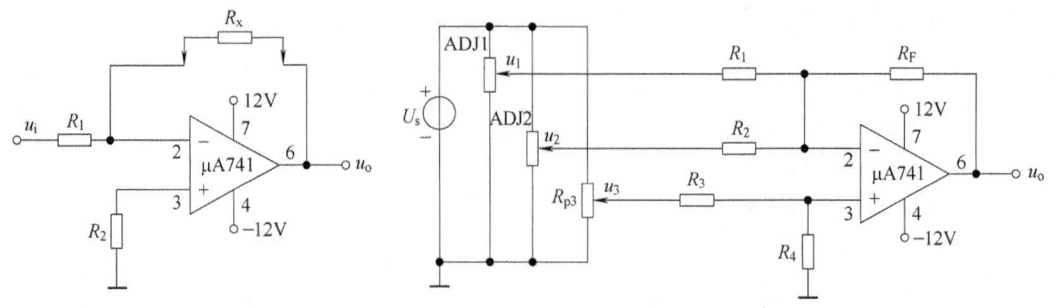

图 11-18　基本运算放大电路实验原理图（续）

2. 单门限电压比较器

图 11-19a 所示电路为由集成运放 μA741 构成的单门限电压比较器，输出端的电阻 R 为限流电阻，它与稳压管 VZ 构成限幅电路，使输出电压 $U_O = \pm U_Z = \pm 6V$，集成运放的反向输入端接参考电压 U_{REF}，当同相输入电压 $U_1 > U_{REF}$ 时，比较器输出 $U_O = U_Z = 6V$；当 $U_1 < U_{REF}$ 时，比较器输出 $U_O = -U_Z = -6V$，图 11-19b 为电压传输特性。

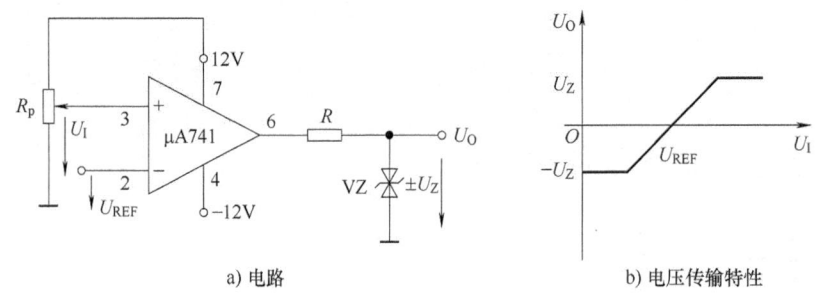

a) 电路　　　　　　　　　b) 电压传输特性

图 11-19　单门限电压比较器

3. 过零比较器

若上述参考电压 $U_{REF} = 0$（反相输入端接地），其电压传输特性如图 11-20a 所示，输入信号 u_i 在过零点时，输出 u_o 将要产生一次跳变。利用过零比较器可以把正弦波变为方波，如图 11-20b 所示。

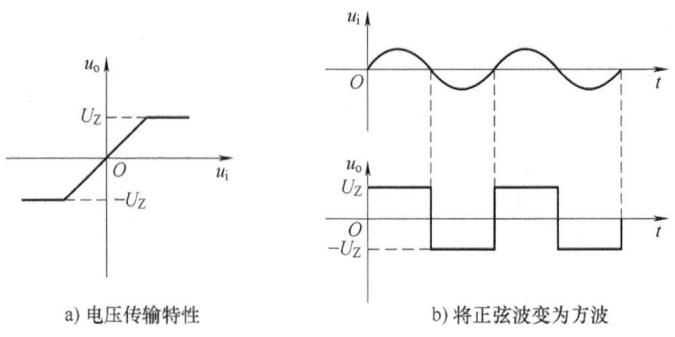

a) 电压传输特性　　　　　　b) 将正弦波变为方波

图 11-20　过零比较器

11.7.3 实验任务

1. 加法运算电路

（1）设计要求

利用一个集成运算放大器和若干电阻构成一个实现加法运算功能电路。
即
$$u_o = -10 \times (u_1 + u_2)$$

（2）给定条件
$$R_1 = R_2 = 10\text{k}\Omega,\ R_F = 100\text{k}\Omega$$

（3）实验内容

首先选择所需要的电阻元件连接自行设计的实验电路，在实验装置上选择两路可调输出电压信号作为实验电路的输入信号，用导线将其连至实验电路的输入端，然后按表 11-15 中的要求，调整好输入信号，用万用表测量其输出电压 u_o，并记入表 11-15 中。

表 11-15 加法运算电路的测量

u_1/V		0.1	0.2	0.5
u_2/V		0.1	0.1	0.2
u_o/V	计算值			
u_o/V	测量值			

2. 减法运算电路

（1）设计要求

利用一个集成运算放大器和若干电阻构成一个实现减法运算功能电路。
即
$$u_o = u_2 - u_1$$

（2）给定条件
$$R_1 = R_2 = R_3 = R_F = 10\text{k}\Omega$$

（3）实验内容

首先选择所需要的电阻元件连接自行设计的实验电路，在实验装置上选择两路可调输出电压信号作为实验电路的输入信号，用导线将其连至实验电路的输入端，然后按表 11-16 中的要求，调整好输入信号，用万用表测量其输出电压 u_o，并记入表 11-16 中。

表 11-16 减法运算电路的测量

u_1/V		1	2	3
u_2/V		3	1	0.5
u_o/V	计算值			
u_o/V	测量值			

3. 电阻测量电路

（1）设计要求

用一个集成运算放大器和若干电阻构成一电阻测量电路，要求电路的输出电压与被测电压的阻值成正比。

（2）给定条件

输入信号的电压值为 1V，$R_1=1\mathrm{k}\Omega$，$R_2=10\mathrm{k}\Omega$，被测电阻 R_x 3个。

（3）实验内容

连接自行设计的电路，检查无误后，分别接入三个被测电阻，用万用表测量相应的输出电压值，填入表 11-17 中，并计算出被测电阻值。

表 11-17　电阻的测量

被测电阻/kΩ	1.1	2	5.1
输出电压值/V			
被测电阻计算值/kΩ			

4. 电压比较器

1）按电路图接线，取参考电压 $U_{\mathrm{REF}}=5\mathrm{V}$（由直流电源提供）。

2）调节电位器 R_p，使输入电压 u_i 为表 11-18 中所示值，用万用表分别测出对应各点的输出电压 u_o 值，记于表中。在坐标纸上画出 u_o 与 u_i 的关系（电压传输特性），并得出比较器的门限电压 U_{TH}。

表 11-18　简单电压比较器的测量数据

u_i/V	0	1	2	3	4	4.5	4.8	4.9	5	5.1	5.2	5.5	6	7	8	9	10
u_o/V																	

3）使参考电压 $U_{\mathrm{REF}}=0$（反相输入端接地），去掉电位器 R_p，并在同相输入端加入频率 $f=1\mathrm{kHz}$，幅值为 6V 的正弦信号，用示波器双踪观察 u_o 与 u_i 的波形，并记下此时电路的门限电压 U_{TH}。

11.7.4　注意事项

1）实验前要看清实验箱上运放各组件引脚的位置。

2）运放的输出端禁止短路。

11.7.5　思考题

1）实验中的各种运算电路输出电压与理论计算是否有误差？为什么？

2）比较器需要调零和消振吗？

3）运算放大器用作比较器时，工作在什么区？

11.7.6　实验报告要求

1）写出实验目的及原理。

2）写出电路设计过程及实验用的电路图。

3）写出电路功能的测试方法与步骤。

4）写出实验数据的分析与处理。

5）回答思考题。

11.7.7 实验设备及主要器材

名称	数量
示波器	1台
函数信号发生器	1台
晶体管毫伏表	1块
万用表	1块
直流稳压电源	1台
电子学实验装置	1台
导线	若干

11.8 组合逻辑电路实验单元

11.8.1 实验目的

1）熟悉数字万用表和数字实验箱的功能，并学会使用。
2）熟悉常用门电路的逻辑符号、引脚排列、注意事项。
3）掌握常用的 TTL、CMOS 集成门的逻辑功能的测试方法。
4）熟悉译码器、数据选择器等中规模集成电路逻辑功能的测试。
5）掌握用中规模集成电路设计组合电路的一般方法，检测所设计的组合电路的逻辑功能是否正确。

11.8.2 实验原理

1. 基本原理

实验的目的是检验电路的输入、输出之间所具有的逻辑关系是否满足门的逻辑关系或设计要求。因此，需要将预习时设计出的或给出的门电路，用选定的芯片，在实验箱的面包板上搭接好，按已列好的输入、输出变量组合，进行赋值加到输入端，测出与之对应的输出结果。然后进行数据分析，判断并与题意对比是否正确。

1）选择合适的芯片，熟悉外引脚线后，在实验箱的面包板上按预先设计的电路进行搭接。检查确认连线正确无误后再加上电源（注意 TTL 的标准电源电压为 5V，CMOS 的标准电源电压为 3~18V）。

2）对电路进行功能测量。测量分为静态测量和动态测量，静态测量可通过实验箱中的逻辑开关，提供电路输入的高低电平；输出可用实验箱中的发光二极管检测或万用表进行测量。对电路进行动态测量时，首先选择好正确的输入信号（即符合题意要求的频率大小、幅值、极性等），然后加到被测试电路的输入端观察输出的状况。对于动态测量，输入和输出都要用示波器配合完成。

集成逻辑门电路是最基本的数字集成元件，任何复杂的组合逻辑电路和时序逻辑电路都可以用逻辑门通过适当的连接而完成。虽然中、大规模甚至超大规模的集成电路相继问世，但组成某一数字电路系统时，仍然要用到各种逻辑门电路。因此，有必要熟练掌握逻辑门电路的使用和注意事项；逻辑门电路的种类有与非门、或门、非门、或非、与或非门等。

2. TTL 门电路

由于 TTL 集成门电路具有工作速度快、种类多、不易损坏等优点而被广泛使用。特别是实验方面比较适合。实验采用 74 系列产品，它的电源电压为 5V，采用正逻辑，高电平为逻辑"1"，大于 2.4V；低电平为逻辑"0"，小于 0.4V。

图 11-21 为二输入与非门、三输入与非门、四输入与非门、三态门逻辑符号和逻辑表达式，实验中给定的芯片是 74LS00、74LS10、74LS20、74LS125（简称三态门）。

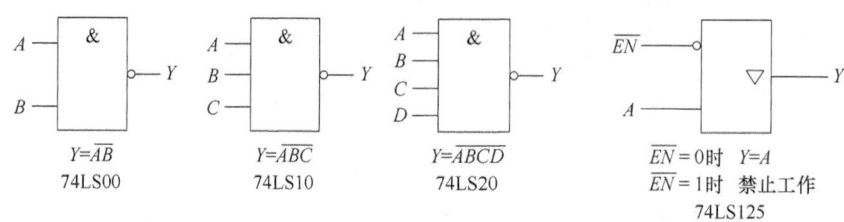

图 11-21 与非门、三态门逻辑符号和逻辑表达式

图 11-22 为二输入与非门、三输入与非门、四输入与非门、三态门对应的引脚图。

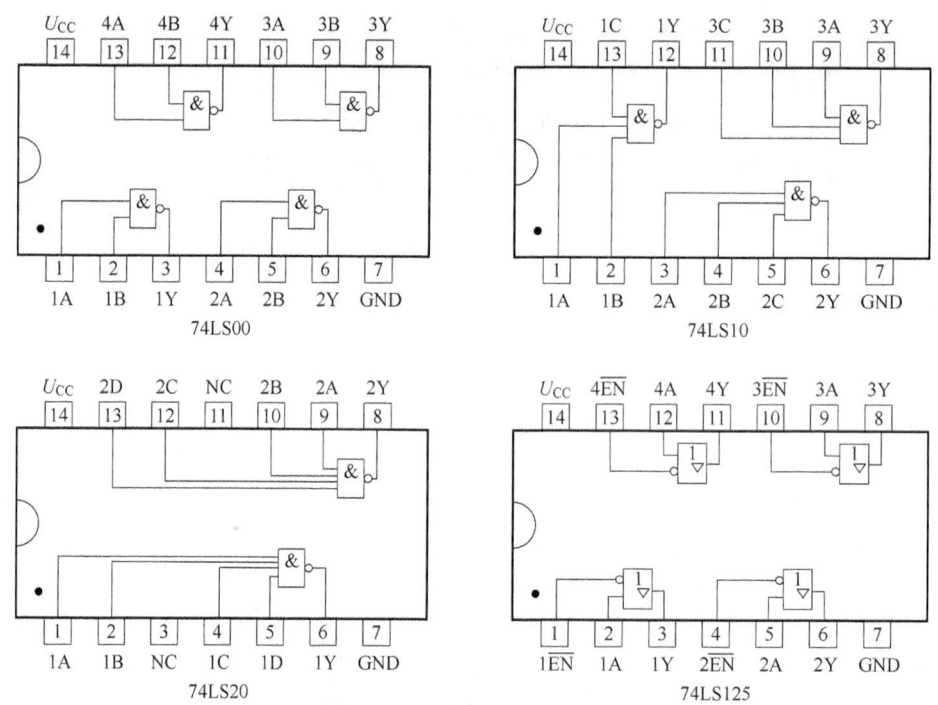

图 11-22 74LS00、74LS10、74LS20、74LS125 引脚图

3. CMOS 门电路

CMOS 门电路的特点是功耗低、输出幅度大、扇出能力强、电源电压适用范围广，在数字电路中得到广泛应用。

CMOS 门电路在使用时与 TTL 门电路比较要注意以下几点：
1）不用的输入端不能悬空；
2）焊接测量时焊接工具和测量仪器要有可靠接地；
3）不能在通电的情况下随意插拔芯片；

4）CMOS 门电路电源电压为 3~18V。

4. 中规模集成电路设计组合逻辑电路的方法

首先将实际问题用真值表或卡诺图描绘出来，然后根据所选器件进行相应的逻辑变换，这是关键的一步，进而得出逻辑电路，最后进行电路搭接，并接通电源进行测试，判断是否符合设计要求。中规模组合电路设计和小规模组合电路设计的不同之处在于中规模的一般不必进行太多的化简，所以设计过程简单，且电路中所用器件较少。中规模集成电路设计组合电路其关键是设计者要熟悉各种集成电路的外部引脚的电气性能、功能及使用方法。应充分利用器件手册所提供的资料，灵活使用有关的输入端和控制端，充分发挥器件的作用。

5. 译码器

首先熟悉译码器（74LS138）的逻辑功能，它是 3 线-8 线集成译码器，芯片的引脚排列如图 11-23，译码输入 $A_2 \sim A_0$ 高电平有效，译码输出 $\overline{Y_7} \sim \overline{Y_0}$ 低电平有效，三个使能端 S_{TA}、$\overline{S_{TB}}$、$\overline{S_{TC}}$ 分别为 H、L、L 时译码器才能正常译码。

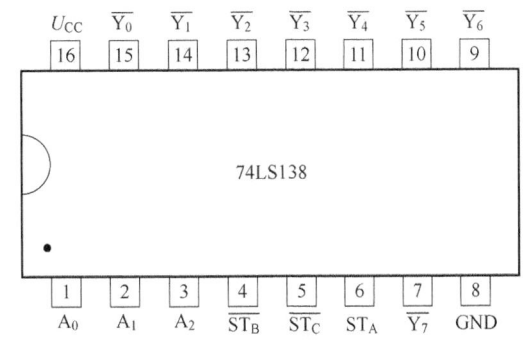

图 11-23 74LS138 引脚图

74LS138 的输出逻辑函数表达式为

$$\overline{Y_0} = \overline{S_A \overline{\overline{S_B}} \, \overline{\overline{S_C}} \cdot \overline{A_2} \, \overline{A_1} \, \overline{A_0}}$$

$$\overline{Y_1} = \overline{S_A \overline{\overline{S_B}} \, \overline{\overline{S_C}} \cdot \overline{A_2} \, \overline{A_1} A_0}$$

$$\vdots$$

$$\overline{Y_7} = \overline{S_A \overline{\overline{S_B}} \, \overline{\overline{S_C}} \cdot A_2 A_1 A_0}$$

功能表见表 11-19。

表 11-19 74LS138 的逻辑功能表

输 入						输 出							
S_A	$\overline{S_B}$	$\overline{S_C}$	A_2	A_1	A_0	$\overline{Y_0}$	$\overline{Y_1}$	$\overline{Y_2}$	$\overline{Y_3}$	$\overline{Y_4}$	$\overline{Y_5}$	$\overline{Y_6}$	$\overline{Y_7}$
0	×	×	×	×	×	1	1	1	1	1	1	1	1
×	1	×	×	×	×	1	1	1	1	1	1	1	1
×	×	1	×	×	×	1	1	1	1	1	1	1	1
1	0	0	0	0	0	0	1	1	1	1	1	1	1
1	0	0	0	0	1	1	0	1	1	1	1	1	1
1	0	0	0	1	0	1	1	0	1	1	1	1	1
1	0	0	0	1	1	1	1	1	0	1	1	1	1

(续)

输入						输出							
S_A	$\overline{S_B}$	$\overline{S_C}$	A_2	A_1	A_0	$\overline{Y_0}$	$\overline{Y_1}$	$\overline{Y_2}$	$\overline{Y_3}$	$\overline{Y_4}$	$\overline{Y_5}$	$\overline{Y_6}$	$\overline{Y_7}$
1	0	0	1	0	0	1	1	1	1	0	1	1	1
1	0	0	1	0	1	1	1	1	1	1	0	1	1
1	0	0	1	1	0	1	1	1	1	1	1	0	1
1	0	0	1	1	1	1	1	1	1	1	1	1	0

11.8.3 实验任务

1) 熟悉要测量的集成门的种类，外引脚线的排列方法。芯片的外引脚线排列方法为：集成芯片型号面对读者，左边有凹口，凹口的左下边的一引脚为芯片的第 1 引脚，然后逆时针排列 $2,3,4,\cdots,n$，每个引脚端标有不同的符号代表不同的功能，要视芯片的功能而定。

2) 将二输入与非门 74LS00 插入实验箱的集成 IC 空插座上，如图 11-24 所示，把二输入与非门的两个输入端 A、B 与实验箱上的两个逻辑开关相连，输出端 Y 接实验箱上的发光二极管，14 引脚接 5V，7 引脚接地，按表 11-20 进行赋值测输入、输出结果，并填入表 11-20。

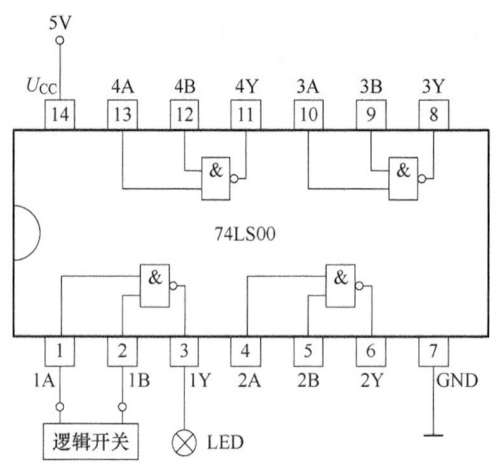

图 11-24 二输入与非门引脚图

表 11-20 74LS00

输入		输出
A	B	Y

3) 用同样的方法搭接三输入与非门 74LS10、四输入与非门 74LS20、三态门 74LS125，填写表 11-21~表 11-23。

表 11-21 74LS10

输入			输出
A	B	C	Y

表 11-22 74LS20

输入				输出
A	B	C	D	Y

表 11-23 74LS125

输入		输出
$\overline{EN}$	A	Y

4）三态门的应用。

按图 11-25 进行电路搭接赋值,填写表 11-24 并判断其功能。

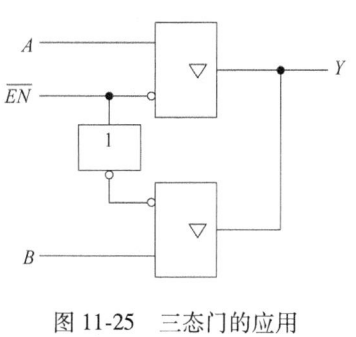

图 11-25　三态门的应用

表 11-24　三态门的应用

输入			输出
$\overline{EN}$	A	B	Y

5）用 74LS00 和 74LS10 设计一个三人表决电路。要求有设计的全过程,自拟表格,分别用 A、B、C 代表三个人,当有两个或两个以上同意为"1",通过用"1"表示;不同意为"0",不通过用"0"表示。

6）熟悉 74LS138 的功能。用 74LS138 设计一个三人表决电路。

7）用 74LS138 和 74LS20 设计一个全加器。

上述实验内容要求按预先设计好的电路进行电路搭接,正确无误后通电测试。若发现有错误则自行检查,直至正确为止。

11.8.4　注意事项

1）熟悉 TTL 与非门 74LS00、74LS10、74LS20、三态门 74LS125 和译码器 74LS138 的外引脚线排列。

2）实验当中所用的芯片正插并保证芯片引脚个数与实验箱插座引脚个数一致。

3）按实验内容设计好电路。

11.8.5　思考题

1）三态门输出端并联使用时为何两输出端不能同时工作?

2）解释 CMOS 门电路的输入端为什么不能悬空?

11.8.6　实验报告要求

1）实验目的。

2）实验电路及原理图、电路的设计完整过程。

3）实验内容及步骤。

4）画出所有的实验电路并整理数据,填写有关真值表,判断是否符合设计要求。

5）填写实验数据及数据分析。

6）记录电路调试过程中遇到的问题和解决的方法。

7）写出实验结论。

11.8.7　实验设备和主要仪器

名称	数量
万用表	1 块
数字实验箱	1 台
74LS00	1 片
74LS10	1 片
74LS20	1 片
74LS125	1 片
74LS138	1 片
导线	若干

11.9　时序逻辑电路实验单元

11.9.1　实验目的

1）掌握中规模计数器的逻辑功能的测试及其使用方法。
2）熟悉时序电路的分析与设计，掌握反馈复位法和置数法构成任意进制计数器的方法。
3）进一步掌握计数译码显示电路的工作原理。
4）学会用给出的组件构成 24 进制、60 进制计数译码显示电路及其测试方法。

11.9.2　实验原理

在数字系统中使用最多的时序电路是计数器。它不仅能用来对时钟脉冲计数，还可用来分频、定时、产生节拍脉冲和脉冲序列等。计数器种类较多，如果按计数器的触发器是否同时翻转分类，可以把计数器分为同步式和异步式两种。在同步式计数器中，当时钟脉冲输入时，各位触发器的翻转是同时发生的；而在异步计数器中，触发器的翻转有先后之分，不是同时发生的。如果按计数长度分类，则有二进制、十进制、N 进制计数器。如果按计数过程中计数器中的数字增减分类，则又可以把计数器分为加法计数器、减法计数器和可逆计数器等。计数器的构成可以用 JK、D 触发器构成任意进制的计数器，但在实际应用中一般直接选用集成计数器产品。

计数器的容量（长度）有多种，需要在使用前选定。若现有计数器的容量比需要的大，则可以采用置数法或反馈复位法来构成，使其满足需要；若现有的计数器的容量比需要的小，则可以采用几个计数器级联的方式构成。

译码器的逻辑功能是将每个输入的二进制代码译成对应的输出高低电平信号，因此译码是对编码的反操作。目前市场上集成译码器的型号有：74LS45、74LS46、74LS47、74LS48、74LS49 等。前三种译码器输出低电平有效，驱动器共阳极显示器件。后两种是输出高电平有效，驱动共阴极显示器件。显示器件有半导体数码管和液晶显示，而半导体数码管又有共阳极和共阴极之分。对 TTL 而言，它可以用译码器的输出直接驱动，而对 CMOS 而言，译码显示之间应加限流电阻来防止损坏显示器件。

11.9.3 实验任务

1) 熟悉中规模计数器 74LS160 的基本功能。

74LS160 是 8421 编码的同步十进制加法计数器。图 11-26 和图 11-27 分别是 74LS160 的逻辑符号和外引脚排列。

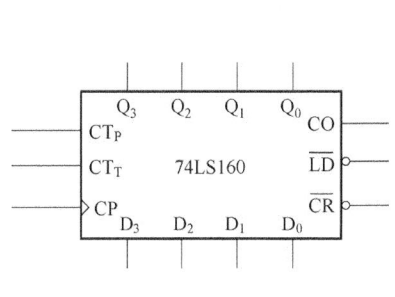

图 11-26　74LS160 逻辑符号

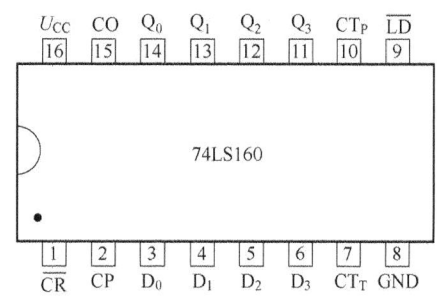

图 11-27　74LS160 外引脚排列

其中 $\overline{CR}$ 是异步清零端，$\overline{LD}$ 是同步置数端，D_3、D_2、D_1、D_0 是数据输入端，Q_3、Q_2、Q_1、Q_0 是状态输出端，CT_P 和 CT_T 是计数允许控制端，CO 是进位输出端。

表 11-25 是 74LS160 的功能表。

表 11-25　74LS160 集成计数器功能表

	输入								输出			
CP	$\overline{CR}$	$\overline{LD}$	CT_P	CT_T	D_3	D_2	D_1	D_0	Q_3^n	Q_2^n	Q_1^n	Q_0^n
×	L	×	×	×	×	×	×	×	L	L	L	L
↑	H	L	×	×	d_3	d_2	d_1	d_0	d_3	d_2	d_1	d_0
×	H	H	×	L	×	×	×	×	Q_3^{n-1}	Q_2^{n-1}	Q_1^{n-1}	Q_0^{n-1}
×	H	H	L	×	×	×	×	×	Q_3^{n-1}	Q_2^{n-1}	Q_1^{n-1}	Q_0^{n-1}
×	H	H	H	H	×	×	×	×	加法计数			

2) 用 74LS160 和与非门分别设计一个 7 进制计数器和 36 进制计数器，输入 1Hz 的连续脉冲。输出端用发光二极管监测，用反馈复位法构成 7 进制，置数法构成 36 进制。

3) 完成 24 进制、60 进制计数—译码—显示电路的设计、电路搭接、电路调试，直到得到正确的结果。记录相关的数据，得出实验结论。

11.9.4　注意事项

1) 熟悉集成计数器 74LS160 的芯片功能、引脚排列。
2) 画出实验内容中的各个原理图。
3) 画出 24 进制、60 进制计数译码显示的电路原理图。

11.9.5　思考题

1) 计数器实现自启动有几种方法？

2）采用中规模计数器构成 N 进制计数器时通常采用哪两种方法？
3）用 JK 触发器设计同步 7 进制加法计数器。
4）在十进制加计数译码显示实验中，数码有时会显示乱码或黑屏掉，分析其原因。

11.9.6　实验报告要求

1）写出实验目的及原理。
2）写出电路的设计过程与逻辑电路图、芯片的功能表。
3）写出电路的调试方法与步骤。
4）写出实验数据及数据分析。
5）写出结论、设想和体会。

11.9.7　实验设备及主要器材

名称	数量
万用表	1 块
数字实验箱	1 台
74LS00	1 片
74LS10	1 片
74LS20	1 片
74LS160	2 片
导线	若干

附　录

附录 A　常用电工电子测量仪器的使用

A.1　常用电工仪表

A.1.1　DM3055X-E 数字万用表

数字万用表是电气测量中的基础电子仪器，可以对电压、电阻和电流等参量进行测量。分辨率是数字万用表最重要的参数，可以由数字多用表显示的位数来分类。本节以鼎阳公司出品的 DM3055X-E 数字万用表为例介绍数字万用表的使用。

1. 基本功能介绍

DM3055X-E 是一款 5 位半双显数字万用表，具有基本电压、电流、电阻测量功能，还可以支持多种数学运算功能，以及测量电容、温度等参量。

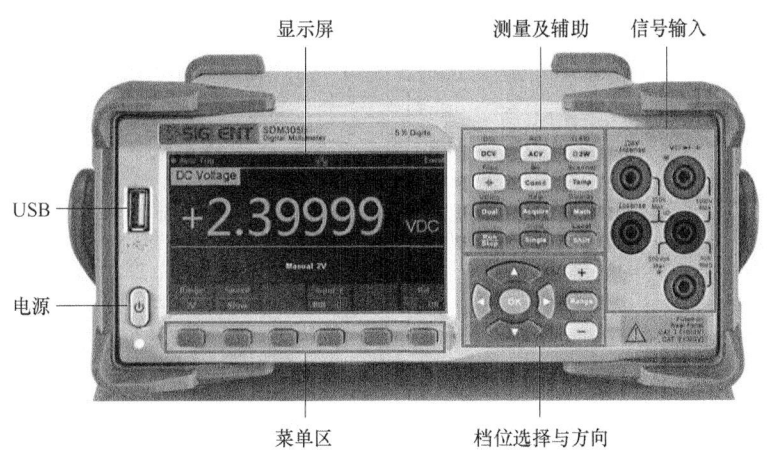

图 A-1　DM3055X-E 操作界面

测量与辅助按键主要功能为

1) DCV/DCI：测量直流电压或直流电流。
2) ACV/ACI：测量交流电压或交流电流。
3) 2W/4W：测量二线或四线电阻。
4) Freq：测量电容或频率。

5）Cont：测试连通性或二极管。

6）Temp/Scanner：测量温度或扫描卡。

7）Dual/Utility：双显示功能或辅助系统功能。

8）Acquire/Help：采样设置或帮助系统。

9）Math/Display：数学运算功能或显示功能。

10）Run/Stop：自动触发/停止。

11）Single/Hold：单次触发或hold测量功能。

12）Shift/Local：切换功能/从遥控状态返回。

2. 测量直流或交流电压

该万用表可测量最大1000V的直流电压和最大750V的交流电压。操作步骤为

1）分别按前面板的**<DCV>**或**<ACV>**键，进入直流或交流电压测量界面。

2）如图A-2所示连接测试引线和被测电路，红色测试引线接Input-HI端，黑色测试引线接Input-LO端。

3）根据测量电路的电压范围，选择合适的电压量程。直流电压可选量程为200mV、2V、20V、200V、1000V；交流电压的可选量程为200mV、2V、20V、200V、750V。

4）设置直流输入阻抗（仅限量程为200mV和2V）。按"输入阻抗"，设置直流输入阻抗值。直流输入阻抗的默认值为10MΩ，此参数出厂时已经设置。

5）设置相对值（可选）。按"相对值"打开或关闭相对运算功能，相对运算打开时，此时显示的读数为实际测量值减去所设定的相对值，默认相对值为开启该功能时的测量值。

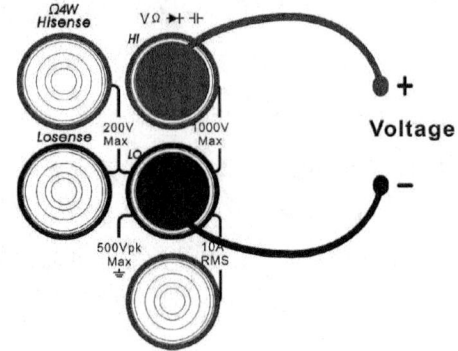

图A-2　电压测量连接图

6）读取测量值。读取测量结果时，可以按"速度"选择测量（读数）速率。

7）查看历史测量数据。可通过"数字""条形图""趋势图"和"直方图"四种方式，对所测量的历史数据进行查看。

3. 测量直流或交流电流

该万用表可测量最大10A的直流或交流电流。下面为电流的连接和测试方法。

1）按前面板的**<Shift>**键，再按**<DCV>**或**<ACV>**键，分别进入直流或交流电流测量界面。

2）如图A-3所示连接测试引线和被测电路，红色测试引线接Input-HI端，黑色测试引线Input-LO端。

3）根据测量电路的电流范围，选择合适的电流量程。直流电流可选量程为200μA、2mA、20mA、200mA、2A、10A；交流电流可选量程为20mA、200mA、2A、10A。剩下操作4）~7）与测量电压步骤相同。

4. 测量二线或四线电阻

1）按前面板的**<Ω2W>**键或**<Shift+Ω4W>**键，分别进入二线或四线电阻测量界面。

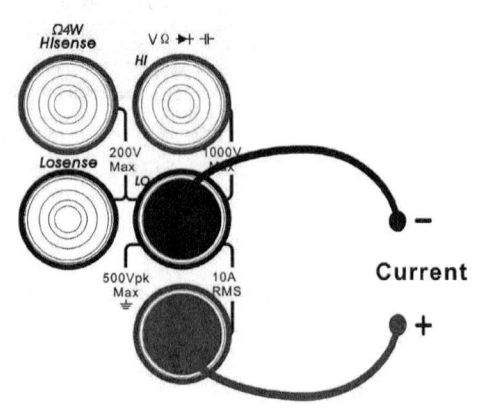

图A-3　电流测量连接图

2）如图 A-4 所示连接测试引线和被测电阻，红色测试引线接 **Input-HI** 端，黑色测试引线接 **Input-LO** 端。

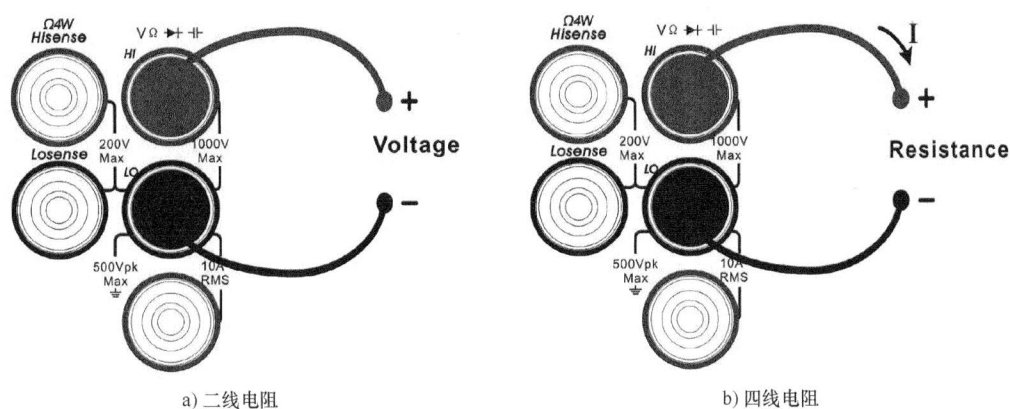

a）二线电阻　　　　　　　　　　b）四线电阻

图 A-4　电阻测量连接图

3）根据测量电阻的阻值范围，选择合适的电阻量程。电路测量的可选择量程为 200Ω、2kΩ、20kΩ、200kΩ、2MΩ、10MΩ、100MΩ。剩下操作 4）~7）与测量电压步骤相同。当测量较小阻值的电阻时，建议使用相对值运算，可以消除测试导线阻抗误差。测量电阻时，电阻两端不能放置在导电桌面或手持测量，这样会导致测量结果不准确，而且电阻越大，影响越大。

除以上测量外，DM3055X-E 还可测量温度、最大 10000μF 的电容、二极管的通断，以及频率、周期和电路的通断特性。限于篇幅，这里不进行一一介绍。

A.1.2　功率表

功率表面板如图 A-5 所示。

1. 功率表的接线规则

功率表系电动式仪表也称为瓦特表，指针转矩方向与两线圈的电流方向有关，因此要规定一个能使指针正向偏转的"对应端"。表盘上标记"＊"的端钮分别称为电流线圈和电压线圈的发电机端（即对应端）。接线时要使两线圈的"对应端"接在电源的同一极性上。电流线圈与负载串联，其发电机端"＊I"要和电源的一端相接，电压线圈与负载并联，其发电机端"＊U"要接在和电流线圈等电位处，即接在"＊I"端或"I"端，这样才能保证两线圈的电流都从发电机端流入，使功率表指针进行正向偏转。

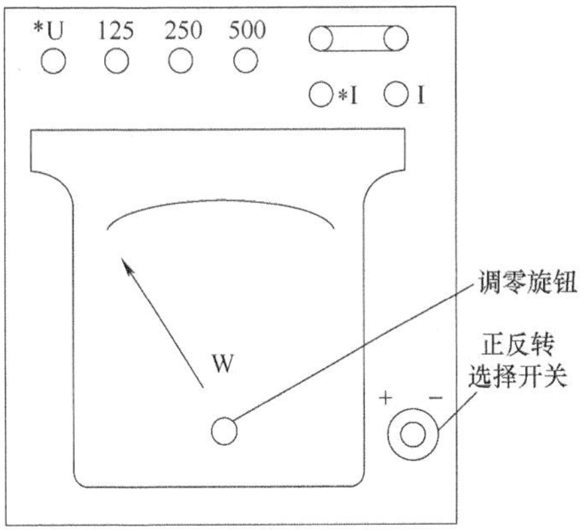

图 A-5　功率表面板

2. 功率测量量程的选择

选择功率表的量程应根据所测负载的电压和电流的最大值来分别选择电压量程和电流量程。通常功率表有二个电流量程和三个电压量程，功率表是否过载，不能仅仅根据表的指针是否超过满偏转来确定。因为当功率表的电流线圈没有电流时，即使电压线圈已经过载而将要烧坏，功率表的读数却仍然是零，反之亦然。所以，必须保证功率表的电流线圈和电压线圈都不过载。一定要使电压量程能承受负载电压，电流量程大于负载电流，不能只考虑功率大小。

电流量程的扩大，一般是通过改变两个电流线圈的连接方式来达到，当两个线圈串联时为电流的小量程，即功率表面板上的额定电流值；当两个线圈并联时，可将电流的量程扩大1倍为电流的大量程，即额定电流值的2倍。其接线方式如图A-6所示。

图A-6 用连接片改变电流量程

3. 功率表的读数方法

在多量程功率表中，刻度盘上只有一条标尺，它不标瓦数，只标出分格数。因此，被测功率须按式(A-1)换算得出，即

$$P = C\alpha \quad (A-1)$$

式中，P 为被测功率(W)；C 为功率表功率常数(W/div)；α 为功率表偏转指示格数(dW)。

测量时，读出指针偏转格数 α 后，再乘以 C 就等于所测功率数值。

普通功率表的功率常数为

$$C = \frac{U_N I_N}{\alpha_m} \quad (A-2)$$

式中，U_N 为电压线圈额定量程(V)；I_N 为电流线圈额定量程(A)；α_m 为标尺满刻度总格数(div)。

例如：D26-W型功率表的标尺满刻度总格数为125div，若电压量程选择250V，电流量程选择1A，则功率表的功率常数为

$$C = \frac{250 \times 1}{125} \text{W/div} = 2\text{W/div}$$

低功率因数功率表的功率常数为

$$C = \frac{U_N I_N \cos\varphi_N}{\alpha_m} \quad (A-3)$$

式中，$\cos\varphi_N$ 为功率表额定功率因数，在功率表刻度盘上标出。

例如：D34-W型低功率因数功率表的标尺满刻度总格数为150div，若电压量程选择500V，电流量程选择0.5A，该表刻度盘上标出的额定功率因数为0.2，则功率表的功率常数为

$$C = \frac{300 \times 0.5 \times 0.2}{150} \text{W/div} = 0.2\text{W/div}$$

测量交流低功率因数负载功率时，应采用低功率因数功率表。因为普通功率表满偏的条件是：外加电压和电流达到额定值且功率因数 $\cos\varphi = 1$，当测量功率因数很低的负载(如变压器、电机空载运行)功率表读数很小，从而给测量结果带来不允许的误差。低功率因数功率表专为适应低功率因数状态下功率的测量，它采用补偿线圈或补偿电容的办法减少误差，同时采用带光标指示器的张丝结构，减小摩擦力矩的影响，以提高仪表灵敏度。

A.1.3 晶体管毫伏表

晶体管毫伏表是一种用来测量电子电路中正弦交流电压有效值的电子仪表。它与一般的交流电压表或万用表的交流电压档相比，具有频率范围宽，输入阻抗高、电压测量范围宽和灵敏度高等特点，因而特别适用于电工电子电路。图A-7和图A-8分别给出了DA-16型晶体管毫伏表的原理方框图和面板图。

晶体管毫伏表由于前置级采用射极跟随电路，从而能获得高输入阻抗和宽频率测量范围，衰减器和分压器用来满足宽量限的电压测量范围，从分压器取得很小的电压经多级交流放大器进行放大，提高了仪表的灵敏度，使其能测量毫伏级的电压，放大后的交流电压送至桥式全波

整流器，整流后的直流电压通过磁电式测量机构示出来。面板上的刻度已被换算成正弦交流电压有效值，可直接进行读数。晶体管毫伏表还兼有测量电平的功能。

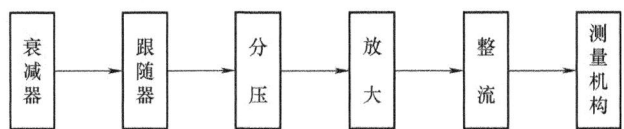

图 A-7　DA-16 型晶体管毫伏表原理方框图

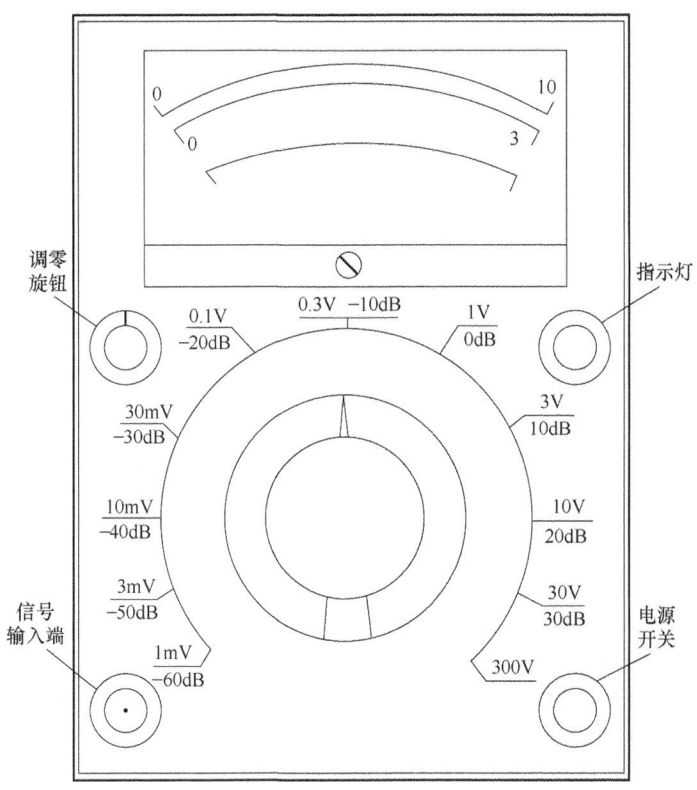

图 A-8　DA-16 型晶体管毫伏表面板图

晶体管毫伏表的几项主要特性见表 A-1。

表 A-1　晶体管毫伏表的特性

测量电压范围	100μV～300V
量程档级	分为 1mV，3mV，10mV，30mV，100mV，300mV，1V，3V，10V，30V，300V 共 11 档
频率范围	20Hz～1MHz
输入阻抗（1kHz 时）	输入电阻为 1.5MΩ，输入电容为 50～70pF
测量电平范围	−72dB～32dB（1mW，600Ω 为 0dB）
电源电压	220V±10%、50Hz±4%，消耗功率约为 3W
工作误差	20Hz～1MHz≤±8%（相对于各量程满度值）

晶体管毫伏表输入过载能力较弱，一般在使用前应把量程开关置于 3V 以上的档级。

接通电源后，将毫伏表的两根输入线短接，检查指针是否在零位上，若不指零，应调节调零电位器，使指针指到标尺的零位上，调好零后断开短接线待用。

根据被测值的大小，将晶体管毫伏表的转换开关旋到适当的量程档级，若不能估算被测值大小，应先放至较高量程档级，切忌使用低压档测高电压，以免严重满载损坏晶体管毫伏表。

由于晶体管毫伏表灵敏度较高，在测量毫伏级低电压时，应将量程开关先置于3V以上档位，再接入被测电路。接入电路时，应注意晶体管毫伏表的接地端点应与被测电路和其他共用仪器"共地"，先连接地线再接另一根测量线，然后再将转换开关旋至合适的毫伏档级进行测量。测毕仍应先将转换开关转回到3V以上高电压档级，然后再依次取出测量线和接地线。这些措施都是为了防止干扰电压引入输入端，影响测量的准确性以及打坏指针。

面板上电压的标度尺共有0~10和0~3两条，使用不同的量程时，应在相应的标度尺上读数，并乘以合适的倍率。

A.2　SDS1202X 数字荧光示波器

A.2.1　基本功能介绍

示波器是一种用途十分广泛的电子测量仪器，它把电信号变换成图像形式，便于研究各种电现象的变化过程。利用示波器能观察不同信号幅度随时间变化的波形曲线，还可以用它测试不同的电量，如电压、电流、频率、相位差、调幅度等。随着 A/D 转换技术的发展，具有更强数据处理能力的数字示波器成为示波器的主流。数字示波器通过模拟转换器（ADC）捕获波形的一系列采样值，存储并判断采样值是否能描绘出波形，最终在显示屏上重构波形。数字示波器可以分为数字存储示波器、数字荧光示波器和混合信号示波器等。本文以鼎阳公司出品的数字荧光示波器 SDS1202X 为例进行介绍。

1. 操作界面说明

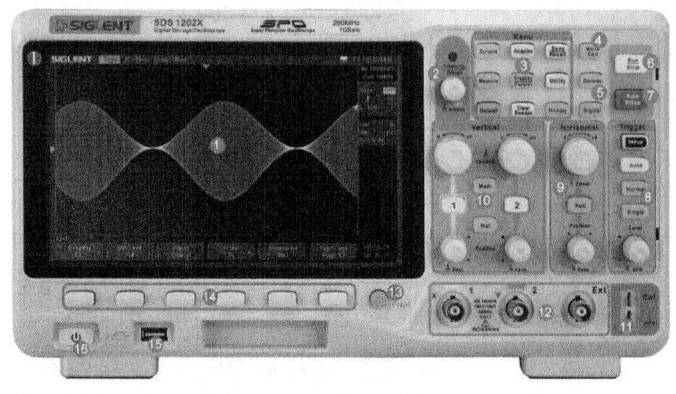

图 A-9　SDS1202X 操作界面

表 A-2　SDS1202X 操作界面说明

编号	说明	编号	说明
1	屏幕显示区	6	停止/运行
2	多功能旋钮	7	自动设置
3	自动设置常用功能区	8	触发控制系统
4	内置信号源	9	水平控制系统
5	解码功能选件	10	垂直通道控制区

(续)

编号	说明	编号	说明
11	补偿信号输出端/接地端	14	菜单软键
12	模拟通道输入端	15	USB Host 端口
13	打印键	16	电源软开关

2. 面板功能介绍

（1）水平控制

水平控制按键主要包含水平时基档位、滚动和触发位置三个旋钮或按键，具体功能如图 A-10 所示。

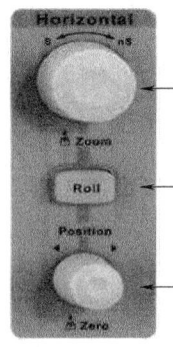

修改水平时基档位。顺时针旋转减小时基，逆时针旋转增大时基。修改过程中，所有通道的波形被扩展或压缩，同时屏幕上方的时基信息相应变化。按下该按钮快速开启 Zoom 功能。

按下该键快进入滚动模式。滚动模式的时基范围为50ms/div~50s/div。

修改触发位移。旋转旋钮时触发点相对于屏幕中心左右移动。修改过程中，所有通道的波形同时左右移动，屏幕上方的触发位移信息也会相应变化。按下该按钮可将触发位移恢复0。

图 A-10 水平控制按键

（2）垂直控制

垂直控制按键主要包含垂直电压基档位、通道和垂直位移、数学运算和波形参考等多个旋钮或按键，每个输入通道有着自己独立的垂直控制旋钮或按键，用不同的颜色区分。其具体功能如图 A-11 所示。

按下该键打开波形运算菜单。可进行加、减、乘、除、FFT、积分、微分、二次方根等运算。

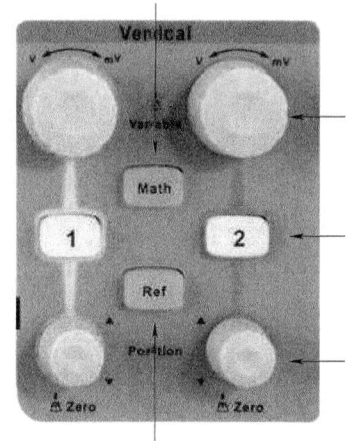

修改当前通道的垂直档位。顺时针转动减小档位，逆时针转动增大档位。修改过程中波形幅度会增大或减小，同时屏幕右方的档位信息会相应变化。按下该按钮可快速切换垂直档位调节方式为"粗调"或"细调"。

模拟输入通道。不同通道标签用不同颜色标识，且屏幕中波形颜色和输入通道连接器的颜色相对应。按下通道按键可打开相应通道及其菜单，连续按下两次则关闭该通道。

修改对应通道波形的垂直位移。修改过程中波形会上下移动，同时屏幕中下方弹出的位移信息会相应变化。按下该按钮可将垂直位移恢复为 0。

按下该键打开波形参考功能。可将实测波形与参考波形相比较，以判断电路故障。

图 A-11 垂直控制按键

(3) 触发控制

触发控制按键可设置不同的触发类型，自动、正常和单次三种触摸模式，以及选择正确的触发电平，具体功能如图 A-12 所示。

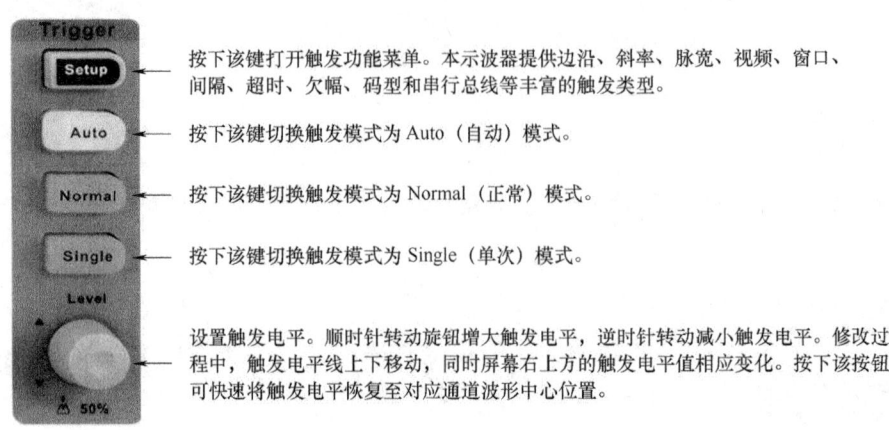

图 A-12　触发控制按键

(4) 功能菜单

功能菜单按键可设置光标功能、信号获取方式、存储/提取信号、测量信号参量、开启余辉、功能设置、恢复默认状态、清除余辉和进入历史波形菜单等。其具体功能如图 A-13 所示。

1) Cursors：光标功能。示波器提供手动和追踪两种光标模式，另外还有电压和时间两种光标测量类型。

2) Acquire：入采样设置菜单。可设置示波器的获取方式（普通/峰值检测/平均值/增强分辨率）、内插方式、分段采集和存储深度。

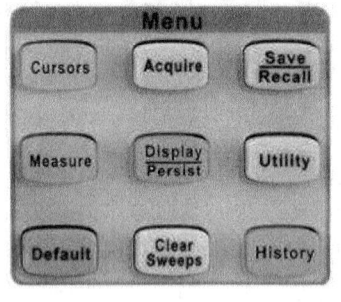

图 A-13　功能菜单按键

3) Save/Recall：文件存储/调用界面。可存储/调出的文件类型包括设置文件、二进制数据、参考波形文件、图像文件、CSV 文件和 Matlab 文件。

4) Measure：进入测量系统，可设置测量参数、统计功能、全部测量、Gate 测量等。测量可选择并同时显示最多任意五种测量参数，统计功能可统计当前显示的所有选择参数的当前值、平均值、最小值、最大值、标准差和统计次数。

5) Display/Persist：开启余辉功能，可设置波形显示类型、色温、余辉、清除显示、网格类型、波形亮度、网格亮度、透明度等。选择波形亮度/网格亮度/透明度后，通过多功能旋钮调节相应亮度。透明度指屏幕弹出信息框的透明程度。

6) Utility：系统辅助功能设置菜单，设置系统相关功能和参数，例如接口、声音、语言等。此外，还支持一些高级功能，例如 Pass/Fail 测试、自校正和升级固件等。

7) Default：快速恢复至默认状态，即电压档位为 1V/div，时基档位为 1μs/div。

8) Clear Sweeps：快速清除余辉或测量统计，然后重新采集或计数。

9) History：进入历史波形菜单，最大可录制 80000 帧波形。当分段存储模式开启时，只录制和回放设置的帧数，最大可录制 1024 帧。

A.2.2 示波器的使用

1. 示波器的校正

示波器使用之前需要自检和调整探头补偿,如图 A-14 所示接好示波器后,可以按照以下步骤进行:

1)用示波器探头将信号接入通道 1(CH1):将探头连接器上的插槽对准 CH1 同轴电缆插接件(BNC)上的插口并插入,然后向右旋转以拧紧探头,完成探头与通道的连接后,将数字探头上的开关设定为 10X。

2)示波器需要输入探头衰减系数。此衰减系数将改变仪器的垂直档位比例,以使得测量结果正确反映被测信号的电平(默认的探头菜单衰减系数设定值为 1X),将示波器需要输入探头衰减系数也设定为 10X。

3)把探头端部和接地夹接到探头补偿器的连接器上。按"AUTO"(自动设置)按钮。几秒内,可见到方波显示。

4)以同样的方法检查通道 2(CH2)。按"OFF"功能按钮或再次按下"CH1"功能按钮以关闭通道 1,按"CH2"功能按钮以打开通道 2,重复步骤 2)和步骤 3)。

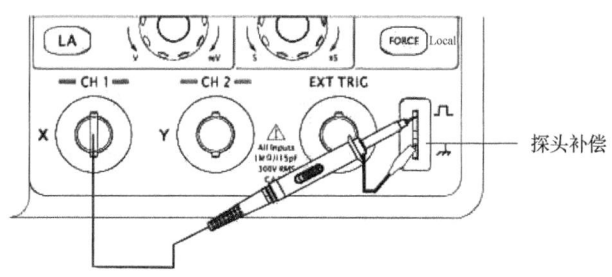

图 A-14 探头补偿法

5)如必要,用非金属质地的螺钉旋具调整探头上的可变电容,直到屏幕显示的波形如图 A-15 所示,则"补偿正确"。

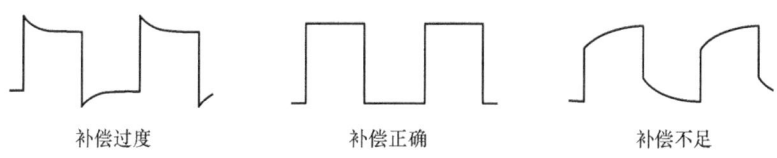

图 A-15 探头补偿法结果

2. 典型测量值

(1)垂直方向典型测量值(见图 A-16)

1)最大值(V_{max}):波形最高点至 GND(地)的电压值。
2)最小值(V_{min}):波形最低点至 GND(地)的电压值。
3)幅值(V_{amp}):波形顶端至底端的电压值。
4)顶端值(V_{top}):波形平顶至 GND(地)的电压值。
5)底端值(V_{base}):波形平底至 GND(地)的电压值。
6)过冲(Overshoot):波形最大值与顶端值之差与幅值的比值。
7)预冲(Preshoot):波形最小值与底端值之差与幅值的比值。

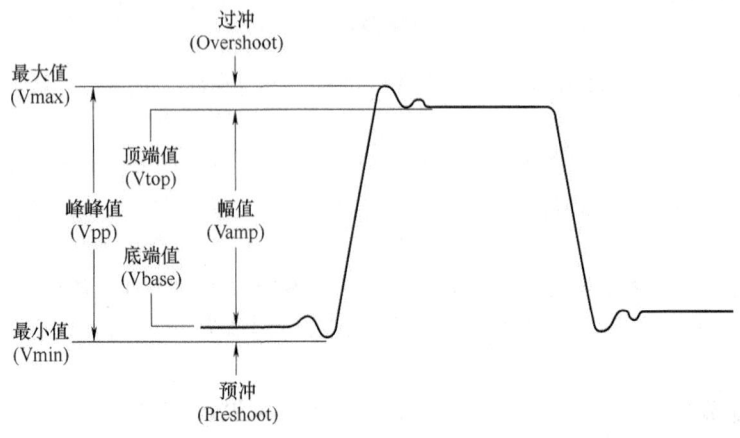

图 A-16　垂直方向典型测量值

（2）水平方向典型测量值（见图 A-17）

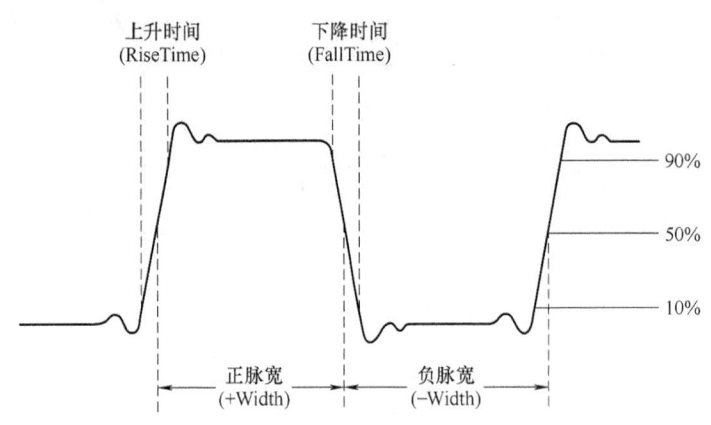

图 A-17　水平方向典型测量值

1) 上升时间（RiseTime）：波形幅度从 10% 上升至 90% 所经历的时间。
2) 下降时间（FallTime）：波形幅度从 90% 下降至 10% 所经历的时间。
3) 正脉宽（+Width）：正脉冲在 50% 幅度时的脉冲宽度。
4) 负脉宽（-Width）：负脉冲在 50% 幅度时的脉冲宽度。

A.2.3　隔离附件的使用

鼎阳公司生产的 ISFE 隔离附件是一种即插即用的示波器选件。它采用 USB 5V 供电，功耗小于 1W，单通道隔离电压 1000Vrms，通道间隔离电压 2000Vrms。它可以用来测量不共地信号、家用 220V 交流信号、三相交流电信号等。使用该产品可实现普通示波器通道间隔离，被测信号与大地的隔离。其使用连接电路如图 A-18 所示。

其连接端口分别为：

1) 隔离端外部接口 BNC：隔离端接口共两个，采用黑色"塑胶材质"的 BNC 插头，标有 **Isolated CH1**，**Isolated CH2** 字样，此接口通过电缆线或者探头与被测量的高压信号连接。

2) 共地端外部接口 BNC：共地端外部接口共两个，为"金属材质"的 BNC 插头，标有 **CH1**，**CH2** 字样，此接口可以通过转接头或者同轴电缆线与示波器的通道连接，严禁将此接口与高压信号连接。

3) USB 接口：与示波器 USB 接口连接，用于隔离附件供电。

4) 调零接口：隔离附件面板背面可旋动调零旋钮。

本产品主要用于高压信号测量，其连接图如图 A-19 所示。

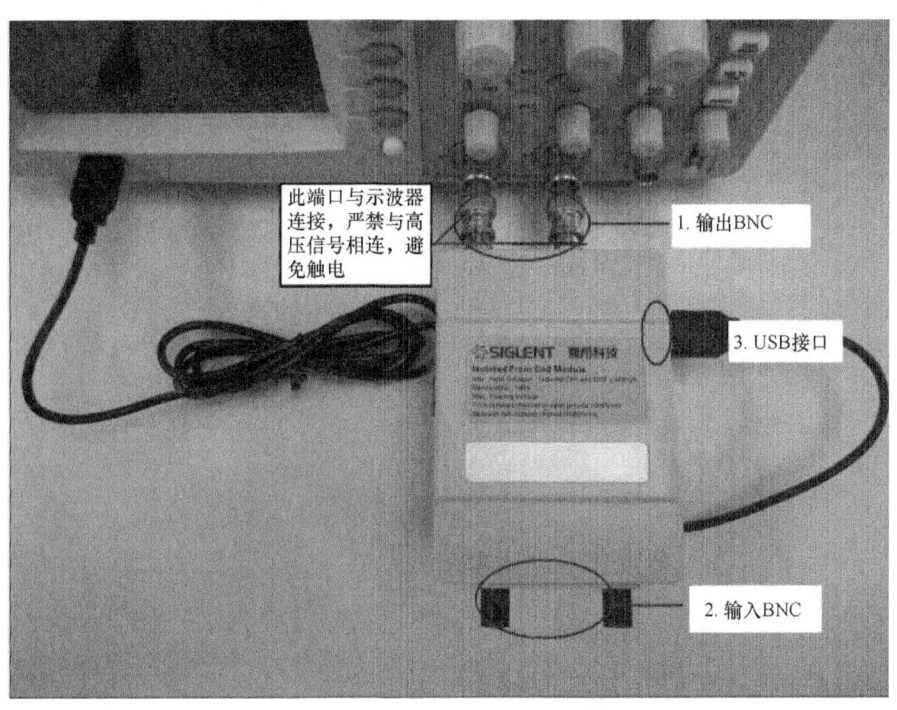

图 A-18　ISFE 隔离附件

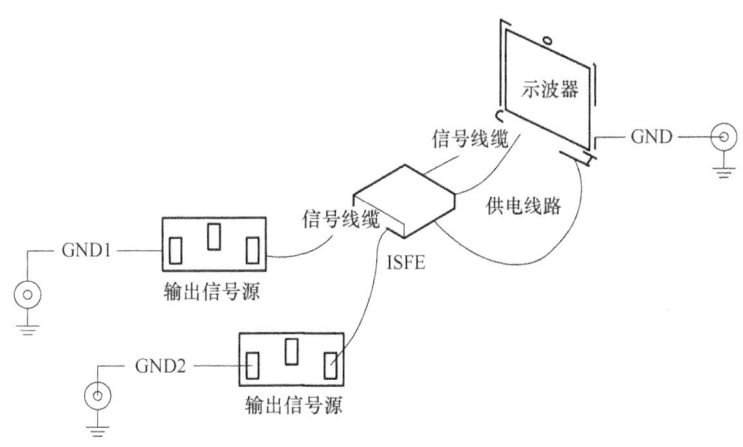

图 A-19　ISFE 隔离附件连接图

其具体操作流程为：

1) 调零。首先将隔离附件与示波器的通道正确连接，将示波器的接地端子接地；然后使用 USB 连接线将示波器 USB 口与隔离附件 USB 口连接；打开示波器并将交直流选取置于直流档位；调节幅度旋钮置 100mV 档位，调节隔离附件背部的调零旋钮，使零电平线居中；调节示波器幅度旋钮置 20mV 档位，微调。

2）测量。在被测源断电时，将测试探头或者线缆连接到隔离附件；各个接口的连接方法请参照上述接口说明；确认所有连线均已连接好之后，才可给被测设备上电；注意在测量过程中请勿碰触隔离附件裸露在外面的金属，不要在测量过程中断开或者连接连线。

3）断开连接。确认被测信号端（隔离模块的隔离输入端）没有电压电流之后，方可断开连接。

A.3 SDG2042X 任意波形发生器

A.3.1 基本功能介绍

信号源在电子实验和测试处理中，可以输出各种测试信号，提供给被测电路，以达到测试的需要。信号源有很多种，包括正弦波信号源、函数发生器、脉冲发生器、扫描发生器、任意波形发生器、合成信号源等。任意波形发生器是一种特殊的信号源，它具有信号源的所有特点，可以给被测电路提供所需要的任意信号（波形）。本节以鼎阳公司出品的 SDG2042X 任意波形发生器为例讲解，图 A-20 为 SDG2042X 任意波形发生器的操作界面。

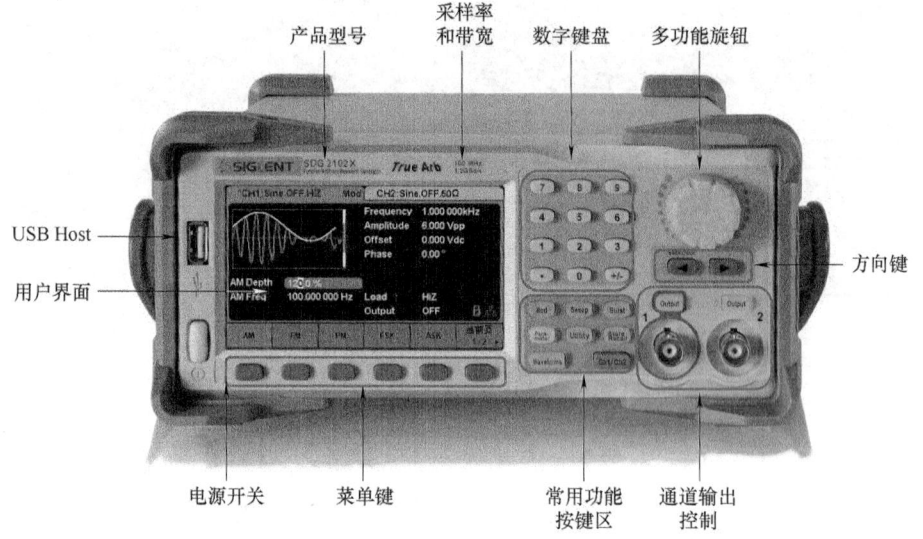

图 A-20 SDG2042X 任意波形发生器操作界面

SDG2042X 任意波形发生器具有 40MHz 带宽、1.2GSa/s 采样率和 16bit 垂直分辨率的采样系统指标，在传统的 DDS 技术基础上，采用了创新的 TrueArb 和 EasyPulse 技术，克服了 DDS 技术在输出任意波和方波/脉冲时的缺陷，能够输出高保真、低抖动的信号。

A.3.2 任意波形发生器的使用

1. 输出波形设置

在 Waveforms 操作界面下有一列波形选择按键，分别为正弦波、方波、三角波、脉冲波、高斯白噪声、DC 和任意波，如图 A-21 所示。下面对其波形设置逐一进行介绍。

1）选择 **Sine**，可输出 1μHz~40MHz 的正弦波。设置频率/周期、幅值/高电平、偏移量/低电平、相位，可以得到不同参数的正弦波。

2）选择 **Square**，可输出 1μHz~25MHz 并具有可变占空比的方波。设置频率/周期、幅值/高电平、偏移量/低电平、相位、占空比，可以得到不同参数的方波。

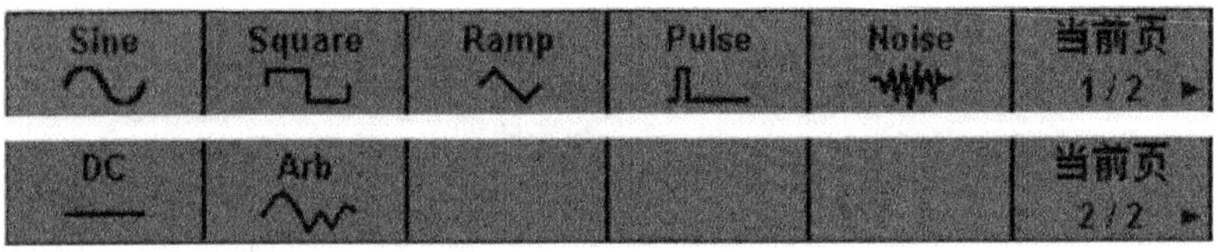

图 A-21 输出波形设置

3) 选择 **Ramp**，可输出 1μHz~1MHz 的三角波。设置频率/周期、幅值/高电平、偏移量/低电平、相位、对称性，可以得到不同参数的三角波。

4) 选择 **Pulse**，可输出 1μHz~25MHz 的脉冲波。设置频率/周期、幅值/高电平、偏移量/低电平、脉宽/占空比、上升沿/下降沿、延迟，可以得到不同参数的脉冲波。

5) 选择 **Noise**，可输出带宽为 20MHz~40MHz 的噪声。设置标准差、均值和带宽，可以得到不同参数的噪声。

6) 选择 **DC**，SDG2042X 可输出高阻负载下±10V、50Ω 负载下±5V 的直流。

7) 选择 **Arb**，可输出 1μHz~20MHz、波形长度为 8pts~8Gpts 的任意波。设置频率/周期、幅值/高电平、偏移量/低电平、相位、模式，可以得到不同参数的任意波。

2. 调制/扫频/脉冲串设置

在前面板有三个按键，分别为调制、扫频、脉冲串设置功能按键，如图 A-22 所示。

图 A-22 调制/扫频/脉冲串设置

1) **Mod** 按键可输出经过调制的波形，可使用 AM、DSB-AM、FM、PM、FSK、ASK、PSK 和 PWM 调制类型，可调制正弦波、方波、三角波、脉冲波和任意波。通过改变调制类型、信源选择、调制频率、调制波形和其他参数，来改变调制输出波形。

2) **Sweep** 按键可输出正弦波、方波、三角波和任意波的扫频波形，在扫频模式中，SDG2000X 在指定的扫描时间内扫描设置频率范围。扫描时间可设定为 1ms~500s，触发方式可设置为内部、外部和手动。

3) **Burst** 按键可产生正弦波、方波、三角波、脉冲波和任意波的脉冲串，输出可设定起始相位范围为 0°~360°，内部周期范围为 1μs~1000s。

3. 通道输出控制

选择相应的通道，按<Output>键，该键灯被点亮，同时闭合输出开关，输出信号；再次按<Output>键，将关闭输出；长按<Output>键可在"50Ω"和"HiZ"之间快速切换负载设置。

4. 数字输入控制

如图 A-23 所示，在操作面板上有 3 组按键，分别为数字键盘、旋钮和方向键。

1) 数字键盘用于编辑波形时设置参数值，直接键入数值可改变参数值。

2) 旋钮用于改变波形参数中某一数位值的大小，旋钮顺时针旋转一格，递增 1；旋钮逆时针旋转一格，递减 1。

3) 方向键用于移动光标以选择需要编辑的位。使用数字键盘输入参数时，用于删除光标左边的数字。文件名编辑时，用于移动光标选择文件名输入区中指定的字符。

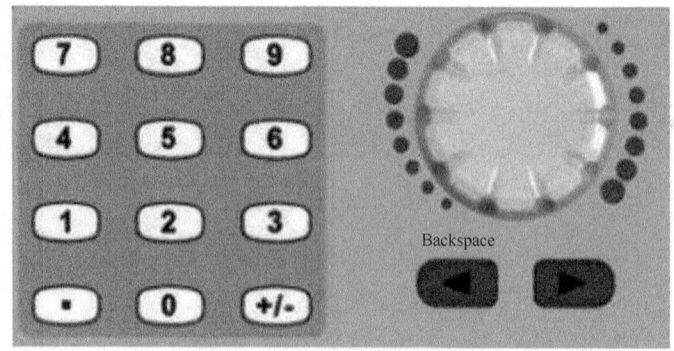

图 A-23　数字输入控制

5. 常用功能按键

常用功能按键包括参数设置、辅助系统功能设置、存储与调用、波形和通道切换按键。

1）**Waveforms**：用于选择基本波形。

2）**Utility**：用于对辅助系统功能进行设置，包括频率计、输出设置、接口设置、系统设置、仪器自检和版本信息的读取等。

3）**Parameter**：用于设置基本波形参数，方便用户直接进行参数设置。

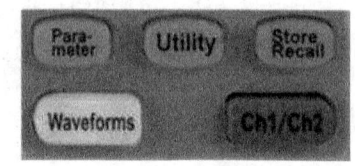

图 A-24　常用功能按键

4）**Store/Recall**：用于存储、调出波形数据和配置信息。

5）**Ch1/Ch2**：用于切换"CH1"或"CH2"为当前选中通道。开机时，仪器默认选中"CH1"，用户界面中"CH1"对应的区域高亮显示，且通道状态栏边框显示为绿色；此时按下此键可选中"CH2"，用户界面中"CH2"对应的区域高亮显示，且通道状态栏边框显示为黄色。

A.4　SPD3303X-E 可编程线性电源

A.4.1　基本功能介绍

稳压电源是一种能为负载提供稳定的交流电或直流电的电子装置，包括交流稳压电源和直流稳压电源两大类。本节以鼎阳公司出品的 SPD3303X-E 可编程线性直流电源为例，介绍线性直流电源的特点和应用。

SPD3303X-E 可编程线性直流电源配备了 4.3 英寸 TFT LCD 显示屏，具有可编程和实时波形显示功能。它具有三组独立输出：两组可调电压值和一组固定电压值。SPD3303X-E 可编程线性直流电源操作界面如图 A-25 所示。

1. 参数配置界面按键的功能分别为：

1）**WAVEDISP**：开启/关闭波形显示界面。

2）**SER**：设置 CH1/CH2 串联模式，设置后界面显示串联标识。

3）**PARA**：设置 CH1/CH2 并联模式，设置后界面显示并联标识。

4）**RECALL/SAVE**：进入存储系统。

5）**TIMER**：进入定时系统状态。

6）**LOCK/VER**：长按该键，开启锁键功能，短按该键，进入系统信息界面。

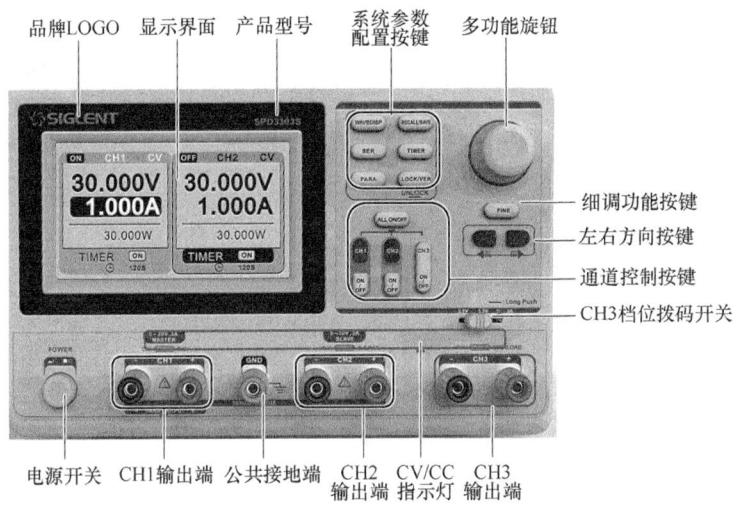

图 A-25　SPD3303X-E 操作界面

2. 通道控制按键的功能分别为：

1) **ALL ON/OFF**：开启/关闭所有通道。
2) **CH1**：选择 CH1 为当前操作通道。
3) **CH2**：选择 CH2 为当前操作通道。
4) **ON/OFF**：开启/关闭当前通道输出。
5) **CH3 ON/OFF**：开启/关闭 CH3 输出。

3. 其他按键的功能分别为：

1) **FINE**：开启细调功能，参数以最小步进变化。
2) <-, ->：左右移动光标。

A.4.2　稳压电源的使用

1. 三种输出模式

SPD3303X-E 具有三种输出模式：独立、并联和串联，由前面板的跟踪开关来选择相应模式，在独立模式下，输出电压和电流各自单独控制。在并联模式下，输出电流是单通道的 2 倍；在串联模式下，输出电压是单通道的 2 倍。

（1）CH1/CH2 独立输出

CH1 和 CH2 输出工作在独立控制状态，同时 CH1 与 CH2 均与地隔离。每通道输出范围为 0~30V 和 0~3A，其连接图如图 A-26 所示。

其操作步骤为

1）确定并联和串联键关闭（按键灯不亮，界面没有串并联标识）；

2）连接负载到前面板端子 **CH1**+/-或 **CH2**+/-；

3）设置 CH1/CH2 输出电压和电流。首先，通过移动光标选择需要修改的参数（电压、电流），然后，旋转多功能旋钮改变相应参数值（按<FINE>键，可以进行细调）。其中粗调为 0.1V 或 0.1A/r；细调为最小精度/转；

图 A-26　CH1/CH2 独立输出

4）按<OUTPUT>键打开输出，相应通道指示灯被点亮，输出显示 CC 或 CV 模式。

(2) CH3 独立模式

CH3 独立输出额定电压值为 2.5V、3.3V、5V 和电流值为 3A，连接图如图 A-27 所示。

其操作步骤为：

1) 连接负载到前面板 **CH3+/-**端子；

2) 使用 CH3 拨码开关，选择所需档位：2.5V、3.3V、5V；

3) 按下**<ON/OFF>**输出键开启输出，同时按键灯点亮。

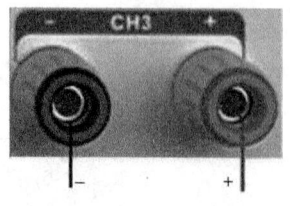

图 A-27　CH3 独立输出

(3) CH1/CH2 串联模式

串联模式下，输出电压为单通道的 2 倍，输出范围为 0~60V 和输出电流范围为 0~3A。CH1 与 CH2 在内部连接成一个通道，CH1 为控制通道，其连接图如图 A-28 所示。

其操作步骤为：

1) 按下**<SER>**键启动串联模式，按键灯点亮；

2) 连接负载到前面板 **CH2+**和 **CH1-**端子；

3) 按下**<CH1>**键，并设置 CH1 电流为额定值 3.0A；

4) 按下**<CH1>**键(灯点亮)，使用多功能旋钮来设置输出电压和电流值，若要启动细调模式，按下**<FINE>**键即可；

5) 按下输出键，打开输出。

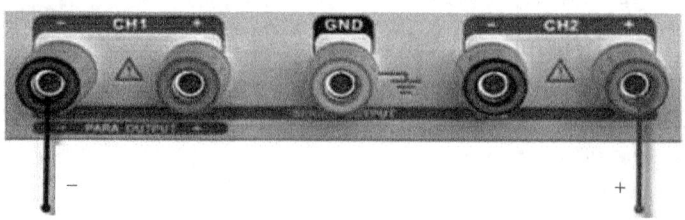

图 A-28　CH1/CH2 串联输出

(4) CH1/CH2 并联模式

并联模式下，输出电流为单通道的 2 倍，输出范围为 0~30V 和 0~6A。内部进行并联，CH1 为控制通道，其连接图如图 A-29 所示。

图 A-29　CH1/CH2 并联输出

其操作步骤为

1) 按下**<PARA>**键启动并联模式，按键灯点亮；

2) 连接负载到 **CH1+/-**端子；

3) 打开输出，按下输出键，按键灯点亮。按下**<CH1>**键，通过多功能旋钮来设置设定电压和电流值，若要启动细调模式，按下**<FINE>**键即可。

2. 恒压/恒流模式

恒流模式下，输出电流为设定值，并通过前面板控制。前面板指示灯亮（红色，CC），电流维持在设定值，此时电压值低于设定值，当输出电流低于设定值时，则切换到恒压模式。在并联模式时，辅助通道固定为恒流模式，与电流设定值无关。恒压模式下，输出电流小于设定值，输出电压通过前面板控制。前面板指示灯亮（绿灯，CV），电压值保持在设定值，当输出电流值达到设定值，则切换到恒流模式。

A.5 LCR-8000G 测试仪

A.5.1 基本功能介绍

LCR 测试仪能准确并稳定地测定各种各样的元件参数，主要是用来测试电感、电容、电阻的测试仪。本节以 LCR-8000G 系列为例，介绍高精度 LCR 测试仪的使用。

LCR-8000G 系列具有 20Hz～10MHz 宽测试频率，6 位测量分辨率，10mV～2V 测量驱动电平（DC/20Hz～3MHz）和 0.1%基本测量精确度等特性，其操作界面如图 A-30 所示。

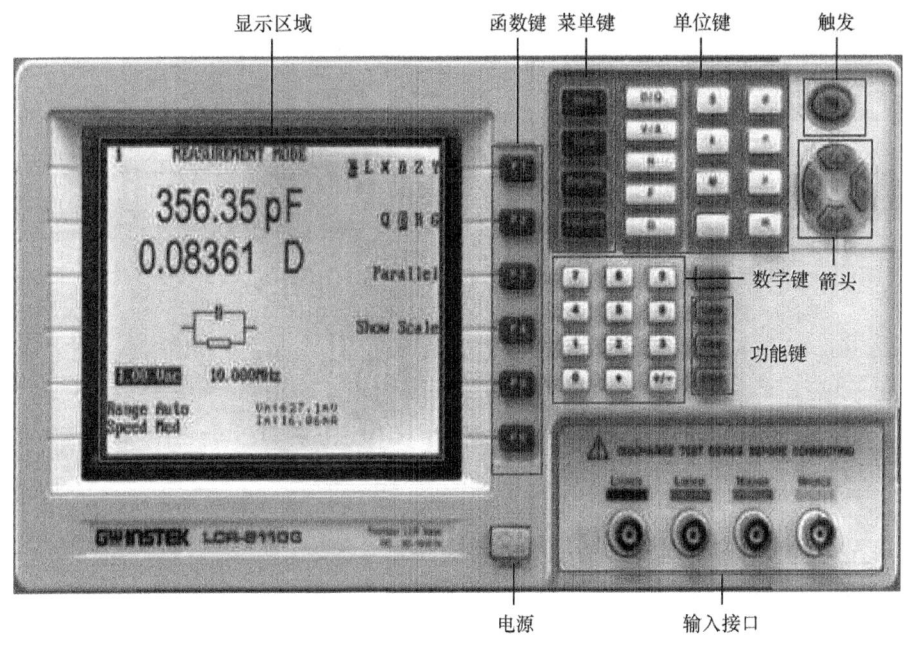

图 A-30　LCR-8000G 系列操作界面

具体功能为：

1）函数键：对应于显示区域右侧的菜单。

2）菜单键：

① **Menu**：显示主菜单。

② **Local**：在远程控制模式下，可恢复至本地面板操作。

③ **Sing/Rep**：选择单次测量模式（手动触发）或连续测量模式（自动触发）。

④ **Calibration**：进入校准模式。

3）单位键（见表 A-3）。

表 A-3　LCR-8000G 的单位列表

单位符号	含义	词头	含义
D/Q	损耗因数/品质因数	k	千（10^3）
V/A	伏/安	M	兆（10^6）
H	亨（电感）	p	皮（10^{-12}）
F	法（电容）	n	纳（10^{-9}）
Ω	欧（电阻、阻抗）	μ	微（10^{-6}）
S	西（电纳、导纳）	m	毫（10^{-3}）

4）触发：手动触发测量，仅在单次测量模式下可用。

5）箭头：选择菜单项目或参数。上/下和左/右键成对使用。

6）数字键：输入数值。

7）功能键：

① **Code**：输入系统代码可更改驱动电压/电流的显示或频率调节分辨率。

② **Clear**：清除之前所有的输入值。

③ **Enter**：确认输入或选择。

8）输入接口：连接测量夹具，连接方式如图 A-31 所示。

① **LFORCE**：电流返回（Current Return），接收返回的信号电流，将其连接被测器件的负（-）端子。

② **LSENSE**：低电动势（Low Potential），与 **HSENSE** 一起监视电动势，将其连接被测器件的负（-）端子。

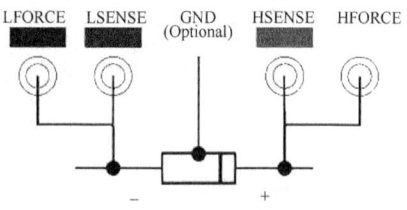

图 A-31　LCR-8000G 测量夹具连接方式

③ **HSENSE**：高电动势（High Potential），与 **LSENSE** 一起监视电动势，将其连接被测器件的正（+）端子。

④ **HFORCE**：电流流出（Current Output），提供信号电流源，将其连接被测器件的正（+）端子。

⑤ **GND**：地，如果被测器件有一个大面积的金属未连接至任一测量端子，将其接地以降低噪声水平。

A.5.2　LCR 测试仪的使用

1. 夹具连接

1）连接夹具之前，先将被测器件放电。

2）根据对应的颜色连接夹具端口和前面板 BNC 端口。

3）将夹具连接被测器件，如被测器件有极性，将夹具 H 端连接正极，L 端连接负极。确保被测端子与夹具的夹子充分短路。

4）如果被测器件有一个未连接至任何端子的外壳，将外壳接地以降低噪声干扰。

2. 操作步骤

1）连接夹具，将夹具与被测器件连接。

2)进入菜单:按<Menu>键,再按<F1>键(交流测量)或<F2>键(直流电阻 Rdc)。

3)隐藏范围:按<F4>键(显示/隐藏范围)隐藏上下限范围(或显示电路图)。

4)选择测量项目:反复按<F1>键(主要测量项目)和<F2>键(次要测量项目)选择测量项目。

5)选择串联/并联电路:如果可用,按<F3>键(串联/并联)可选择等效电路模式。

6)设置测量频率:按左/右方向键将光标移至频率,使用数字键和单位键进行设置。

7)设置测量电压:按左/右方向键将光标移至电压,使用数字键和单位键进行设置。

8)选择测量:按<Sing/Rep>键选择单次(手动触发)测量,按<Trig>键进行触发测量。

9)选择连续测量与数据采集:按<Sing/Rep>键选择连续(自动触发)测量,按左/右方向键将光标移至速度(**Speed**),按上/下方向键选择数据采集速度。

A.6 IT9100 功率分析仪

A.6.1 基本功能介绍

功率分析仪可以测量所有交、直流参数,包含有功功率、无功功率、视在功率、功率因素、电压、电流、频率、相位差等,提供积分测量和谐波测量功能,可应用于电力推进、电机、风机、水泵、风力发电、轨道交通、电动汽车、变频器、特种变压器、荧光灯、LED 照明等领域的产品检验和试验、能效评测及电能质量分析。本节以艾德克斯出品的 IT9100 系列功率分析仪为例讲解其常见应用。

IT9100 系列功率分析仪可提供 1000Vrms 和 50Arms 的最大输入,以及 100kHz 的测量带宽,可以方便地进行电压、电流、功率、频率、谐波等参数的量测,其操作界面如图 A-32 所示。

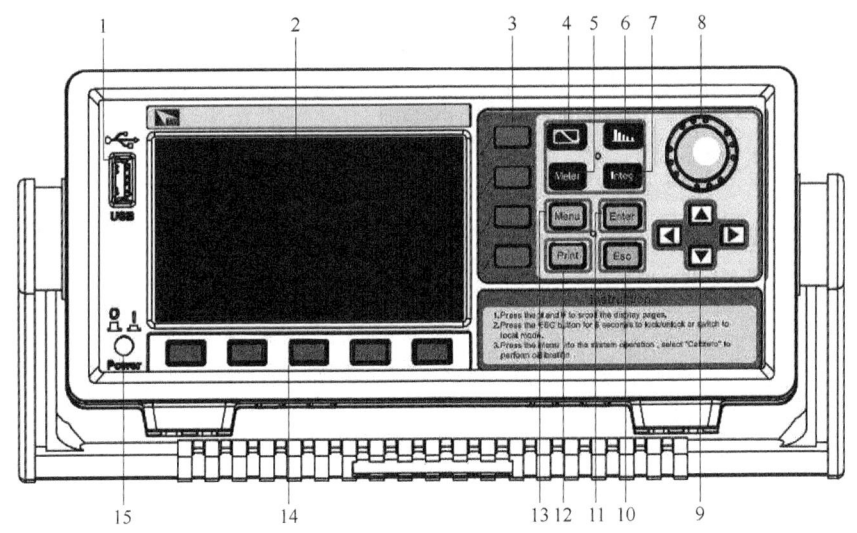

图 A-32 IT9100 系列操作界面

1—USB 接口 2—显示屏 3—屏幕菜单键 4—波形显示按键 5—基本功能键 6—谐波功能键
7—积分功能键 8—调整旋钮 9—方向选择键 10—锁屏/解锁/退出键 11—确认键
12—屏幕图像保存键 13—参数设置键 14—屏幕菜单键 15—电源开关

其中主要功能为

1)波形显示按键:显示当前测量数据对应的波形。

2)谐波功能键:显示谐波的测量结果和谐波测量参数配置菜单。

3)基本功能键:显示各项目的测量数据。

4）积分功能键：显示积分测量结果与积分测量参数配置菜单。

5）参数设置键：用来设置功率表的相关测量参数。

6）锁屏/解锁/退出键：常按此键 5s 可以锁定/解锁前面板键盘；常按此键 5s 也可以将功率表从远程控制模式切换至面板操作模式。

7）方向选择键：可实现列表编辑，通过左/右键移动，显示未显示的行，通过上/下键移动显示未显示的列；菜单编辑，通过上/下键移动编程项，在右边显示相应选项的提示信息，通过软键进行选择；数字编辑，通过上/下键移动编程项，通过左/右键移动选择编辑的位，通过旋钮来编辑，可以自动进位。

8）屏幕菜单键：根据显示屏上按键左侧和按键上方显示的菜单功能改变。

9）调整旋钮：设置光标处的数据值、选择电压/电流量程和调整波形等功能。

A.6.2 功率分析仪的使用

1. 设置测量条件

（1）设置测量量程

要执行精确的测量，就必须设置合适的测量量程（电压和电流量程）。选择的量程对不同的测量方式如波形显示、积分测量和谐波测量都有效。设置测量量程的操作步骤为

1）在"**Meter**"界面中，按屏幕菜单键"**U-RANGE**"或"**I-RANGE**"对应的软键，利用旋钮或上/下键选择电压或电流量程。量程有固定量程和自动量程两种设置方法。固定量程选定后，不再随输入信号大小的改变而切换，如电压量程，峰值因数为 3 时，最大选项为"600V"，最小选项为"15V"。自动切换量程根据输入信号的大小自动切换量程，可切换的量程种类和固定量程相同。

2）按<Enter>键确认设置。

（2）设置测量区间

在测量时，测量区间决定了采样数据的获取范围。测量区间是由数据更新率和同步源共同决定的。同步源为测量操作提供了基准信号，数据更新率决定了采样数据的更新周期。

用于定义输入信号测量区间的基准输入信号称为同步源。基准输入信号（同步源），在数据更新周期内从穿过零点（振幅的中间值）的上升斜率（或下降斜率）的最初点到穿过零点（振幅的中间值）的上升斜率（或下降斜率）的终点为止，作为测量区间。如果上升斜率或下降斜率在数据更新周期内只有 1 个或者没有时，以数据更新周期作为测量区间。在谐波测量的采样频率下，从数据更新周期开始的第一个 1024 点为测量区间。

（3）设置滤波器和峰值因数

1）选择"**Menu**"→"**SET UP**"→"**OTHER SET**"，进入其他配置页面。

2）按上/下键选中需要配置的参数（字体背景为蓝色），按右侧参数对应的软键设置为所需要的值。其具体选项含义为："**Sync Source**"为选择同步源；"**U/I/OFF**"分别可选择信号的电压、电流或数据更新周期的整个区间作为测量时的同步源；"**Freq Filter**"为设置频率滤波器状态，选择"ON"或"OFF"时，分别为开启或关闭频率滤波器功能；"**Line Filter**"为设置电路滤波器状态，选择"ON"或"OFF"时，分别为开启或关闭电路滤波器功能；"**Crest Factor**"可设置峰值因数分别为"CF3/CF6"（峰值因素＝输入峰值/测量量程）；"**Update Rate**"可配置电压、电流和功率等数据的捕获间隔，也即数据更新率。加快数据更新率，可获取电力系统较快的负载变动，减慢数据更新率，可测量相对低频信号，可选数据更新率为 0.1s/0.25s/0.5s/1s/2s/5s。

3）按<Enter>键确认设置。

(4) 设置平均功能

1) 选择"Menu"→"SET UP"→"AVERAG SET",进入平均功能配置页面。

2) 按上/下键选中需要配置的参数(字体背景为蓝色),按右侧参数对应的软键设置为所需要的值。其具体选项含义为:"State"为设置平均功能状态,选择"ON"或"OFF"为开启或关闭平均处理功能;"Type"为设置平均功能类型,其中"EXP"为指数平均,常用于对非平稳过程的分析,其中"LINE"为线性平均,常用于对平稳的随机过程的测量分析,增加平均次数可以减小相对比准偏差;"Tcontrol"为设置线性平均模式,其中"MOVING"为移动平均,"REPEAT"为重复平均;"Count"为设置平均功能次数,平均功能模式若是"EXP"(指数平均),设定衰减常数,若是"LINE"(线性平均),设定平均次数。

3) 按<Enter>键确认设置。

2. 基本参数测量

测量基础参数时,有三种界面显示风格。每种风格最多显示 5 页。当需要某一个或者几个重要量测参数突出显示时,可自由切换到"VIEW 1"或者"VIEW 4"模式下。当需要在一个界面同时查看所有参数时,可切换到"VIEW 12"模式。"VIEW 1"测量界面如图 A-33 所示。

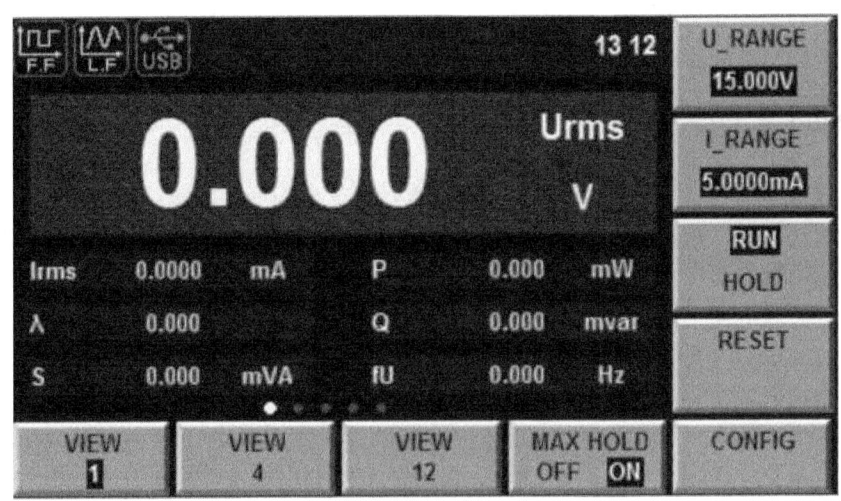

图 A-33 IT9100 菜单软键的功能

其菜单软键的功能为:

1) **U_RANGE**:电压量程设置。

2) **I_RANGE**:电流量程设置。

3) **RUN/HOLD**:运行/保持。

4) **RESET**:复位软键。按下后,仪器立即重新测量一次。

5) **VIEW 1**:显示 1 个大视图和 6 个小视图。

6) **VIEW 4**:显示 4 个大视图和 6 个小视图。

7) **VIEW 12**:显示 12 个大视图。

8) **MAXHOLD**(**OFF/ON**):最大值保持(关/开),可以保持数值数据的最大值。

9) **CONFIG**:基本测量配置。

可测量的数据见表 A-4。

表 A-4　IT9100 参数说明列表

参数	参数说明	参数	参数说明	参数	参数说明
P	有功功率［W］	I_{mn}	电流校准到有效值的整流平均值	U_{mn}	电压校准到有效值的整流平均值
Q	无功功率［var］	I_{dc}	电流平均值	U_{rmn}	电压整流平均值［V］
S	视在功率［V·A］	I_{pk+}	电流正峰值［A］	U_{dc}	电压平均值［V］
λ	功率因数	I_{pk-}	电流负峰值［A］	U_{ac}	电压交流成分
φ	电压与电流的相位差	I_{pp}	电流峰峰值［A］	U_{pk+}	电压正峰值［V］
F_{syn}	同步源频率	I_{cf}	电流峰值因数	U_{pk-}	电压负峰值［V］
I_{rms}	电流有效值［A］	f_I	电流频率（Hz）	U_{pp}	电压峰峰值［V］
I_{ac}	电流交流成分	I_{rush}	浪涌电流	U_{cf}	电压峰值因数
I_{rmn}	电流整流平均值［A］	U_{rms}	电压有效值［V］	f_U	电压频率（Hz）

IT9100 系列功率表提供基于采样数据显示波形功能，对输入单元的电流和功率进行积分运算，谐波测量等功能，由于篇幅所限这里不进行一一介绍。

A.7　IT8600 系列交、直流电子负载

A.7.1　基本功能介绍

电子负载是通过控制内部功率（MOSFET）或晶体管的导通量（量占空比大小），依靠功率管的耗散功率消耗电能的设备。它能够准确检测出负载电压，精确调整负载电流，同时可以实现模拟负载短路，模拟负载的感性、阻性和容性及容性负载电流上升时间。它是开关电源的调试检测不可缺少的仪器。本文以艾德克斯 IT8600 系列可编程交、直流电子负载进行介绍。

IT8600 系列可编程交、直流负载可实现 420V/20A/1800W 的输入范围，提供功能强大的数据量测功能，除了可以测量常规的"U_{rms}""U_{pk}""U_{dc}""I_{rms}""I_{pk}""I_{dc}""W""VA""VAR""CF""PF""Freq"等参数外，更提供独特的电压谐波分析功能，以验证待测物（不间断电源 UPS，发电机等）对于电网的谐波干扰，具有高达 50 次电压谐波的分析功能。

1. 操作功能说明（见图 A-34）

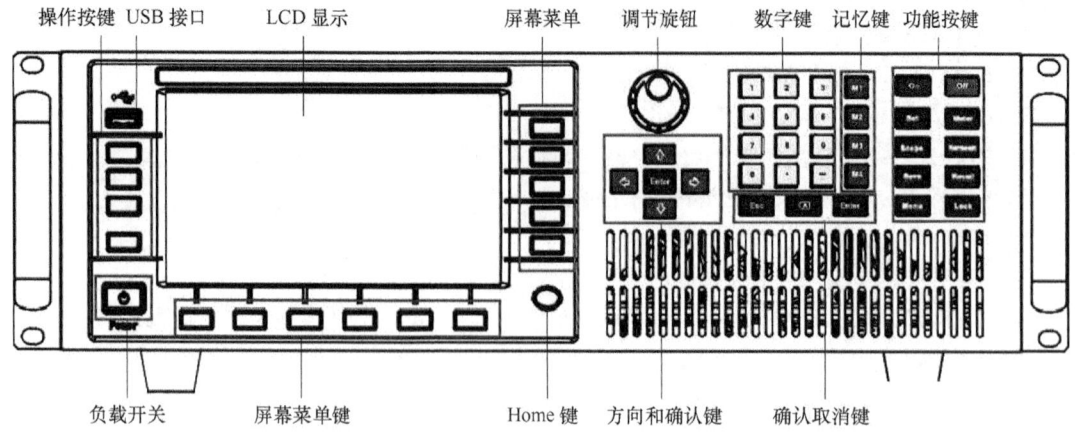

图 A-34　IT8600 系列软键功能

1) **调节旋钮**：设置光标处的数据值、选择电压/电流量程和调整波形等功能。

2) **方向键**：菜单编辑通过上/下键移动编程项，在右边显示相应选项的提示信息，通过软键进行选择。数字编辑通过上/下键移动编程项。通过左/右键移动选择编辑的位，通过旋钮来编辑，可以自动进位。

3) **数字键**：设置时可直接输入数字。

4) **记忆键**：M1~M4 分别存储 4 个记忆状态。短按可回调以前保存在对应区域的设置参数；长按保存当前设置值到对应区域。

5) **Enter**：确认键。

6) **Esc**：取消键。

7) **退出键**：数字编辑模式时使用，删除已输入的数字。

8) **On**：负载功能使能，开启负载输入。

9) **Off**：负载功能关闭，关闭负载输入。

10) **Set**：设置按键，设置带负载的各项参数。

11) **Meter**：基本测量键，用来进行基本的测量。

12) **Scope**：示波按键，打开示波功能。

13) **Harmonic**：谐波按键，谐波功能打开，开始测量谐波。

14) **Save**：保存当前设置负载参数值的按键。

15) **Recall**：调处已存储的负载参数设置按键。

16) **Menu**：进入系统菜单，设置系统各项功能的配置参数。

17) **Lock**：键盘锁定键，锁定键盘按钮，复按此键可解锁。

2. 可测量的参数

可测量的参数如图 A-35 所示，参数说明见表 A-5。

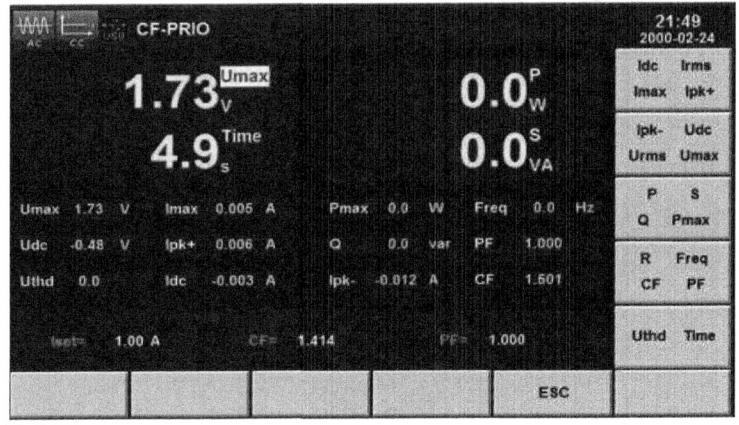

图 A-35　IT8600 的显示界面

表 A-5　IT8600 参数说明列表

参数	参数说明	参数	参数说明
I_{dc}	电流平均值	U_{rms}	电压有效值[V]
I_{max}	最大电流	P	有功功率[W]
I_{pk-}	电流负峰值[A]	Q	无功功率[var]

(续)

参数	参数说明	参数	参数说明
R	电阻值	U_{max}	最大电压
CF	峰值因数	S	视在功率[V·A]
U_{thd}	电压谐波失真	P_{max}	最大功率
I_{rms}	电流有效值[A]	Freq	频率值
I_{pk+}	电流正峰值[A]	PF	功率因数
U_{dc}	电压平均值[V]	Time	当开启计时功能时,记录负载"On"的时间,当菜单中的"Timing Mode"为"Off"时,"Time"一直为0。

A.7.2 电子负载的使用

1. 交流负载测量

IT8600系列可编程交、直流负载支持定电流模式(CC)、定电阻模式(CR)和定功率模式(CP)三种测量方法。

(1) 设置CF和PF

在定电流及定功率操作模式中,用户可编程功率因素(PF)、峰值因素(CF)或两者。在定电阻操作模式下,PF值则恒为1。

1) 峰值因数CF:峰值因数是波形峰值和有效值的比值,当CF设置为1.414时,表示DSP将创建一个正弦电流波形。

2) 功率因素PF:功率因素是有功功率和视在功率的比值。

在系统菜单中按"**Menu**"→"**SYSTEM SETUP**"设置CF和PF及其优先级。

3) 当"**CF/PF setting**"项设置为CF时,交流负载模式下只可编程CF。

4) 当"**CF/PF setting**"项设置为PF时,交流负载模式下只可编程PF。

5) 当"**CF/PF setting**"项设置为BOTH时,需要设置CF和PF的优先级。根据优先级,CF和PF的设定范围受到影响,当优先级是CF时,PF的设定值范围受当前CF值的影响,当优先级选择PF时,CF的设定值范围受PF的设定值的影响。

(2) 定电流操作模式(CC)

在定电流模式下,当电压输入值满足交流负载的最小电压输入要求时,交流电子负载将根据设定的电流值消耗一个恒定的电流有效值,在前面板中按<**Set**>键,并利用<CC>软键进入CC模式设定界面。PF值可以在-1~1范围内进行设置,若设定的PF为正时,则表示电流超前电压;反之当PF设定为负时,则表示电流落后电压。在CC模式下,按上/下方向键选择需要设置的参数,包括Iset、CF和PF值。电压和电流关系如图A-36所示。

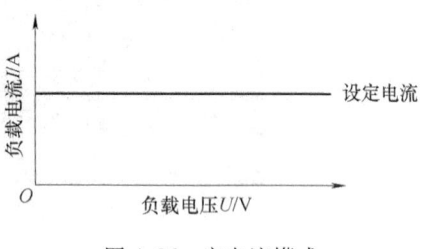

图A-36 定电流模式

(3) 定电阻操作模式(CR)

在定电阻模式下,交流电子负载被等效为一个恒定的电阻,电子负载将会吸收与输入电压呈线性比的电流,电流的波形与输入电压的波形一致,PF值恒为1。按<**Set**>键,按<CR>软键,进入定电阻CR模式的参数设置界面。在此模式下,可通过两种方法修改电阻值,旋转调节旋钮来设置定电阻值或使用数字键输入电阻值。电阻值、输入电压和负载吸收的电流需要满足公式 $R=U/I$。电压和电流关系如图 A-37 所示。

(4) 定功率操作模式(CP)

在定功率模式下，电子负载将消耗一个恒定的功率，根据功率的设定值吸收相应的电流，如图 A-38 所示，如果输入电压升高，则输入电流将减少，功率 $P=UI$ 将维持在设定功率上。电压和电流关系如图 A-38 所示。

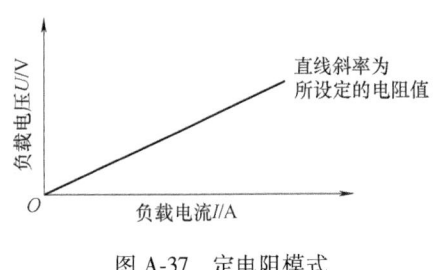

图 A-37　定电阻模式　　　　　图 A-38　定功率模式

2. 直流负载测量

IT8600 系列可编程交、直流负载支持定电流模式(CC)、定电阻模式(CR)、定电压模式(CV)、定功率模式(CP)和短路模式(SHORT)五种测量方法。其中 CC、CR、CP 模式和交流负载测量相同。

(1) 定电压模式(CV)

在定电压模式下，电子负载将消耗足够的电流来使输入电压维持在设定的电压上。电压和电流关系如图 A-39 所示。

(2) 短路模式(SHORT)

在直流负载模式下电子负载可以在输入端模拟一个短路电路，可以按<Short>软键来切换短路状态。短路操作不影响当前的设定值，当短路操作切换回"OFF"状态

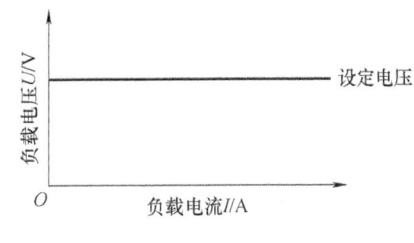

图 A-39　定电压模式

时，负载返回到原先的设定状态。负载短路时所消耗的实际电流值取决于当前负载的工作模式及电流量程。在 CC，CP 及 CR 模式时，最大短路电流为当前量程的 120%。在 CV 模式时，短路相当于设置负载的定电压值为 0V。开启短路功能步骤为

1) 在 DC 负载功能的主界面，按<SHORT>键进入短路模拟模式。

2) 在右侧软键中按<SHORT FUN>软键，按一次设定值在 **DIS** 和 **ENA** 之间进行切换，**DIS** 表示短路功能关闭，**ENA** 表示短路功能开启。也可以在系统菜单中进行设置：按<Menu>键进入系统配置界面；选择"**SYSTEM SETUP**"对应的软键。进入系统参数配置界面；按上/下方向键选中"**Short Function**"设置值，在右侧按"**On**"对应的软键，开启短路模拟功能。

3) 按<START>键和<STOP>键控制短路模拟开始和停止。

附录 B　PSpice 软件使用简介

随着集成电路与现代电子工业的迅速发展，以计算机辅助设计(computer aided design，CAD)为基础的电子设计自动化(electronic design automation，EDA)技术已渗透到电子系统和专用集成

电路设计的各个环节,简单的手工设计已经无法应对。PSpice 是目前国际上广泛应用的一种电路模拟软件,它不仅可以对模拟电路、数字电路、数/模混合电路等进行直流、交流、瞬态等基本电路特性的分析,而且可以进行蒙托卡罗(Monte Carlo)统计分析、最坏情况(Worst Case)分析、优化设计等复杂的电路特性分析。下面就以 Cadence OrCAD16.5 为例,并以图形输入方式简单介绍一下 PSpice 软件的使用方法。

B.1 绘制原理图

B.1.1 进入绘图区

软件正确安装后,单击电脑屏幕左下方"开始",在"程序"中选择"cadence"目录,下拉单击"OrCAD Capture CIS"启动软件,如图 B-1 所示。然后选择"File"→"New"→"Project"命令或者选择工具栏中 按钮,进入图 B-2 所示"New Project"对话框。在对话框的"Name"栏键入新建电路的文件名,例如 DC;在"Create a New Project Using"栏中有四个选项,"Analog or Mixed A/D"表示模拟或数/模混合电路的仿真,"PC Board Wizard"表示制作印刷电路板,"Programmable Logic Wizard"表示可编程逻辑器件的设计,"Schematic"表示只绘制电路原理图,不进行其他处理;在"Location"栏键入本项目储存的路径。

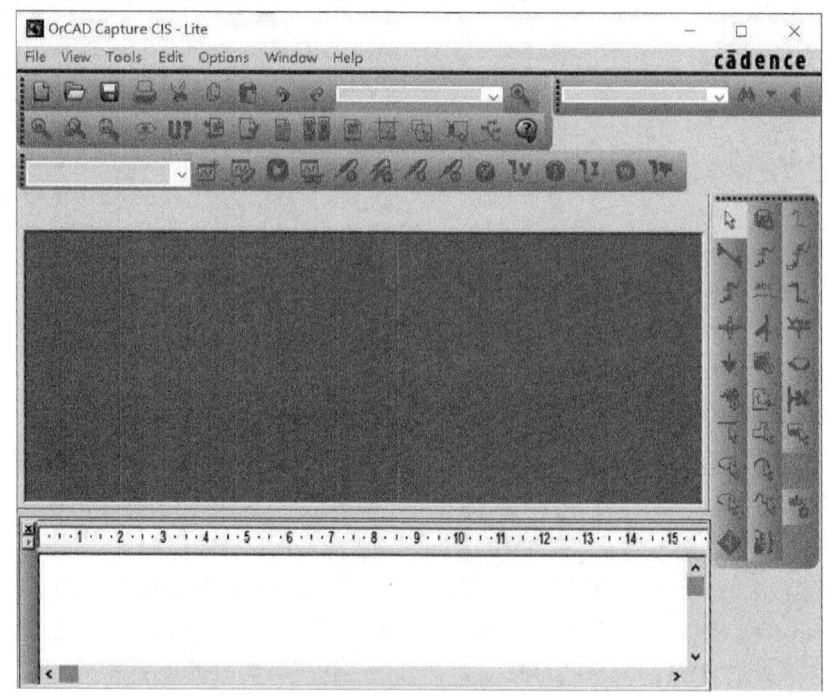

图 B-1 启动界面

这里选择"Analog or Mixed A/D"这项,单击"ok",进入"Create PSpice Project"对话框,如图 B-3 所示,图中"Create based upon an existing project"指在已存在的电路图的基础上创建电路图。如果现在还没有建立电路图,可以选择"Create a blank project"创建空白设计,单击"ok",就可以进入一个新的绘图区,如图 B-4 所示。图中的菜单命令的主要功能说明见表 B-1。绘图工具栏的主要功能说明见表 B-2。

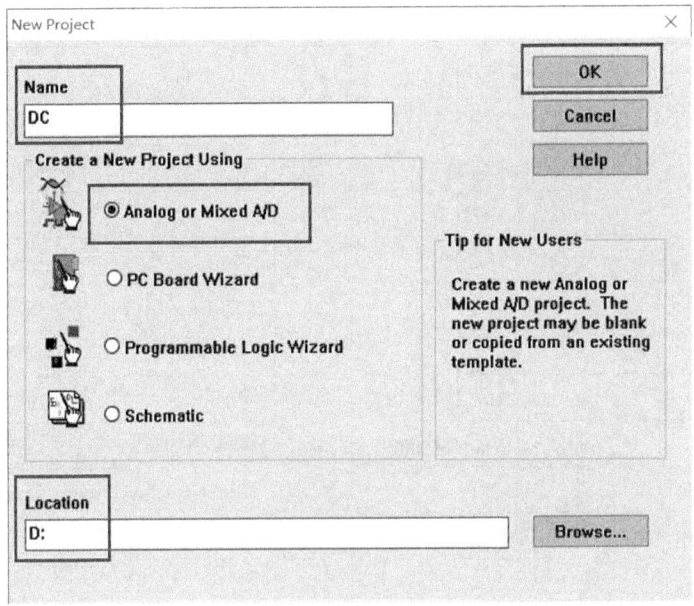

图 B-2 "New Project"对话框

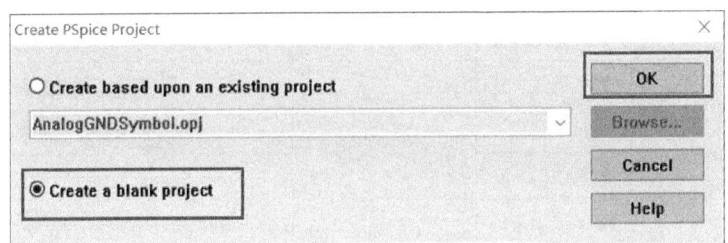

图 B-3 "Create PSpice Project"对话框

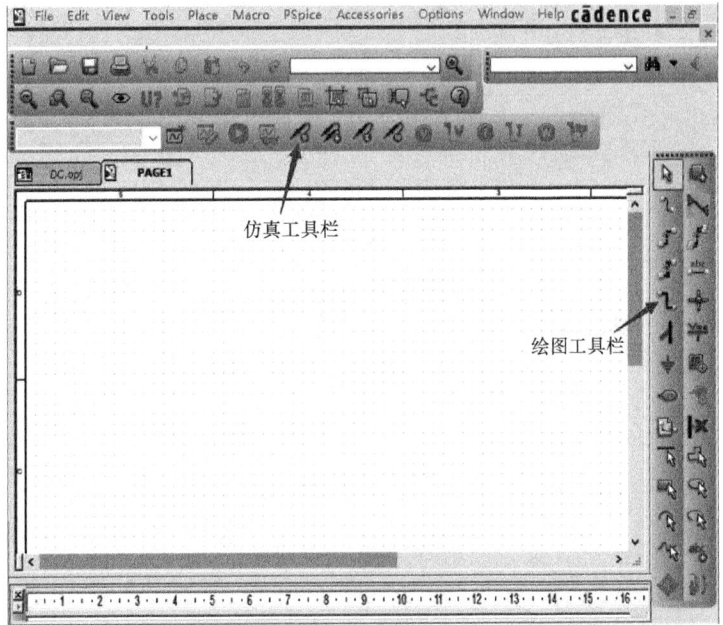

图 B-4 绘图区界面

表 B-1 菜单命令功能说明

菜单	命令	功能说明	菜单	命令	功能说明
File	New	创建新的指定类型文件	Edit	Label State	选项状态
	Open	打开已有的文件		Cut	剪切
	Close	关闭当前文件		Copy	复制
	Save	存储当前的文件		Paste	粘贴
	Export Selection	导出		Delete	删除对象
	Import Selection	导入		Select All	选择所有对象
	Import Design	输入指定格式的设计文件		Properties	编辑所选对象的属性
	Export Design	输出指定格式的设计文件		Link Database Part	连接元件编辑器
View	Ascend Hierarchy	到上层原理图		Derive Database Part	修改电路元件名称
	Descend Hierarchy	到下层原理图		Part	在元件编辑器中，编辑选中的元件
	Synchronize Up	往上同步			
	Synchronize Down	往下同步		PSpice Model	编辑 PSpice 模型
	Synchronize Across	互相同步		PSpice Stimulus	编辑信号产生器
	Go To	跳到某个位置		Mirror	选择排列方式
	Zoom	图纸的放大或缩小		Rotate	逆时针旋转 90°
	Toolbar	显示工具栏		Find	查找
	Status Bar	显示或关闭状态条		Global Replace	群组替换
	Grid	显示或隐藏栅格		Add Part(s) To Group	增加元件到群组中
	Grid References	显示或隐藏栅格线参考位置		Remove Part(s) To Group	从群组中移除元件
	Selection Filter	选择元件过滤器			
	Previous page	前一个原理图	Place	Part	放置元件
	Next Page	下一个原理图		Parameterized Part	放置参数化元件
	Database Part	选中元件的数据库特性		Database Part	放置数据库元件
	Variant View Mode	变体查看模式		Wire	放置连线
PSpice	New Simulation Profile	创建新的仿真		Bus	放置总线
	Edit Simulation Profile	编辑仿真		Junction	放置结点
	Run	运行		Bus Entry	放置总线接口
	View Simulation Results	查看分析结果		Net Alias	放置结点名称
	View Output File	查看输出文件		Power	放置电源
	Create Netlist	产生网表文件		Ground	放置地线
	View Netlist	查看网表文件		Off-Page Connector	放置 Off-Page 连接器
	Advance Analysis	高级分析		Hierarchical Block	放置层次方格
	Markers	放置探针		Hierarchical Port	放置层次接口
	Bias Points	设置偏置点		Hierarchical Pin	放置层次引脚

(续)

菜单	命令	功能说明	菜单	命令	功能说明
Options	Preferences	选择设置	Place	No Connect	放置不连接元件
	Design Template	设计模板		Title Block	放置标题方格
	Autobackup	设置多层备份		Bookmark	放置 Bookmark
	Schematic Page Properties	原理图页的特性		Text	放置文字
				Line	放置线
	CIS Configuration	产生或编辑 CIS 配置文件		Rectangle	放置长方形
	CIS Preferences	设置 CIS 参数		Ellipse	放置椭圆
	Design Properties	设计特性		Arc	放置圆弧
Window	New Window	打开新的窗口		Polyline	放置多变折线
	Cascade	窗口列表放置		Picture	放置图片
	Tile Horizontally	窗口水平分割			
	Tile Vertically	窗口垂直分割			
	Arrange Icons	图标排列			

表 B-2 绘图工具栏中的主要功能说明

图标	功能说明	图标	功能说明	图标	功能说明
	选中电路单元		放置 off-page 连接器		放置电源
	绘制互连线		绘制直线段		放置层次方格
	自动连接两点		绘制矩形		放置不连接元件
	自动连接到总线		绘制弧线		绘制折线
	绘制总线		添加元件		绘制椭圆
	绘制总线入口		自动连接多个端点		绘制圆弧
	绘制地线		给连接线命名		放置文字
	放置端口		放置结点		绘制曲线

B.1.2 加载元件库

在绘原理图之前，首先要将元件库载入到内存里。具体操作如下：首先单击图 B-4 中绘图工具栏中的 按钮或者使用"Place"→"Part"菜单命令，单击"libraries"右下侧图标 ，添加元件库，如图 B-5 所示。注意元件库的存储路径为"Capture\Library\pspice"，这里面所有的元件都提供 PSpice 模型，可以直接调用。常用的库有 "analog.olb"包含电子电路中各种无源器件，"source.olb"包含电路分析中用到的各种电压源和电流源，"special.olb"包含分析时特殊处理用到的符号。添加好库以后，添加元件的窗口如图 B-6 所示。

如果是使用自行设计的元件，必须保证 *.olb、*.lib 两个文件同时存在，而且元件的属性中必须包含"PSpice Template"属性，即图 B-6 对话框中选中的元件需要有 标记。

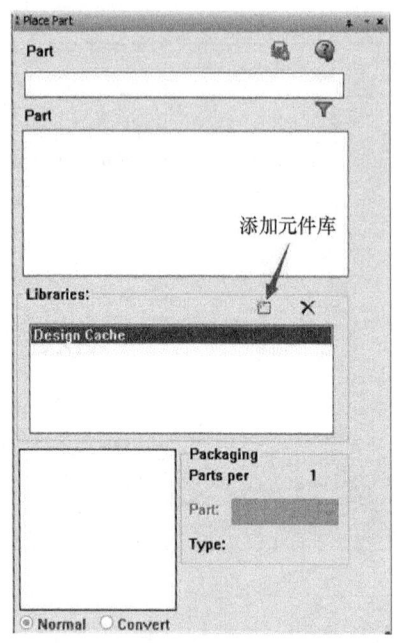
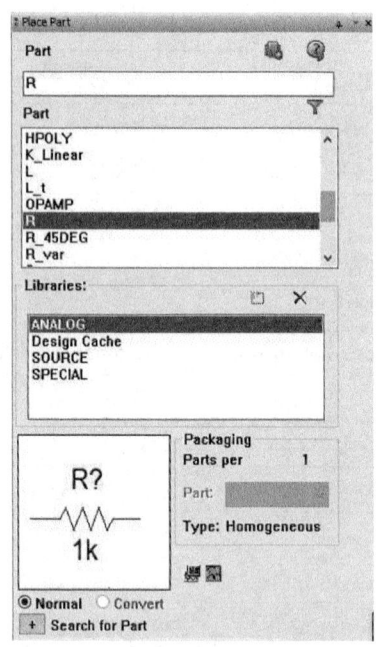

图 B-5　添加元件库　　　　　　　　图 B-6　添加元件窗口

B.1.3　放置元件

完成加载元件库以后，就可以在绘图区放置元件进行原理图绘制。例如在图 B-6 窗口中，在"Libraries"栏内选中所需库名称"ANALOG"，在 Part（元件）栏内输入元件名称 R，在左下角就出现此元件的图形，双击即可放置到绘图窗口了，绘图区上就会出现一个随光标移动的元件符号，可以移动鼠标将它拖放到所需的位置，然后单击鼠标左键或按键盘上的空格键来定位这个元件，可以连续放置多个相同的元件，要结束元件的放置过程，可以单击鼠标的右键选择"End Mode"选项。用同样的方法可以放置电容、电感、晶体管、直流电源等。

放置电路的接地点不是在"Place part"中，而是在"Place Ground"中或单击工具栏中按钮，选择"SOURCE"库中电位为零的接地点，如图 B-7 所示。注意：在调用 PSpice 对电路进行模拟分析时，一定要用电位为零的接地点。

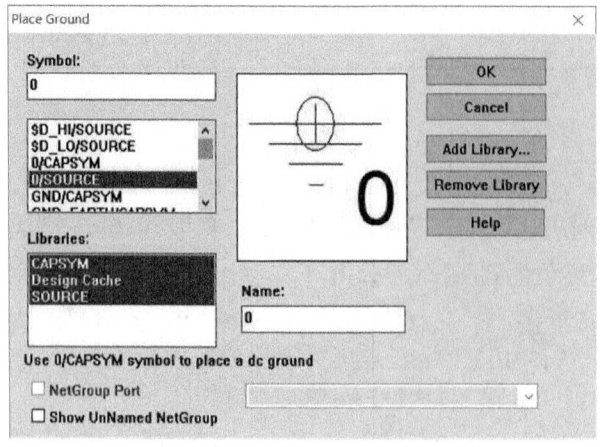

图 B-7　"Place Ground"对话框

B.1.4 设置元件参数

电路图绘制完毕以后，需要设置元件参数。如果要对电阻元件进行参数设置，如图 B-8 所示，最简单的方法是直接在元件序号或元件值上双击鼠标左键，即出现"Display Properties"对话框，如图 B-9 所示，在"Value"栏内键入元件序号"R1"或元件值"1k"即可。

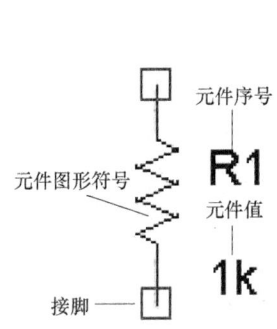

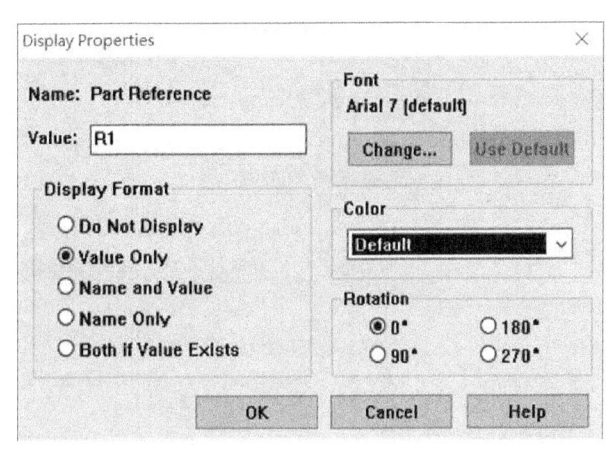

图 B-8　设置电阻元件参数　　　　图 B-9　"Display Properties"对话框

B.1.5 连线和放置结点

当放置好所有的电路元件后，就可以进行各元件之间的连线了。使用"Place"→"wire"菜单命令或单击工具栏中的 按钮，光标变成十字形。这时只需把光标指在要连线的一端，单击鼠标左键，就会出现一条可以随鼠标光标移动的线，移动鼠标就会画出一条线，每单击鼠标左键一次就可以定位转弯一次。当线拖拽到元件的引脚上时再单击鼠标左键一次，就会终止连线。

注意：连线时不可以重叠。如果重叠就会出现如图 B-10a 所示，两个电阻之间的非法结点。图 B-10b 是合法结点。当完成全部连线操作后，可用<Esc>键或用鼠标右键调出的快捷功能菜单中"End Wire"选项结束连线操作。

如果想要在电路中增加一个结点，可以单击"Place"→"junction"菜单命令或单击工具栏中的 按钮即可在需要处放下一个结点。

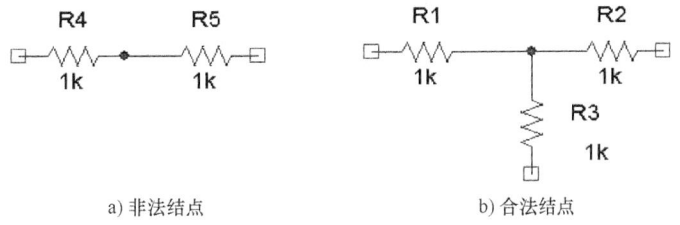

a) 非法结点　　　　　　　b) 合法结点

图 B-10　结点形式

B.1.6 设置连接线名

当 Capture 为电路图产生网络表时，会自动为每一个连接线命名，这些命名是使用序号的形式如 N0001。但对于输入信号、输出信号等这些具有特定意义的器件，这样的序号就不太方便。单击"Place"→"Net Alias"菜单命令或单击绘图工具栏的 按钮，弹出如图 B-11 所示的对话框。在"Alias"栏内键入名称如1,然后单击"ok",这时就有一个小方框随鼠标移动,将其放在需要的地方,后单击鼠标左键。放置的时候要保证小方框的一边与连线重叠。

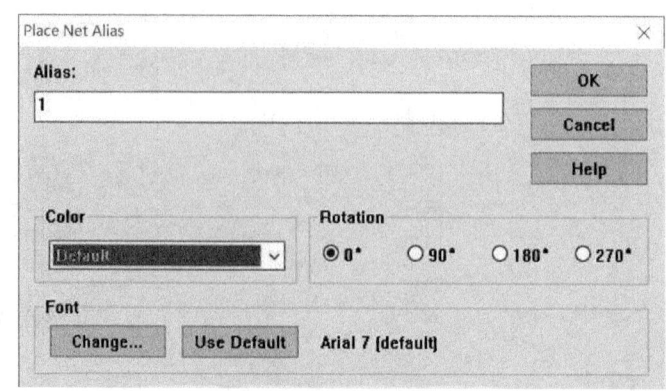

图 B-11 "Place Net Alias"对话框

B.2 电路基本仿真

B.2.1 直流分析

直流分析包括静态工作点分析、直流扫描分析、传递函数分析以及直流小信号灵敏度分析等。在电工电子技术课程中,主要涉及静态工作点分析和直流扫描分析两种。下面通过例子具体分析。

注意:PSpice 软件中,所有元件的电压和电流的参考方向默认取关联参考方向。

1. 静态工作点分析(Bias Point)

静态工作点分析是直流分析的主要功能,指在电路中电感短路、电容开路的情况下,对各个信号源取其直流电压值,利用迭代的方法计算电路的静态工作点。分析结果包括:各个结点电压、流过各个电压源的电流、电路的总功耗、晶体管的偏置电压和各级电流及在此工作点下的小信号线性化模型参数等。结果自动存入".out"输出文件中。在电路分析中,确定静态工作点是非常重要的,例如,瞬态分析之前进行静态工作点分析可确定电路的初始条件,模拟电子技术的放大电路中,静态工作点可决定半导体晶体管等小信号线性化参数值,直接影响到放大器的各动态指标。接下来通过举例子来分析。

例 B-1 分析图 B-12 所示电路的各结点电压、支路电流、各元件的功率以及等效的电阻。

解 (1)绘制原理图

在图 B-4 的原理图绘制窗口中画出图 B-12 所示电路,并在绘制好的电路上标上 1、2、3 连接线名,图中所用到的器件信息见表 B-3。

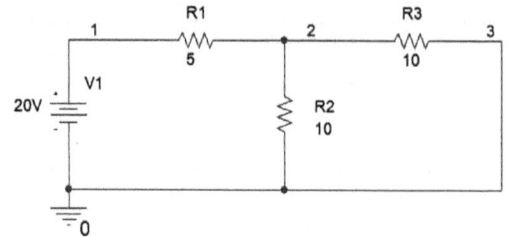

图 B-12 电路图

表 B-3 器件信息

器件	模型	模型库
电源	V1	VDC/source
电阻	R1/R2/R3	R/analog
地	0	0/source

(2) 设置参数

电路图画好后, 需设置仿真参数进行仿真。

1) 新建一个仿真文件, 单击"PSpice"→"New Simulation"菜单命令或单击仿真工具栏中 按钮, 启动"PSpice"程序, 出现图 B-13 所示对话框。在"Name"中键入仿真文件名, 如: BIAS, 单击"Creat", 弹出图 B-14 所示的窗口。此时查看原来的工程文件夹, 就看到产生了一个名为"BIAS"的文件夹, 后面所做的 BIAS 仿真结果均保存在该文件夹下。

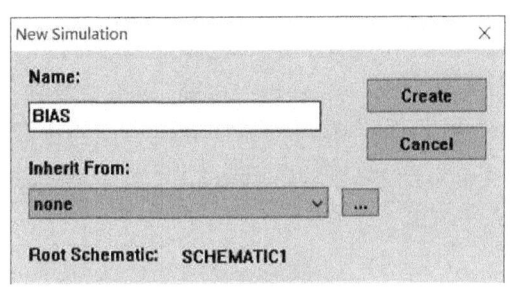

图 B-13 "New Simulation"对话框

2) 设置仿真参数, 在图 B-14 所示的"Simulation Settings-BIAS"对话框中, "Analysis type"栏内选择仿真类型"Bias Point", 同时在"Output File Options"区, 选中第一项, 就会将非线性控制电源与半导体元件的偏置数据存入文本输出文件中。另外, "Perform Sensitivity analysis"和"Calculate small-signal DC gain"两项分别用于直流灵敏度分析(即分析指定的结点电压对电路中的电阻、独立电压源和独立电流源、电压控制开关和电流控制开关、二极管、双极型晶体管 5 类元器件参数的敏感度, 并将结果存入".out"输出文件中) 和直流传输特性分析(计算电路的直流增益、输入端和输出端阻抗等数据)。设置完毕后, 单击"确定"按钮。

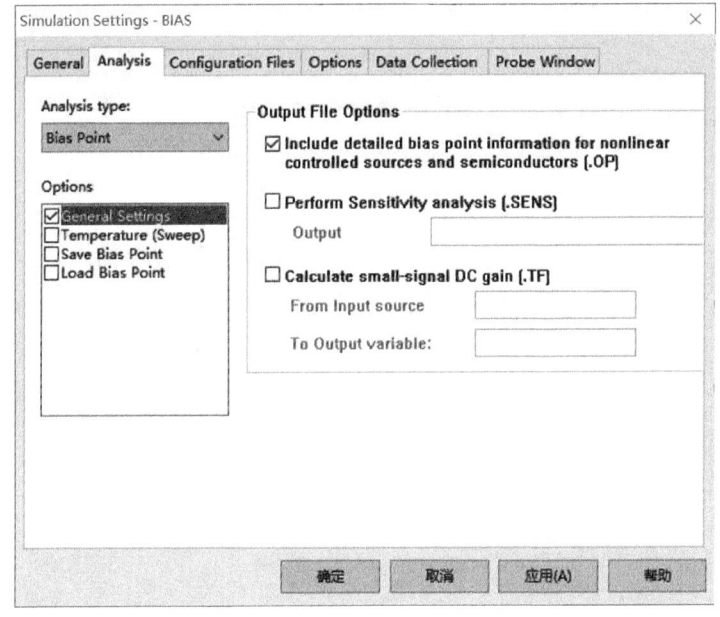

图 B-14 "Simulation Settings-BIAS"对话框

(3) 运行仿真

单击"PSpice"→"Run"菜单命令或单击 按钮, 启动"PSpice"程序, 弹出如图 B-15 所示的空的"PSpice"仿真程序窗口。图中灰色的部分就是输出波形区。右下方是仿真状态窗口, 显示该仿真执行内容的信息。左下方是输出窗口, 显示该仿真操作目前的进度和执行后的信息。如果仿真成功就在该窗口显示"Simulation complete"这条信息; 若仿真中有错误, 就会显示错误及警告信息。要将产生的错误全部修改正确后, 才能进行下一步的操作。

（4）输出结果

此时，"Bias Point"分析没有波形输出，但是单击"View"→"Output File"菜单命令或单击图 B-15 左边的 按钮，就会在输出波形区中弹出如图 B-16 所示的文本窗口。在原理图编辑窗口，勾选"PSpice"→"Bias Point"菜单中的"Enable Bias Voltage Display""Enable Bias Current Display"和"Enable Bias Power Display"或者选中 、 和 ，电路中各结点电压、支路电流和元件功率的分析结果显示在原理图上，如图 B-17 所示。注意：PSpice 对于电压源电流的定义是电流从正极流出。

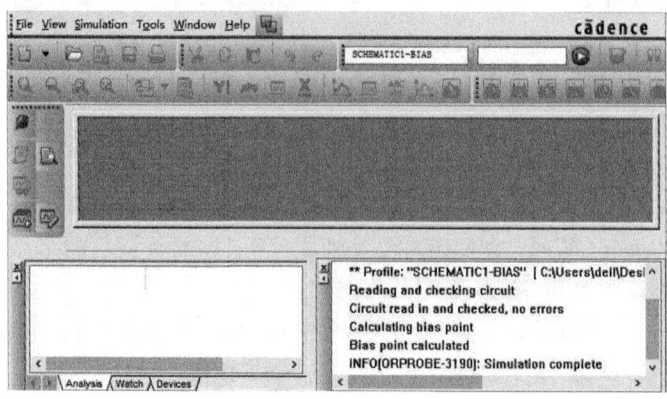

图 B-15　仿真程序窗口

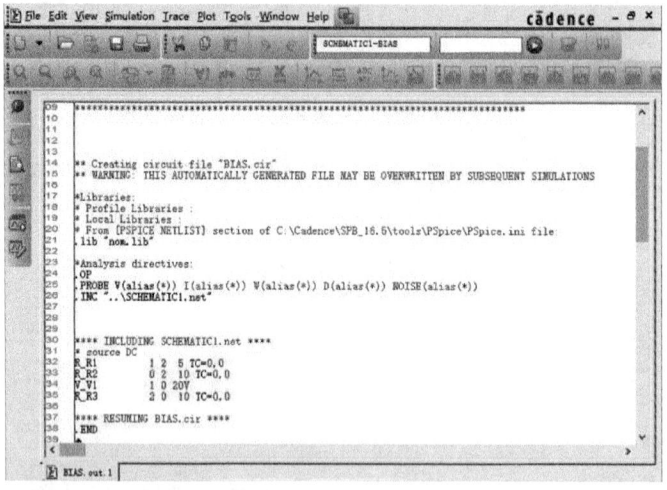

图 B-16　文本窗口

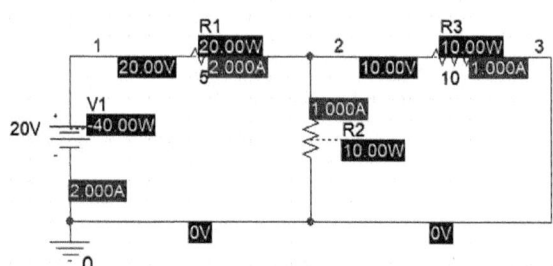

图 B-17　电路图

(5) 直流传输特性分析

对图 B-12 也可以进行直流特性分析。首先，新建一个仿真文件，命名为"TF"，在"Simulation Settings-TF"对话框中，在"Output File Options"区，选中第一项和第三项，如图 B-18 所示，其中"From Input source"栏中"V1"表示原理图中电压源的名称，"To Output variable"栏中"V(2)"表示结点 2 的结点电压。接着，执行仿真，同样在输出波形区弹出如图 B-19 所示的文本窗口，对比图 B-16，可以看到多了小信号分析结果，第一句表示结点 1 的电压与电压源电压的比值，即电路的直流增益；第二句表示电压源所在端口的输入阻抗；第三句表示结点 1 所在端口的输出阻抗。

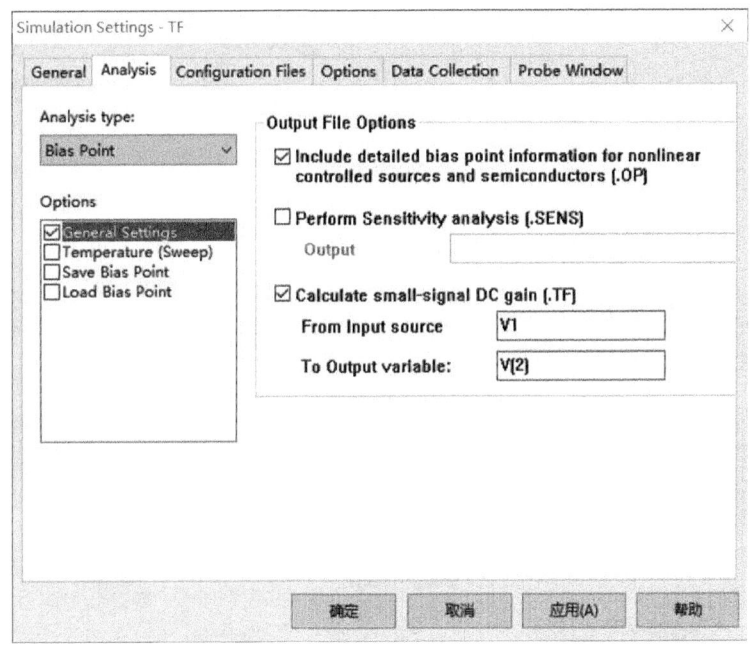

图 B-18 "Simulation Settings-TF"对话框

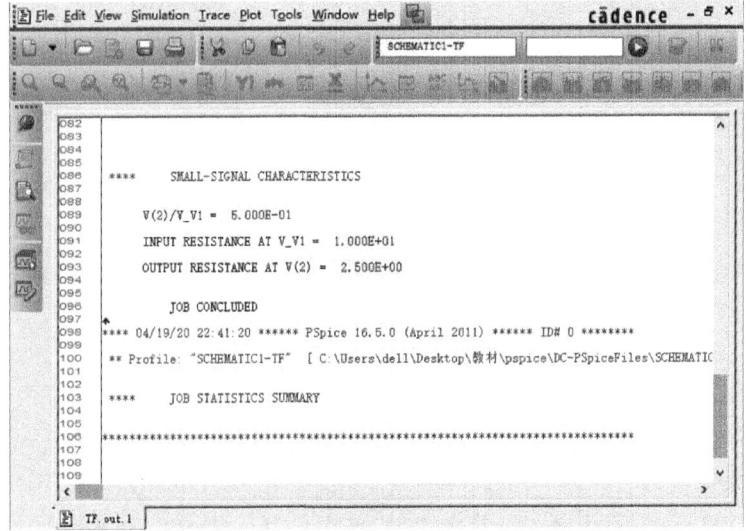

图 B-19 文本窗口

2. 直流扫描分析(DC Sweep)

直流扫描分析是分析电路中某个电源或者某个元件参数作为变量在一定范围内变化,电路中各支路电流、结点电压等随之变换的情况。直流分析是交流分析时确定小信号线性模型参数和瞬态分析确定初始值所需的分析。通过模拟计算,可以利用 Probe 功能绘制出输入-输出特性曲线或者任意输出变量相对任一元件参数的传输特性曲线。

例 B-2　分析图 B-12 中独立电源"V1"的电压从 -10V 到 10V,以 1V 步长线性变化时,电阻 R1 和 R2 两端的电压以及各支路电流的变化。

解:(1) 仿真设置

新建一个仿真文件,命名为"DC Sweep",在"Simulation Settings-DC Sweep"对话框中,"Analysis type"栏内选择仿真类型"DC Sweep",其"Options"默认为"Primary sweep"(基本扫描或者一次扫描),对应的"Sweep variable"(扫描变量)中有如下几个选项:"Voltage source"(电压源)、"Current source"(电流源)、"Global parameter"(全局参数)、"Model parameter"(模型参数)、"Temperature"(温度设置)5 种直流扫描变量可供选择;在"Sweep type"(扫描类型)中,可以设置"Linear"(线性)、"Logarithmic"(对数)、"Value list"(数值列表)三种扫描方式,其中对数扫描又分为"Decade"(十倍增量)和"Octave"(八倍增量)两种。

注意: PSpice 软件将独立电压源和独立电流源的元件名默认为扫描变量,因此,当选择电压源或电流源为一次扫描变量时,只需要在"Name"栏输入待扫描在原理图中的名称即可。设置仿真参数如图 B-20 所示。

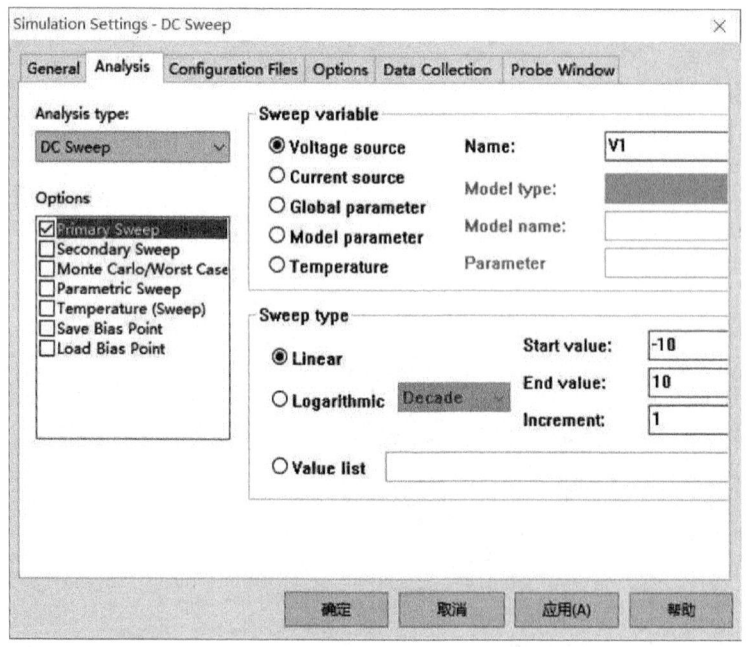

图 B-20　设置仿真参数

(2) 运行仿真

单击仿真工具栏中 ▶ 按钮,运行仿真,弹出"PSpice"窗口,单击"Trace"→"Add Traces"菜单或者单击 ⩘ 按钮,弹出图 B-21 所示"Add Traces"对话框,可以看到有两个标签"Simulation Output Variables"(仿真输入变量)和"Functions or Macros"(运算函数或宏),其中"Simulation Output Variables"中包含很多的变量,主要有电压、电流和功率,分别以关键字 I、V 和 W 开头。

注意：软件默认标注的端口 1 作为参考方向的正端，为了分析方便，同时给出了流入该端口的电流，例如 I(V1：+)、I(R1：1)等。而"Functions or Macros"则提供了多种函数及运算功能，"Analog Operators and Functions"包含的函数及其功能说明，见表 B-4。比如要看最大值，先选择 MAX( )函数，再选择变量 V1(D1)，这时在"Trace"栏中就可以看到表达式 MAX(V1(D1))。

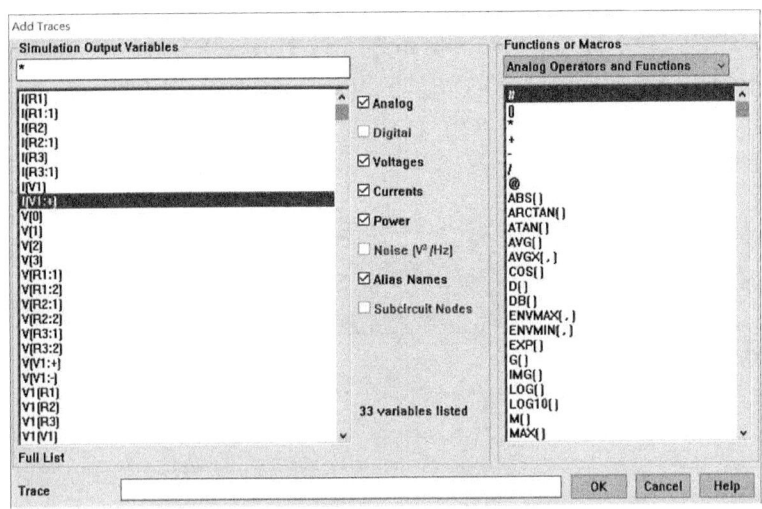

图 B-21 "Add Traces"对话框

表 B-4 Analog Operators and Functions 包含的函数及其功能说明

函数	功能说明	函数	功能说明
( )	分组	EXP(x)	e^x 指数函数
+	加	G(x)	x 的群延迟（单位为秒）
−	减	IMG(x)	x 的虚部
*	乘	LOG(x)	$\ln(x)$ 自然对数
/	除	LOG10(x)	$\log(x)$ 以 10 为底的对数
#	涉及波形窗口中已添加的轨迹线	M(x)	x 的模
@	定位到指定的文件中	MAX(x,y)	x,y 的最大值
ABS(x)	x 的绝对值	MIN(x,y)	x,y 的最小值
ARCTAN(x)	x 的反正切函数	P(x)	x 的相位（单位为度）
ATAN(x)	x 的反正切函数	PWR(x,y)	$\lvert x \rvert^y$ 幂函数
AVG(x)	X 轴变量范围内的 x 平均值	R(x)	x 的实部
AVGX(x,d)	在 X 轴上从(x-d)到(x)范围对 x 求平均	RMS(x)	在 X 轴范围求 x 的均方根值
COS(x)	x 的余弦函数	S(x)	对 x 的积分
D(x)	x 的导数	SGN(x)	符号函数 $\begin{cases} =1 & x>0 \\ =0 & x=0 \\ =-1 & x<0 \end{cases}$
DB(x)	x 模的分贝值	SIN(x)	x 的正弦函数
ENVMAX(x,d)	相量 x 的最大值	SQRT(x)	x 的平方根
ENVMIN(x,d)	相量 x 的最小值	TAN(x)	x 的正切函数

现在，若观察电阻 R1 两端的电压变化时，其电压为"V(1)-V(2)"，在"Trace"中输入表达式"V(1)-V(2)"，单击"ok"，得到如图 B-22 所示电阻 R1 两端电压变化曲线。同理，在"Trace"中输入表达式"V(2)-V(0)"，得到电阻 R2 两端电压仿真波形，表示在同一图中，在图 B-22 中可以看到，这两条线重合，因为电压大小以及变化均相同。接着观察各支路电流的变化情况，分别单击仿真输出变量栏的"I(R1)""I(R2)"和"I(R3)"，在"Trace"中依次出现这三个选项，得到输出如图 B-23 所示的电流仿真波形。但是为什么"I(R2)"和"I(R3)"方向相反？因为从元件库调用元件时，默认摆放位置为左正右负、上正下负，本例中 R2 在默认摆放状态下逆时针旋转了 90°，因此正端连接到了地，如果 R2 再次旋转 180°，得到如图 B-24 所示的电流仿真波形，"I(R2)"和"I(R3)"电流变化曲线就重合了。

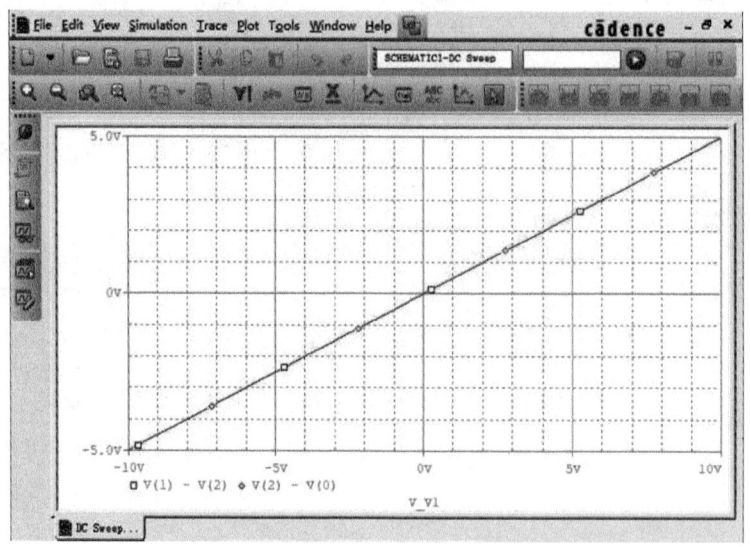

图 B-22　电压波形仿真图

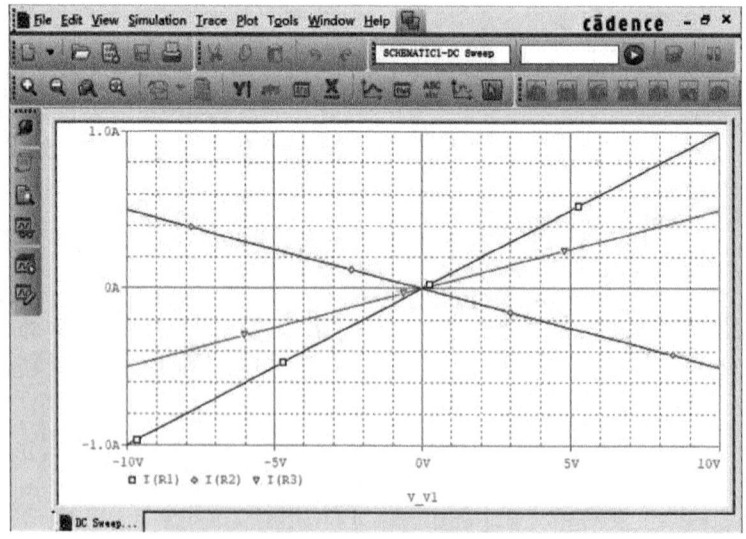

图 B-23　电流波形仿真图

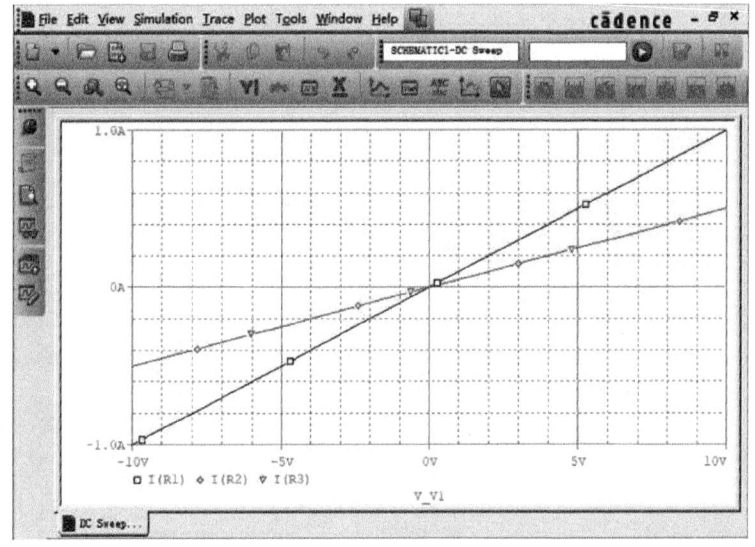

图 B-24　电流波形仿真图

B.2.2　瞬态分析

瞬态分析[Time Domain(Transient)]的目的是在给定输入激励信号的作用下,计算电路输出端的瞬态响应。进行瞬态分析时,首先计算 $t=0$ 时的电路初始状态,然后从 $t=0$ 到某一给定的时间范围内选取一定的时间步长,计算输出端在不同时刻的输出电平。瞬态结果自动存入以".dat"为扩展名的数据文件中,可以用"Probe"模块分析显示仿真结果的信号波形。

例 B-3　电路如图 B-25 所示,电容的初始状态为 0, $t=50\text{ms}$ 时开关断开,分析开关闭合前后电容的输出响应。

解　(1) 绘制原理图

在图 B-4 的原理图绘制窗口中画出图 B-25 所示电路,标上 N1 结点名,图中所用到的器件信息见表 B-5。

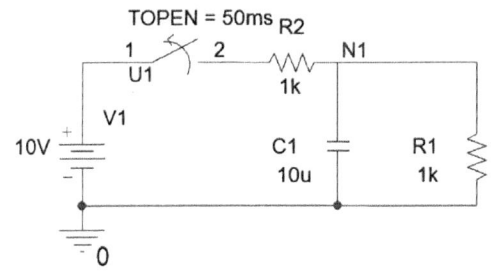

图 B-25　电路图

表 B-5　器件信息表

器件	模型	模型库
电源	V1	VDC/source
电阻	R1、R2	R/analog
电容	C1	C/analog
开关	TOPEN	Sw_tOpen/EVAL
地	0	0/source

(2) 设置参数

新建一个仿真文件,命名为"TRAN",启动 PSpice 程序,在"Simulation Settings-TRAN"对话框中,"Analysis type"选项选择"Time Domain(Transient)","Options"中默认"General Settings"。右侧参数分别为:"Run to time"表示瞬态分析运行终止时间,默认单位 s(秒);"Start saving data"表示输出起始时间,默认单位 s(秒),起始时刻 0s;"Maximum step"表示仿真最大步长,默认单位 s(秒);"Skip the initial transient bias point calculation"表示跳过初始瞬态偏置点计算;

"Output File Options"表示输出文件选项,可以对瞬态分析输出文件选项进行设置。设置仿真参数如图 B-26 所示。

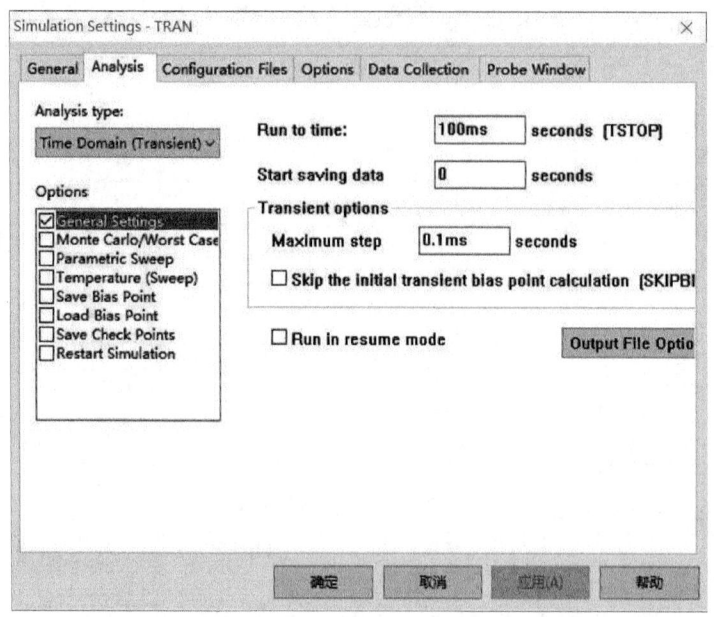

图 B-26　设置仿真参数

(3) 运行仿真

单击仿真工具栏中 ▶ 按钮,运行仿真,弹出"PSpice"窗口,在"Add Trace"对话框的"Simulation Output Variables"中找到"V(N1)",即电容输出电压,得到输出波形如图 B-27 所示。很显然,开关打开前为零状态响应,打开后为零输入响应,还可以修改电阻值或电容值观察波形的变换,例如,修改电容值 C1 为 20μF,可以发现输入波形的脉冲信号会发生明显的变化,如图 B-28 所示,这是因为 RC 的时间常数变大了。如果要观察电路中某个元件对最终波形的影响,还可以使用后面介绍的参数扫描分析。

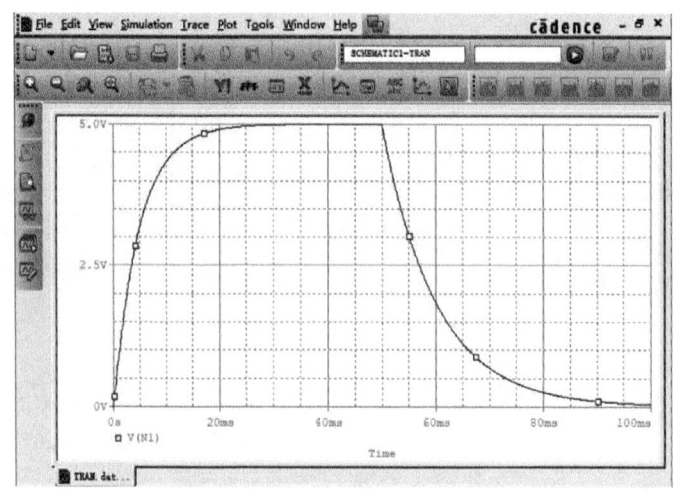

图 B-27　电容输出波形仿真图(一)

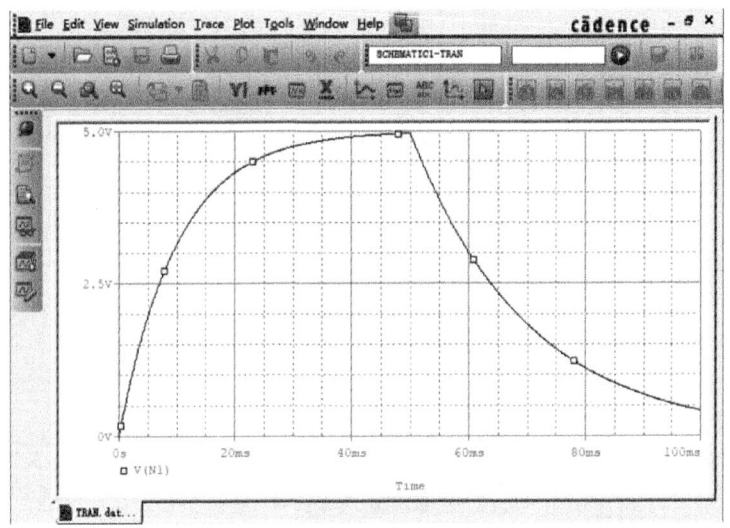

图 B-28 电容输出波形仿真图(二)

如果需要对两次分析结果进行比较,可以先将 C1 = 10μF 时的波形保存(如"10u. dat"),然后将 C1 修改为 20μF,运行仿真,得到结果后,单击菜单"File"→"Append Waveform",在弹出的选择文件的对话框中找到刚才保存的"10u. dat"文件,这样就可以比较不同参数的波形变化了,如图 B-29 所示。

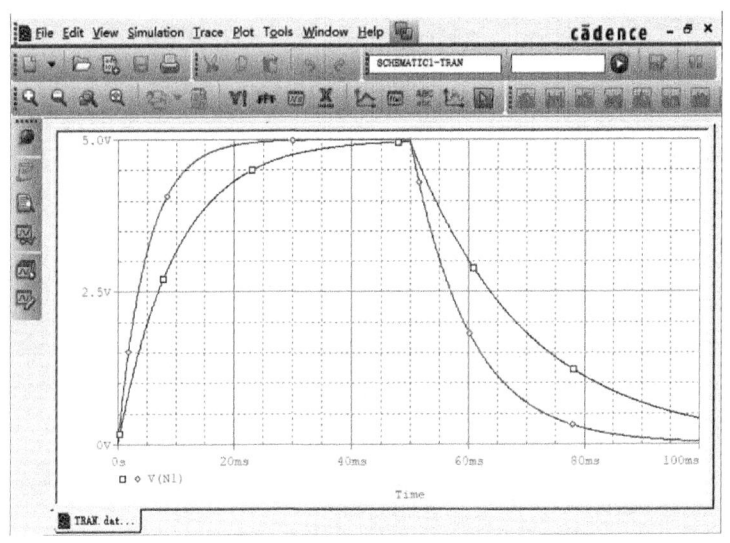

图 B-29 不同参数的电容波形仿真图

B.2.3 交流分析

交流分析(AC Sweep)是针对电路性能因信号频率改变而变动所进行的频域分析。它能计算出电路的幅频和相频响应。此时,半导体器件是利用小信号的线性等效模型进行分析。

例 B-4 如图 B-30 所示的一阶 RC 电路,分析其频率响应。

解 (1) 绘制原理图

画出图 B-30 所示电路,并在绘制好的电路上标上 in、out,图中所用到的器件信息见表 B-6。

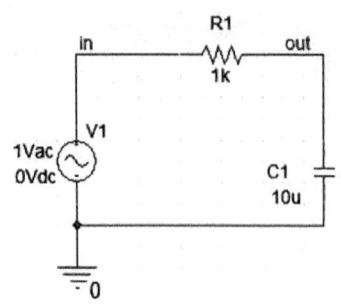

图 B-30　电路图

表 B-6　器件信息表

器件	模型	模型库
电源	V1	VAC/source
电阻	R1	R/analog
电容	C1	C/analog
地	0	0/source

（2）设置参数

新建仿真文件，命名为"AC"，在"Simulation Settings-AC"对话框中，"Analysis type"选项选择"AC Sweep/Noise"，如图 B-31 所示，频率设置为从 1Hz 变化到 10MHz，选择 10 倍频对数扫描方式，间隔点之间扫描点数取 10。注意："PSpice"中表示兆（M）时用 Meg 表示，而 m 表示的是毫。

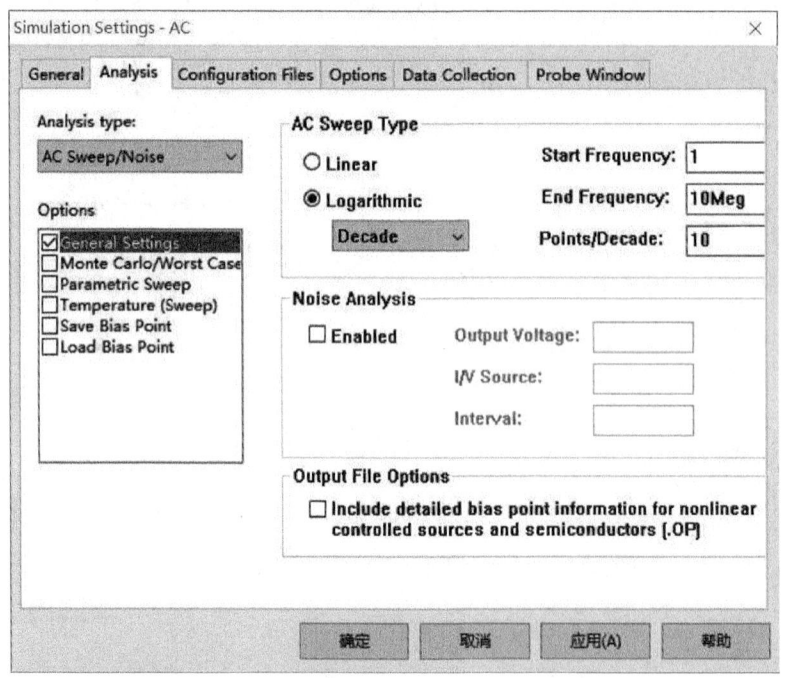

图 B-31　"Simulation Settings-AC"对话框

（3）运行仿真

运行"PSpice"仿真，在波形显示窗口观察 in 和 out 处波形，如图 B-32 所示，可以看到随着频率的增加，电容的容抗减小，输出电压减小，最后呈现短路的性质。

在原理图编辑窗口中，选择"PSpice"→"Markers"或者单击仿真工具栏 ，以及"PSpice"→"Markers"→"Advanced"菜单下的各种探针，可以快速地得到电路的频率响应曲线。本例中，选择"Db Magnitude of Voltage"探针放在"out"处，"Current marker"放置在电阻 R1 的引脚上，如图 B-33 所示。执行仿真后，波形显示窗口将自动添加这两条曲线，如图 B-34 所示。这两

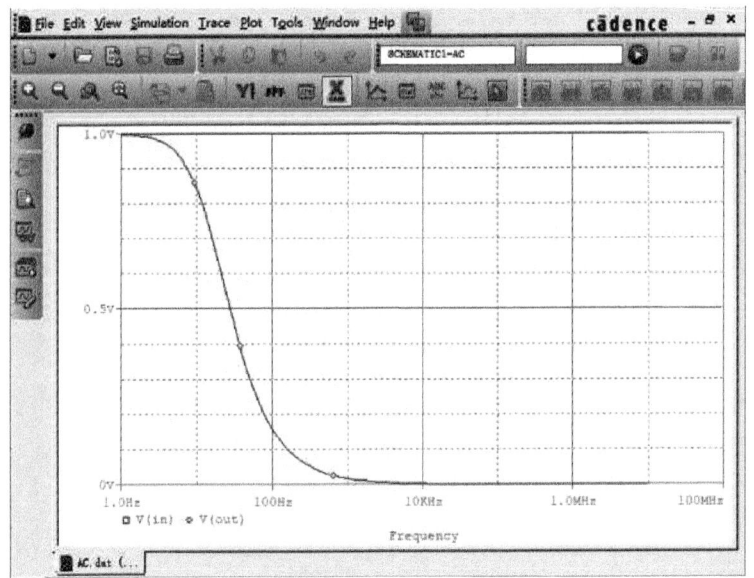

图 B-32　波形仿真图

条曲线共用一个坐标，使得"I(R1)"可读性不强，为此，可以将该窗口分为上下两部分显示，选择菜单"Plot"→"Add Plot to Window"，再选择"Trace"→"Add Trace"菜单或者单击 按钮，新增"I(R1)"曲线，同时删除原来图中的"I(R1)"，得到如图 B-35 所示结果。从此幅频特性曲线中可看出，该 RC 电路呈现低通特性。

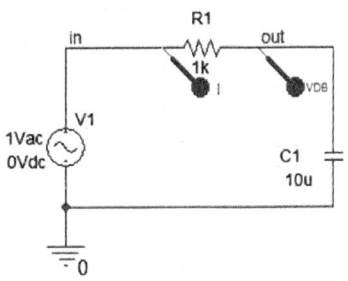

图 B-33　电路图

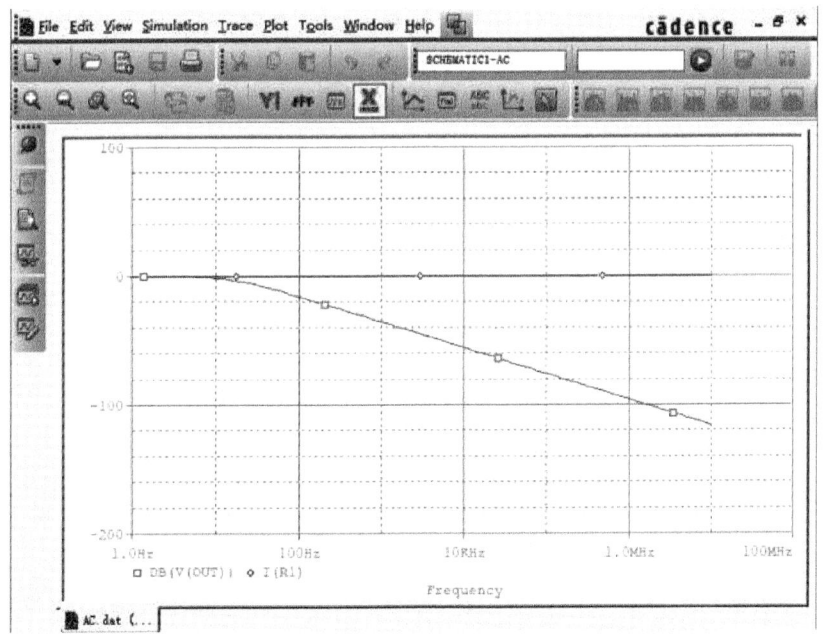

图 B-34　同用同一坐标轴的波形显示窗口

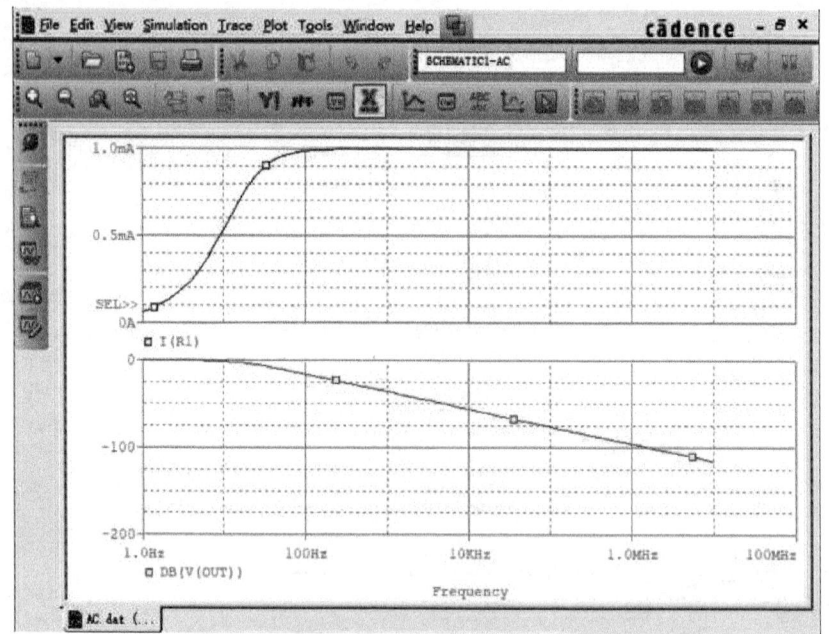

图 B-35　分开显示的波形显示窗口

B.3　实际应用举例

上面讲述了"PSpice"的基本用法。为了更好地系统掌握"PSpice"的相关知识，下面以一个阻容耦合的晶体管放大电路为例来进行电路仿真，电路参数如图 B-36 所示。用"PSpice"程序分析其直流静态工作点、电压增益、输入电阻和输出电阻等参数。

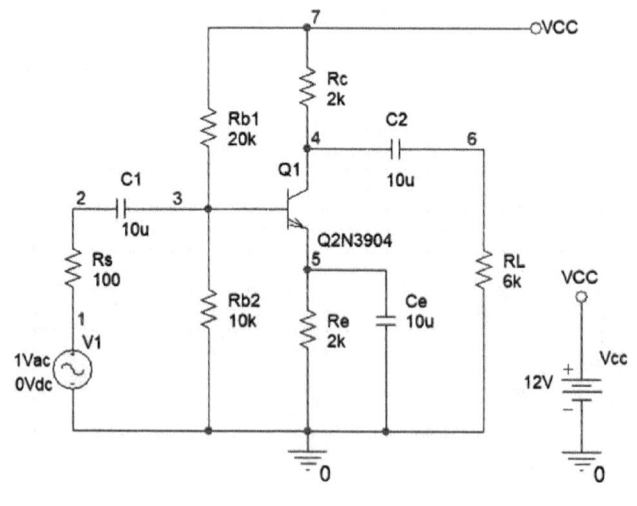

图 B-36　电路图

B.3.1　静态工作点

正确设置放大电路的静态工作点非常重要，它影响着电路的动态范围，电压增益，输入、输出电阻等参数。要设计出性能较好的放大器，首先必须设置一个合适的并且稳定的静态工作点。

1. 绘制原理图

（1）绘制出如图 B-36 所示的晶体管放大电路。图中所用到的器件信息见表 B-7。其中"V1"属性设置为默认值，选中晶体管"Q2N3904"后，单击"Edit"→"PSpice Model"菜单命令，将其电流放大倍数"Bf"修改为"100"。

表 B-7　器件信息表

器件	模型	模型库
电源	V1、VCC	VAC/source、VDC/source
电阻	Rs、Rb1、Rb2、Rc、Re、RL	R/analog
电容	C1、C2、Ce	C/analog
晶体管	Q1	Q2N3904/bipolar
地	0	0/source

（2）设置连接线名

单击"Place"→"Net Alias"菜单命令或单击主工具栏内的 按钮，在弹出的"Place Net Alias"对话框的 Alias 栏中键入名称，分别为 1、2、3、4、5、6、7，将其放置在需要的位置，然后单击左键。放置的时候，要保证小方框的一边与连线重叠，否则将放置不上去。

2. 设置参数

绘制好电路图之后，打开"New Simulation"对话框，在"Name"栏内输入"bias"，然后单击"Create"按钮。在弹出的"Simulation Settings-bias"对话框中，仿真类型（Analysis type）栏内，选择"Bias Point"，同时在"Output File Options"域内选中第一项，进行直流工作点分析。

3. 进行仿真

然后，执行"PSpice"→"Run"菜单命令或单击 按钮，在弹出的"PSpice"仿真程序窗口中，单击"View"→"Output File"菜单命令或者单击 按钮，在波形区单击记录本次仿真结果的文本文件，如图 B-37 所示。从分析结果中可以看出 $I_B = 14.7\mu A$，$I_C = 1.50mA$，$V_{CE} = 5.79V$。

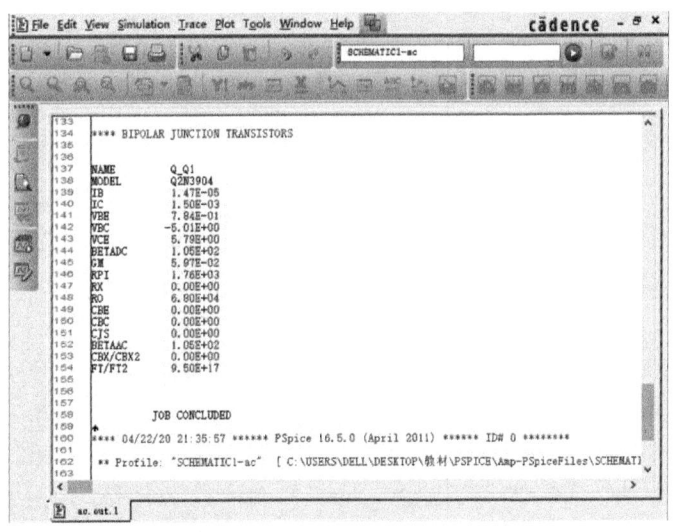

图 B-37　记录仿真结果的文本

4. 温度对集电极电流的影响

放大电路的静态工作点随着温度的变化会产生漂移,使静态工作点不稳定,导致放大电路不能正常工作。下面用"PSpice"来分析温度对集电极电流的影响。打开"New Simulation"对话框,在"Name"栏内输入"DC",然后单击"Create"按钮。弹出如图 B-38 所示的"Simulation Settings-DC"对话框,在"Analysis type"栏内选择仿真类型"DC Sweep";在"Sweep variable"域内选中"Temperature",表示对温度进行扫描;在"Sweep type"域内选中"Linear",表示线性扫描;扫描的起始值"Start"设为"-30";终止值"End"设为"100";递增量设为"2",表示扫描温度范围为-30℃到100℃,每隔2℃扫描一个点。设置完毕,单击"确定"按钮。

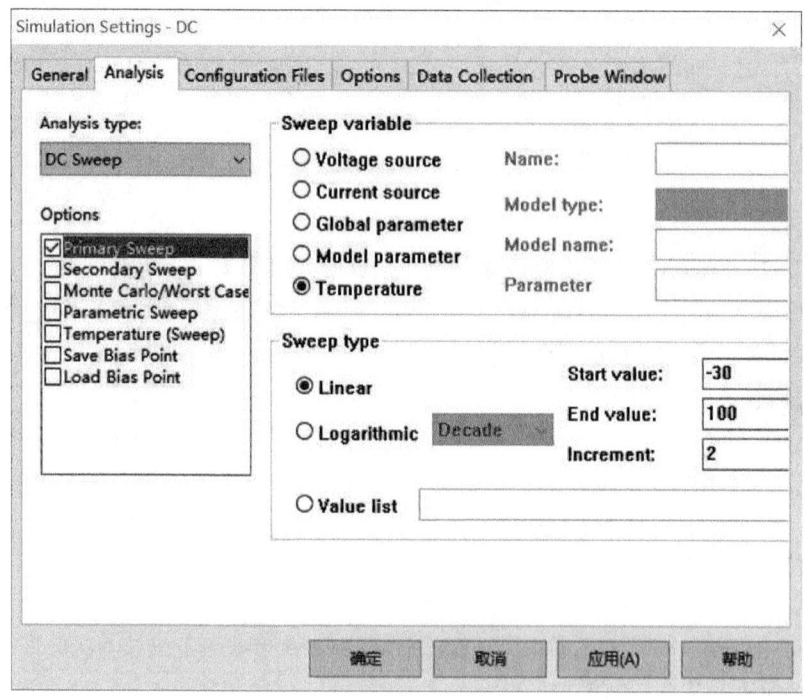

图 B-38 "Simulation Settings-DC"对话框

启动仿真程序,即出现"Probe"窗口,打开"Add Traces"对话框,选择"IC(Q1)",得到波形如图 B-39 所示。单击 按钮启动光标测量功能,即可读出温度为-20℃和60℃时,"IC(Q1)"分别为 1.5146mA 和 1.5655mA,单击 按钮,可以将坐标点值标在波形上。由图 B-39 可以看出,静态工作点电流"IC(Q1)"随温度的升高而升高,但是从-20℃和60℃只升高了 0.0509mA,所以电路的静态工作点基本是稳定的。该电路之所以稳定是由于电阻 Re 的负反馈作用,若温度升高使 IC(Q1)增大,IC(Q1)增大将导致 V_E(Q1)增大,又由于 Q1 的基极电位几乎不变,导致 V_{BE} 减小,使得 IB 也减小,这样又引起 I_C(Q1)减小,从而达到了稳定静态工作点的目的。

B.3.2 电压增益、输入电阻和输出电阻

回到"Capture"窗口,单击"New Simulation"对话框,在"Name"栏内输入"AC",然后单击"Create"按钮。在"Simulation Settings-ac"对话框中,"Analysis type"栏内选择"AC Sweep/Noise"设置交流扫描分析,将"AC Sweep Type"设为"Decade";在"Start Frequency"栏(仿真起点频率)设为"10";在"End Frequency"栏(仿真终点频率)设为100Meg;在"Points/Decade"栏设为"200"(每幂次记录200点),如图 B-40 所示,设置完毕后,单击"确定"按钮。

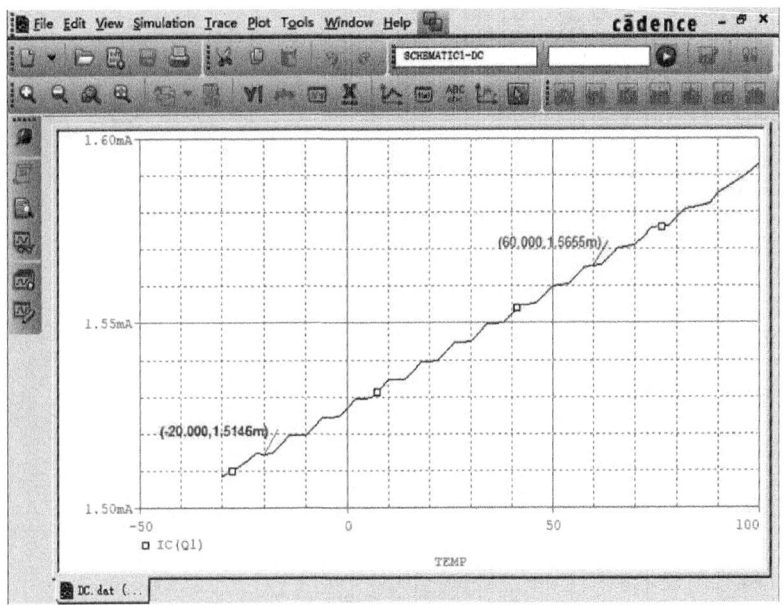

图 B-39 波形仿真图

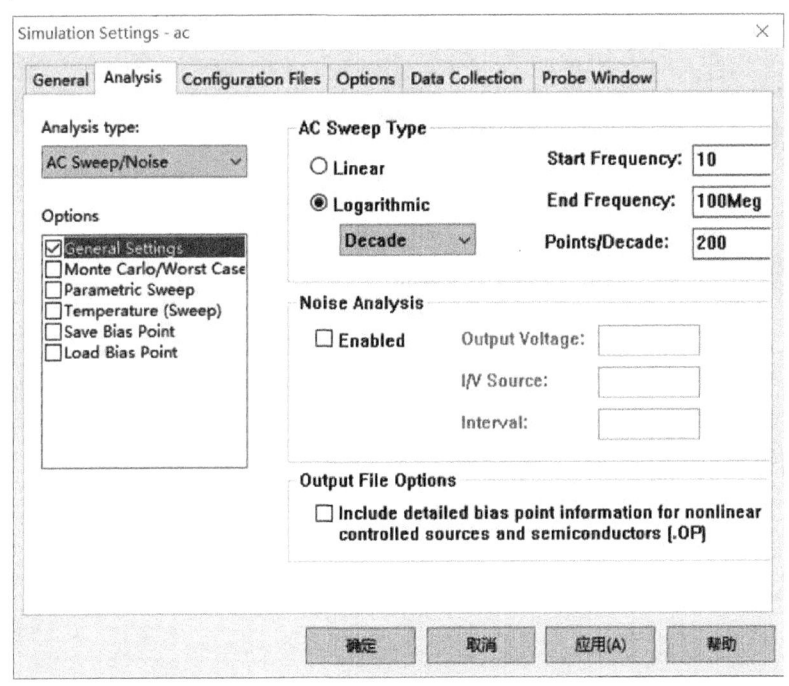

图 B-40 "Simulation Settings-ac"对话框

启动仿真程序,出现"Probe"窗口,打开"Add Trace"对话框,选择"V(6)",然后单击"ok"按钮。"V(6)"的波形如图 B-41 所示。选择菜单"Plot"→"Add Plot to Window",再次弹出"Add Trace"对话框,在"Add Trace"对话框的"Trace"栏内键入"V(2)/I(V1)",就出现了"V(2)/I(V1)"的波形。如图 B-41 所示。启动光标测量功能即可读出 f=10kHz 时电压增益为 81.725,输入电阻 R_i 为 1.3917kΩ。

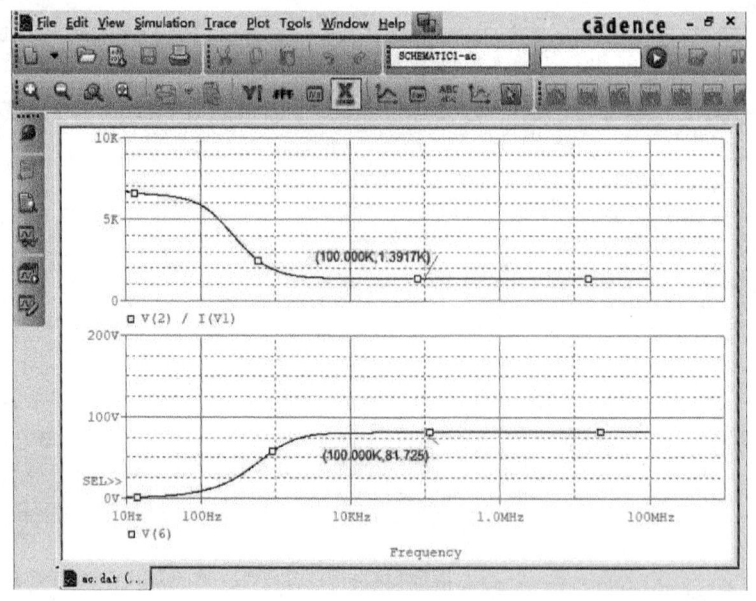

图 B-41　波形仿真图

测量输出电阻时，将图 B-36 中，输入电压源 V1 短路，负载电阻 R_L 开路，在结点 6 与地之间接入一个"VAC/SOURCE"，其属性设置为默认值。仿真设置与图 B-40 相同，在"Add Trace"对话框的"Trace"栏内键入"V(6)/I(C2)"，即为交流输出电阻。电路的交流输出电阻特性曲线如图 B-42 所示。启动光标测量功能即可读出 f=10kHz 时输出电阻 R_0 为 1.9433kΩ。

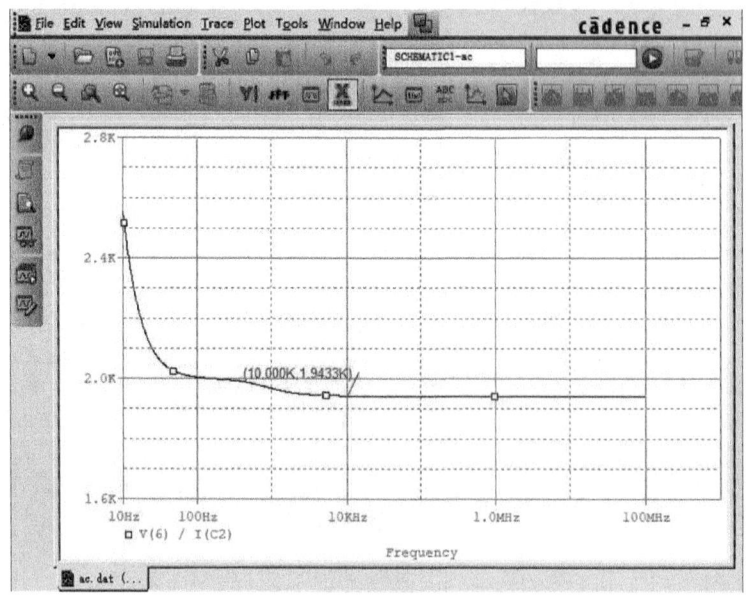

图 B-42　交流输出电阻特性曲线

参 考 文 献

[1] 王玫. 电路原理[M]. 北京：中国电力出版社，2011.
[2] 王晓敏，刘建新. 电工电子技术[M]. 北京：中国电力出版社，2008.
[3] 罗映红，陶彩霞. 电工技术[M]. 北京：中国电力出版社，2019.
[4] 林小玲. 电工电子学[M]. 北京：机械工业出版社，2009.
[5] 林平勇，高嵩. 电工电子技术[M]. 3版. 北京：高等教育出版社，2010.
[6] 秦曾煌. 电工学简明教程[M]. 2版. 北京：高等教育出版社，2007.
[7] 李海，崔雪. 电工技术[M]. 北京：中国电力出版社，2010.
[8] 刘烨，王采堂，常弘，等. 电工电子技术导论[M]. 北京：高等教育出版社，2004.
[9] 康华光. 电子技术基础：模拟部分[M]. 4版. 北京：高等教育出版社，1979.
[10] 秦曾煌. 电工学：电子技术 下册[M]. 6版. 北京：高等教育出版社，2008.
[11] 童诗白，华成英. 模拟电子技术基础[M]. 5版. 北京：高等教育出版社，2015.
[12] 郭永贞，许其清，袁梦，等. 数字电子技术[M]. 4版. 南京：东南大学出版社，2019.
[13] 周连贵. 电子技术基础[M]. 北京：机械工业出版社，1998.
[14] 杨志忠. 数字电子技术基础[M]. 北京：高等教育出版社，2004.
[15] 孙玲，包志华，张威. 电路PSpice仿真实训教程[M]. 北京：高等教育出版社，2013.
[16] 窦建华. 电子设计自动化：电路仿真与PCB设计[M]. 北京：国防工业出版社，2006.
[17] 常春耘，王正元，孙科学，等. 电工电子实验技术：上册[M]. 北京：人民邮电出版社，2014.
[18] 代伟. 电工电子实验技术[M]. 北京：科学出版社，2012.
[19] 陆晋，褚南锋. 电工技术实验教程[M]. 南京：东南大学出版社，2004.